BIBLIOTHÈQUE DES CHEMINS DE FER

DE FRANCE

EN CHINE

PAR

LE Dr M. YVAN

PARIS

LIBRAIRIE DE L. HACHETTE ET Cie

RUE PIERRE-SARRAZIN, N° 14

1855

PRIX : 2 FRANCS

DE FRANCE

EN CHINE

TYPOGRAPHIE DE CH. LAHURE
Imprimeur du Sénat et de la Cour de Cassation
rue de Vaugirard, 9

DE FRANCE

EN CHINE

PAR

LE Dr M. YVAN

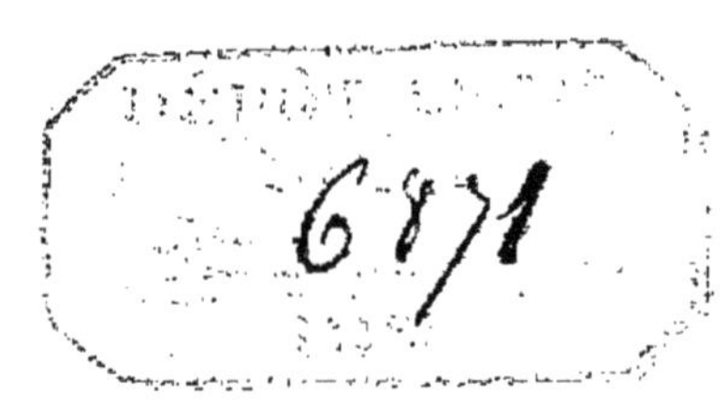

PARIS

LIBRAIRIE DE L. HACHETTE ET Cie

RUE PIERRE-SARRAZIN, N° 14

1855

DE FRANCE

EN CHINE.

I.

Le départ.

Le 12 décembre 1843, les membres de la mission de Chine, tous réunis à Brest depuis plus de quinze jours, reçurent l'ordre de se rendre à bord de *la Sirène.* Le vent, qui retenait depuis longtemps dans le port les deux frégates destinées à voyager de conserve, avait subitement tourné à l'est, et le commandant de l'expédition désirait profiter de ce moment pour effectuer un départ déjà trop retardé. Nos préparatifs étaient achevés, nos installations à bord étaient faites. Aussi chacun se rendit avec empressement à l'ordre qui lui était donné de venir occuper l'étroit espace que les sévères règlements maritimes lui avaient assigné. A peine avions-nous touché le pont de *la Sirène*, qu'on leva l'ancre, on hissa les voiles, et une brise faible, mais favorable, nous fit heureusement sortir du goulet.

Ce fut sans peine, sans regret, que je vis disparaître les côtes de France, à travers les brumes de l'horizon. Brest, cette ville noire et humide, n'était déjà plus la France pour moi : depuis que j'étais entré dans son enceinte, je pensais, j'agissais comme si j'eusse foulé une terre étrangère. L'aspect sévère des côtes de l'Océan ne me rappelait pas le sol natal ; j'avais quitté ma véritable patrie le jour où je m'étais séparé de ceux que j'aimais, où j'avais perdu de vue les horizons de ma belle Provence. Aussi l'impression que j'éprouvai en parcourant du regard la vaste mer n'avait-elle rien de douloureux. Une vive espérance, un secret enthousiasme m'animaient et me montraient déjà les magnifiques contrées que j'allais parcourir. Quoique mon cœur n'eût rien oublié, quoique de chères images fussent toujours présentes à mon souvenir, je sentais que la crise des larmes et des douleurs du départ était passée, et que, dans une âme courageuse, il y a plus d'espérance encore que de regrets. D'ailleurs, je me sentais consolé en songeant au programme qui était offert à mon activité. J'allais, après bien des désirs avortés, bien des espérances déçues, parcourir les vastes domaines que la bonté de Dieu a donnés à l'espèce humaine; j'allais faire connaissance avec mes frères de toutes les couleurs qu'il a disséminés sur notre vaste planète; j'allais interroger le passé de l'humanité sur la terre qui lui a donné naissance; j'allais enfin conquérir mon droit de cité sur ce globe, en devenant un homme plus complet, par le fait de cette grande course à travers les peuples !

Je désire de toute mon âme que ceux qui s'aventurent dans de lointains voyages portent en eux le saint enthousiasme dont j'étais possédé au départ, et qui ne m'a jamais abandonné en chemin. Mieux vaut l'exaltation de la pensée qu'un scepticisme indifférent. Les hommes d'un esprit froid, d'une imagination éteinte, n'observeront jamais bien la nature, et, quelles que soient d'ailleurs leur aptitude et leur science, ils ne comprendront pas la vie dans ses plus brillantes manifestations. Un vif intérêt, une curiosité avide, incessante, m'ont toujours soutenu pendant mon voyage; et si j'ai parfois interrompu des travaux commencés, c'était parce qu'un irrésistible besoin de réflexion et d'analyse m'obligeait à me reployer momentanément sur moi-même. Je craignais, en voyant trop, et trop vite à mon gré, de ne pas fixer assez profondément dans mon souvenir les scènes dont j'étais témoin et les lieux qui leur servaient de théâtre.

Les premiers jours de la traversée furent consacrés à faire connaissance avec le nombreux état-major de *la Sirène*, à observer les costumes du bord, et à étudier sur moi-même les effets du mal de mer, trois choses peu récréatives, quoique à peu près nouvelles pour moi.

Le commandant de l'expédition, M. Charner, est un de ces hommes à la rude écorce, chez lesquels le rigide caractère du marin domine tout, et qui ont en leur savoir et leur expérience une confiance qu'ils savent inspirer aux autres.

Quant aux officiers de marine placés sous ses ordres, et dont nous étions devenus temporairement les compagnons, c'étaient, en général, des marins distingués; cette appréciation est l'éloge le plus complet que j'en puisse faire.

Le contraste qui existe entre la vie de bord, monotone comme celle d'un cloître, et la vie intelligente et accidentée que l'on mène à terre, me jeta dans une mélancolie taciturne. Cette tristesse était aggravée par l'absence de tout confortable, par la privation d'un réduit où je pusse me réfugier sans manquer d'air et de lumière, et surtout par un mal de mer intolérable, lequel me tenait silencieusement éloigné de mes compagnons de voyage, comme un homme atteint du spleen.

Cependant, comme pour distraire le regard et la pensée, il existe dans tous les navires de l'État, au milieu de tous ces hommes sérieux et mélancoliques, un petit groupe spirituel, rieur, bienveillant, actif, intelligent, ayant encore toute la grâce et les croyances du jeune âge : ce sont les élèves, pauvres enfants qui commencent une vie de privations, de souffrances, de dangers, à l'âge où leurs frères et leurs amis jouissent encore des soins maternels et de la protection de la famille.

Les élèves et les matelots constituent la partie vraiment poétique de ce grand corps animé qu'on appelle un navire. Ce sont eux qui m'auraient garanti, par leur conversation naïve, leur joyeuse humeur, de ce mal de mer moral, de cette apathie maladive que je viens de décrire, si l'amitié dont m'honorait la famille du chef de l'expédition, et mes relations intimes avec quelques-uns des membres de la mission, n'avaient été une compensation puissante et continuelle, une charmante distraction contre les ennuis de la traversée.

Le personnel de la légation se divisait en deux catégories : les membres de la légation et les personnes adjointes à l'expédition par divers ministères.

M. de Lagrené, ministre plénipotentiaire, était le chef unique de la mission ; il était accompagné de Mme de Lagrené et de deux de ses enfants, Mlles Gabrielle et Olga de Lagrené. La légation, sous les ordres de M. le ministre, se composait de M. de Ferrière-

Levayer, premier secrétaire; M. Callery, interprète; M. Bernard d'Harcourt, second secrétaire; M. Xavier Reymond, historiographe; M. le docteur Yvan, médecin de l'expédition; M. de Montigny, chancelier; et de cinq attachés d'ambassade, MM. Macdonald de Tarente, Marey-Monge, Fernand Delahante, de la Guiche et de Charlus.

M. le ministre du Commerce avait adjoint à l'expédition quatre délégués, désignés par les chambres de commerce de Reims, de Mulhouse, de Saint-Étienne, de Lyon et de Paris. Ces quatre délégués étaient : MM. Natalis Rondot, Hausman, Hedde et Renard.

Enfin, le ministère des Finances comptait deux représentants dans ce nombreux personnel : MM. Itier, inspecteur des douanes, et Lavollée, employé dans cette administratton. M. Itier, par des raisons de santé, se sépara de l'expédition lorsqu'elle reçut l'ordre de s'embarquer pour se rendre dans le nord de la Chine.

II.

Ténériffe.

De Brest à Ténériffe, notre traversée fut de quatorze jours, pendant lesquels la mer fut constamment belle et le vent favorable. Nous jetâmes l'ancre devant Santa-Cruz, le 26 décembre au matin, par un radieux soleil et une douce température de vingt degrés. Sous l'agréable impression de cette chaleur bienfaisante, nous songions avec satisfaction qu'un si court espace de temps écoulé depuis notre départ nous avait conduits au-devant d'un été précoce, qui ne devait plus nous abandonner.

Santa-Cruz, vue de la rade, n'offre pas un aspect bien pittoresque. Cette ville est bâtie au pied d'une côte aride, qui s'étend du N. E. au S. O. La rade, peu sûre, est défendue par deux points fortifiés, le *Paso Alto* et le fort de *San-Juan*. Lorsque nous descendîmes dans le canot pour gagner la terre, la mer était très-houleuse; la lame, très-creuse, portait en se relevant notre embarcation jusqu'au-dessus des canons de la batterie, et la ramenait subitement à deux mètres au-dessous.

J'avais assez bien choisi le moment favorable pour me précipiter dans le canot, et, fier de mon succès, je m'étais triomphalement assis sur l'un des bancs, lorsque j'en fus brusquement arraché par M. de Lagrené, qui me jeta vigoureusement sur le côté. S'il eût fait précéder son action d'une parole d'avertissement, c'en était fait! ma tête était infailliblement broyée entre le canon et le bord du bateau, qui heurtèrent violemment le point où j'étais assis.

A peine débarqués, nous fûmes enveloppés par une foule de mendiants, pittoresquement drapés dans des haillons, lesquels réclamaient un quartillo de notre générosité, en nous interpellant sans cesse du nom de *Dis donc!* dénomination par laquelle les Canariens désignent les Français. Cette réunion de gens sales et déguenillés nous fit, jusqu'à la place de la Constitution, une escorte nombreuse et fort importune.

La chose qui nous frappa le plus, en descendant sur le sol espagnol, fut le vêtement bizarre des habitants des classes inférieures. Les femmes portent un léger jupon blanc; leur tête est recouverte par une mantille en calicot, qui descend au-dessous des reins et sur laquelle est posé un chapeau en feutre ou en feuilles de palmier, semblable à nos chapeaux d'hommes. Quant aux hommes, enveloppés dans une couverture en laine blanche, les jambes et les pieds nus, ils drapent, avec une majesté royale, leurs membres supérieurs dans cet unique vêtement.

Nous prîmes gîte à l'hôtel de la Constitution, chez un vieux militaire français nommé Guérin, qui recevait chez lui nombreuse et bruyante compagnie, cumulant les professions de maître d'hôtel avec celles de cafetier et de restaurateur. Une circonstance tout à fait significative nous apprit même que parfois, chez notre compatriote, la société était un peu mêlée; et, comme l'aventure qui nous arriva dans son hôtel caractérise assez bien les mœurs administratives de ce pays, je ne crains pas d'allonger un peu mon récit pour la raconter.

Tous les effets appartenant aux membres de l'ambassade avaient été réunis dans un seul appartement, dont la porte n'avait malheureusement pas de clef. Le soir, en rentrant chez nous, nous remarquâmes qu'une selle appartenant à M. de la Guiche avait disparu. On s'informa vainement des personnes qui avaient visité cette partie de l'hôtel; on ne put recueillir aucune indication qui pût mettre sur la trace du voleur. Enfin le fils du maître de l'établissement, pressé de questions, finit par se souvenir qu'il avait vu, dans l'escalier de l'auberge, un hidalgo de Laguna, emportant sous son manteau l'objet qu'on réclamait. On dénonça aussitôt le fait à l'alcade, qui fit immédiatement appréhender au corps.... l'unique témoin de ce vol!... Trois jours après, la selle fut restituée, mais il fut impossible d'obtenir la mise en jugement du coupable et la mise en liberté du véridique accusateur!

La ville de Santa-Cruz a la physionomie de toutes les villes modernes et commerçantes. Les rues sont larges et droites, les maisons de belle apparence; l'on dirait un de nos ports de la Méditerranée. Il y règne la même activité bruyante, le même mouvement; mais c'est seulement à certaines heures de la journée. Dès que le soleil darde ses rayons perpendiculaires sur le pavé poudreux et embrase l'atmosphère, la population tout entière rentre au logis, comme s'il était nuit close; les persiennes et les portes se referment; on se repose, on fait la sieste. L'étranger qui, par cette chaleur et cette lumière ardente, parcourt intrépidement les rues de Santa-Cruz, aperçoit à peine de loin en loin, à travers les lames des persiennes, quelque dame curieuse, qui le regarde d'un œil étonné et se retire nonchalamment au fond de son appartement frais et sombre.

Pendant que *los señores* et *las señoras* font la sieste, les commis vaquent aux affaires commerciales dans les comptoirs et les magasins; mais, dès que la nuit tombe, le mouvement et la vie recommencent; la foule bruyante envahit les rues; les groupes d'hommes et de femmes s'y promènent, précédés de joueurs de mandoline et de chanteurs; les jeunes garçons agacent les fillettes; c'est, à tous les carrefours, un joyeux et charmant tumulte. Tandis que les petites gens se divertissent ainsi en pleine rue, les belles señoras viennent s'accouder à l'étroite fenêtre; la jalousie crie légèrement sous la blanche main qui la relève, et un cavalier au manteau brun vient reprendre à travers la grille discrète une causerie d'amour, laquelle, commencée depuis plusieurs mois, serait interminable si le mariage ne finissait ordinairement ce roman en plein air. Ces choses-là se passent encore ici comme dans les vieilles cités castillanes, et l'on recommence tous les soirs les scènes du balcon, si importantes dans les pièces espagnoles. J'avoue que je n'avais jamais cru absolument aux sérénades, aux manteaux couleur de muraille, aux jalousies mystérieusement entr'ouvertes, aux conversations nocturnes des galants morfondus au pied d'une grille inexorable; il me semblait que toutes ces choses étaient de charmantes inventions de M. Alfred de Musset, réalisées seulement dans son imagination et dans ses livres. Mais, dès mon arrivée à Santa-Cruz, je fus forcé de convenir que le poëte avait fait une très-véridique histoire. Une fois, j'en dis mon sentiment à un vieux Français, établi à Santa-Cruz depuis plus de trente ans et marié à une Espagnole.

« Vraiment, lui dis-je, vous devez, avec de pareilles mœurs, avoir chaque matin une ample collection de nouvelles scandaleuses. Grand Dieu! que d'histoires de femmes enlevées, de filles séduites, de coups de dague et de poignard!...

— Ne croyez pas cela! interrompit avec feu mon interlocuteur: ainsi que tous vos compatriotes, vous jugez des femmes de tous les pays au point de vue de votre fatuité jalouse. Sachez bien, docteur, qu'ici toutes les femmes sont très-sages, les amants très-peu exigeants, les balcons très-élevés et les portes soigneusement fermées. Croyez-vous, docteur, ajouta-t-il en s'animant, croyez-vous qu'une fenêtre à cinq pieds de terre, ouverte dans un mur en bonnes briques et défendue par de solides barreaux, ne suffise pas pour rassurer les pères et les maris les plus ombrageux? Voudriez-vous que nos jeunes filles s'échappassent la nuit pour aller contempler la lune avec leurs amants au fond d'un parc, au lieu de les recevoir à leur fenêtre pour échanger quelques tendres propos? Ces conversations mystérieuses suffisent aux besoins du cœur, sans engendrer d'autres désirs. J'ai connu plusieurs de mes amis qui se sont rendus, pendant vingt ans, à la même fenêtre, et qui, le lendemain de leurs noces, s'y rendaient encore et s'attristaient de la voir close plus qu'ils ne se réjouissaient d'avoir chez eux l'objet de leur amour. Voyez comme tout se passe avec décence! Le cavalier est ferme et droit sur ses jambes, enveloppé jusqu'au cou dans son manteau, les bras croisés sur sa poitrine, l'épaule adossée contre le mur, le cou tendu pour respirer, s'il se peut, le souffle d'air qui vient de passer sur une chevelure parfumée, tandis que la jeune fille joue coquettement avec son éventail, en écoutant pour la centième fois le même madrigal. Ce sont les traditions de la vieille galanterie espagnole; elles se sont perpétuées ici bien mieux que dans la métropole. Fasse le ciel qu'elles s'y conservent encore longtemps!»

Depuis cette conversation, je crois aux livres de M. de Musset, moins les dagues, les poignards et les rendez-vous la nuit dans des chambres bien closes.

Santa-Cruz renferme quelques monuments dignes d'attention : le palais du gouverneur, quelques églises et des couvents à demi ruinés, que ne soutient plus la piété des fidèles, et dont les dernières révolutions de la Péninsule ont chassé les habitants. Les églises, surtout, décorées avec plus de somptuosité que de goût, renferment un certain nombre de belles peintures, dues à de vieux maîtres espagnols d'un talent plein d'originalité. Mais la nef de ces monuments est déserte; le vent révolutionnaire, qui a soufflé sur ces îles, a non-seulement renversé les superstitions, mais détruit aussi jusqu'aux plus saintes croyances, et le peuple, déjà fort dissolu, est tombé dans un état de dévergondage honteux.

Il est vrai que Santa-Cruz est un pays exceptionnel dans l'île; son port la met en communication avec les marins de toutes les nations, population ordinairement peu scrupuleuse, et qui n'est pas par métier vouée à la continence.

C'est à Santa-Cruz que se fait presque tout le commerce de Ténériffe; les Anglais y importent la presque totalité des objets de consommation, consistant en étoffes de coton, drap, poteries, quincailleries de toutes les espèces, et n'en exportent guère que de la soude et des vins. Ce n'est qu'à de longs intervalles que des bâtiments français apparaissent sur cette rade, et Marseille est le seul port qui ait établi des relations suivies avec les Canaries.

Le lendemain de notre arrivée à Santa-Cruz, nous résolûmes de faire une longue excursion dans l'intérieur de l'île, et nous partîmes pour Laguna, à cinq heures du matin. On nous avait procuré d'excellentes montures du pays, des chevaux petits, grêles, secs, d'une solidité parfaite; durs à la fatigue, ce qui, en voyage, supplée parfaitement à l'élégance.

Dans un pays où, comme dans cette colonie, on n'a aucune idée de la centralisation administrative, chaque ville, chaque hameau est obligé de veiller à l'entretien de ses routes et de pourvoir à tous les frais de réparation. Les Canariens ont imaginé d'alléger cette charge autant que possible, en exigeant des voyageurs un droit de péage qui, à la vérité, n'a rien d'exorbitant. C'était un représentant de la force publique qui, l'escopette à la main, se tenait sur les points en réparation pour faire acquitter cette espèce de tribut. L'intervention de ce belliqueux fonctionnaire donnait à cette taxe l'apparence d'une contribution forcée, dans le genre de celles que les honorables *bandoleros* prélèvent trop souvent sur les routes mal tenues et mal famées de la Péninsule. J'ai acquitté pourtant de tout mon cœur ma part de l'impôt qui sert à adoucir les pentes de cette voie abrupte, qui, bien qu'elle porte le nom de *camino de coche*, ne pourra rouler une voiture que lorsqu'on aura payé un nombre infini de redevances semblables à la mienne.

On n'aurait pas une grande idée de la fertilité de Ténériffe, si l'on se bornait à parcourir la route qui conduit de Santa-Cruz à Laguna. Le paysage est d'une aridité affligeante : on n'aperçoit par intervalles que quelques landes de terrain enclavées au milieu des rochers, et où l'on voit quelques carrés de patates ou d'ignames, ou bien quelques plantations de *cactus opuntia* et *coccinillifer*, puis, dans les endroits dont l'industrie humaine n'a pu vaincre l'aridité, l'*euphorbia canariensis* étendant ses grands bras nus.

Depuis quelques années, on a introduit dans toutes les Canaries la culture de la cochenille, et c'est là que j'ai vu pour la première fois le singulier insecte doué de si précieuses propriétés tinctoriales. A le voir sur la plante qui lui sert de domaine, on le prendrait pour une petite concrétion inerte. Voici à quoi tient cette ressemblance : la femelle de cet hémiptère est totalement privée d'ailes; elle vit immobile sur le cactus, dans les feuilles charnues duquel elle implante sa trompe, tandis que le mâle, muni d'ailes aux nervures herborisées, vole autour de la plante qui nourrit sa famille. C'est la femelle seule que recherche l'industrie; elle seule recèle dans son sein la précieuse substance qui fournit une couleur si éclatante et si pure.

Lorsqu'elle a été fécondée, elle s'arrondit comme une petite boule noire, et c'est alors qu'on la recueille, en raclant avec un couteau de bois les cactus qui la nourrissent. On expose alors à une chaleur d'environ quarante degrés le récipient dans lequel on a réuni ces insectes, pour déterminer leur mort, et on les fait ensuite sécher dans une étuve.

Pour assurer la régénération de l'espèce, on a le soin d'enlever quelques femelles fécondées, qu'on place sur des cactus. Lorsque les jeunes larves se développent, la femelle meurt en servant de nourriture et de premier vêtement à sa nombreuse lignée. Quant au petit mâle, élégant, ailé, il promène ses fantaisies en passant de l'une à l'autre de ces petites boules noires, chez lesquelles il sait sans doute découvrir des beautés que nos yeux ne peuvent saisir, et il meurt en prodiguant les témoignages de son amour à son sérail immobile.

C'est en montant toujours, depuis notre départ de Santa-Cruz, que nous sommes arrivés à Laguna, située dans une grande plaine qui fut jadis un marais, comme son nom l'indique. Aujourd'hui, il ne reste que quelques flaques d'eau du marais d'autrefois ; une terre fertile a remplacé les eaux stagnantes qui croupissaient dans ce lieu. C'est l'industrie européenne qui a accompli ce travail, le seul peut-être dont elle ait obtenu un résultat complétement productif, depuis qu'elle a fait la conquête de cette terre.

Parvenus sur ce point élevé, nous éprouvâmes un froid assez vif. Laguna est située à plus de cinq cent soixante-dix mètres au-dessus du niveau de la mer, et, dans ces régions, l'abaissement de la température correspond toujours d'une manière sensible avec l'élévation du sol. Les abords de la ville ne nous donnent pas, au premier coup d'œil, une haute idée de sa magnificence ; nous n'apercevons que de petites huttes d'où s'échappent des porcs galeux et criards, pourchassés par des enfants aussi sales, aussi criards que l'animal immonde qu'ils conduisent.

Mais, à mesure que nous pénétrons dans l'intérieur de la ville, nous revenons de cette première impression. Laguna ressemble aux vieilles cités de la Péninsule. Les rues, solitaires, sont bordées de maisons d'un aspect tout à fait aristocratique. La plupart des portes sont surmontées d'écussons armoriés; souvent cette pièce héraldique s'appuie sur de délicates sculptures. La vétusté de ces édifices, encore plus que le style de leur architecture, annonce qu'ils ont été élevés peu de temps après la conquête;

ils appartiennent à la grande époque de la monarchie espagnole. Aujourd'hui la mousse ronge ces pierres séculaires; une végétation microscopique jette une teinte verdâtre sur ces solides constructions, et la joubarbe canarienne étale par grandes touffes, sur les toits, ses feuilles charnues et ses fleurs d'un jaune-paille. Cet envahissement de la demeure de l'homme par les espèces végétales donne aux maisons de Laguna un caractère singulièrement original; ce n'est guère que dans ce pays qu'on aperçoit, sur la façade et jusqu'au faîte des habitations élégantes, les plantes parasites que nous avons accoutumé de trouver seulement parmi les ruines, les décombres, ou sur le toit de chaume de nos paysans.

En arrivant à Laguna, nous prenons gîte chez un Français, vieux chouan, jadis sous-officier dans les armées vendéennes. Ce vétéran, établi depuis longues années à Laguna, tient la meilleure auberge de la ville et rançonne avec une rare impartialité, je dois l'avouer, les blancs et les bleus qui passent d'aventure dans son hôtellerie.

Au déclin du jour, je sortis seul et marchai au hasard dans les rues désertes, m'arrêtant de temps en temps aux carrefours, pour écouter quelques bruits lointains ou la sonnerie des églises. Bientôt le dernier rayon du soleil s'éteignit dans le crépuscule : la nuit arrivait rapidement.

J'avais déjà rendu leur salut silencieux à quelques rares passants, lorsque, au détour d'une rue, je me trouvai en face d'un petit homme pâle, vêtu comme il y a quelque soixante ans, avec un habit à la française, des culottes courtes et des boucles d'argent à ses souliers. Je l'aurais pris assurément pour quelque marquis de l'ancien régime, émigré dans ces lointains parages depuis notre première révolution, s'il n'eût découvert, en ôtant son tricorne, la tonsure cléricale, et si toute sa personne n'avait eu un certain air espagnol auquel je ne pouvais me tromper. Le brave homme me salua courtoisement et me demanda, en très-bon français, s'il pouvait m'être utile à quelque chose.

« A retrouver mon chemin, lui répondis-je, enchanté de la rencontre; je voudrais savoir seulement à quelle distance je suis de l'auberge du Français. »

Le bon père était passablement curieux; au lieu de répondre

directement à ma demande, il m'adressa les questions suivantes avec une précision qui ne me déplut pas :

« D'où venez-vous? Où allez-vous? Quels renseignements désirez-vous sur ce pays? »

Répondant à la dernière de ces interrogations, je lui dis, en le saluant de nouveau :

« Je voudrais bien savoir, mon père, comment il se fait qu'une ville qui possède un évêque, un chapitre de chanoines, une bibliothèque, une université et une population de neuf mille trois cent cinquante habitants, n'a pas le plus petit luminaire pendant la nuit pour éclairer les passants et les empêcher de se heurter contre les murailles. »

Le vieux prêtre me répondit gravement :

« Sachez, mon fils, je dis mon fils, puisque vous m'appelez mon père, sachez que les anciens respectaient la sombre obscurité des nuits, parce qu'ils savaient qu'elle agissait sur le cœur de l'homme en lui inspirant une salutaire hésitation. Il faudrait imiter leur sagesse. En déchirant ce grand voile, sous prétexte d'amélioration et de progrès, la plupart des villes n'ont éclairé que leur honte. Nous avons déjà la constitution; faites-nous grâce des réverbères! La constitution nous a fait voir clairement l'ambition haineuse, la rapacité, la cruauté jalouse de nos hommes d'État; les réverbères mettraient à jour le vice brutal de l'homme du peuple et toutes les turpitudes que la nuit couvre de ses ténèbres. »

A cette réponse inouïe, j'eus quelque peine à garder mon sérieux. Pourtant je répliquai sans rire :

« Vos étudiants, mon père, doivent tenir bien moins aux réverbères qu'aux principes constitutionnels, et je suppose qu'à cet égard ils sont de votre opinion.

— Qu'appelez-vous nos étudiants? s'écria le prêtre avec véhémence; sont-ce ces jeunes sacripants à la physionomie rébarbative, et vêtus Dieu sait comment? Ces pendards, mon fils, ne sont pas des étudiants; le dernier étudiant de notre université est mort dans l'humble soutanelle, cette livrée de la pureté, de l'étude et de la pauvreté; les bandits dont vous parlez sont des ergoteurs, qui se moquent de leurs maîtres, lesquels le leur rendent bien; les uns ne valent pas mieux que les autres, c'est certain, et tous ensemble concourent efficacement à la désorganisation du monde. »

En causant ainsi, mon interlocuteur m'avait ramené devant l'auberge du vieux chouan ; il me laissa sur le seuil en me promettant de venir me voir le lendemain.

Nous goûtâmes un doux repos sur les planches de nos lits ; car je ne puis croire, quoique notre hôte l'ait affirmé, que la chose placée sur ce bois mal raboté était un matelas. Le reste de l'ameublement répondait, d'ailleurs, à cet excellent lit ; il n'y avait, dans cette grande chambre, qu'une chaise de paille, un gigantesque crucifix et une vieille malle.

Le lendemain, nous eûmes le plaisir de déjeuner à une table fort rapprochée de celle où s'étaient assis quelques étudiants en droit de Laguna : je dois avouer que mon guide de la veille, le père que je ne revis plus, n'avait été que juste envers eux. Ces pendards, comme il les appelait, avaient été assez téméraires pour ôter leur cape : ils étalaient un costume aussi délabré que les guenilles de Lazarillo de Tormès, et leur conversation était en harmonie avec leur tenue.

A peine fûmes-nous hors de l'hôtel, que les petits mendiants de Laguna nous saluèrent, comme ceux de Santa-Cruz, des cris de : « *Dis-donc*, un quartillo ! » variés sur tous les tons, et avec une persévérance à faire succomber le flegme le plus britannique. Nous eûmes beau nous servir des locutions les moins polies et les plus énergiques de la langue espagnole pour dissiper cette foule de mendiants sans vergogne, ce fut en vain. Il fallut subir toutes les importunités de ce cortége déguenillé.

Nous visitâmes quelques églises de Laguna. On ne peut rien dire, en vérité, de ces édifices, qui n'ont pas plus de caractère qu'une moderne église de village. Notre projet était de voir aussi l'université ; mais nous ne trouvâmes qu'un concierge de fort mauvaise humeur, qui se dispensa de nous montrer le local.

Les environs de Laguna et les terres cultivables qui en dépendent sont peuplés de petites cabanes aux toits inclinés et couvertes de chaume. Ces maisonnettes rappellent tout à fait celles de nos paysans des Alpes et des Pyrénées. Les bestiaux qui paissent dans les champs sont forts et d'une belle apparence ; mais tout le paysage est nu, monotone, comme les plaines de la Brie. On ne recueille que du froment sur cette terre, où ne sauraient mûrir les fruits des tropiques.

Nous séjournâmes à Laguna, pour aller visiter Agua-Guillen et la Fuente de las Mercedes, qui sont les deux points les plus pittoresques de ses environs. L'un et l'autre sont situés au milieu des bois, sous des dômes d'une verdure dont aucune saison ne saurait flétrir l'éternelle fraîcheur. Les forêts des Canaries n'ont pas la majesté des forêts vierges de l'Amérique, de la Malaisie et de l'Inde. Les essences qui les composent se rapprochent de celles de nos pays par leur port et leur feuillage; si le convolvulus *canariensis* et le convolvulus *scoparius*, qui se roulent en spirale au sommet des lauriers, des ardisias et des viburnums, comme de grandes lianes, si les frondes ambitieuses des fougères presque arborescentes ne leur donnaient un caractère spécial, on pourrait se croire au fond de nos bois de chênes, de hêtres et de bouleaux. Dans ce pays aimé du soleil, partout où coule un filet d'eau, une végétation abondante pare la terre. Les arbres aux grandes branches plongent dans le sol rocailleux leurs fortes racines, tandis que les mousses, les fougères, les convolvulus, attaquent les grands blocs de basalte détachés sur le sol et leur font une belle robe de verdure et de fleurs. C'est la partie intermédiaire des montagnes qui est peuplée de lauriers et d'ardisias; les zones plus élevées sont ordinairement envahies par des pins, qui, sauf leur plus grand développement, ressemblent beaucoup au pin d'Alep; plus haut encore, on ne trouve plus que des bruyères et des cistes, qui atteignent jusqu'aux limites où toute végétation arborescente cesse, où le sol ne nourrit plus que des plantes herbacées. Nous avons parcouru ces différentes zones de végétation, et, quel que soit le lieu que nous ayons atteint, nous avons été frappés de l'absence des espèces animales; nous n'avons rencontré dans ces solitudes que très-peu d'oiseaux et presque pas d'insectes; il n'y avait guère que quelques papillons butinant sur les fleurs.

Le serin canarien lui-même a presque disparu de sa contrée natale; ce n'est qu'à de rares intervalles qu'on en voit quelques individus avec leur robe jaune et verte, perchés sur le sommet des arbres, où ils font entendre leur ramage naïf, lequel n'a rien de la précision, de l'éclat de celui de leurs frères d'Europe, ces chanteurs savants et ennuyeux, dont le plumage même est fort éloigné du type primitif.

Une chose assez bizarre, c'est que presque tous les versants des parties les plus boisées sont dégarnis de végétation ; en revenant d'Agua-Guillen, nous parcourûmes un de ces versants complétement dépourvu de plantes, et habité par un petit aigle fauve, qui faisait entendre au-dessus de nos têtes son cri rauque et sauvage. Lorsque nous commençâmes à rencontrer de nouveau des terres cultivables, nous trouvâmes les paisibles possesseurs de ces domaines, à moitié sauvages, établis sous des grottes naturelles, leur seul abri. Les mêmes lieux avaient sans doute été, il y a quelques siècles, le séjour des anciens habitants de ces contrées, des antiques familles de Guanches. Qu'étaient devenus ces légitimes possesseurs de Ténériffe? Ils étaient morts en défendant leurs domaines. Les vainqueurs leur ont succédé sans craindre que jamais une autre race conquérante les chasse de cette patrie usurpée.

De retour à Laguna, nous allâmes visiter ce qu'on appelle trop fastueusement le Musée. Nous n'y trouvâmes qu'une réunion de coquilles brisées, d'oiseaux écloppés, et deux momies de Guanches qui ne valaient certainement pas celles qui font partie de la collection de la Faculté de médecine de Montpellier, lesquelles ont probablement été données à cet établissement par le savant Broussonnet, qui fut consul de France dans ces parages. Nous aurons occasion de revenir sur cette singulière coutume d'embaumement, qui prouve que ceux qui le pratiquaient avaient déjà atteint une civilisation très-avancée.

Nous partîmes de Laguna pour aller au Puerto de Orotava, à cinq heures du matin, par une belle matinée un peu froide. Assis commodément sur des montures que précèdent nos guides, lesquels, suivant l'usage du pays, chantent en mauvais vers espagnols l'éloge de leurs maîtres du moment, nous parcourons du regard les pics culminants qui nous entourent, et que la foi géologique énumère aujourd'hui sous le nom pittoresque de *cônes de soulèvement*. Comme un géant au milieu d'un peuple de nains, le grand cratère de Teyde cachait sa tête auguste dans un nuage transparent; cette légère vapeur ressemblait au voile du sanctuaire qui couvre la face d'un dieu et permet de le deviner à travers son enveloppe de gaz, mais non de le contempler dans toute sa grandeur.

Le chemin qui conduit de Laguna à Orotava est une ravissante promenade; on traverse des campagnes parfaitement cultivées, des bois silencieux et profonds, des côtes arides, terminées par des sommets circulaires, que notre orthodoxie géologique nous force à considérer comme d'anciens cratères. On rencontre le long des sentiers quelques femmes canariennes, avec leurs chapeaux d'homme, et quelques hommes drapés dans les grandes couvertures blanches qui leur servent de vêtement pendant le jour et de lit pendant la nuit ; à de longs intervalles, quelques bandes de mulets chargés de marchandises, quelque chamelier encourageant de la voix son paisible compagnon, qui marche le cou tendu et l'œil au guet.

Les chameaux ont été introduits aux Canaries, peu de temps après la conquête, par un gentilhomme français, M. de Bethencourt ; depuis lors, ils ont parfaitement prospéré, et rendent d'importants services dans ce pays privé de prairies grasses et productives.

Peu de temps après notre départ de Laguna, nous prîmes un sentier à notre gauche, et nous nous enfonçâmes dans des bois épais, qui nous conduisirent à Agua-Garcia, jolie source qui coule sous la protection des lauriers séculaires qui abritent son onde limpide. L'eau argentée court sur une mousse épaisse, à travers les troncs d'arbres renversés, les frondes flexibles des fougères, les branches inclinées des ilex, et va porter enfin un peu de fraîcheur et de fécondité dans les jardins d'un petit village situé à l'extrémité du bois.

J'entrai dans une maison, la plus apparente de cette bourgade : c'était un pauvre logis, couvert de chaume. La famille était attablée autour d'un grand plat de lupin bouilli, qui lui servait de pain ; des oignons crus accompagnaient ce fade aliment ; pourtant ce frugal ordinaire suffisait à l'appétit de ces bonnes gens. Les hommes avaient l'apparence d'une santé robuste ; les femmes étaient fortes et fraîches.

En quittant les bois d'Agua-Garcia, le chemin descend sans cesse et tourne la montagne pour pénétrer dans la vallée d'Orotava. L'entrée de cette vallée produit sur le voyageur une surprise des plus vives ; il quitte à peine un bois touffu, des rochers grisâtres et nus, des champs de blé, une nature agreste et sauvage, lorsque, à deux pas, au détour d'un rocher, sa vue embrasse tout à coup un amphithéâtre immense, sur lequel sont étagés des bourgs, des hameaux, des villages, deux villes, des jardins d'o rangers et de citronniers, des champs de vignes, des bois de pins, et, pour horizon à ce tableau, la mer et le volcan ! Il est impossible de ne pas s'arrêter étonné devant toute cette richesse dans un si petit espace, de ne pas envier ceux qui vivent dans cet Éden. Nous descendîmes cette côte, les yeux fixés sur le panorama magnifique qui renferme Orotava, El Puerto, les deux Realejos, Realejo-Alto et Realejo-Bajo, deux jumeaux qui se sourient à travers le feuillage d'oranger qui les couvre. Le pic immobile, sombre et toujours couronné de nuages, la mer clapotante, mais non agitée, forment le cadre de cet immense tableau, dont aucune parole ne saurait rendre la grâce et la majesté.

A peu de distance de la ville del Puerto, nous nous arrêtâmes au jardin d'acclimatement. Cet établissement, qu'avait dirigé le savant historien des Canaries, M. Berthelot, est tombé aujourd'hui dans des mains indignes. Mais, tel qu'il est, il montre le parti qu'on pourrait tirer de sa position, en en faisant l'entrepôt des richesses végétales du monde entier. Alors ce lieu pourrait devenir un jour le rendez-vous de l'habitant des tropiques et de l'habitant du Nord, venant contempler, dans une égale admiration, les productions qui leur sont mutuellement inconnues. Sous ce ciel favorisé, et dans ce petit espace, le cafier d'Arabie, la banane de l'Inde, le cacaotier américain, le cannellier de Ceylan, le poirier, le pommier, la vigne, le pêcher, fils de nos climats, vivent de compagnie, sans que rien entrave leur développement, sans qu'ils aient à supporter des excès de température incompatibles avec leur nature. Que résulterait-il, après un certain nombre de siècles, de cette culture en commun de presque toutes les espèces végétales de notre planète ?

Puerto de Orotava compte environ quatre mille habitants. C'est une petite ville propre et jolie, ornée d'une place qu'ombragent de beaux arbres. Ce séjour me parut, sous tous les rapports, préférable à celui de Santa-Cruz. Cependant tout le commerce est concentré dans cette dernière ville, et il est probable qu'il ne se déplacera pas. Les navigateurs recherchent moins les sites pittoresques, les beaux paysages que les ports bien abrités, et je crois que la rade de Santa-Cruz est beaucoup plus sûre que celle del Puerto. L'aspect de la ville est très-animé, la rade est peuplée de barques de pêcheurs, et, sous les arbres de la promenade, les marchandes de fruits et de poisson offrent, avec un sourire égrillard, leurs denrées aux acheteurs.

Le lendemain, nous montâmes à cheval dans la matinée pour parcourir cette vallée, que nous n'avions qu'entrevue la veille, et que nous voulions connaître dans ses détails. Un des personnages les plus considérables de l'île, M. le marquis de Collogan, qui s'était mis à la disposition de M. l'ambassadeur, nous accompagna dans cette excursion. Cette promenade dura toute la journée et nous donna une idée suffisante de la magnifique vallée d'Orotava. Nous visitâmes les diverses propriétés de M. de Collogan, la Rambla et les deux Realejos.

Toute la culture de la partie haute de la vallée consiste en vignes, qui croissent admirablement dans le sol volcanique, et dont les produits sont fort considérables ; c'est même aujourd'hui la plus grande ressource de ce district, qui exporte partout ses vins alcoolisés sous le nom de madère ou de sherry. A différentes reprises, les éruptions du volcan ont partiellement dévasté la contrée et couvert le sol cultivable d'une lave légère ; on attend, dans ce cas, que le refroidissement de cette couche minérale se soit opéré ; on la brise alors, et on remet en culture le sol qui avait été superficiellement solidifié.

En parcourant ces campagnes volcaniques, je prends une idée de la formation des *barrancos*, espèces de ravins aux rives escarpées et taillées à pic, qui sillonnent toutes les Canaries, comme des rayons perpendiculaires à un axe. Je restai convaincu, après les avoir examinés, que ces espaces n'ont pas été creusés par l'effet des eaux, comme le lit des torrents, mais qu'ils sont dus à un retrait de la matière en fusion, retrait qui s'est opéré par le refroidissement.

Tous les villages disséminés dans cette vallée se ressemblent ; chaque maison est entourée d'un verger de bananiers et d'orangers, à l'abri desquels croissent la patate, l'igname et la plupart des autres plantes tropicales. Ces possessions sont arrosées par de petites sources, qui s'écoulent, pour ainsi dire, goutte à goutte sur le sol, dont elles entretiennent la fraîche végétation.

A Realejo-Alto, je voulus acheter des oranges ; on me conduisit dans un petit jardin clos de murs. Ce n'était pas le terrible dragon du jardin des Hespérides qui en gardait l'entrée, mais une belle fille à l'œil noir, à la taille fine et cambrée. Elle me conduisit sous les ombrages odorants, abaissa les branches flexibles de l'arbre aux pommes d'or, et me tendit ces beaux fruits en babillant comme un oiseau. C'était une de ces créatures naïves et charmantes, comme Dieu en fait naître quelquefois dans les nombreux paradis qu'il a disséminés sur cette terre. Elle me fit part ingénument de sa situation de fortune et de ses sentiments. Sa mère, en mourant, lui avait légué ce verger; c'était toute sa dot, mais ce petit domaine suffisait à ses besoins. Elle n'avait pas d'*amigo*, mais elle voulait un bon mari pour partager cette humble fortune, suffisante *para los dos*, disait-elle. En écoutant cette belle jeune fille, en songeant combien les besoins sont bornés dans ce pays, où un coin de terre fournit à toutes les nécessités de la vie, je me surpris à voir dans quelques arpents de terre et cet œil noir la réalisation de tous les désirs et le terme d'une heureuse et paisible existence.

La ville d'Orotava est située à peu de distance des Realejos. Sa population est de huit à neuf mille âmes; elle est la seconde ville de l'île. Elle est habitée par quelques familles qui ont conservé les traditions aristocratiques, les vieilles mœurs espagnoles, mais non les habitudes magnifiques de l'ancienne noblesse. Leur pauvreté égale presque l'antiquité de leur origine, et elles vivent retirées au fond de leurs belles maisons, dans lesquelles, de mémoire d'homme, aucun voyageur, aucun étranger, n'a été admis.

J'ai vu de loin une église monumentale, assise sur une éminence, et quelques constructions qui semblent appartenir à une époque plus prospère. La villa Franchi, située près d'Orotava, est un endroit connu de tous les botanistes, à cause du phénomène végétal que renferme son jardin. Ce phénomène est un dragonnier qui était déjà en grande vénération dans l'île lorsque les Espagnols en firent la conquête, il y a plus de trois cents ans. Les Guanches le regardaient comme un arbre sacré, à cause de son antiquité. Le stipe de ce magnifique végétal avait, en 1843, quand je le mesurai, quatorze mètres quatre-vingts centimètres de circonférence, à un mètre au-dessus de terre; encore avait-il perdu dans un ouragan le tiers de sa rotondité. Par des calculs fort ingénieux et du reste fort probables, les botanistes font remonter à plus de quatre mille ans l'époque de sa naissance.

Lorsque nous l'avons vu, le célèbre vieillard était dans le plus bel état de vitalité, et ne donnait aucune inquiétude sur son existence; il étendait majestueusement ses rameaux sur les arbres qui croissaient aux alentours, et abandonnait aux vents les petites fleurs blanches qui tombaient de son front vénérable comme une poussière odorante. Le géant végétal est là debout, au pied du pic de Teyde, cet autre géant qui recèle du feu dans son sein, comme pour porter, au nom de la nature organique, un défi de longévité à la nature inanimée. Qui sait depuis quel temps a commencé cette lutte et lequel des deux doit céder, de la pierre ou de l'arbre? Peut-être sont-ils nés le même jour : l'un sortant de l'eau, poussé par une invincible force, à travers des commotions terribles, et l'autre, faible graine emportée par le vent, venant tomber sur ce sol nouveau. Qui pourrait dire, devant cette terre qui tremble, si leurs destinées ne sont pas fatalement liées et si la même catastrophe ne doit pas les faire disparaître, le sommet gigantesque s'abîmant sur lui-même et la mer reprenant possession de son domaine?

La villa Franchi appartient aujourd'hui à M. le marquis de Collogan, notre aimable guide. C'est un but de promenade visité par tous les voyageurs qui pénètrent dans l'île. Indépendamment du célèbre dragonnier, ces beaux jardins renferment beaucoup de végétaux précieux, et, à cette première étape tropicale, on est pressé de voir tout ce qui a rapport aux productions du pays que l'on va parcourir. L'habitation qui domine la vallée est un séjour délicieux, bâti sur le modèle de nos anciens manoirs seigneuriaux. On découvre du haut de la terrasse un ravissant paysage, de profondes masses de verdure, au-dessus desquelles flotte le vert panache des dattiers; d'agrestes sentiers, bordés d'aloès dont la hampe dépasse la cime des arbres, et, par delà, l'Océan qui miroite sous un ciel toujours pur.

Le soleil était à son déclin lorsque nous descendîmes de la villa à Puerto : avant de rentrer dans cette ville, nous nous arrêtâmes au bord de la mer, dans une ravissante maison de campagne habitée par un Anglais. Sa femme, très-jeune et très-belle, faisait l'éducation de deux petits enfants blonds et roses comme des chérubins; le mari n'avait d'autre spécialité apparente que de faire des ascensions au pic; c'était sa manie. Depuis six ans qu'il habitait Orotava, il avait été le compagnon de tous les étrangers qui avaient gravi l'âpre sommet. En apprenant que plusieurs personnes de la légation avaient tenté sans lui cette escalade, il nous dit laconiquement : « Je gravirai le pic dans trois jours.... » Et il a tenu parole.

Nous avons trouvé des Anglais dès notre première étape, et, depuis lors, nous les avons rencontrés partout où il y a un bifteck à manger, en présence d'un beau site, dans une douce température. La race anglaise est la seule aujourd'hui qui, grâce à sa richesse, jouisse de tous les biens disséminés sur la terre ; elle est vraiment en possession du globe, et il n'est aucune partie connue de ce vaste univers qui ne concoure à assurer les jouissances de quelque enfant de la brumeuse Angleterre. Comment se fait-il que le peuple artiste par excellence, celui qui est le plus apte à apprécier les merveilles de la création, qui sait le mieux s'identifier avec le génie des peuples divers, se résigne à se confiner chez lui, et ne dispute point à ses jaloux voisins la possession d'un bonheur que Dieu a créé pour l'espèce entière, et non pas pour la satisfaction d'un seul peuple?

A notre retour à Santa-Cruz, nous fûmes témoins d'une grande manifestation politique. Les autorités canariennes avaient reçu la notification officielle de la majorité de la reine Isabelle, et le chef politique annonça au peuple et aux troupes le *joyeux* avénement de la jeune souveraine. Cette proclamation se fit avec la solennité mesquine qui caractérise les manifestations politiques de notre temps et les révolutions écloses sous l'inspiration des doctrines philosophiques du siècle dernier.

Le dimanche, à midi, le peuple et les troupes, rassemblés sur la place de la Constitution, en face du palais du gouverneur, attendaient avec indifférence les communications officielles annoncées dès le matin; le corps des hauts fonctionnaires, répandu dans les vastes appartements du palais, stationnait par groupes devant les fenêtres qui s'ouvraient sur le lieu du rassemblement. A la voix d'un huissier, on fit silence dans la foule, et un monsieur en habit noir, en cravate blanche, ne portant aucun insigne qui annonçât la dignité dont il était revêtu, se présenta sur le balcon du palais pour haranguer la population. Il raconta laconiquement les événements qui avaient amené l'expulsion d'Espartero de la Péninsule et l'émancipation de la jeune reine par les cortès; en terminant sa rapide improvisation, il chercha à émouvoir ses auditeurs par quelques phrases boursouflées. Mais à peine quelques voix, parmi le peuple, s'unirent-elles à la voix des fonctionnaires pour répéter les cris de « *Viva la reina!* vive la constitution ! » qui clôturèrent le discours officiel.

On sentait que ce peuple, drapé de vêtements bizarres, couvert de haillons pittoresques, et spectateur à peu près indifférent de ce petit acte politique, était en arrière d'un siècle avec les messieurs emprisonnés dans des habits noirs étriqués, des pantalons collants et des gants jaunes, qui se disaient les chefs de cette foule déguenillée.

Lorsqu'on eut joué cette première scène sur la place de la Constitution, les autorités reçurent le serment de fidélité des troupes et de la garde nationale. La garde nationale se composait, à Santa-Cruz, de deux ou trois cents propriétaires, marchands, etc., convenablement équipés, et portant aussi militairement que nos soldats citoyens le mousquet et le sabre, et d'une centaine de honteux bizets. Dans ce pays, le tiers état n'a pas encore fait son éducation militaire, et, bien qu'en définitive ce soit lui qui profite des avantages du nouvel ordre de choses établi en Espagne, on pourrait constater qu'il y avait peu d'élan, peu d'enthousiasme, dans cette partie de la population; la majorité paraissait satisfaite d'un résultat qui devait assurer la tranquillité de la Péninsule, ce qui s'est réalisé; mais elle ne témoignait pas son contentement par ces manifestations exagérées dont les Espagnols ont l'habitude.

Nous vîmes défiler devant nous les deux mille hommes qui composent la petite armée canarienne; ces soldats au visage basané, à la taille grêle et élancée, avaient bonne façon sous leur frac vert, bordé de lisérés jaunes. Tous portaient le pantalon de toile blanche; et ceci se passait le 31 décembre. Cette circonstance, insignifiante en elle-même, nous fit songer à la différence de physionomie que présentaient, au même moment, notre grande capitale et cette petite ville des îles Canaries.

A Paris, l'atmosphère, privée de soleil, était froide et brumeuse; les arbres des boulevards portaient des glaçons sur leurs branches noires et grêles; les rues étaient envahies par une foule frileuse et affairée; les voitures roulaient en grinçant sur un pavé couvert de givre; les femmes voilaient, sous les plis amoncelés de leurs lourds vêtements, l'élégance de leurs formes et la grâce de leurs contours; tout enfin était empreint de tristesse et semblait participer au deuil de la nature, à cet état d'engourdissement et d'insensibilité qui est presque la mort! A Santa-Cruz, au contraire, le soleil, étincelant dans un ciel sans nuages, reflétait ses rayons sur la mer azurée et immobile. Une foule bizarrement drapée dans de légers tissus parcourait lentement les rues, abandonnant au vent, d'une lèvre distraite, la fumée d'une cigarette odorante. Dans cet air tiède, chacun avait le libre exercice de ses mouvements; on ne ressentait pas ces contractions douloureuses que font éprouver nos rudes hivers. Sur les murs en ruine de quelques jardins renfermés dans l'intérieur de la ville, on voyait de grands aloès confondre leurs lances aiguës avec le feuillage vert et les fruits jaunes de l'oranger; et, du centre de ces longues piques aux reflets métalliques, s'élançaient des hampes gigantesques couronnées de fruits arrondis, semblables aux grelots immobiles d'un pavillon chinois.

L'influence de ce milieu doux et tiède, la vue de cette population heureuse dans son dénûment, l'aspect de ces plantes tropicales parées de fruits et de fleurs, entraînèrent ma pensée dans une suite de réflexions; je m'étonnai que, dans ces pays, où la vie est naturellement nonchalante et sensuelle, tant elle est facile, les idées politiques pussent avoir le moindre retentissement. Il me semblait alors que les habitants de ces pays privilégiés, où le travail est un jeu, étaient destinés à vivre par les affections, par le cœur, plus que par l'intelligence, et que ces luttes de l'ambition n'étaient permises que dans les âpres régions où le travail est une souffrance et où le pauvre éprouve des besoins qu'il ne peut satisfaire!

Malheureusement la réalité donnait un démenti à ce raisonnement; car, bien qu'il y eût peu d'enthousiasme dans la partie de la population qui s'intéressait au mouvement politique, elle était fort préoccupée des derniers événements. Cette préoccupation était d'ailleurs fort naturelle; chacun se demandait si le changement survenu dans le personnel du gouvernement amènerait la révocation d'une mesure de l'administration espartériste qui ne tendait à rien moins qu'à ruiner presque totalement les grands et petits propriétaires des Canaries. Par suite d'un usage que des idées catholiques exagérées avaient jadis établi dans ce pays, les mourants avaient la coutume de laisser au clergé une certaine somme pour célébrer des messes à leur intention. Ces sommes étaient ordinairement exorbitantes, eu égard à la fortune des testateurs. Ceux-ci, mettant en doute la fidélité de leurs héritiers à remplir leurs intentions, en assuraient l'exécution en indiquant les propriétés qui répondaient de leurs legs pieux. Les gens bien avisés ne manquaient pas, à la mort de leurs proches, de prendre des arrangements avec l'autorité ecclésiastique, d'ailleurs fort accommodante, pour se libérer de leurs dettes; mais la prévoyance n'est pas une vertu populaire, et beaucoup se contentaient de payer une partie du legs, comptant sur la tolérance et le désintéressement de leurs créanciers. Le clergé canarien n'avait jamais réclamé l'excédant des sommes qui lui étaient dues; l'usage avait fait loi, et la part acquittée au décès d'un mourant était acceptée comme l'intégralité de la somme léguée; mais le gouvernement révolutionnaire, s'étant emparé des biens du clergé, revenait sur ces dettes, et voulait exiger, non-seulement la totalité des sommes dues, mais encore les intérêts accumulés de ces sommes. Triste retour des choses d'ici-bas! Beaucoup de braves Canariens avaient secondé le mouvement révolutionnaire, dans la prévision que tôt ou tard les exigences de leurs bienveillants créanciers pourraient se réveiller, et, en voulant se soustraire à cette crainte permanente, quoique peu fondée, par le fait de leur révolte, ils s'étaient jetés entre les mains d'un pouvoir pressé par le besoin d'argent, qui les spoliait brutalement.

Cette circonstance explique l'anxiété d'une partie de la population en présence des derniers événements, la satisfaction qu'elle en ressentait et la haine profonde qu'elle portait au régent, lequel comptait certainement alors autant d'ennemis qu'il y avait d'habitants à Santa-Cruz.

Ténériffe, comme toutes les autres îles canariennes, est aujourd'hui dans un état précaire. Depuis quelques années, les navigateurs abandonnent ces bords jadis si fréquentés et vont se pourvoir ailleurs des produits de même nature que ceux qu'on y récolte. Les vins alcooliques de l'archipel sont exportés avec peine; les soudes que l'on retire de l'incinération des plantes qui croissent le long des côtes, et les potasses que l'on obtient en brûlant les arbres des forêts de l'intérieur, se vendent à vil prix.

Les grandes coulées volcaniques de ces îles sont presque entièrement couvertes d'une croûte lichénoïde qui forme sur le fond noir du rocher des herborisations jaunes et blanches. Ces concrétions microscopiques, qui rongent la pierre aride et nue sur laquelle elles se développent, sont devenues entre les mains des industriels une précieuse substance tinctoriale. Dans les premiers temps de la Restauration, les Anglais et les Français venaient à Ténériffe se pourvoir de ces lichens lithophages, qu'ils achetaient à haut prix; mais aujourd'hui l'Angleterre retire l'orseille de la côte d'Angole, et l'on a constaté en France que presque tous les rochers des Alpes, des Pyrénées et des Cévennes étaient attaqués par ce premier agent de la nature organisée.

Il serait difficile de déterminer l'époque à laquelle remonte l'emploi de ces cryptogames comme substance colorante. Probablement leur propriété tinctoriale a été connue de l'antiquité. C'est peut-être avec ces lichens qu'on préparait aux Canaries, du temps du roi Juba, cette pourpre de Gétulie presque aussi estimée à Rome que celle de Tyr, et c'est à leur abondance sur les immenses rochers qui hérissent ce petit groupe d'îles qu'est dû le nom de *Purpurariæ*, sous lequel plusieurs d'entre elles étaient désignées. Ce qui donnerait quelque vraisemblance à cette opinion un peu hasardée, c'est que les mollusques tinctoriaux sont moins communs dans ces parages que sur les côtes où les Romains allaient chercher les éclatants tissus dont ils aimaient à se parer; il est donc probable qu'on opérait dans les ateliers des îles Purpurariæ avec un autre agent que celui employé à Sidon et à Tyr.

Lorsqu'on s'est aperçu que définitivement la récolte des lichens ne rapportait plus rien, les propriétaires canariens ont tenté de substituer à ce produit indigène un produit exotique; et, pensant remplacer ce qu'ils avaient perdu, ils ont fait venir la cochenille.

Malheureusement l'industrie humaine, quelles que soient son activité et sa persévérance, ne saurait égaler la puissante fécondité de la nature. L'industrie, malgré ses efforts pour créer une nouvelle source de richesses, n'obtient encore que des récoltes sans importance, qui ne présentent qu'un chiffre insignifiant dans le revenu des îles, tandis que la nature, en couvrant les rochers d'une végétation microscopique, les avait libéralement dotées d'un produit d'une grande valeur.

L'état de gêne, de dénûment dans lequel végète aujourd'hui la population canarienne, lui inspire parfois des sentiments peu philanthropiques. J'ai souvent entendu des hommes, dans une position élevée, exprimer le regret que le temps de nos grandes luttes avec les puissances européennes fût si loin de nous et que ces guerres sanglantes ne pussent recommencer désormais. Alors les Canaries étaient des espèces de ports francs, où relâchaient les flottes et les corsaires des nations belligérantes; les équipages de ces navires, tous composés de gens dissolus et bien payés, jetaient l'argent à pleines mains pendant leur séjour dans les îles, et ce beau pays était journellement le théâtre de réjouissances que l'imagination des matelots peut seule inventer. Les belles Canariennes et les vins brûlants de ce sol volcanique étaient surtout fêtés dans des orgies auxquelles l'appareillage des navires en relâche pouvait seul mettre un terme. Qu'est-il resté cependant de ces jours de prospérité éphémère, que les Canariens regrettent si vivement? rien que l'avilissement et la misère. Quelques spéculateurs avides ont pu, il est vrai, réaliser des gains considérables, ce qui n'a rien ajouté à la fortune publique; mais les hommes du peuple ont contracté les habitudes les plus immorales et les plus honteuses! Ils n'obtenaient quelque argent de la dissipation proverbiale des marins qu'en fermant les yeux sur la conduite de leurs femmes et de leurs filles. Cette époque a engendré une corruption générale chez les classes pauvres. Les femmes, que la misère dégrade de plus en plus, dédaignent le travail et font ouvertement ressource des caprices qu'elles inspirent. Quand elles sont vieilles et laides, elles mendient. Aussi n'est-il aucune jeune fille parmi les classes inférieures qui ne sache de très-bonne heure que la beauté est un bien précieux, que ce bien constitue sa seule richesse, et qu'il faut en tirer tout le parti possible. Mais c'est la mendicité surtout qui est la plaie et le fléau des Canaries; je crois pouvoir affirmer sans exagération que les deux tiers de la population demandent l'aumône.

Un soir que j'étais sorti de Santa-Cruz par les rues hautes de la ville, je m'engageai dans un des étroits sentiers qui serpentent le long de la route accidentée de Laguna. Le soleil disparaissait à l'horizon et teignait de pourpre la grande Canarie, qui semblait flotter comme une nef dorée sur la mer d'un bleu sombre. Pas un souffle d'air ne faisait vaciller les herbes sèches du chemin ; l'euphorbe canarienne, dont les tiges contournées, disposées circulairement sur un pied unique, forment comme un vaste candélabre; les cactus aux raquettes armées de pointes, les dracænas hérissés de feuilles tranchantes, aiguës, étaient muets et immobiles. Les orangers même, dont le feuillage sonore s'éveille à la plus légère brise, couvraient silencieusement le toit de quelques misérables cabanes disséminées au milieu des rochers. Aucun oiseau ne chantait ; aucun insecte ne criait sous l'herbe ; à peine entendait-on, à de longs intervalles, frissonner les ailes de gaze de quelque libellule, bruire quelque bombyx au vol pesant ; car par vingt degrés de chaleur nous étions en hiver ; les insectes étaient encore rares, et, malgré l'extrême douceur de la température, bien peu s'aventuraient à bourdonner aux dernières clartés du jour.

Tout à coup, au détour d'un sentier, j'entendis les voix confuses d'une dizaine de femmes qui revenaient de la ville, causant et caquetant comme des oiseaux jaseurs. Elles marchaient à la file l'une de l'autre. La plupart portaient sur leur tête des vases ou des corbeilles, dont elles régularisaient les mouvements oscillatoires avec la main. Je me rangeai sur le bord du sentier pour laisser défiler cette petite caravane, et fis un appel à ma mémoire pour répondre le plus gracieusement possible, dans une langue que j'épelais à peine, au salut amical que je m'attendais à recevoir de chacune de ces femmes. Quel ne fut pas mon désappointement lorsque j'entendis chacune d'elles, en passant devant moi, m'adresser, de sa voix fraîche et argentine, la monotone requête des petits mendiants de la ville : « Dis donc, *un quartillo, señor!* » Le dégoût que m'inspirèrent ces basses habitudes de mendicité me fit détourner la tête pour laisser passer, sans leur donner un regard, ces quêteuses éhontées ; mais la dernière mit dans sa demande une telle insistance, qu'involontairement je levai les yeux sur elle. Je fus frappé de l'élégance de sa taille et de la beauté de ses traits. C'était une grande fille, plus élancée que ne le sont généralement les Canariennes, au teint très-légèrement bronzé, aux yeux noirs et brillants. Elle portait sa mantille de calicot, d'une propreté irréprochable, drapée avec une certaine noblesse ;

son front haut annonçait l'intelligence; son nez légèrement arqué et ses lèvres minces, une certaine résolution.

Au lieu de continuer son chemin, comme ses compagnes, après m'avoir adressé l'inévitable formule, elle s'était arrêtée devant moi et me considérait avec une expression presque moqueuse. Un peu piqué de cette hardiesse, je lui dis avec aigreur :

« Êtes-vous donc une bohémienne, pour demander un quartillo au premier passant que vous rencontrez sur votre chemin ?

— Je ne suis pas une bohémienne, me répondit-elle de sa voix la plus douce ; je vous ai demandé un quartillo dont je n'ai que faire.

— Si c'est une manière d'entrer en conversation, dis-je en souriant, elle est fort originale, et je ne demande pas mieux que de causer avec vous.

— Oh ! mais moi, señor, il ne me plaît pas de m'entretenir avec vous chemin faisant. La soirée est fraîche ; la lune est déjà sur l'horizon ; venez avec moi, ma maison n'est pas trop loin d'ici ; tous ceux qui l'habitent vous accueilleront avec plaisir. »

A cette proposition inattendue, j'hésitai un moment, je l'avoue ; puis, pressé par la curiosité, je suivis à tout hasard la jeune fille.

Depuis que j'avais rencontré ces jeunes femmes, le paysage avait entièrement changé d'aspect ; le soleil éteignait ses dernières clartés dans les profondeurs de l'Océan ; la lune s'était levée sur nos têtes et nageait mollement dans un fluide bleu, sablé de points d'or. A la pâle lueur de ses rayons, les grands rochers volcaniques détachés de leur base, gisant çà et là sur une terre jaune et nue, ressemblaient aux ruines éparses d'une forteresse démantelée, et les plantes sans feuilles qui sortaient de leurs fissures avaient l'aspect de polypiers hors de l'eau, étendant dans l'air leurs bras pétrifiés.

La jeune fille marchait d'un pied léger, drapée dans son long vêtement blanc ; on eût dit une de ces mystérieuses apparitions à qui les traditions populaires font habiter les vieux manoirs et les villes que le temps a détruits. Nous côtoyâmes le flanc de la montagne par un sentier tout bordé de petites labiées odorantes, pour nous rendre à la demeure de ma jolie conductrice. C'était une maisonnette située au pied d'un coteau stérile ; elle était dominée par un terrain en talus sur lequel croissaient quelques plants sarmenteux, dont les élégants festons formaient une corniche de feuilles vertes en serpentant le long du toit.

Ce pauvre réduit, dont le faîte ne s'élevait qu'à quelques pieds de terre, était fermé par une porte disjointe, à travers les ais de laquelle on apercevait de la lumière. Je regardai avant d'entrer ! la première pièce, qui servait de salle à manger, avait pour tout ameublement deux bancs de bois et une table longue et étroite, autour de laquelle étaient assis plusieurs hommes et plusieurs femmes. La table, sans nappe ni assiettes, offrait les restes d'un repas d'anachorète : des écorces d'orange, des épluchures de patates, et dans le fond d'un plat de terre une bouillie jaunâtre, composée probablement avec la farine de maïs ou de lupin. Un flacon d'un de ces vins délicieux que l'île produit en abondance circulait escorté d'un verre unique qui servait aux libations de cette nombreuse famille. Tous ces gens-là parlaient d'un ton animé ; les hommes me parurent sous l'impression d'une préoccupation fâcheuse ; leurs paroles étaient brèves, presque accentuées par la violence ; mais il me fut impossible d'en suivre le sens. Ces grands coquins, noirs plutôt que bruns, avaient les traits cachés par une barbe inculte et hérissée ; on ne voyait briller que leurs yeux ardents sous leurs sourcils épais, dont l'arc régulier disparaissait sous les bords déchiquetés d'un chapeau de palmier.

Lorsque j'entrai, ils ne répondirent pas à mon salut et restèrent immobiles, sans même jeter les yeux sur moi. Après quelques instants, ils se levèrent simultanément ; ils décrochèrent leurs grandes couvertures blanches pendues au mur de la chambre, se drapèrent majestueusement dans ce manteau primitif et sortirent à pas lents sans tourner la tête de mon côté, sans m'adresser un mot, sans proférer une parole.

Je demandai où allaient ces nobles seigneurs ; on me répondit qu'ils allaient se coucher. La chose me parut peu naturelle ; pourtant je leur souhaitai du fond de l'âme un profond sommeil. J'avoue que j'aurais été médiocrement charmé qu'ils fussent allés faire la veillée un peu plus loin, dans le sentier désert par lequel je devais passer pour retourner à la ville.

Je restai seul avec sept femmes, qui toutes, ma conductrice exceptée, étaient vieilles ou laides. C'était une réunion de figures noires et ridées, à faire reculer le diable. Dès que ces dames se virent délivrées de leurs maris, elles se rapprochèrent les unes des autres et se mirent à jaser toutes à la fois, en adressant cent questions à la jeune fille

Lorsque leur curiosité fut satisfaite, elles s'adressèrent à moi et me firent une foule de compliments.

Pendant qu'on m'adressait ces beaux discours, j'examinai attentivement cette belle fille. Elle était debout devant moi, les bras croisés sur sa poitrine, semblable à une noble statue grecque, chastement drapée dans une étoffe moelleuse tombant en plis onduleux. Elle me parut en ce moment parfaitement belle; le repos qu'elle avait pris depuis notre arrivée avait fait disparaître l'animation exagérée de son teint; son visage ne conservait qu'une rougeur légère, qui se fondait insensiblement dans la blancheur mate de sa peau. Elle s'assit à mes côtés, et bientôt, au milieu de la conversation générale, commença entre nous un aparté fort intéressant. Par malheur, il nous aurait fallu un dictionnaire pour expliquer les jolies choses que nous nous disions mutuellement; les compliments que je lui adressais dans mon mauvais espagnol la faisaient rire, et elle y répondait avec une volubilité qui ne permettait pas toujours de la comprendre. Elle m'apprit qu'elle se nommait Ignacia, et que toutes ces femmes, affreusement laides, qui faisaient la veillée avec nous, étaient ses sœurs ou ses cousines : la chose me parut singulière; je ne pouvais concevoir que cette belle fleur fût sortie de la même tige que les horribles chardons qui l'entouraient. Le babil et les grâces coquettes de la belle Ignacia me captivaient assez pour me faire oublier qu'il était tard déjà et que je devais retourner à la ville par un chemin désert; je posai mon chapeau et me décidai bravement à passer la soirée en cette bizarre compagnie.

La belle Ignacia s'aperçut bientôt que le caquetage de ses compagnes me semblait fort ennuyeux. Elle se leva et m'emmena dans la pièce qui faisait suite à la petite salle où nous étions. C'était une chambre fort dégarnie de meubles et éclairée par un lumignon qui brûlait pieusement devant une image de la madone collée contre le mur, laquelle me rappela les affreuses gravures enluminées dont les paysans provençaux tapissent leurs maisons. Deux lits, cachés sous des rideaux de couleur sombre, étaient placés dans les angles, en face de l'unique fenêtre, fermée par un léger treillage de cannes. La lumière vacillante de la petite lampe projetait des ombres mobiles sur les lambris, et j'entendais, au-dessus de la toiture, un frôlement semblable au vol pesant de quelque oiseau nocturne. L'aspect de cette chambre était triste, presque lugubre, et je me rappelai involontairement les quatre grands coquins qui s'en étaient allés sans me saluer. Comme il n'y avait aucune espèce de siége, je dus renoncer à m'asseoir, et, m'accoudant à la fenêtre, je tâchai de renouer la conversation.

Les plantes grimpantes qui descendaient du toit avaient introduit leurs rameaux flexibles dans les mailles du treillage; rivé par leurs brindilles, il était devenu immobile et ne laissait passer que quelques rayons incertains de l'astre suspendu dans l'espace.

Ces douces clartés tombaient sur le beau visage d'Ignacia et lui donnaient la blancheur du marbre. Elle ressemblait vraiment à une magnifique statue; et, dans mon enthousiasme, je tâchai de lui faire comprendre qu'elle me semblait aussi belle que les divinités adorées jadis par les païens. Mais une brusque interruption me coupa la parole, et je m'arrêtai court, en entendant une voix cassée crier du fond de la chambre :

« Mes enfants, mes beaux enfants, n'oubliez pas ceux qui souffrent ! *Por Dios, señor, un quartillo !*

— Qu'est-ce que cela? m'écriai-je tout surpris.

— Ne faites pas attention, c'est ma grand'mère qui s'éveille, » me répondit Ignacia en me montrant quelque chose qui s'agitait dans un des deux lits de l'appartement.

Je m'approchai, et j'aperçus, blottie sous les couvertures, une vieille femme passée à l'état de momie. C'était un corps noir et desséché, contourné sur lui-même comme un chien endormi; à mon approche, cette masse osseuse se souleva et se montra; des cheveux rares et blancs tombaient en désordre sur son front et couvraient à moitié sa figure. Il était d'ailleurs impossible de reconnaître des traits humains sous cette peau ridée. C'était, dans toute sa laideur, la double décrépitude de l'âge et de la misère : une victime du temps et de la souffrance.

« Donnez-moi quelque chose, señor, me dit la vieille; je suis bien malheureuse, car on me laisse manquer de tout ici.

— Comment ! on vous laisse manquer de tout ? reprit aigrement la jeune fille ; ce sont vos fils qui vous nourrissent peut-être ? Dites plutôt que sans nous vous seriez morte de faim.

— Donnez-moi quelque chose, señor ; je suis bien malheureuse, » répéta la vieille sans tenir compte des paroles de sa petite-fille.

Je tirai quelque argent de ma bourse ; la vieille le saisit avidement de sa main desséchée et se blottit immédiatement dans son lit, comme un animal qui rentre précipitamment dans son repaire.

Cet incident changea toutes mes impressions ; l'image de la vieille grand'mère effaça subitement la gracieuse figure de sa petite-fille ; involontairement, je me transportai à vingt, trente, quarante ans au delà du jour où nous étions, et je me dis que sans doute tant de grâce, de fraîcheur, était destiné à souffrir et s'éteindre sur cet ignoble grabat ! C'étaient là de tristes dispositions pour reprendre une conversation amoureuse. Aussi, après avoir mis quelque argent dans les mains de la jeune fille, laquelle n'eut garde de le refuser, je me hâtai de regagner Santa-Cruz.

Les îles Canaries furent connues des anciens, comme nous l'avons déjà dit ; ce fut le roi Juba qui en fit la découverte. Lorsque ce prince descendit sur ce petit archipel, il le trouva inhabité ; quelques vestiges de monuments, quelques ruines éparses annonçaient seulement que, dans les temps antérieurs, une race d'hommes y avait vécu. Il nomma ce groupe d'îles les îles Fortunées, et donna à chacune d'elles un nom dérivé de leur caractère physique ou des circonstances qui avaient présidé à leur découverte. La grande Canarie s'appelait Canaria, parce que la race canine, à défaut d'hommes, s'y était propagée outre mesure. Ces légitimes possesseurs de l'île, où ils régnaient par le droit de la force et de l'intelligence sur les autres habitants, étaient de grands animaux robustes, au poil fauve, aux jambes hautes, au corps élancé, au museau effilé, aux yeux ardents. Il fut très-difficile de s'emparer de deux d'entre eux, qu'on emmena à Rome comme ces esclaves que les généraux de la république conduisaient dans la capitale du monde, pour témoigner de leurs conquêtes lointaines. Les navigateurs modernes ne retrouvèrent ces îles, dont les savants du moyen âge contestaient l'existence, qu'en 1334 ; ce fut un navire français chassé par la tempête qui, en échouant sur ces bords, en fit la découverte. Les aventuriers qui le montaient, étant parvenus à regagner l'Europe, les signalèrent les premiers d'une manière précise.

Mais ces îles, qui étaient désertes lorsque le roi Juba les aborda, se trouvèrent habitées à l'arrivée des navigateurs modernes. Il fut impossible de déterminer à quelle époque s'était accomplie l'émigration qui avait donné naissance à cette population, et de la rattacher à aucune des races alors connues. Les anciens anthropologistes ne se basaient que sur des caractères physiques, toujours fort incertains, pour rapprocher les uns des autres les différents groupes humains qui couvrent ce vaste univers, et cette manière de procéder leur faisait commettre de nombreuses erreurs. Mais la science moderne, plus perspicace, en recueillant divers mots de la langue des indigènes des Canaries restés en usage dans ces îles, a démontré qu'ils appartenaient à la langue berbère, et il est hors de doute aujourd'hui que les Guanches tiraient leur origine des races qui peuplent l'Atlas septentrional.

Les anciens Canariens avaient d'ailleurs avec les Kabyles, ces hardis montagnards de l'Algérie, certains traits de ressemblance morale; ce caractère en vaut bien un autre, pour corroborer l'opinion qui leur assigne une origine commune. Les Guanches, comme les Kabyles de nos jours, étaient un peuple aux mœurs douces, livrés à des travaux agricoles, élevant de nombreux troupeaux, mais intrépides et dominés par un généreux esprit d'indépendance.

Ils résistèrent énergiquement aux Espagnols, qui voulurent les soumettre, et, s'ils succombèrent dans leur lutte inégale contre des Européens aguerris, ils furent, en réalité, les héros de cette lutte. Aujourd'hui, il ne reste de cette nation, que le fer espagnol a détruite, que quelques momies enveloppées dans des peaux de chèvre et pieusement cachées dans des grottes inaccessibles. Si quelques individus échappèrent à ce meurtre d'un peuple entier, ils se sont fondus dans la population espagnole, et il serait inutile de rechercher les modifications que l'intervention de cette race a pu faire subir aux traits distinctifs de la race conquérante. J'ai vu, à Orotava, des familles qui se vantaient de compter des Guanches parmi leurs aïeux. Leur assertion paraît vraie; mais rien ne les distinguait physiquement des autres Canariens. Ainsi, cette nation intelligente, brave et robuste, a dû subir le même sort que la population chétive et inoffensive de l'île de Cuba : l'une et l'autre sont mortes étouffées sous l'étreinte des conquérants espagnols.

L'Espagne n'a acquis des richesses que par le meurtre et la destruction ; les couleurs de son drapeau, comme des armes parlantes, disent l'histoire de ses conquêtes dans le nouveau monde : on y voit un fleuve d'or coulant entre deux rivières de sang! La France sera-t-elle, elle aussi, réduite à la douloureuse extrémité de détruire les tribus énergiques qui repoussent sa domination? Le surcroît de sa population viendra-t-il remplacer une nation à qui nos lois et nos mœurs sont antipathiques? Cela est malheureusement probable! S'il est vrai que tous les peuples doivent être soumis aux mêmes lois morales, à la même civilisation, il est sûr que certaines races humaines doivent disparaître de la terre. Plusieurs d'entre elles possèdent seulement des aptitudes compatibles avec certaines phases sociales : un ordre nouveau doit amener leur anéantissement. Les espèces animales créées pour un milieu spécial ont disparu au fur et à mesure que les conditions atmosphériques de notre planète se sont modifiées. Les phases sociales par lesquelles passe l'humanité sont pour l'homme ce que les révolutions du globe ont été pour les animaux dont nous trouvons les restes dans nos terrains stratifiés ; les populations barbares ou sauvages s'éteignent dans l'atmosphère sociale que crée la civilisation, de même que les anoplothériums et les ichthyosaurus de l'ancien monde ont péri en changeant de milieu.

Comme toutes les nations qui sont mortes en défendant leur indépendance, les Guanches ont laissé dans les Canaries un grand souvenir, parmi le peuple surtout, qui, en tout pays, est instinctivement disposé à admirer toute résistance héroïque. Aussi tient-on à grand honneur, à Ténériffe, de compter des Guanches dans son arbre généalogique ; non pas qu'on se souvienne beaucoup dans l'île d'une ordonnance de je ne sais quel roi d'Espagne, qui accorda la noblesse héréditaire à tous les descendants des familles indigènes qui s'étaient soumises à la domination castillane, mais parce que tout ce qui, dans ce pays, paraît gigantesque ou surnaturel, leur est attribué.

Pendant notre course dans l'intérieur de l'île, M. de Lagrené s'arrêta un jour devant une grande coulée basaltique, droite devant nous comme un mur cyclopéen. La matière en fusion, en se refroidissant, a éprouvé un retrait qui a divisé la masse en fragments réguliers. Ces nombreuses coupures font ressembler ce rocher sombre et nu à une œuvre humaine, que des Titans seuls eussent pu accomplir. Perico, un de nos guides, grand garçon bien découplé, à la tournure d'hidalgo, remarquant l'attention avec laquelle M. de Lagrené examinait cette espèce de monument, s'approcha, et, sans attendre qu'on l'interrogeât, s'écria avec enthousiasme : « Señor, ceci est une chaussée construite par les Guanches ! »

Puis, frappant sa poitrine, il ajouta, en reprenant son chemin : « Moi, je suis un descendant des Guanches ! »

Si, par hasard, le soc d'une charrue soulève l'ossement colossal de quelque animal inconnu, serait-ce celui d'un lamantin ou d'un cachalot, les paysans canariens supposent aussitôt que c'est celui d'un des anciens habitants de ce pays. Ce qui est plus remarquable encore, c'est que plusieurs chants populaires sont destinés à célébrer leur valeur, de sorte qu'après trois cents ans ils sont les héros d'une épopée qui n'aurait dû raconter que leurs défaites ! Peut-être, un jour, les pâtres français qui mèneront leurs troupeaux dans les champs de la Kabylie diront les vertus, l'intrépidité de la race que leurs pères auront détruite !

Au moment où je me disposais à quitter Ténériffe pour me rendre à bord de *la Sirène*, un de ces hasards qui sont en quelque sorte providentiels me fit rencontrer face à face un de mes compagnons d'étude, qui avait quitté la faculté en même temps que moi.

« Vous ici, mon cher P... ! m'écriai-je.

— Je m'applaudis aujourd'hui d'y être, puisque je vous y rencontre, me répondit mon brave camarade en me tendant la main.

— Comment ! vous vous plaignez d'habiter ce paradis ? repris-je étonné.

— Paradis tant qu'il vous plaira, mais pour tout autre qu'un médecin ! Figurez-vous, mon cher, qu'on me dit en Espagne :
« Allez aux Canaries, à Santa-Cruz de Ténériffe; il n'y a qu'un
« médecin, vous y ferez certainement vos affaires. »

— Le conseil était fort raisonnable, il me semble.

— Allons donc! raisonnable! un médecin, c'est trois fois plus qu'il n'en faut pour tout l'archipel. Avec une température moyenne de vingt degrés, un sol sec et bien aéré, des eaux potables, comment voulez-vous que deux médecins s'enrichissent ou puissent vivre seulement? Si du moins j'étais seul de ma profession, je pourrais encore, bon an, mal an, en persuadant à quelques vieilles femmes qu'elles sont malades, me faire quelques milliers de francs; mais mon vieux collègue enterrera le pic, c'est sûr.... Au fait, je ne sais trop pourquoi les gens de ce pays ont la sottise de mourir; c'est une habitude stupide de leur part, rien ne les y oblige! »

La colère de mon ami me réjouit fort; mais, comme il y avait un côté sérieux dans ses plaintes, je continuai cette singulière conversation.

« Vous ne m'avouez pas tout, repris-je; vous avez bien par-ci par-là quelques petites fièvres endémiques, quelques maladies inflammatoires, et des fièvres éruptives....

— Si, par la volonté de Dieu, nous jouissions de tous ces maux, je serais loin de me plaindre, me répondit-il avec une affliction comique; mais nous n'avons aucune affection endémique, et l'égalité de la température rend les phlegmasies fort rares.... Quant aux maladies de l'enfance, tournez-vous, et voyez ces bambins couchés sur le sable; le plus âgé n'a pas huit mois! A cet âge et dans cette saison, en France, ils se tordraient de coliques dans leurs langes, ou tout au moins ils tousseraient à s'étouffer.... Je le dis avec douleur, il naît beaucoup d'enfants dans l'île.... Eh bien! il n'en meurt pas deux sur vingt, de la naissance à la dentition.... Aussi faisons-nous concurrence aux négriers de Cuba, où nous déversons chaque année une bonne partie de notre population.... Histoire de philanthropie; l'*isleno* offre au planteur un double avantage : il remplace le nègre et ne lui coûte rien.

— Comment se fait-il qu'avec de si belles conditions de salubrité vous ayez si peu de valétudinaires en ce pays?...

— Parce qu'on ignore ce que je viens de vous dire. A votre retour en France, racontez les merveilles de notre climat à vos grands seigneurs.... Dites-leur surtout qu'on ne meurt pas dans nos îles.... mais que si, par condescendance pour les usages européens, ils venaient à cesser de vivre, nous les embaumerions avec tant de soin, qu'eux-mêmes ne sauraient croire à leur mort.... car nous avons retrouvé le secret des Guanches.

— Les Guanches avaient donc un secret?

— Un vrai secret; un procédé naturel, qui fait honte à la chimie. Je soupçonne quelque marmiton provençal, naufragé sur ces côtes, de l'avoir inventé. Lorsque les Guanches étaient bien sûrs qu'un de leurs chefs avait cessé de vivre, ils lui ouvraient le ventre; on le bourrait de *chenopodium ombrosoïdes* (c'est le thym de ce pays-ci), on l'embrochait ensuite; et on le retournait devant un brasier ardent, jusqu'à ce qu'il fût complétement desséché; on le couvrait alors d'une peau de chèvre, c'était le manteau royal de ces souverains, et on le plaçait dans un grotte bien sèche. J'ai vu plus de quarante de ces potentats rangés autour d'une salle souterraine; le président tenait en ses mains une espèce de sceptre.... »

L'heure du départ approchait : je pris congé du docteur P..., en lui demandant ses commissions pour les quatre parties du monde.

« Je n'ai qu'une prière à vous faire : si vous rencontrez le choléra dans l'Inde, les fièvres pernicieuses à Java, faites en sorte qu'il nous en arrive quelque peu, à moins que les Chinois n'aient quelque chose de mieux à nous offrir. »

Mon ami m'embrassa, et j'entrai dans le canot de l'état-major, qui m'entraîna loin de ce pays où le climat est admirable, la salubrité parfaite, le sol fécond et la misère extrême! Ceci paraît bien contradictoire, mais ce n'est que trop réel, et la misère ne vient pas du surcroît de la population, mais de l'extrême paresse des individus, de leurs mœurs dissolues et des habitudes de sobriété excessive qui leur font préférer l'oisiveté sans confortable, l'oisiveté besoigneuse, pleine de privations, à un travail honorablement rétribué. Mais, malheureusement, les populations de l'Europe méridionale n'ont pas encore compris le temps présent; elles ne font pas encore partie de ces grands peuples qui ont mis le travail en honneur et n'attendent que de leurs œuvres industrielles leur grandeur, leur gloire et leur prospérité.

III.

Le Brésil.

Le 28 janvier, nous découvrons les rivages du nouveau monde. Assis à l'avant du navire, je contemple cette terre mystérieuse et féconde, la terre des forêts vierges et des palmiers, dont les rêves de mon enfance ont entrevu les poétiques mirages. Par un jeu bizarre de la nature, le sommet des montagnes, à gauche de la barre de Rio-Janeiro, affecte la forme d'un géant couché sur le dos; ce symbole n'est pas trompeur! Tout est prodigieux sur cette terre, où les arbres s'élèvent à cent pieds au-dessus du sol, où les rivières ressemblent à des bras de mer, et dont les ports sont des baies immenses.

La Sirène jette l'ancre à cinq heures du soir. Le manque de vent l'a retenue longtemps à l'entrée de la rade. Ce n'est que lorsque la brise fraîchit qu'elle étend ses ailes et que, laissant derrière elle la montagne du *Pao da Assugar*, les forts de Santa-Cruz et de Villegagnon, elle vient prendre place au milieu de la rade peuplée de navires de toutes les nations, sillonnée par les lourdes chaloupes des pêcheurs et par les sveltes pirogues des nègres.

La baie de Rio est une petite mer intérieure, qui baise timidement les pieds des jolies îles qu'elle renferme; la pureté et la transparence de ses eaux n'est égalée que par la limpidité de l'air qui l'environne. Chacun de nous admire le magnifique spectacle que nous présente cet immense port, le plus sûr qui soit au monde, avec sa forêt de mâts, avec sa double bordure de maisons blanches et de vertes montagnes qui limitent l'espace. Le jour, qui, dans ces contrées tropicales, s'éteint tout à coup pour faire place à la nuit, nous laisse bientôt dans une obscurité profonde, qui nous dérobe tous les objets ravissants que nous avons à peine entrevus; mais à l'instant l'enceinte circulaire s'éclaire de mille feux, et les fanaux des navires, les maisons de Rio et de Praya-Grande, improvisent à nos yeux une de ces illuminations féeriques que je ne croyais réalisables qu'à l'Opéra.

Malgré l'heure avancée, je monte dans le premier canot qui passe pour aller m'établir à terre, afin de commencer dès le lendemain à parcourir le beau pays où nous venons d'aborder. La soirée étant trop avancée pour pouvoir l'utiliser autrement, je m'installe dans un établissement français, l'hôtel Pharoux, rendez-vous de tous les voyageurs européens, et je ne m'y occupe qu'à savourer le bonheur d'être à terre, en m'y procurant mille petites satisfactions incompatibles avec la vie de bord. De l'eau claire, de la glace, des fruits et un journal, un journal imprimé le matin même, suffisent pour me faire complétement oublier un mois de privations, d'ennuis et de mal de mer.

Le premier coup d'œil qu'un Européen jette sur Rio le surprend étrangement ; j'étais en quelque sorte prévenu du spectacle qui m'attendait, et cependant, le lendemain de mon arrivée, en mettant le pied hors de l'hôtel Pharoux, je fus saisi d'un étonnement réel, en voyant les rues entièrement envahies par la population nègre. Involontairement je m'arrêtais devant toutes les bandes nues et criardes que je rencontrais ; je ne pouvais me lasser de contempler ces noires légions qui frétillaient sous un soleil de feu comme des diables dans un brasier. Ce monde bizarre ne se rattachait effectivement à rien dans mes souvenirs, et, en voyant défiler devant moi cette foule d'hommes noirs chargés d'un faix pesant, psalmodiant sans relâche ce monotone refrain : *Que calo! que malo!* pendant qu'un de leurs compagnons répondait sur un ton grave et dur : *Esta boa! esta boa!* en agitant dans ses mains une crécelle rauque et criarde, je croyais assister à quelque mystérieuse initiation, à quelque cérémonie d'un culte infernal.

Lorsque je fus un peu revenu de ma première impression, je commençai à parcourir les diverses rues de la ville. Rio est bâtie au bord de la mer, au pied d'une colline qui la domine ; les maisons, alignées avec une scrupuleuse symétrie, sont d'une très-belle construction ; mais la trop grande largeur des rues expose les habitants aux atteintes d'une chaleur excessive. La population se compose de 150 000 habitants, dont les deux tiers à peu près sont des esclaves nègres, et le reste renferme en proportions à peu près égales des blancs et des mulâtres.

O largo do Palacio, sur lequel s'étend, comme son nom l'indique, la demeure impériale, modeste château, qui n'a rien de caractéristique, est une fort belle place, quoique un peu nue. Une fontaine, qui donne une eau abondante, coule dans la partie qui avoisine la mer; il est à regretter que quelques allées d'arbres n'aient pas été plantées sur ses bords.

Les monuments publics, tels que le palais de la Chambre des députés, le Sénat et la Bourse, n'offrent rien qui soit digne d'attirer l'attention du voyageur; mais, je ne saurais assez le répéter, s'il porte ses regards sur cette foule variée et bruyante qui court la ville en tous sens, que d'objets piqueront sa curiosité! Ici, ce sont les négresses d'Angole, portant, à la manière orientale, une étoffe éclatante sur leurs épaules nues; là, des négresses bizarrement tatouées, dont les bras sont étrangement ornés de bracelets de cuivre; ailleurs, des mulâtresses aux yeux langoureux et ardents, présentant toutes les teintes sur leurs visages expressifs, depuis le noir le plus intense jusqu'au blanc le plus mat; enfin des vêtements de toutes les nations et des dandys en gants jaunes! Car, dans ce pays, il y a grand nombre de gens qui ont l'étrange courage, par trente-six degrés de chaleur, d'emprisonner leurs corps dans nos habits de drap étriqués, d'étrangler leurs cous dans du satin noir et de serrer leurs doigts dans la peau élastique du chevreau glacé. Rio a toute l'animation d'une ville commerçante dans un état complet de prospérité; elle a, de plus, un caractère d'originalité que lui donne la diversité de sa population. Et la prospérité de cette grande ville repose sur le travail et le luxe, ces deux conditions d'existence des sociétés modernes.

La rue *do Ouvidor*, qui est la rue Vivienne de Rio, renferme des magasins d'une grande beauté; tout ce que la mode enfante à Paris de plus élégant, de plus délicat, s'y trouve avec profusion; les nouveautés les plus capricieuses viennent s'y offrir à la fantaisie des acheteurs. Un Français peut s'y croire chez lui; car on trouve dans cette rue des tailleurs français, des bottiers français, des libraires français, et, ce qui est plus français encore, des modistes parisiennes.... Il peut d'ailleurs doublement prendre le change : d'abord en voyant la manière dont les marchands y traitent leurs acheteurs; ensuite en entendant ce langage poli, engageant, tout à fait spécial aux vendeurs de notre nation et si propre à piper le chaland.

Après avoir jeté ce premier et rapide coup d'œil sur la ville, je vais rendre à un botaniste fort instruit, le docteur Ildefonso Gomez, une lettre de recommandation qui m'avait été remise à Paris par un de mes meilleurs amis. L'habitation du docteur est à une petite distance de la ville, située dans une vallée étroite, bien ombragée, arrosée par un beau ruisseau d'eau limpide. Sa description peut donner une idée de ces charmantes habitations qui sont si nombreuses aux environs de Rio. Un vaste portail, surmonté d'un immense réverbère, m'indique la maison du docteur; une longue avenue, bordée de palmiers, de goyaviers, de mimosas et de volkamerias, conduit à la maison, qui est assise au pied d'une colline plantée de cafiers; à gauche sont les cases des nègres, abritées sous des arbres gigantesques, et à droite, dans le fond de la vallée, des champs de maïs et un jardin.

L'entrée est précédée d'une grande terrasse couverte, qui sert de cabinet d'étude et de repos; plusieurs tablettes surchargées de livres de sciences, les plus récemment publiés en France, me confirment dans l'opinion qu'on m'avait donnée sur le savoir et le zèle scientifique de mon excellent confrère. Un salon très-vaste, meublé d'un immense divan en jonc, de bons fauteuils, d'un beau piano et d'un élégant guéridon, ouvre ses larges portes sur la terrasse dont j'ai parlé. Une salle à manger suit le salon; spacieuse et bien aérée, elle est séparée des cuisines par un espace considérable; derrière ces différentes pièces, il en existe d'autres fermées aux regards des étrangers. Enfin, une petite chapelle gracieuse, où un prêtre vient dire la messe tous les dimanches, complète cette élégante habitation.

Le docteur me fait le meilleur accueil. D'après son ordre, une jeune négresse apporte sur un plateau d'argent, large et massif, des verres de limonade, du vin d'orange et différentes liqueurs du pays; et comme, sans le savoir, je suis arrivé à l'heure du dîner brésilien (deux heures de l'après-midi), on m'offre de m'asseoir à la table de la famille; ce que j'accepte avec plaisir.

Dans toute autre circonstance, je me dispenserais d'associer le lecteur à mes sensations gastronomiques; mais, comme il faut saisir la couleur locale partout où on la rencontre, je crois n'avoir rien de mieux à faire que de raconter mon premier repas dans cette ville tropicale. Le docteur, placé au haut de la table, me fait asseoir à sa droite. On sert d'abord un potage dont l'odeur aromatique excite singulièrement mon palais; un énorme morceau de bœuf vient ensuite; il est accompagné de farine de manioc cuite dans du bouillon, et d'une sauce au piment pour en relever le goût. A ce premier service succèdent des œufs et un plat d'herbes cuites, si ardemment épicées que je crois avoir avalé par mégarde un charbon embrasé. Heureusement qu'une salade de concombres aux oignons, unie à une énorme volaille, vient tempérer l'ardeur de ces mets. Le pain ne paraît à table que pour mémoire; cependant j'ai l'indignité de préférer cet aliment, tout vulgaire qu'il est, à la fade bouillie du manioc. On boit de l'eau pure dans de grandes coupes évasées, et le vin de Madère et de Lisbonne dans des verres à pied, et non mêlé à l'eau. A la fin du repas, on sert des bananes, des mangues, des goyaves, des pommes d'acajou et une exquise confiture de coco, qui me font oublier la chaleur par trop tropicale des condiments brésiliens.

Sur la foi de ceux qui avaient savouré les fruits du nouveau monde dans le pays même, je croyais qu'ils égalaient en bonté nos doux fruits d'Europe; mais je revins bientôt de mon erreur. La cause de leur infériorité s'explique sans peine. L'homme n'a pu conquérir les biens qu'il possède que par le travail, et un travail suffisant n'a point encore pu transformer les fruits de l'Amérique sauvage en fruits qui puissent rappeler la saveur de la pêche parfumée, de la poire fondante, des raisins du vieux monde civilisé, rompu à la peine et au travail. Dieu ne donne à sa créature intelligente que les éléments de toute chose. Le fruit acerbe qui croît sur la lisière des bois peut devenir fondant et sucré; mais il faut pour cela que la sueur de l'homme l'arrose; il faut que des soins assidus développent sa chair, adoucissent ses sucs, enlèvent les épines sauvages qui garnissent sa tige, multiplient et étalent ses feuilles par le labeur intelligent de la culture.

A peine sortis de table, le docteur me propose de gravir le sommet du *Corcovado*, dont nous apercevons la cime au-dessus de nos têtes. On m'amène un cheval, et, quelques minutes après, me voilà chevauchant sur le sentier qui conduit à cette montagne célèbre. Je n'essayerai pas de peindre mon admiration. Le chemin qui côtoie le flanc de la montagne représente à mes yeux une immense serre où sont amoncelés les arbres les plus magnifiques. Moi qui n'avais vu les enfants du sol américain qu'emprisonnés sous les cages de verre de nos jardins botaniques, étendant à regret leurs rameaux rabougris au milieu du climat artificiel que nous leur accordons, j'étais dans le ravissement en voyant les élans vigoureux de cette puissante végétation. Je me sens heureux et bien portant dans l'air tiède et embaumé de mille parfums qu'on respire en ce lieu, et dans lequel se jouent des papillons grands comme des oiseaux et des oiseaux brillants comme des papillons. Les premiers colibris que je vois butiner sur le dôme fleuri de la forêt me font jeter des cris de joie. Je poursuis un coléoptère; je m'élance vers une plante en fleur; je saisis un de ces grands morphos aux ailes azurées dont le vol hardi semblait être un obstacle invincible à sa possession, et je fais toutes ces choses avec la vivacité et l'agilité de la jeunesse.

Le chemin de la montagne est presque constamment bordé par le grand aqueduc qui conduit à la ville les eaux qui l'abreuvent. Cet aqueduc est un ouvrage immense, dont les habitants de Rio sont fiers à bon droit. Cette construction est bâtie en pierres gigantesques; elle a plus d'une lieue d'étendue, sa largeur est d'environ un mètre, et son élévation au-dessus du sol ne dépasse jamais deux mètres, excepté aux portes de Rio, où elle est supportée par des arches élancées qui en ont plus de vingt. Sur son trajet, on a ménagé, par intervalles, d'étroites ouvertures, pour permettre aux *fazendeiros* du voisinage d'y puiser l'eau nécessaire à leurs besoins, et aux voyageurs de s'y désaltérer. Nous rencontrons de jeunes négresses qui remplissent leurs gargoulettes en argile rouge à l'aide d'un fragment de calebasse ou de coco, et qui nous offrent avec empressement l'eau contenue dans le vase qu'elles portent gracieusement sur leur tête.

Après trois heures de marche, nous atteignons le sommet de la montagne. Le point culminant est divisé en deux mamelons de forme inégale, d'où lui vient certainement son nom de Corcovado (bossu). Ces mamelons sont aujourd'hui séparés par un intervalle qu'on ne saurait franchir sans danger, et que l'empereur don Pedro Ier avait réunis par un pont qui n'existe plus. On est étonné de trouver des vestiges de construction et des barreaux de fer scellés dans le roc, sur le point le plus élevé de la montagne; ce sont les ruines d'un ancien pavillon, d'une espèce de tente permanente que l'ancien empereur y avait fait établir.

On raconte que, lorsque certaines passions agitaient son âme un peu sauvage, telles qu'un amour contrarié, la jalousie ou la haine qui en résultent, la colère qui l'agitait en présence d'une opposition qui devenait de jour en jour plus exigeante, il aimait à se réfugier sur ce roc isolé, et là, en contemplation devant un des plus beaux points de vue de l'univers, il calmait l'agitation de son esprit en s'identifiant avec ce magnifique spectacle. Le sommet du Corcovado, qui est taillé à pic au-dessus du sol, n'a pas moins de huit cents mètres de hauteur; mais le gouffre qui vous environne de tout côté est comblé par une végétation vigoureuse qui en dérobe l'horreur. De ce point la vue plonge dans un horizon sans bornes : c'est d'abord la ville de Rio qui déploie ses maisons blanches; ce sont ensuite les montagnes voisines, étagées graduellement avec les vallées profondes qu'elles renferment, puis le jardin botanique et les lacs intérieurs qui l'environnent, la baie, ses bâtiments pavoisés, ses îles nombreuses, enfin la pleine mer et son immensité.... En quel autre lieu l'œil humain peut-il embrasser tant de merveilleuses grandeurs?

Lorsque nous descendons le Corcovado, la nuit nous environne; mais tout à coup nous voyons surgir, du milieu des herbes, des milliers de lucioles qui nous éclairent de leurs lueurs phosphorescentes. J'étais prévenu de ce phénomène; mais sa magnificence m'étonne. C'est avec toutes les peines du monde que M. Gomez parvient à m'empêcher de donner la chasse, le soir même, à ces insectes bizarres. Nous continuons notre route; mais, arrivés sur la partie du sentier qui domine la vallée de l'Arangera, les lucioles se multiplient à tel point qu'on croirait à l'existence, au-dessous du lieu où nous sommes, d'une grande ville magnifiquement illuminée.

Ici le bon docteur, qui non loin de là doit visiter un malade, me quitte et me confie aux soins de son nègre Gil-Blas; celui-ci, chargé du fruit de mes conquêtes, me devance à travers les chemins étroits et raboteux qu'il me fait parcourir pour gagner plus promptement Rio.

Pour terminer une journée aussi bien remplie, je fus, le soir même, visiter la merveille artistique de la capitale, c'est-à-dire le théâtre de San Pedro d'Alcantara, où joue toute l'année une troupe italienne. L'empereur don Pedro Ier, grand amateur de musique, compositeur lui-même, comme Frédéric de Prusse était exécutant, avait daigné s'occuper de la construction de cette salle, de la composition de l'orchestre et de la troupe qui devaient charmer ses augustes oreilles. Pendant tout son règne, on put croire, à deux mille lieues de l'Europe, que le théâtre italien de Rio pouvait rivaliser avec ceux de Paris, de Milan et de Naples. Mais, hélas! lorsque je le visitai, il ne restait de ce temps de splendeurs qu'une salle fort belle, il est vrai, mais où jouait une troupe médiocre, où s'évertuait un orchestre insuffisant. J'assistai à une représentation de la *Norma*; la prima donna, jeune fille encore belle, qui étalait avec complaisance la preuve évidente de la faute reprochée à la grande prêtresse, nous parut seule digne d'éloges. La salle, mal éclairée, renfermait de nombreux spectateurs. Les jumelles et les binocles jouaient ici comme à Paris; l'éventail, passionnément agité, remplaçait l'écran; les quinquets fumeux jetaient une lumière rougeâtre; et, si ce n'eût été la négresse assise au fond de chaque loge, puis çà et là quelques autres figures hétérogènes, on eût pu se croire en France, dans un théâtre de province. Les loges sont très-spacieuses, la salle a la forme d'un ovale tronqué; la scène est en face d'une loge splendidement décorée, réservée à l'empereur.

Outre le théâtre italien, Rio possède également un théâtre français, où l'on joue le vaudeville et le drame. Les acteurs que nous y entendîmes étaient détestables; mais les actrices étaient jolies, ce qui suffisait pour assurer le succès de toutes les pièces qu'on y représentait. Il est vrai que la plupart des spectateurs étaient des hommes, qui applaudissaient par galanterie.

Lorsqu'on a vu Rio, qu'on a visité les divers établissements de cette grande ville, qu'on a gravi les montagnes qui l'entourent, qu'on a sillonné en tous sens sa baie gracieuse, et qu'on a parcouru les îles qui la peuplent, on se demande enfin : Qui donc gouverne ici? Ce ne sont pas les quelques hommes frêles assis sous les arches du palais impérial, et vêtus en soldats, qui peuvent donner une idée de la force sur laquelle repose le pouvoir. Ce ne sont pas non plus les rares prêtres qui parcourent les rues, qui peuvent vous faire croire que tout gravite autour d'une puissance morale, à l'influence de laquelle chacun aime à obéir. Il faut donc chercher le pouvoir dans ceux qui le représentent dans son élément le plus élevé; car on s'aperçoit bientôt que, dans ce pays à part, où un petit nombre d'hommes est intéressé à la soumission d'une masse compacte, les agents secondaires s'effacent, et chacun pour soi, chacun chez soi commande et agit dans l'intérêt de sa conservation et de la stabilité, avec les moyens ou sans les moyens que la loi met à sa disposition.

J'en étais là de mes réflexions lorsqu'on nous annonça que la légation serait présentée à Sa Majesté l'empereur. La présentation eut effectivement lieu à *San-Cristovao*, maison de plaisance située à une petite distance de la capitale, dans un lieu bien aéré et d'une salubrité parfaite. L'empereur est d'une taille élancée, sa physionomie grave et juvénile annonce de l'intelligence et de la bonté, ses longs cheveux blonds et ses yeux voilés de longs cils donnent à sa figure une expression de douceur charmante. Sa Majesté portait les épaulettes de lieutenant général. Son costume rappelait l'ancien uniforme des chasseurs à cheval; il manquait de cette tenue militaire qui eût fait valoir la taille naturellement élégante du jeune prince. Peut-être aimerait-on à trouver dans le chef de ce vaste empire, mal aggloméré encore, plus de hardiesse dans le maintien, plus de force d'organisation; mais la nature délicate et méditative du prince devait avoir peu de propension pour les exercices violents qui nécessitent un grand déploiement de force physique, et ce manque apparent d'énergie ne tient qu'au défaut d'habitude de certains exercices corporels. L'accueil que nous fit l'empereur fut gracieux et simple. Nous fûmes également présentés à l'impératrice et à la princesse Januaria, qui parlent français avec une facilité et une grâce parfaites. Lorsque nous fûmes admis, Mme de Lagrené était depuis plus d'une heure en audience particulière avec Sa Majesté, qui la retint longtemps encore après que nous nous fûmes retirés.

Le palais de San-Cristovao n'a rien de la grandeur et de la magnificence de Saint-Cloud, de Neuilly, ni d'aucune des demeures royales de France; mais tout y est convenable et de bon goût. L'empereur, qui aime passionnément la littérature française, a réuni beaucoup de livres de notre langue, et nous avons vu, dans un des appartements du palais, les nouveautés littéraires de notre pays, rangées les unes à côté des autres, sur les consoles et les guéridons, comme pour témoigner de l'usage habituel qu'on en fait.

Il était difficile de se trouver dans la demeure impériale sans songer à Mme la princesse de Joinville, qui en était l'ornement et la vie. Les souvenirs qu'elle a laissés après elle, l'intérêt que son nom éveille à Rio, ne sont égalés que par les sentiments d'affection qu'elle a su inspirer à sa nouvelle famille.

Nous partons de San-Cristovao au déclin du jour, nous rencontrons de nombreuses voitures qui parcourent le même chemin que nous. On s'agite aux environs du palais!... Comment en serait-il autrement? le ministère se retire et il faut en reconstituer un autre! Pour nous, que ce fait n'intéresse guère, nous nous éloignons du château en songeant à ce jeune prince, calme et grave, sur qui reposent les destinées d'un immense empire, et qui voit se grouper autour de lui, comme une garantie des succès qui lui sont promis, tout ce qui, dans cet empire, porte un cœur et une intelligence élevés.

Les vrais Brésiliens d'origine portugaise sont, comme tous les hommes de race ibérique, nonchalants dans leur vie habituelle, ardents et passionnés dans leurs entreprises, et quelquefois exaltés et vindicatifs, surtout lorsqu'une passion, telle que l'ambition, la haine ou l'amour, les agite. Ils se fréquentent peu entre eux; la plupart vivent fort retirés dans leurs demeures, sanctuaires où nul ne pénètre impunément, car le seuil est toujours hermétiquement fermé, et le despotisme du maître redouble de précautions, lorsqu'il dérobe aux regards quelque jeune captive, sa femme légitime ou son esclave. Leur piété, qui était jadis profonde et ignorante, s'en tient aujourd'hui aux pratiques extérieures du culte. Le clergé a perdu complétement son influence; comment en serait-il autrement? La plupart de ses membres sont des prêtres européens qui ont quitté leur diocèse pour quelque méfait, et qui, une fois dans ces régions lointaines, ne se croient tenus à aucune réserve. La hiérarchie épiscopale est impuissante à maintenir de pareilles natures, et il n'existe presque pas de prêtres indigènes. Le seul moyen de régénérer ce corps gangrené serait de confier l'administration des paroisses à une congrégation religieuse. J'ai connu au Brésil de savants prélats qui appelaient de tous leurs vœux nos excellents missionnaires pour accomplir cette transformation.

Cet affaiblissement de la foi dans la population brésilienne est un signe de l'altération des mœurs nationales; effectivement elles prennent tous les jours un caractère de plus en plus français. Cette tendance s'explique facilement : le plus grand nombre des jeunes Brésiliens est élevé en France; les hommes dont l'action sur la société a le plus de puissance, tels que les médecins, les avocats et les journalistes, sont Français, et en recevant des marchands de notre nation la plus grande partie des objets nécessaires à leurs besoins, tels que les modes, les meubles, les vins, les draps, ils s'identifient de plus en plus avec nos usages. Ajoutons encore, sans en tirer vanité toutefois, que la civilisation française ne pénètre pas seulement par ces agents; grâce à certaines femmes qui ont fui Paris aux approches de leur automne, il existe certains salons à Rio où l'on pratique les mœurs un peu légères de Mabille et du Château-Rouge. Malheureusement, lorsque l'on se modèle sur un pays, on en adopte plus facilement les vices que les qualités.

La population française est si nombreuse à Rio, qu'on a établi aux environs de la ville des cabarets et des guinguettes presque exclusivement fréquentés par des ouvriers de notre pays.

Un dimanche, je descendais du Corcovado avec M. Fernand Delahante; nous étions harassés de fatigue, et très-disposés à réparer nos forces par un repas quelconque. On nous indiqua une venta, située à quelques pas du chemin que nous suivions; nous nous y rendîmes en grimpant un petit coteau couvert d'arbres en fleur. Nous n'étions plus qu'à quelques pas de l'habitation, lorsque des éclats de rire et des chants les plus français du monde nous apprirent que nous allions nous trouver avec des compatriotes, presque avec des amis.

Sous des tonnelles qui ombrageaient des tables nombreuses, étaient effectivement réunis une quarantaine de jeunes ouvriers, lesquels chantaient et buvaient gaiement au souvenir de la patrie! Là, tout était français, le vin, les convives et la maîtresse de la guinguette, Mme Breissan, femme accorte et gaie, qui avait une réponse prête à toutes les interpellations, et qui paraissait fort aimée de sa clientèle. Nous nous mêlâmes avec plaisir à cette joyeuse foule, et nous partageâmes avec ces braves gens un repas où ne manquaient ni les épices ni le vin. La plupart de ces jeunes ouvriers se louaient de leur position et ne regrettaient nullement d'avoir pris le parti de s'expatrier momentanément pour aller chercher fortune; mais leur conversation n'avait pour objet que la France : on eût dit qu'ils ne vivaient que par le souvenir. « Ah! si la France avait le climat de Rio! la baie de Rio! les fers et les houilles de l'Angleterre! » s'écriait-on de tous côtés. Pas un mot n'était prononcé, qu'il ne s'y mêlât une aspiration vers la patrie ou un vœu pour elle!

A peine fûmes-nous assis à la table commune qu'on nous interpella avec vivacité pour nous demander des nouvelles récentes, et chaque question témoignait de l'amour le plus vif et le plus vrai.

Je demandai à Mme Breissan si les ouvriers des autres nations ne fréquentaient pas aussi son établissement.

« Il en vient quelques-uns parfois, me répondit-elle, et les choses vont pour le mieux tant qu'on ne parle que du prix du travail, de la qualité des marchandises et de la rareté des ouvriers; mais, dès qu'il est question de la France et de ses batailles, les têtes s'échauffent, on se querelle, on se bat, c'est à ne plus s'entendre. L'autre jour, ils ont engagé une lutte avec des Anglais, qui, pour être plus calmes en apparence, ne sont pas moins chatouilleux lorsqu'il s'agit du point d'honneur national. J'aime mieux qu'ils ne soient qu'entre eux; du moins alors, s'ils se chamaillent, c'est sans se maltraiter.

Ces paroles de Mme Breissan peignent d'un trait le caractère de nos ouvriers à l'étranger : leur affection patriotique est exclusive à l'excès, outrecuidante et même un peu sauvage; car ces âmes naïves ne peuvent admettre qu'on ne reconnaisse pas notre supériorité en toute chose, et, en cas de discussion, ils ne trouvent d'autres arguments que l'emploi de la force musculaire dont Dieu les a doués. Nous passâmes une partie de la soirée à causer avec nos braves compatriotes, et nous les quittâmes, enchantés de leur verve, de leur franchise et de leur joyeuse humeur.

Le lendemain de cette soirée, on vint m'éveiller à cinq heures du matin pour aller visiter un site appelé la Tijouque, situé à une petite distance de la ville. La fraîcheur était délicieuse, le ciel d'une pureté admirable; je me décidai à accompagner les personnes de l'ambassade, qui, comptant peu sur moi, étaient déjà parties. Lorsque mes préparatifs furent faits, je montai un bon cheval et me mis joyeusement à galoper sur la route qui conduit au jardin botanique, chemin bordé de belles habitations, côtoyant la mer et les lacs intérieurs qui communiquent avec elle. Après une heure d'une course assez vive, j'atteignis nos compagnons dans un lieu très-pittoresque, appelé la Gabia, au moment où ils se disposaient à traverser un lac d'eau saumâtre appelé lac de Lagoa, communiquant avec la mer.

Nous étions nombreux : deux pirogues longues et étroites étaient les seules embarcations que possédât l'amiral de cette Méditerranée; mais, pour nous emmener tous, il s'avisa d'un stratagème qu'il m'eût été difficile d'inventer. Il plaça sur les deux pirogues deux planches fort larges, qu'il assujettit fortement, et nous fit prendre place sur cet établi, tandis que lui et son lieutenant, debout sur ce radeau vacillant, ramaient avec circonspection pour accomplir heureusement la traversée. Les rives du lac de Lagoa sont charmantes; de grandes mélanostomées aux fleurs bleues baignent, en s'inclinant, leur tête dans l'eau, et des milliers d'huîtres blanches, attachées aux branches de cet arbuste, ressemblent à des pétales étiolés. Mais j'avoue qu'en cet instant j'étais peu sensible aux beautés de la nature; à chaque mouvement que je faisais, mes compagnons de voyage, dans l'intérêt de la conservation commune, me recommandaient aigrement l'immobilité la plus complète, et je trouvai fort longues les deux heures que dura notre navigation.

En abordant, nous descendîmes sur une plantation de café, et nous trouvâmes les nègres en train de prendre leur premier repas. C'étaient des hommes de trente à quarante ans, noirs comme du cuir verni, bien cambrés, bien musclés et fort peu vêtus. Les uns allumaient le feu; d'autres, réunis en rond, mangeaient, en causant, des épis de maïs; un plus grand nombre poursuivaient, sur les bords du lac, de petits crustacés et les faisaient cuire sur la braise ardente au fur et à mesure qu'ils les attrapaient. Le déjeuner de ces esclaves se composait exclusivement de farine de manioc ou d'épis de maïs, et les crustacés apportaient à ce maigre aliment un supplément fort nécessaire. Pendant que nous observions ce tableau animé, on nous amena des chevaux, et nous reprîmes notre course vers la Tijouque, où nous arrivâmes une heure après.

Au milieu de cette nature brésilienne, empreinte de magnificence et de grandeur, dans un pays où les ruisseaux sont, à leur source, des rivières tumultueuses, dont les montagnes, vêtues de fleurs, portent au-dessus des nues leur tête hérissée de pics aigus, où la puissante végétation envahit les rochers eux-mêmes, on s'étonne de l'enthousiasme des touristes à propos d'un site tel que la Tijouque. C'est tout simplement un cours d'eau d'une médiocre puissance, bondissant en cascade sur deux rochers de trente pieds d'élévation, superposés l'un à l'autre, et resserré entre deux montagnes tapissées de lianes inextricables et d'arbres touffus. Les voyageurs sérieux doivent compte de toutes leurs impressions à ceux qui, plus tard, doivent suivre leurs traces, afin de les prémunir contre les exagérations de certains enthousiastes possédés d'une monomanie admirative.

Nos guides se scandalisèrent quelque peu de notre désappointement en présence des beautés de la Tijouque. Pour nous offrir une compensation, ils voulurent nous conduire à Jacarè-Pagua, vallée qui renferme, nous dirent-ils, une résidence impériale. Hélas! ce château de plaisance est tout simplement une espèce de fazenda dont l'habitation est entourée d'un vaste jardin où croissent quelques végétaux originaires de l'Inde. Des champs de canne, de maïs et de riz sont le principal ornement de cette vallée féconde, et c'est probablement à cause de la richesse de ses produits que les Brésiliens appellent cette exploitation une résidence impériale. Nous traversâmes Jacarè-Pagua sans mettre pied à terre. Harassés de fatigue, couverts de poussière, brûlés par le soleil, nous nous hâtâmes de gagner une habitation située au pied de Pedra-Gouilla, montagne que nous devions traverser pour nous rendre à Rio. L'aimable accueil que nous reçûmes d'une dame française, propriétaire de cette fazenda, nous permit d'oublier pendant quelques instants la fatigue de la journée.

Cette dame avait environ quarante ans; mais, quoique en plein été de la Saint-Martin, elle était encore remarquablement belle;

elle avait des traits d'une perfection adorable, le front haut et lisse, les yeux grands et noirs, voilés de longs cils, la bouche petite et souriante. Son teint, d'une blancheur diaphane, était nuancé d'un rose tendre semblable aux pétales de la rose du Bengale.

Lorsque nous arrivâmes, la belle fazendeira était à demi couchée sur un divan, dans un salon au rez-de-chaussée, où le jour arrivait à peine. Elle était vêtue d'un peignoir en mousseline bleue; ses bras et ses épaules étaient nus; ses cheveux noirs, tressés avec art, s'arrondissaient en couronne autour de sa tête. Une jeune fille pâle, maladive et contrefaite, était assise à ses pieds. Cette pauvre créature, disgracieuse, souffrante, privée des attributs ordinaires de son âge, en face de cette belle personne toute rayonnante de force, brillante de fraîcheur et de grâce, parée à son automne de tous les charmes de la jeunesse, était une vivante preuve des injustices de la nature. Devant ce contraste, les regards se détournaient de la camériste contrefaite pour chercher, caché derrière un rideau, quelque chérubin vermeil, car il fallait un page à cette belle reine.

Des négresses mises avec quelque élégance, ce qui est rare dans les fazendas du Brésil, nous servirent des confitures et des fruits. Ces esclaves avaient au plus vingt ans; elles étaient de race cafre; leur corps svelte était à peine voilé par un jupon blanc attaché sur les hanches, et par une étoffe éclatante négligemment jetée sur les épaules.

On racontait, à Rio, que notre belle compatriote était venue au Brésil lorsque les liens qui l'unissaient à l'un des plus grands noms littéraires de notre époque s'étaient rompus. Le fait est peu croyable. Les volumineuses indiscrétions du poëte auraient certainement mis le public dans la confidence de cette tendre liaison, et je n'ai rien lu, dans les dix volumes des *Confessions*, qui m'ait paru faire allusion à la belle solitaire de Pedra-Gouilla.

Nous parcourûmes les possessions de notre hôtesse; c'est une grande caféière, qui occupe plus de cent esclaves. Du plus loin que les nègres apercevaient leur belle maîtresse, ils quittaient leurs travaux et accouraient avec empressement pour lui baiser les mains. C'était assez bizarre de voir ces hommes noirs, aux trois quarts nus, appliquer leur museau proéminent sur les mains blanches et douces de notre compatriote. Les drôles paraissaient user avec quelque plaisir d'une faveur qu'on eût pu solliciter sans trop d'humilité. La dame, objet de ces hommages, les recevait avec la plus parfaite indifférence; on eût même dit parfois que cet acte de soumission respectueuse s'accomplissait à son insu, tant elle paraissait distraite.

Nous partîmes de ce charmant ermitage au déclin du jour. La brise du soir balançait les grandes feuilles des bananiers comme d'immenses éventails, et sa fraîcheur bienfaisante nous faisait oublier l'âpre chaleur de la journée. Lorsque nous parvînmes sur le versant opposé du col de Pedra-Gouilla, les sentiers devinrent impraticables; nos chevaux s'abattirent à chaque pas, et plusieurs de nos compagnons furent victimes d'accidents d'une certaine gravité. Enfin, nous atteignîmes Rio, après une absence de dix-huit heures; nous avions passé plus de douze heures à cheval.

Après quelques jours de repos, j'appris, avec un bien vif plaisir, que M. et Mme de Lagrené voulaient bien m'associer à un voyage qu'ils allaient entreprendre dans la Serra dos Orgâos, sur les bords du Macacou et à Novo-Friburgo. Nous nous embarquâmes le 6 février au matin, sur le bateau à vapeur qui fait le trajet de Rio à Piedade. Nous traversâmes cette baie incomparable de Rio, semée d'îles sans nombre. Nous saluâmes en passant *las ilhas de Ferro do Gobernador* et la charmante paqueta toute fleurie, qui semble sourire aux voyageurs pour les engager à s'arrêter sur ses bords; puis nous arrivâmes à Piedade. Ce point est une espèce d'entrepôt pour tous les objets dont les fazendeiros ont besoin; c'est là aussi qu'ils envoient leurs produits, pour être transportés à Rio par le bateau à vapeur. Rien n'est bizarre comme les immenses magasins qu'on rencontre dans certaines parties du Brésil, et qui renferment tous les objets dont la consommation est possible dans ces parages. Je pénètre dans celui de Piedade, qui est une espèce de hangar immense, dans lequel je vois amoncelés, depuis le parquet jusqu'au faîte, des tissus de toutes les espèces, des vêtements confectionnés de toutes les dimensions, des souliers de toutes grandeurs, des cigares, des cigarettes, du tabac de toutes les qualités, du champagne, du vin de Bordeaux, des onguents, des ustensiles de ménage et d'agriculture, enfin des bougies, du suif, des nègres, des bœufs, des moutons; le tout pêle-mêle et au plus juste prix.

C'est à Piedade que nous trouvâmes les guides et les mulets que le propriétaire de la Serra que nous allions visiter nous avait envoyés. Chacun de nous s'était muni d'une bride et d'une selle pour la monture qui lui était destinée; car ici on loue des chevaux, on en trouve même facilement en grand nombre, mais il n'en est pas ainsi des objets nécessaires à leur harnachement.

Nous nous mîmes en route, sous la conduite du *feitor* ou guide principal, grand mulâtre vigoureusement proportionné, qui a la tête entourée d'un mouchoir de coton rouge et bleu, et qui porte gravement un gigantesque éperon à son pied nu. A peine fûmes-nous à cheval qu'une pluie torrentielle, telle qu'il n'en tombe que sous les tropiques, éclata sur nous avec fureur. Nous n'en continuâmes pas moins notre chemin à travers les routes inondées et boueuses. Cette partie du pays est excessivement malsaine; ce n'est qu'un immense marais, presque continuellement couvert d'une petite quantité d'eau putride qui renferme des plantes et des matières animales en décomposition. Les miasmes qui s'échappent de ces lieux d'infection engendrent, pendant la majeure partie de l'année, des fièvres pernicieuses qui sévissent avec violence et déciment la rare population de ce pays pestilentiel.

Nous partîmes à cinq heures du soir de Piedade, et la nuit ne tarda pas à nous couvrir de son ombre. Mais les éclairs du ciel et les lucioles, éclairs vivants dont la lumière jaillit aussi par intervalles, suffisent pour nous faire distinguer le guide qui nous précède. A onze heures du soir, nous arrivons à la fonda de don Gaëtan, près du village, où nous passons la nuit. La fonda est déjà presque à l'abri des influences funestes des marais de Piedade; mais ce qui contribue surtout à son assainissement, c'est son élévation au-dessus du niveau de la mer; cette élévation est telle, que parfois on rencontre, dans certains mois de l'année, une légère pellicule de glace sur les eaux dormantes qui se trouvent le long des chemins; aussi la culture du café y est-elle un peu moins productive que dans les fazendas des environs.

Les côtes du Brésil sont gardées par une immense chaîne granitique, laquelle prend naissance dans le nord de ce vaste empire et borde l'Océan, en traversant les provinces de Spiritu-Santo, de

Rio de Janeiro, de San-Paolo et de Santa-Catharina. Cette large ceinture de pierre, déchirée à son sommet, semble munie de créneaux, de bastions, et percée de meurtrières, comme si Dieu, après avoir créé cette belle terre, eût voulu la mettre à l'abri de toute agression en l'entourant de fortifications naturelles. Suivant les pays qu'elle parcourt, cette cordilière porte différents noms. Dans la province de Rio, à une petite distance de la ville, la Serra à laquelle nous nous rendons s'appelle Serra dos Orgâos. Ce nom lui vient de la configuration des rochers qui hérissent son sommet; ce sont des pans de granit disposés comme les tuyaux d'un orgue.

Ce n'est pas seulement l'aspect de ces cimes aiguës qui rappelle le grave instrument de nos cathédrales; les sons étranges qui s'échappent d'entre ces cylindres de pierre rendent l'analogie plus frappante encore et complètent l'illusion. La voix de la tempête, les plaintes des forêts que le vent incline, les rugissements lugubres des jaguars, les cris des singes hurleurs, passant entre ces pics sonores, produisent une harmonie devant laquelle l'instrumentation humaine est sans grandeur. On sent que c'est l'âme universelle qui fait mouvoir les touches du formidable clavier. La Serra dos Orgâos est couverte de forêts vierges sur les trois quarts de son étendue; ce n'est qu'à de longs intervalles qu'on rencontre, dans quelques vallées formées par l'écartement de la matière granitique, des traces de l'industrie humaine, ou qu'on traverse quelques bassins circulaires privés d'arbres, dans lesquels croît une herbe abondante dont se nourrissent des troupeaux de bœufs et de chevaux enfermés dans ces parcs naturels.

Le chemin qui conduit de chez don Gaëtan à la Serra dos Orgâos est fort beau, malgré les accidents de terrain qu'il a fallu vaincre. On suit un sentier qui serpente sur le flanc d'une montagne. A mesure qu'on s'élève le long de cette rampe, l'œil charmé embrasse des horizons immenses; à mi-côte, on découvre une vallée couverte de culture, coupée par de nombreux ruisseaux bordés de bambous grêles et de cotonniers, et, dans le fond de ce premier tableau, la mer, éclairée par un soleil splendide, est encadrée dans une noire ceinture de rochers couronnés d'arbres verts. Lorsqu'on arrive sur le sommet le plus élevé, l'air fraîchit considérablement, et les espèces végétales prennent les formes caractéristiques des lieux qu'elles habitent. Les papillons eux-mêmes changent d'aspect; ce ne sont plus ces immenses morphos qui m'ont rendu si heureux sur le Corcovado, mais des argynnes et des argus.

Nous arrivâmes à deux heures chez M. Marsh, le propriétaire de la Serra; nous trouvâmes un homme aux manières aimables et distinguées; sa maison nous parut confortable et bien tenue, et le personnel des visiteurs auxquels il donne une cordiale hospitalité, des mieux composés. Voici en quelques mots l'histoire de notre hôte.

Il y a une vingtaine d'années que vivait à Rio un jeune négociant anglais, lequel menait grand train. Il avait une maison somptueuse, de brillants équipages, de nombreux esclaves; il était par cela même entouré de tous les genres de séductions qui, dans le nouveau comme dans l'ancien monde, s'attachent à l'opulence. Tout à coup le jeune gentleman annonça à ses amis qu'il allait se retirer dans l'intérieur des terres pour y vivre en ermite. Dans une ville française, on se fût vivement préoccupé des causes probables d'une pareille détermination; la société de Rio ne s'en émut pas le moins du monde. Les Anglais ont habitué leurs amis à tous les genres d'excentricité; et cette fin du jeune gentleman parut tout aussi raisonnable que s'il se fût retiré du monde par un suicide ou par un voyage aux antipodes. Après avoir acheté les titres d'une immense concession dans la Serra dos Orgâos, notre jeune aventurier alla prendre possession de son domaine.

Avec ce coup d'œil pratique particulier aux Anglais, il comprit immédiatement qu'il devait renoncer à mettre en culture sa vaste propriété. Il eût fallu employer plus de trois cents nègres à cette exploitation; et, par le droit de visite qui courait, la dépense eût été trop forte.

La Serra, à cause de son élévation au-dessus du niveau de la mer, jouit d'une température qui n'excède pas vingt-deux degrés. Cette circonstance suggéra à notre gentleman l'idée d'établir sur son territoire un caravansérail où les voyageurs désireux de vivre un certain temps au milieu des beautés primitives de la nature brésilienne pussent commodément s'installer; une maison de santé où les valétudinaires de Rio vinssent se réconforter sous l'influence bienfaisante de l'air frais et tonique des montagnes; des retraites paisibles où les hommes fatigués du monde, lassés par les soucis que donnent les affaires, pussent se réfugier dans un isolement complet. Cet industriel fashionable comprenait tous les goûts, toutes les aptitudes, tous les besoins : il résolut de s'appliquer à les satisfaire.

A cet effet, il fit construire une immense maison divisée en nombreux appartements, pour ceux de ses hôtes futurs qui voudraient trouver à la Serra nombreuse compagnie, et il dissémina sur son domaine de petites habitations éloignées de trois quarts de lieue les unes des autres pour ceux qui voudraient vivre loin de toute société.

Ce fils d'Albion connaissait notre littérature; aussi bien qu'homme du monde, il avait appris dans *le Bourgeois gentilhomme* la manière d'exercer une profession sans déroger. Il ne s'agit pour cela, comme chacun sait, que d'échanger, sans les vendre, des services ou des produits contre de l'argent comptant.

D'après cette donnée qu'il a le mérite d'avoir mise en pratique, son établissement tenait du château et de l'auberge. C'était le châtelain bien cravaté, scrupuleusement ganté, suffisamment verni, qui recevait les étrangers et leur offrait une loyale hospitalité; c'était lui encore, ou en son absence quelque ami intime, qui faisait les honneurs de la table avec la distinction d'un *very good gentleman;* c'était ensuite avec un vulgaire maître d'hôtel, un officier de bouche subalterne, qu'on réglait, au départ, les frais de résidence.

Lorsque notre nombreuse société arriva à la Serra dos Orgâos, le gentilhomme hôtelier, pour ne pas nous séparer les uns des autres, mit à notre disposition une jolie maison construite au centre même de la forêt. On avait abattu autour de l'habitation les arbres gigantesques qui en obstruaient l'accès; il en était résulté un espace circulaire, lequel s'était subitement transformé en parterre. La puissante fécondité de ce sol avait remplacé les rois détrônés de la forêt par une multitude d'arbrisseaux aux fleurs brillantes, par des mélanostomées bleues, des fuchsias rouges, des bombax roses, des mimosas et des cassias jaunes. Notre demeure elle-même ressemblait à un bouquet de fleurs. La toiture et les murs étaient tapissés par les rameaux flexibles des grenadilles, et les diadèmes nuancés de ces lianes pénétraient dans l'intérieur des appartements par toutes les ouvertures.

Nous habitions un véritable palais de fleurs; nos regards ne se reposaient que sur des pétales brillamment colorés, et l'air que nous respirions était plein de leurs douces senteurs.

Il était permis aux premiers voyageurs qui pénétrèrent dans les forêts vierges d'en peindre les mystérieuses grandeurs; mais depuis que l'abbé Prévost, Bernardin de Saint-Pierre, Chateaubriand, en s'enfonçant dans ces sombres solitudes, en ont ouvert l'accès à la littérature contemporaine, cette mine inépuisable de descriptions emphatiques a été interdite aux vulgaires intelligences qui passent dans ces lieux, des boîtes, des filets sous le bras et un marteau à la main.

Aussi, quoique j'aie posé le pied sur ce sol merveilleux, je me garderai bien de peindre cet entre-croisement inextricable de cent essences végétales, qui forment, à des hauteurs prodigieuses, des voûtes impénétrables aux rayons du soleil, de décrire cette confusion harmonique de bambous, de lianes et d'arbustes qui s'étreignent, de plantes qui cherchent à s'élever les unes au-dessus des autres, pour prendre leur part d'air et de lumière, et qui meurent, comme ces populations amoncelées et pressées de nos civilisations modernes, au milieu de l'exubérante production qu'elles enfantent! La Serra dos Orgâos est l'un des points élevés du Brésil; aussi les productions tropicales ne sauraient plus trouver en ce lieu le soleil qui les mûrit. Si on y voit encore quelques orangers, quelques rares bananiers, des plants d'ananas, c'est qu'ils se sont spontanément développés et qu'on les a laissés croître avec la certitude qu'ils ne porteront pas de fruits.

Le propriétaire a donc dû chercher, en dehors de son exploitation *hospitalière*, par quel moyen il pourrait accroître le revenu de son domaine sans augmenter le nombre de ses esclaves. Après de nombreux essais, il s'est spécialement attaché à l'amélioration des races chevalines, à la production des mulets et à la culture des fruits et des légumes d'Europe.

Aucune localité ne peut certainement présenter autant d'avantages que la Serra dos Orgâos pour faire des élèves. L'immense étendue de terrain qui constitue ce domaine est divisée en magnifiques bassins circulaires, qui représentent des prairies naturelles entourées de forêts impénétrables. Chacun de ces bassins est fermé, au point où la vallée s'ouvre dans une vallée nouvelle, par une espèce de claie qui ne permet pas aux animaux d'une circonscription de se mêler à ceux d'une autre et de dépasser les limites de leur domaine, qui est ordinairement de deux ou trois lieues. Là, les chevaux et les mulets paissent en toute liberté; on ne va les chercher que pour les besoins du moment ou pour leur donner des soins; mais jamais ils ne rentrent dans les écuries pour se soustraire aux influences extérieures. Une chose qui m'a fort surpris, c'est la patience et la douceur de ces animaux à demi sauvages.

J'ai vu un petit nègre de cinq à six ans qui poursuivait un cheval et qui, l'ayant saisi par les crins, s'y cramponna avec force, et parvint à l'emmener sans que l'animal se révoltât contre la faiblesse de son conducteur. En général, les chevaux et les mulets élevés de cette manière sont de petite taille, mais infatigables. Ils ont une telle habitude des chemins scabreux, que ceux qui les montent n'ont rien de mieux à faire que de se confier à leur instinct, et plus d'une fois ils auront l'occasion d'admirer leur prudence et leur sagacité. La culture des arbres et des légumes européens est loin de donner à M. Marsh des résultats aussi avantageux que l'exploitation dont nous venons de parler. La plupart réussissent très-bien en apparence, mais leurs fruits nombreux sont presque sans saveur. La pêche a perdu son parfum, le raisin ses propriétés rafraîchissantes. La pomme, qui paraît mieux s'accommoder de ce climat, acquiert un développement considérable au détriment de son goût originel; ses formes s'altèrent, ses semences ne se développent plus; on pourrait la comparer à une femme robuste chez laquelle l'embonpoint a tué les germes de la fécondité. Quant aux légumes, excepté le haricot et la pomme de terre, fille du sol américain, tous les autres m'ont paru bien dégénérés.

On a quelquefois essayé de cultiver le blé dans cette contrée; mais l'époque de la floraison, qui concorde avec celle des pluies diluviennes qui inondent cette région, a constamment empêché cette céréale de s'y développer complétement et le grain d'arriver à maturité.

C'est un agréable séjour que la Serra dos Orgâos; la température est délicieuse et les sites sont ravissants. Notre palais des fleurs était fréquenté par tous les êtres ailés de la contrée; les papillons et les coléoptères, vêtus comme les héroïnes de Perrault, voltigeaient et bourdonnaient sans cesse autour de nous. Les perroquets, les tangaras et les colibris eux-mêmes ne dédaignaient pas de visiter notre demeure; plus d'une fois ces petits sylphes vêtus d'étincelles sont venus jusque dans l'appartement de Mme de Lagrené demander une hospitalité qu'on eût voulu prolonger, mais qui cessait bientôt de plaire à leur inconstante et capricieuse fantaisie.

C'était un vieux médecin qui nous faisait les honneurs de notre charmante habitation. Cet excellent homme cumulait les fonctions de médecin de l'établissement de M. Marsh avec celles de cicerone de la Serra pour les touristes de distinction. Le docteur avait soixante ans, mais il était vigoureux et alerte; sa figure épanouie, sa physionomie souriante, sa rotondité respectable annonçaient une nature spirituelle et bienveillante. Il nous apprit que son existence, féconde en événements, s'était passée dans les quatre parties du monde : tour à tour médecin, marin, ministre du saint Évangile, directeur d'exploitation coloniale, suivant les circonstances, partout il avait été utile, considéré et apprécié.

Le docteur gagna promptement mon affection ; j'aimais à le voir, dans nos courses vagabondes, chevauchant à côté de nous, parlant à l'un politique, à l'autre littérature, à celui-ci agriculture, économie sociale, s'informant de tout ce qui peut intéresser l'homme intelligent, venant ensuite vers moi pour aborder un sujet scientifique.

Pendant les huit jours que nous passâmes à la Serra, chacun de nous s'abandonna à ses inspirations et à ses goûts ; mes compagnons de voyage faisaient tous les jours de longues promenades à cheval sur les vastes domaines de notre hôte ; ils allaient visiter les cénobites épars sur cette Thébaïde parfumée. Quant à moi, dès le matin je m'enfonçais dans l'intérieur de la forêt à la poursuite des populations innombrables qu'elle abrite sous les écorces raboteuses de ses grands arbres, qu'elle protége sous ses mousses soyeuses, qu'elle berce entre les feuilles satinées de ses herbes, qu'elle nourrit dans les eaux limpides de ses ruisseaux, et je ne rentrais jamais dans notre demeure avant l'heure du dîner.

Je me souviens avec bonheur de mes courses aventureuses ; un nègre portait mon bagage ; c'était un arsenal complet de filets, de pinces, de boîtes ; mon fusil ne me quittait jamais. Je pénétrais avec cet attirail aussi loin que je le pouvais ; une hache à la main, j'abattais les branches d'arbres, les arbustes ceints de lianes qui me barraient le chemin. Avec quelle émotion je soulevais les écorces des grands arbres, gisant à terre, qui abritaient d'énormes et nombreux coléoptères ! Les tangaras, les pics rouges, les perroquets tombaient sous mes coups, comme des oiseaux vulgaires.

Le Brésil est la terre promise des naturalistes, et, bien qu'un grand nombre se soient abattus sur cet admirable pays, botanistes et zoologistes trouveront encore à y faire d'abondantes moissons. Les régions montueuses sont, entre toutes, les plus intéressantes, et, pour ceux qui ne voudraient pas étendre trop loin leurs excursions, je leur recommande ma chère Serra dos Orgâos, où ils trouveront réuni tout ce qui peut les intéresser ou les émouvoir.

On chasse le jaguar dans ces montagnes ; c'est le plus redoutable des carnassiers américains. Je n'ai vu que la dépouille de cet animal puissant, que j'aurais voulu voir dans tout son éclat et dans toute sa force. C'était toujours à son intention que je glissais une balle dans mon fusil, quand je parvenais dans les endroits suspects de la forêt, et, quitte à ressembler au chasseur de La Fontaine, j'ai, jusqu'au moment de mon départ, supplié Jupiter de me mettre en présence du terrible animal ; mais Jupiter a été assez bon pour ne pas exaucer ma prière. Si le jaguar paraît une proie trop périlleuse à abattre, on peut se contenter de poursuivre le tapir aux mœurs douces et sociables. J'ai souvent rencontré ce magnifique pachyderme le long des rivières, sur le bord des lacs ; mais toujours il était à l'abri de mes atteintes, à cause de l'espace qui nous séparait. Pendant mon séjour à la Serra, j'ai livré une rude guerre à l'unau disgracieux ; ce singulier édenté, caché dans le feuillage sombre du cécropia, restait immobile tant qu'il supposait que je ne l'avais pas découvert ; mais, si un mouvement suspect lui révélait mes intentions hostiles, il partait avec précaution et parcourait, sans s'arrêter, de grandes distances sur le dôme de la forêt, en s'aidant de ses grands bras. C'est surtout parmi les tatous à l'épaisse cuirasse que j'ai fait de nombreuses victimes ; et, lorsque je les rapportais au logis, le Vatel brésilien qui nous servait transformait leur noble armure en une vulgaire marmite, dans laquelle il les accommodait.

Le lecteur me croira à peine si je lui dis que les serpents sont fort rares dans cette partie du Brésil. Ce n'est que dans les relations de voyages faites à Paris qu'on voit des individus étreints par les anneaux du boa de Laocoon, ou qu'on lit la description de forêts impénétrables, émaillées de jararacs et de cascavels. J'ai fauché de hautes herbes, traversé des taillis épais ; je me suis enfoncé dans les bois les plus sombres, et je n'ai vu qu'un seul de ces hideux reptiles.

Un reptile plus commun à la Serra est l'iguane. C'est un grand lézard, aux formes robustes, plein d'agilité et d'audace, qui grimpe sur les arbres pour y poursuivre de petits oiseaux, et qu'on voit souvent traverser les chemins pour saisir de petits quadrupèdes. M. Marsh en a tué plusieurs pendant notre séjour, qui figuraient avec honneur sur la table de ses hôtes; car on mange ce reptile, et les gastronomes brésiliens le citent avec distinction quand ils font une énumération bienveillante des richesses culinaires de leur pays. Ceux dont nous avons mangé nous ont paru ne pas différer très-sensiblement, quant au goût et aux apparences physiques, de la chair d'un poulet fort jeune ; aussi n'avons-nous été saisis d'aucun sentiment de répulsion pour cet aliment.

J'avais conçu l'ambitieux projet d'atteindre les hautes cimes des Orgues; mais chaque jour je reculais devant l'exécution. Enfin j'accomplis cette ascension ; je touchai de mes mains la base des grands tubes de granit à la cime desquels roulaient lentement de légers nuages transparents comme de la gaze, et les sons de ma voix se mêlèrent aux bruits harmonieux de la forêt, qui tiennent en éveil depuis le commencement du monde les vieux échos cachés dans leurs niches de pierre. De ce point culminant je n'aperçus que l'azur du ciel et un immense océan de feuillage ; le sol dénudé formait des caps, des anses, des promontoires au sein de cette mer, dont le vent soulevait les vagues sonores, et les ardents rayons du soleil, en glissant sur les teintes variées de ces dômes ondoyants, produisaient des reflets semblables à ceux qui se jouent à la surface des flots. La vue de cette vaste solitude, du sein de laquelle je n'apercevais aucune habitation, me remplit de tristesse, et je compris qu'un paysage n'est complet que lorsque, au milieu de sévères beautés de la nature, on découvre la puissante manifestation de l'activité humaine.

Je côtoyai longtemps le pied des roches escarpées, et, lorsque je voulus descendre dans les parties inférieures de la montagne, je tombai au milieu d'un de ces bassins géologiques qu'on rencontre si fréquemment sur la Serra. Ce bas-fond avait une grande étendue; il était couvert d'une herbe abondante et drue comme celle qui croît sur les montagnes pastorales des Alpes et des Pyrénées. Un énorme bloc de granit, détaché de sa base par quelque commotion antédiluvienne, occupait le centre de ce cirque naturel et ressemblait à quelque monument du passé destiné à perpétuer un souvenir historique. Ce puissant monolithe, tapissé de fougères et de mousses noires, portait sur sa croupe arrondie une petite maison dont l'aspect élégant rappelait ces humbles chapelles que les habitants des montagnes ont coutume de percher sur quelque pic isolé. Un filet d'eau entourait de ses franges d'argent ce sombre piédestal et se perdait ensuite entre les herbes, dont il faisait trembler les pointes élancées.

Harassé de fatigue, je m'assis sur le bord du ruisseau ; au même instant, j'entendis au-dessus de ma tête une voix qui évidemment s'adressait à moi, car j'étais seul au milieu de cet espace immense ; je ne compte pas comme quelqu'un un nègre qui m'accompagnait. On m'interpellait en anglais. Ne sachant pas les premiers mots de cette langue, je me contentai de répondre sans me déranger, sans tourner les yeux du côté où me venaient ces paroles :

« Que désirez-vous, monsieur ? je ne comprends pas l'anglais.

— Oh ! ces Français sont drôles ! reprit la même voix avec le plus parfait accent britannique ; ils croient que chacun connaît leur langue ; ils ne parlent que le français !

— Vous avez raison, répliquai-je en me levant pour découvrir l'interlocuteur que le hasard m'envoyait ; les Français ont la sottise de croire que leur langue est la langue universelle, mais ils sont bien punis de leur outrecuidance lorsqu'ils mettent le nez hors de leur pays. »

Mon interlocuteur était planté sur le sommet du rocher, comme un chasseur de chamois au bord d'un précipice, ferme et droit sur ses jambes ; il portait des guêtres de cuir, une veste ronde et une casquette ; un énorme couteau de chasse, passé à la ceinture, pendait à son côté ; son visage rose et frais était encadré dans une belle barbe rouge ; il était grand et fort, et toute sa personne avait quelque chose de franc et d'ouvert qui prévenait en sa faveur. Après avoir jeté sur moi un regard explorateur, le fils d'Albion me dit :

« Je suis M. Braone (j'écris son nom comme il le prononçait) ; voulez-vous venir vous reposer chez moi? J'aime beaucoup les Français. »

Je déclinai mon nom, et, me servant de la formule qu'il avait employée en me parlant, j'ajoutai :

« J'irai volontiers me reposer chez vous ; j'aime beaucoup les Anglais. »

Je crus, en faveur de la manière bizarre dont s'effectuait notre connaissance, pouvoir me permettre la légère exagération que renferme cette dernière assertion.

Je grimpai sur le domaine de M. Braone par une entaille circulaire faite dans le granit ; ce moderne Prométhée me reçut en me tendant la main ; on reconnaissait à son teint vermeil qu'il était retenu sur ce roc solitaire par des chaînes fort légères, et qu'aucune espèce de vautour ne lui rongeait le cœur. Un fou ou un sage était seul capable de vivre dans cet isolement ; je me demandai dans laquelle des deux catégories il fallait classer ma nouvelle connaissance.

M. Braone m'introduisit dans un petit salon proprement meublé ; c'était une pièce longue et étroite, percée de trois fenêtres munies de stores et garnie d'un divan et de chaises en rotin. Il m'installa devant une table sur laquelle étaient disposées des bouteilles contenant du porto, du sherry, du brandy, du rhum et un gros livre relié.

Lorsque je fus assis, M. Braone me pria de l'excuser et de l'attendre un moment, et disparut ; un quart d'heure après, il entra conduisant sous son bras une jeune négresse. Cette fille, qui pouvait bien avoir dix-huit ans, était vêtue d'une robe blanche à grande pèlerine, telle qu'en portent seules dans le monde les dames anglaises ; elle était coiffée d'un chapeau bleu confectionné dans le même goût que sa robe et chaussée de gros souliers en cuir noir lacés sur le cou-de-pied; ses mains étaient couvertes de gants de fil, et elle paraissait fort mal à l'aise dans ce travestissement. La pauvre créature avait l'air ahuri, la physionomie hébétée des nègres de la côte; elle portait trois fortes entailles cicatrisées au-dessus de la racine du nez. Les nègres nouvellement introduits dans les colonies européennes sont presque tous marqués de quelques signes résultant d'une blessure qu'on leur a faite pendant leur jeunesse, pour aider à constater plus tard leur identité, tandis que les nègres créoles ne pratiquent plus cette coutume barbare. M. Braone se plaça en face de moi avec sa compagne toujours appuyée sur son bras; ils s'inclinèrent simultanément, et l'Anglais me dit en désignant la jeune négresse :

« C'était Mme Braone! »

Je rendis, aussi sérieusement que je le pus, mon salut à ce couple bizarre, mais j'avoue que je ne trouvai aucune parole à lui adresser. Le gentleman, après s'être incliné une seconde fois, tourna sur ses talons et s'éloigna, emmenant avec lui cette singulière Mme Braone.

Je n'étais pas encore revenu de l'étonnement que m'avait causé cette présentation, lorsque M. Braone reparut donnant le bras à une autre négresse. Celle-ci, plus jeune que la première, portait certainement les vêtements que sa compagne venait de déposer, et, comme elle était beaucoup moins grande, elle semblait traîner après elle une robe à queue. M. Braone, fidèle aux usages de son pays pour tout ce qui tient au mode adopté pour les présentations, s'inclina une seconde fois devant moi en me disant :

« C'était une autre Mme Braone. »

A cette déclaration inouïe, je ne pus contenir un immense éclat de rire. Ma bruyante hilarité ne blessa pas mon hôte; il se contenta de lever les yeux au ciel, en s'écriant :

« Oh! ces Français, ils s'étonnent de tout!

— Non pas précisément de tout, mon cher monsieur Braone, mais de ce qui leur paraît impossible avant de l'avoir vu! Je vous en prie, ajoutai-je sans pouvoir maîtriser mon hilarité, quel est donc le prêtre qui a béni votre double mariage? on pourrait recourir à lui dans l'occasion.

— C'est moi le prêtre, reprit l'Anglais; je me suis marié tout seul.

— Mon cher monsieur Braone, vous serez pendu comme un chien et damné comme un juif, au jeu que vous jouez! La polygamie est un cas pendable et damnable.

— Oh, oh! fit le gentleman, en France et en Angleterre je serais pendu, oui; au Brésil, non! je ne serai pas davantage damné; ici je vis comme Abraham et comme Jacob.... il faut bien que je peuple ce désert.

— Mais vous êtes chrétien, je suppose?

— A Londres, à Paris, oui; ici, je suis un patriarche. Je connais la Bible mieux que vous, *my dear*. C'est le seul livre que je lise depuis six ans, dit-il en me montrant le gros volume que j'avais remarqué sur la table, et c'est là que je puise ma seule règle de conduite. La Bible n'est pas, comme on le croit, l'histoire d'un peuple; c'est la loi écrite avec des exemples des hommes en civilisation, en barbarie et en patriarcat; ici je vis en patriarcat. Oh! non, je ne serai pas damné....

— Mon cher monsieur Braone, j'admire votre interprétation de la Bible; elle est nouvelle! Et vous comprenez parfaitement vos devoirs de patriarche?

— Oh! oui, je les comprends bien. Attendez. »

Là-dessus, il décrocha une cravache pendue derrière la porte. La poignée de cet instrument de correction se terminait par un sifflet dont il tira des sons aigus. Aussitôt je vis accourir dans le salon cinq ou six marmots, couleur marron, lesquels se rangèrent silencieusement l'un à côté de l'autre, dans la position d'un soldat sous les armes. L'Anglais les considéra un moment avec satisfaction; il me dit ensuite :

« C'étaient les petits Braone! Quand j'aurai encore trois petits hommes comme ça, je leur laisse tout ce que j'ai ici : cette maison, ces montagnes, ces terres; ils seront plus riches que s'ils étaient des fils d'esclaves, et moi j'irai m'occuper à peupler Sidney.... Oh! si tout le monde faisait comme moi, toutes les colonies seraient bientôt comme des fourmilières!... »

J'étais en admiration devant M. Braone; je n'avais pas cru, jusque-là, qu'on pût être aussi complétement fou avec les apparences de la raison. Après un moment de silence, je lui dis :

« Savez-vous bien que, si je racontais en France votre manière de vivre et les circonstances dans lesquelles s'est faite notre connaissance, on ne me croirait pas?

— Oh! certainement non, reprit vivement le gentleman; les Français trouvent la vérité trop extraordinaire pour y croire. Après votre retour, racontez-leur simplement ce que vous avez vu, ils vous accuseront d'avoir fait des romans, oh! oui. »

Cette idée de M. Braone me frappa par sa justesse; je résolus d'essayer d'écrire très-exactement ce que je venais de voir, n'étant pas fâché d'être taxé d'exagération à force d'exactitude

Lorsque je voulus le quitter, M. Braone tenta de me retenir pour passer la soirée avec lui; je ne pus me rendre à son désir; la compagnie dont je faisais partie devait quitter la Serra le lendemain; il fallait être sur pied avant le jour. M. Braone, en me reconduisant, me fit traverser sa cuisine, où nous trouvâmes une vieille négresse occupée à embrocher une couple de singes qui n'avaient pas moins de deux pieds de long.

« Si vous voulez rester, me dit M. Braone en me montrant l'instrument gastronomique, voilà notre dîner! »

Je considérai M. Braone avec horreur. En ce moment il me fit l'effet d'un ogre! Les embrochés ressemblaient, à s'y méprendre, à la marmaille de tantôt; je songeai à Saturne dévorant ses enfants. Mais la figure impassible de l'Anglais me rassura, et, pensant qu'on pouvait manger du singe sans être pour cela taxé d'anthropophagie, je serrai cordialement la main qu'il me tendit.

Je rentrai le dernier à notre maison de la Serra; mes compagnons me demandèrent compte de ma journée; je leur racontai ma visite à M. Braone, ils n'en crurent pas un mot. Comme nous partîmes le lendemain, ils n'eurent aucun moyen de vérifier ma véracité; ils sont restés sous leur première impression.... Ainsi a commencé à se vérifier la prophétie de M. Braone. Je crois, aujourd'hui, que le patriarche de la Serra est un sage.

Au moment de quitter notre délicieuse habitation, je vois venir à moi le nègre, compagnon de mes courses, qui me tend timidement la main. Je crois qu'il réclame une nouvelle rétribution, et je lui donne quelques pièces d'argent, qu'il prend sans trop d'empressement, en répétant son geste suppliant. Je réfère à M. Marsh de ce cas embarrassant; il m'apprend que, lorsque les nègres rencontrent un blanc sur leur route et qu'ils tendent vers lui leur main réunie en creux, ce n'est pas une aumône matérielle qu'ils implorent, mais celle plus spirituelle d'un vœu en leur faveur, d'une espèce de bénédiction, et que l'usage est de leur dire : *Que Dios te faze sancto!* « Que Dieu fasse de toi un saint ! » J'ajoute à cette formule un vœu plus sincère et plus en harmonie, je crois, avec les besoins de cette race disgraciée et je dis : « Que Dieu te rende digne d'être libre ! » Mais, hélas ! ce vœu, comme le précédent, ira se perdre sans écho dans l'espace; car il n'y a pas plus de saint noir au martyrologe qu'il n'y aura, d'ici bien longtemps, de nègres libres au Brésil.

Le chemin que nous suivons est celui qui traverse les Orgues pour joindre les bords de la Paraïba. C'est sur les rives de ce fleuve qu'on rencontre quelques peuplades de Cabocles, qui sont censés vivre du produit de la chasse ou de la pêche, mais qui se livrent, en réalité, à diverses industries. C'est auprès de ces individus que la plupart des voyageurs européens vont ordinairement étudier les mœurs des sauvages brésiliens, dont ils sont les fidèles représentants, comme le paysan des environs de Paris l'est des mœurs pastorales retracées avec tant de bonheur et de naïveté par M. le chevalier de Florian, dans le siècle dernier.

Nous suivions la même route pendant une partie de la journée, lorsque nous apercevons que notre guide principal, à qui nous avons eu la malheureuse idée d'offrir un verre d'eau-de-vie de France, s'est séparé de nous. Pour l'attendre, nous nous arrêtons à une *estancia*, lieu de repos pour les muletiers qui fréquentent ces parages. Au moment de notre arrivée, une caravane est en possession de l'emplacement circulaire qui constitue la *estancia;* cette auberge primitive se compose d'une espèce de hangar couvert, qui sert de lieu de repos pour les hommes, et d'une rangée de pieux fixés en terre en dehors de la partie abritée, pour attacher les mulets. Ordinairement on décharge les bêtes de somme pendant que les nègres préparent leur repas.

Ayant vainement attendu notre feitor, qui est un homme libre, et qui, en cette qualité, s'est tranquillement couché au pied d'un arbre, pendant que nous courons à peu près au hasard, nous nous mettons de nouveau en chemin. Quelques moments après, nous pénétrons dans une admirable forêt de palmiers et de fougères arborescentes. La présence de ces végétaux nous annonce que déjà nous sommes descendus dans des régions plus chaudes; nous nous en apercevons, d'ailleurs, à l'impression que l'atmosphère exerce sur nous.

Nous nous arrachons de ce lieu qui captive longtemps notre attention, et nous arrivons dans une partie de la route où deux chemins se croisent. Lequel prendrons-nous? Un vieux nègre nous assure qu'une maison existe non loin, en suivant le sentier à droite. Nous n'hésitons pas; nous nous engageons dans une espèce de ravin étroit et roide, que bordent des arbres gigantesques. Nous rencontrons, par intervalles, de magnifiques bœufs qui nous regardent avec curiosité; quelques-uns s'enfuient à notre approche; d'autres nous accompagnent pendant un certain temps, et ne nous quittent qu'après nous avoir suivis quelques moments encore d'un œil interrogateur. La présence de ces animaux ne doit rien faire préjuger au Brésil sur la proximité des habitations; aussi ne voyons-nous pas la maison annoncée, et nous ne la rencontrons qu'une heure après avoir suivi une descente fort rapide.

C'est une misérable hutte, entourée d'un parc immense, pour renfermer des bestiaux; un mulâtre, sa femme et ses enfants, en sont les propriétaires; ils nous apprennent qu'il existe une *venta* tenue par Pedro l'Espagnol, qui n'est distante que d'une heure du lieu où nous sommes. Nous partons guidés par le maître de la case, et, à sept heures du soir, après avoir marché pendant douze heures, nous nous trouvons en face de la plus horrible *fonda* que nous ayons encore vue. Une vieille femme et un hideux petit homme au pied bot en sont les seuls habitants. A notre approche, ils s'empressent de nous déclarer qu'ils n'ont ni gîte ni aliments à nous donner. Le maître est absent, nous disent-ils, et ils ne veulent pas recevoir, sans son autorisation, un nombre aussi inaccoutumé de voyageurs.

« Remontez sur vos chevaux, ajoute la vieille femme; gagnez la fazenda du *capitão de custodio*, où vous recevrez une hospitalité complète sans qu'il vous en coûte un reis; mon fils vous accompagnera s'il le faut. »

Il y avait tant de bonne volonté de la part de la vieille à nous éloigner de chez elle, elle nous donnait de si bonnes raisons pour nous décider à partir, que nous suivîmes son conseil. Nous jetons encore un regard sur ce taudis, et nous reconnaissons la haute sagesse de la vieille. La venta du *senhor* don Pedro a plutôt l'apparence d'un repaire de bandits que d'une auberge. La porte est précédée d'une mare bourbeuse, dans laquelle se vautre l'immonde animal qui se nourrit de glands, d'après l'abbé Delille. L'intérieur, noir et puant, ne renferme ni une natte pour se coucher ni une chaise pour s'asseoir; il est d'ailleurs complétement envahi par des canards, un chien galeux et la vieille femme.

Nous voilà de nouveau sur nos mules, le pied bot en tête de notre cavalcade. Une heure après notre départ de chez Pedro, nous arrivons chez le capitão. L'entrée de la fazenda est fermée par une porte; les chiens aboient et les nègres s'agitent pour venir reconnaître une troupe qui paraît vouloir la prendre d'assaut. Le pied bot demande à parlementer avec le *senhor administrador*, qui accourt aussitôt. Notre héraut lui expose notre embarras et le désir que nous éprouvons de trouver un lieu pour reposer notre tête. A peine ces explications sont-elles données, qu'on ouvre les deux battants de la porte. Nous pénétrons dans une vaste cour, à travers laquelle nous guident des nègres portant des torches. Mais l'appartement dans lequel on nous conduit ne correspond pas à cet accueil un peu fastueux. On met à notre disposition trois petits cabinets contigus les uns aux autres, dans lesquels on dresse.... ce n'est pas précisément le mot; pour être vrai, je dois dire sur le sol desquels on jette trois nattes pour nous reposer en attendant le dîner.

A dix heures, nous nous mettons à table. Depuis le matin, cinq heures, il n'est entré dans notre estomac qu'une poignée de farine de manioc et une tasse de chocolat. Le dîner que nous offre le seigneur administrateur se compose de volailles, d'un pilaw de riz, de *feijões*, espèce de haricots noirs comme des perles de jais et de farine de manioc. Le sommeil et la fatigue nous empêchent de faire honneur à ce frugal repas, et nous allons nous jeter sur nos nattes, où nous ne tardons pas à nous endormir profondément. Le lendemain, à quatre heures, nous sommes sur pied; les nègres sortent de leurs cases pour aller à leurs travaux, on entend le bruit des instruments de menuiserie et le retentissement des enclumes.

La fazenda a l'apparence et le mouvement d'un petit village. L'habitation du maître est entourée de celle des esclaves; divers bâtiments pour la préparation du thé, du café, du sucre et du manioc, ont été construits tout auprès. Le thé n'est cultivé au Brésil que depuis une vingtaine d'années, et déjà il donne des produits considérables. L'exportation en devient tous les jours plus importante, grâce à la précaution qu'ont prise les vendeurs de le renfermer dans des boîtes absolument semblables à celles qui nous viennent de la Chine. Cependant, il faut avouer qu'il existe une grande différence entre le thé du Brésil et celui du Céleste Empire : ce dernier possède un arome qui n'a rien de commun avec l'âcreté astringente du premier; je crois même que le thé du Paraguay, qui n'est pas un thé, est préférable au thé brésilien.

La fabrication du sucre laisse, comme l'on pense, beaucoup à désirer au Brésil. Les fazendeiros ne soupçonnent guère le progrès qu'a fait en Europe l'industrie sucrière. Le matériel pour la confection de tous les produits qu'on retire de la canne se compose, à l'exploitation du *capitão de custodio*, d'un moulin, de cinq chaudières disposées à la suite l'une de l'autre, et d'un appareil distillatoire. Le moulin est mû par une roue hydraulique qui fait fonctionner trois cylindres de métal. Ce mécanisme est insuffisant pour retirer de la tige saccharine tout le vesou qu'elle renferme. Les chaudières dans lesquelles s'opèrent la défécation et la cuite du sirop sont de fonte; leur épaisseur et la disposition elle-même du fourneau ne permettent pas de régler le feu comme l'exigerait une fabrication intelligente. Quant à l'appareil distillatoire dont on se sert pour retirer le tafia, la *cachasse* en langage portugais, résultant de la fermentation de la mélasse, il a été établi sur le modèle du premier alambic construit, il y a quelques siècles, par Arnaud de Villeneuve. C'est une vieille machine dans le goût de celles dont les livres d'alchimie nous ont transmis le dessin.

Ces engins et ces procédés vicieux sont cause que le fazendeiro ne retire pas de la canne tout le suc qu'elle doit donner, qu'il perd une quantité très-notable de substance cristallisable, et que ses alcools contractent un goût détestable d'empyreume. Eh bien! malgré tant de causes de ruine, la fécondité de cette terre est telle, que le producteur de ces contrées réalise des profits plus considérables que les planteurs de tous les autres pays tropicaux.

Ce que nous venons de dire du sucre peut également s'appliquer à la production du café. La partie charnue du fruit prend au Brésil un développement énorme; cette circonstance est cause que les baies à peine entassées subissent un échauffement, résultat d'un commencement de fermentation, qui en altère la qualité. Dans les exploitations voisines de Rio, on a paré à cet inconvénient en dépouillant, immédiatement après la cueillette, les graines de la partie pulpeuse. A cet effet, on plonge les fruits dans une cuve remplie d'eau, pour les débarrasser des corps étrangers qui les salissent, puis on les porte sous un moulin appelé *o decascador*, qui déchire l'enveloppe extérieure et opère la séparation des parties molles d'avec les parties dures.

On cultive quelque peu de riz aux alentours de la fazenda du capitão de custodio; son rendement atteint celui des meilleures terres du Fokien et de l'Inde; c'est-à-dire qu'il donne de trente à trente-cinq pour un, et, comme dans ces contrées, on peut obtenir, la même année, plusieurs récoltes sur le même sol.

Nous quittons la fazenda du capitão de custodio, bien convaincus que quelques heures nous suffiront pour nous rendre au gîte que nous devons occuper avant d'atteindre Novo-Friburgo. C'est le senhor administrador qui nous a renseignés cette fois, et un homme aussi capable ne saurait se tromper ni nous tromper. Nous côtoyons des champs de cannes; nous grimpons sur des coteaux couverts de cafiers; ces cultures semblent naître spontanément; aucun travailleur ne se montre sur cette vaste étendue de pays.

Un voyage à cheval, dans ces régions presque désertes, est, au début de la journée, plein de distraction et de charme; mais, pour peu que le trajet se prolonge, on subit forcément une suite de contrariétés inhérentes à tous les pays dans lesquels la race humaine est trop peu nombreuse. La première contrariété que nous subissons aujourd'hui, c'est de nous trouver devant un cours d'eau fort considérable, sur lequel on a oublié de jeter un pont. Les ponts sont fort rares dans le nouveau monde, surtout sur ces petits fleuves sans nom qui servent de limites naturelles à d'immenses propriétés, et que les habitants des fazendas riveraines désignent sous le nom modeste de ruisseaux.

Assis sur le bord de la rivière, nous tenons conseil pour savoir si nous tenterons le gué ou si nous reviendrons sur nos pas;

nos conducteurs nègres sont de ce dernier avis; mais nous en décidons autrement. Nos chevaux refusent d'abord de se mettre à l'eau; la cravache et l'éperon ont raison de leurs répugnances; frappés et harcelés, ils se jettent dans le courant. Les malheureuses bêtes perdent pied; l'eau passe par-dessus leur poitrail et couvre nos selles; deux portemanteaux se détachent et sont irrévocablement noyés; mais comme, après tout, le courant est tranquille, nous atteignons enfin le bord opposé, trempés jusqu'à la poitrine

Après ce premier incident, il en survint un second : le chemin que nous suivions était si peu fréquenté, que nous le trouvâmes envahi par une végétation formidable. Nous mîmes pied à terre et nous ne pûmes avancer dans ce fourré qu'en abattant, à droite et à gauche, les branches d'arbres, les lianes et les bambous qui nous barraient le passage.

Nous avions perdu beaucoup de temps à traverser notre fleuve innommé et à franchir le fourré dans lequel nous nous étions engagés, de sorte que le jour baissait, nos estomacs criaient famine, et nous n'apercevions pas de fazenda dans le lointain, pas une trace de fazendeiro, d'arriero, de feitor, sur les sentiers.

Nous voyions approcher avec inquiétude le moment où il nous serait impossible de continuer notre route. Aucun de nous ne redoutait de passer la nuit à la belle étoile : avec un bon manteau on brave impunément l'humidité de l'atmosphère; mais nous étions à jeun pour la plupart. La partie de la montagne que nous parcourions en cet instant était charmante : c'était un bois de fougères, de mimosas et de palmiers, tout peuplé d'oiseaux étincelants; des perroquets bleu d'acier jasaient en tournoyant dans les airs; des hoccos, gros comme des faisans, claquetaient le long des sentiers. Mais en ce moment, une blanche spirale de fumée, sortant lentement d'entre les arbres, laquelle nous eût annoncé l'approche d'une cabane, eût produit sur nous une impression bien plus agréable que toutes les merveilles offertes à notre admiration.

Chacun de nous s'abandonnait silencieusement à ses réflexions, portant involontairement la main sur l'organe dont les contractions insolites nous arrachaient à la contemplation de la nature pour nous faire souvenir que nous étions hommes et sujets à la faim, lorsque l'un de nous, qui avait devancé notre petite troupe sur une éminence, s'écria : « Une cabane ! » comme on crie : « Terre ! terre ! » après deux mois de traversée.

Nous gagnâmes, de toute la vitesse de nos chevaux, le sommet sur lequel nous avait devancés notre compagnon, et nous aperçûmes effectivement une petite masure de la plus humble apparence. La vue de cette chétive demeure nous combla de joie ; nous espérions que les habitants qu'elle renfermait, qu'ils fussent blancs ou noirs, auraient quelque substance nutritive à nous donner ou à nous vendre. Je mis pied à terre, et je descendis, presque en courant, la pente rapide au bas de laquelle j'apercevais son toit. Je heurtai vivement à la porte : elle s'ouvrit d'elle-même, mais personne ne répondit à mon appel. Je regardai dans l'intérieur, à droite et à gauche ; je ne vis ni un instrument de travail ni aucun vestige de pas humains ; si l'édifice eût été plus somptueux, on eût pu croire qu'un génie invisible l'habitait. Je franchis les quelques degrés qui conduisaient à l'étage supérieur ; c'était une pièce aux parois bien rabotées, triste et silencieuse comme une cage sans oiseau. Une natte, jetée dans un coin de la chambre, pouvait bien faire présumer que quelqu'un se réfugiait parfois dans ce réduit, mais rien ne prouvait que ce quelqu'un ne vécût pas dans un jeûne perpétuel. Une armoire, que j'ouvris indiscrètement, ne renfermait qu'une noix de coco sciée par le milieu et emmanchée d'un bâton ; instrument qui ne pouvait guère servir qu'à puiser de l'eau.

Je rendis compte à mes compagnons du résultat négatif de mon exploration. Nous convînmes, pour dernière tentative, de faire feu de toutes nos armes pour attirer en ce lieu, soit le gardien, soit le propriétaire de cette hutte, si toutefois il ne se dérobait pas volontairement à nos recherches. L'écho répéta au loin cette puissante détonation ; des troupes d'oiseaux effrayés y répondirent seuls ; ils s'élevèrent dans l'air en poussant de grands cris, croyant à une agression imprévue ; ils planèrent un moment au-dessus de nos têtes ; voyant ensuite que cette provocation ne s'adressait pas à eux, ils s'abattirent de nouveau au sein de leurs vertes retraites, et tout rentra dans le repos.

Nous étions sur un point où la route se bifurquait ; ne sachant trop quel sentier prendre, nous nous abandonnâmes à la sagacité de nos chevaux ; pour leur laisser toute leur liberté, nous leur mîmes la bride sur le cou, et ils s'engagèrent, sans hésiter, dans un petit sentier raboteux qui descendait dans un fourré. Nos montures une fois lancées sur cette pente qu'elles paraissaient avoir pratiquée, nous leur enfonçâmes nos éperons dans le ventre, décidés à ne laisser aux pauvres bêtes ni trêve ni repos jusqu'à ce qu'elles nous eussent mis à couvert quelque part.

La faim qui nous talonnait, une averse torrentielle sur laquelle nous ne comptions pas et qui tombait sur nous en ce moment, nous rendaient féroces; nous éperonnions et nous cravachions nos malheureux chevaux avec rage. Après une heure d'un galop effréné, nous débouchâmes dans une belle vallée arrosée par deux rivières; l'une tombait avec fracas d'une hauteur prodigieuse, et roulait bruyamment entre les rochers. Des plantations s'étendaient le long de ce cours d'eau, et l'air était tout embaumé des parfums qui s'exhalaient du sein humide des cafiers en fleur. Nous jugeâmes, à la bonne tenue des cultures, que nous approchions d'une habitation; nous donnâmes, dans cet espoir, encore une fois de l'éperon, mais nous fûmes de nouveau trompés dans notre attente. La nuit se fit; il fallut aller au pas, et ce ne fut que deux heures après que nous aperçûmes, à travers les arbres, de faibles clartés qui nous révélèrent la présence d'une fazenda. En ma qualité de Provençal, j'étais censé savoir le portugais, et l'on me délégua pour que j'allasse m'informer auprès du maître de ces lieux si nous trouverions chez lui ce que l'on cherche en voyage dans ces pays, une natte pour s'étendre, à défaut d'un bon lit pour la nuit. Je poussai mon cheval dans la direction des rayons conducteurs que j'apercevais, et je me trouvai en face d'une grande maison aux murs noirs et lézardés, entourée de cases à nègres d'un aspect sale et rebutant. Au bruit que je fis en arrivant, quelques négresses sortirent de leur tanière une torche à la main, et deux nègres s'approchèrent de moi pour me tenir l'étrier. Je leur abandonnai mon cheval et m'avançai vers la maison, où un homme parfaitement blanc m'attendait sur le seuil de la porte.

« A qui appartient cette demeure? lui dis-je, croyant m'adresser à l'administrateur de ce domaine.

— A moi, don Patricio Tejeiro y Campillo, et à vous, seigneur, pour que vous en usiez comme il vous plaira! me répondit-il avec courtoisie.

— En ce cas, repris-je, permettez-moi, seigneur Patricio, d'en disposer pour y passer la nuit avec mes compagnons. »

Il s'inclina en signe de consentement; après l'avoir salué, je m'éloignai pour annoncer à notre compagnie que nous allions prendre gîte chez un noble seigneur qui pratiquait l'hospitalité des anciens jours avec une grâce toute chevaleresque. Lorsque notre petite troupe fit son entrée chez le seigneur Patricio, l'orage, loin de se calmer, grondait avec violence, et la nuit était si sombre qu'on n'y voyait plus devant soi. On nous introduisit d'abord dans un vestibule tout encombré de haricots revêtus de leur cosse et de grains de café qu'on n'avait pas dépouillés de leur enveloppe. Des négresses, accroupies sur le plancher, rassemblaient ces semences en tas, probablement pour dégager le passage qui conduisait aux appartements qu'on nous destinait.

Après un moment d'attente, on nous fit entrer dans une vaste pièce noire et mal éclairée, dont une table longue et étroite occupait le centre; ce meuble était couvert de plumes, de papiers, de livres, de paquets de semences et de journaux : évidemment c'était le cabinet d'étude du seigneur Patricio. Toutefois cette chambre, d'une simplicité un peu barbare, servait encore à d'autres usages : c'était aussi un entrepôt des denrées de la fazenda; des sacs remplis de légumes stationnaient debout dans tous les coins. L'on avait construit dans le fond de la pièce, à un mètre en avant du mur, une cloison à hauteur de la main. Cet espace était rempli de farine de manioc et de viande salée, et la planche qui le fermait servait de rayon à la bibliothèque peu nombreuse du seigneur Patricio. Les fenêtres étaient garnies de stores délabrés; deux bancs étaient disposés le long de la table et une chaise était placée au haut bout. Lorsque nous entrâmes, le seigneur Patricio était assis; il se leva, et, s'inclinant avec déférence, il nous pria en fort bons termes de l'excuser s'il nous recevait d'une manière peu convenable.

« Éloigné de tout centre de population, ajouta-t-il, j'ai rarement l'honneur de recevoir des hôtes tels que vous; mais usez librement de tout ce dont on peut disposer ici. Dans une heure on vous servira à dîner; permettez-moi de me retirer pour donner quelques ordres. »

Notre hôte était un homme de cinquante ans, grand et maigre;

sa figure d'un blanc mat était sillonnée de rides. Il avait le front haut, les lèvres minces, les yeux grands et noirs. Quoique vêtu avec simplicité, à la manière des fazendeiros, il avait une tenue parfaitement soignée; ses mains étaient blanches, sa barbe fraîche et son linge irréprochable. On pouvait supposer que le seigneur Patricio avait contracté dans un monde élevé des manières élégantes, et qu'il était fazendeiro accidentellement.

A peine se fut-il retiré que des négresses, sales et mal vêtues, vinrent débarrasser la table des objets qui l'encombraient; elles enlevèrent un grand nombre de cahiers entièrement écrits : c'étaient peut-être les comptes d'exploitation de la fazenda, ou quelque traité sur la culture du cafier; cependant j'aurais été curieux de jeter les yeux sur ces manuscrits. Un homme dans la solitude n'a personne à tromper, et, s'il n'écrit que pour lui seul, il est dans les conditions les plus favorables pour faire sinon un bon livre, du moins un livre de bonne foi. Ne pouvant sans indiscrétion jeter un regard furtif sur ce qu'écrivait notre hôte, je voulus le juger sur ce qu'il lisait : pendant que les nègres opéraient cette espèce de déménagement, je me saisis de trois volumes déposés sur la table. Le premier contenait, on ne le croira pas! la *Lettre de Thrasybule à Leucippe*, de Fréret; le second, une traduction portugaise des *Ruines* de Volney; le troisième, *le Huron*, *l'Homme aux quarante écus!* Fréret, *en français*, dans une fazenda brésilienne, c'était incroyable! Nos plus jeunes compagnons de voyage ignoraient jusqu'au nom de cet auteur! Le seigneur Patricio étudiait l'esprit français dans les philosophes du XVIIIe siècle! C'était remonter un peu haut pour connaître le temps présent. Il eût été bien étonné, bien attristé, le pauvre cher homme! s'il eût su que la plupart d'entre nous, à tort sans doute, vénérions fort peu les idoles qu'avaient encensées nos pères, et qu'il adorait certainement.

C'était une bonne fortune pour nous de rencontrer, au milieu de ce pays à esclaves, ce qu'on appelait jadis un esprit fort, un incrédule, et plus ridiculement un philosophe! Il était curieux de constater si ce missionnaire philanthrope pratiquait les doctrines de liberté et de fraternité proclamées par les saints Jeans de la philosophie moderne. Dès ce moment, le fazendeiro devint pour nous un sujet d'étude fort intéressant.

Lorsque le seigneur Patricio rentra dans la pièce où nous attendions impatiemment le dîner, je tenais encore en main les trois volumes que j'avais pris sur la table; il s'approcha de moi et s'écria, en posant le doigt indicateur sur Fréret :

« Precioso ! »

En me désignant Voltaire :

« Gustoso ! »

Et en s'inclinant devant Volney :

« Giganteo ! »

Le fazendeiro attachait un sens précis à ces trois exclamations: elles caractérisaient dans sa pensée le degré d'admiration que lui inspirait chacun de ses auteurs favoris; j'en conclus que le seigneur Patricio procédait de l'école radicale et déiste, fille de la révolution française; je lui en sus gré; je me réjouis en songeant que le lendemain je verrais à l'œuvre, au milieu de son peuple de noirs, ce sectateur de la loi naturelle, ce néophyte nourri des dogmes du catéchisme du citoyen. J'aurais pu saisir ce moment pour faire réciter à notre hôte son *Credo* philosophique; mais la vue du dîner que des nègres servirent m'empêcha de provoquer cette déclaration de principes. Lorsqu'on a subi un jeûne de vingt-quatre heures, en face du repas le plus médiocre on est insensible aux charmes de la conversation; on serait rebelle aux sons de la lyre d'Orphée.

On nous servit le dîner ordinaire des fazendeiros : du porc salé aux légumes, de la *carne seca* bouillie, des herbes au piment, et les feijoês noirs au lard. La farine de manioc et la farine de maïs, dont nous saupoudrâmes nos aliments, remplacèrent le pain qui, dans ce repas, brillait encore par son absence. La table était couverte d'une nappe, mais on ne nous servit pas de serviettes; ce meuble est réputé inutile par les Portugais brésiliens. Nous bûmes de l'eau à la ronde dans le même vase, à la manière des communiants aux *agapes* de la primitive Église. Le seigneur Patricio n'avait qu'un seul grand verre dans toute son habitation; il nous en fit libéralement les honneurs. Lorsqu'on servit à la fin du dîner le vin de Lisbonne, on apporta trois verres à patte, pour huit convives que nous étions. Dans les pays lointains, les services sont peu complets, et l'on remplace rarement les objets que le temps et la maladresse des esclaves mettent hors de service. Le seigneur Patricio ne s'assit à table que pour nous en faire les honneurs; il daigna nous verser de sa main du café confectionné avec le produit de sa fazenda; la chicorée de Lille est préférable. Ce café avait le goût d'une décoction d'épinards. Pour oublier la saveur de cette infusion herbacée, nous bûmes un verre de cachasse; c'est le rhum du Brésil, espèce de trois-six qui brûle la gorge et emporte le palais en laissant un goût persistant d'empyreume.

Le seigneur Patricio avait rarement l'occasion de donner l'hospitalité à des Européens; notre visite rompait la monotonie de sa vie habituelle : aussi en paraissait-il très-satisfait. Il eût voulu prolonger longtemps la soirée et causer avec nous; malheureusement la vie humaine se compose d'une suite d'actes dont l'accomplissement ne saurait être indéfiniment ajourné, et, lorsque notre appétit fût satisfait, un sommeil irrésistible s'empara de nous. Nous fîmes longtemps des efforts surhumains pour tenir nos paupières soulevées et pour continuer à saisir le sens des paroles que nous adressait notre hôte; mais un voile épais s'étendit sur les yeux du corps et sur ceux de l'intelligence, et nous nous endormîmes en balbutiant des mots portugais. Il n'eût tenu qu'au seigneur Patricio de croire qu'il nous avait plongés dans un sommeil magnétique. Des nègres vinrent nous réveiller, les uns après les autres, pour nous conduire là où l'on avait préparé nos lits. C'était dans des espèces de greniers encombrés de paille de maïs, de haricots non écossés et de récoltes de toute espèce.

Le vestibule sur lequel s'ouvraient les diverses pièces de la fazenda divisait ce vaste bâtiment en deux parties égales. Tous nos compagnons furent couchés du côté opposé au logement du maître; dans les habitudes portugaises, l'entrée de cette partie de l'habitation est aussi sévèrement interdite aux étrangers que l'est à tous les hommes celle d'un harem dans les pays musulmans. Quant à moi, on avait dressé mon lit dans le vestibule même; le seigneur Patricio me fit remarquer que c'était l'endroit le plus frais et le plus aéré de la fazenda. Je me couchai sur une douce paillasse de maïs ; le bruit lointain de la cascade que nous avions rencontrée sur notre chemin arrivait jusqu'à mon oreille, semblable aux détonations continuelles d'une artillerie formidable; mais la chute de la fazenda elle-même n'aurait pu m'empêcher de dormir.

Le lendemain, à mon réveil, un nègre à la physionomie stupide s'approcha de mon lit et me dit de faire ma toilette avec toutes les précautions que commandait la décence la plus stricte, parce qu'une senhora pouvait m'apercevoir.

« Est-ce que le seigneur Patricio est marié? » lui demandai-je.

Au lieu de me répondre, le Cafre me montra une porte derrière laquelle j'entendis, à mon grand étonnement, un petit éclat de rire plein de gentillesse.

La veille, je n'avais pas lu dans les cahiers du seigneur Patricio par respect humain; cette fois, ma curiosité ne put résister à cette nouvelle épreuve, et, sans hésiter, je collai mon œil contre le trou de la serrure de la chambre que le nègre m'avait désignée. Ce que je vis était ravissant! Je vis deux pieds d'albâtre nus et immobiles sur le parquet, deux pieds veinés de bleu surmontés d'une robe blanche qui s'arrêtait à la cheville. La parfaite immobilité de ces petits pieds me fit croire qu'ils appartenaient à quelque pieuse statue de marbre sculptée par David; mais le seigneur Patricio lisait Volney, Voltaire et Fréret! ma supposition était inadmissible. D'ailleurs, les jolis pieds se mirent à trotter en se dirigeant de mon côté; nouvelle preuve que ce n'étaient pas ceux d'une sainte.... de marbre du moins. Lorsqu'elle fut en face de la porte, mon inconnue se baissa par un brusque mouvement, et une prunelle noire vint se coller sur le trou que mon œil occupait déjà. La surprise de se trouver ainsi œil à œil avec un étranger arracha un cri à ma charmante vision, qui s'enfuit avec rapidité.

Mais tout m'avait servi à souhait dans ces mouvements. J'avais vu deux yeux brillants et noirs comme les noyaux du long-han, des cheveux ondoyants comme des algues marines, un front blanc et lisse comme les pétales du magnolia, des lèvres devant lesquelles les fleurs des fuchsias eussent été pâles. Le petit cri qu'elle poussa, ce cri de biche effarée, me permit d'apercevoir une rangée de dents semblables aux boutons du jasmin lorsqu'ils vont éclore; et, pour terminer mon parallèle botanique, je dois ajouter que sa taille me parut souple comme une liane, élancée comme une fougère arborescente! Quelle était donc cette femme si belle? C'était une esclave certainement; ces pieds nus l'indiquaient assez : mais par quel concours de circonstances cet être ravissant était-il tombé en la puissance du seigneur Patricio?

Je me livrais à mille suppositions pour trouver le seigneur Patricio coupable de quelque crime bien noir, et, n'y parvenant pas, je me figurai que les manuscrits du fazendeiro devaient avoir le mot d'une énigme qui n'existait peut-être que dans mon imagination ; alors je me repentis bien sincèrement de ne les avoir pas explorés au moins du coin de l'œil. Sous l'empire de cette pensée, je sortis de l'habitation. Malgré ma préoccupation, je fus saisi, charmé de la magnificence du site au milieu duquel était placée cette demeure.

La veille, pressés par la pluie et par la faim, nous n'avions fait qu'entrevoir le lieu dans lequel le hasard plus que notre volonté nous avait conduits. La fazenda était située entre deux montagnes. Celle au pied de laquelle se trouvait l'habitation était plantée de cafiers, lesquels, tout en fleur en ce moment, semblaient couverts d'une neige parfumée. Celle qui lui faisait face, tapissée d'arbrisseaux serrés comme les herbes d'une prairie, était couronnée par des rochers nus et déchirés. A gauche, les deux montagnes, en se réunissant, formaient une ellipse dans les profondeurs de laquelle croissaient des arbres gigantesques; cette immense forêt sombre et silencieuse tenait lieu de ces haies qui, en Europe, ferment les héritages, et semblait défendre l'entrée de la vallée; c'est par là que nous étions descendus chez le seigneur Patricio. Le point de jonction des deux montagnes était marqué par une large entaille, et c'est là que nous avions vu la veille cet immense ruban transparent et azuré comme un filon d'aiguemarine et dont on n'entendait, du point où nous étions, que la chute effroyable. La vallée s'ouvrait sur une plaine toute verte au milieu de laquelle coulaient rapidement l'eau de la cascade et celle d'une petite rivière qui descendait des mêmes profondeurs.

Lorsque je détournai le regard de ce magnifique tableau, j'aperçus le seigneur Patricio ; je dois dire qu'il me parut affreux. Bien que son linge fût parfaitement blanc et sa barbe fraîche comme la veille, il me sembla commun et laid. Sa politesse me parut obséquieuse ; je le trouvai hypocrite, dissimulé, que sais-je? Le digne seigneur Patricio était assis au milieu d'une vingtaine de négresses et d'une trentaine de négrillons nés ou à naître. Je ne savais d'abord ce qu'il faisait au milieu de ce troupeau puant ; mais je m'aperçus bientôt qu'il passait l'inspection des petits, que les mères lui tendaient l'un après l'autre. Il explorait les gencives et les dents pour reconnaître leur état ; il examinait la peau ; il s'assurait que les pieds n'étaient pas envahis par ces affreuses puces pénétrantes, dont les nombreuses agglomérations causent de cruelles démangeaisons et déterminent souvent la chute des parties qu'elles attaquent.

La sollicitude du seigneur Patricio pour ces pauvres enfants détruisit en partie mes préventions. J'étais satisfait de voir un philanthrope pratique, un petit manteau-bleu en jaquette blanche, se préoccuper du bien-être de la petite population soumise à ses lois. Les actions des hommes sont si rarement en parfait accord avec leurs principes, que j'en croyais à peine mes yeux en voyant un disciple de Volney surveiller la propreté de ses élèves ; car l'austère auteur de la *Loi naturelle*, du *Catéchisme du citoyen*, a fait une vertu de l'habitude de se laver la figure et les mains. Lorsqu'il eut fini de passer son inspection, le fazendeiro vint vers moi et me proposa de jeter un coup d'œil sur ses cultures. Elles occupaient une étendue immense ; tout le versant de la montagne contre laquelle s'appuyait l'habitation était couvert de cafiers ; ces arbustes odorants couvraient de leurs verts rameaux les points accidentés, et l'on eût dit qu'ils croissaient spontanément dans ce lieu, tant ils étaient serrés et d'une belle venue.

« Combien avez-vous de nègres pour exploiter votre domaine? demandai-je à notre hôte.

— Les voilà tous, me répondit-il en me montrant les vingt négresses, les trente négrillons, et cinq ou six gaillards noirs comme du jais et bâtis comme des cariatides ; les femmes, ajouta-t-il, ne travaillent qu'à la cueillette ; je loue des nègres pour les grands travaux. »

Je regardai le seigneur Patricio d'un air qui signifiait sans doute : « Mais que diable faites-vous de toutes ces négresses les trois quarts de l'année? » car, répondant à ma pensée, il me dit :

« Ce que je fais de mes négresses? Mais je les emploie suivant le but de la nature ; elles font des enfants.

— Est-ce que chacune d'elles est pourvue d'un mari? repris-je.

— Donnez-vous dans un troupeau un bélier à chaque brebis et un bouc à chaque chèvre en légitime mariage? repartit le fazendeiro.

— Assimilez-vous par hasard ces malheureuses à des chèvres et à des brebis? répliquai-je.

— Je ne fais pas cette injure à ces pauvres bêtes! me répondit-il en riant; elles donnent de la laine et du lait, outre le petit qu'elles mettent bas, tandis qu'on ne peut guère obtenir de ces créatures qu'un négrillon par an!

— C'est donc ainsi, mon cher philosophe, que vous pratiquez la fraternité humaine? » demandai-je un peu ironiquement.

Mais lui, prenant un air capable, me dit alors :

« Vous êtes trop éclairé pour croire que ces moricauds sont vos frères. C'est comme si vous prétendiez qu'un orang-outang est le frère d'un ouistiti. Avec ce beau système de fraternité, on n'oserait plus manger les bœufs et les huîtres, parce que certains hommes ont avec eux des rapports intimes de parenté. J'ai des égards pour mes nègres; en tant qu'animaux très-perfectionnés, je ne les embroche pas; mais je les traite du reste comme des chevaux dont on vend les poulains.

— Si c'est là le résultat de vos études philosophiques, je ne vous en félicite pas, mon cher monsieur, et j'aime mieux les chrétiens les plus ignorants, qui croient du moins que tous les hommes sont frères.

— Ils le croient ou feignent de le croire; mais les nègres qu'ils possèdent sont-ils mieux traités que les miens? Entre les chrétiens et moi, il n'y a que la différence de la sauce à laquelle nous accommodons vos protégés, mais ils sont mangés tout de même. »

Là-dessus, don Patricio me salua courtoisement et s'éloigna. J'étais irrité d'avoir pris le change sur les intentions du fazendeiro; lorsqu'il inspectait les négrillons, le vilain homme, bien loin de remplir un devoir philanthropique, empiétait sur les attributions du vétérinaire! Son habitation n'était qu'un haras infâme! En rentrant dans la fazenda, je rapportai toutes les préventions contre le seigneur Patricio que j'avais abjurées un moment. J'étais plus que jamais possédé du désir de connaître la nature des liens qui unissaient le fazendeiro à la femme ravissante que j'avais vue. Je passai devant la porte que j'avais explorée le matin; le trou de la serrure était bouché avec un morceau de bois. Nous nous mîmes à table; don Patricio me parut contraint, ennuyé. Il me regarda plusieurs fois d'un air qui voulait dire : « Votre indiscrétion est de fort mauvais goût; » mais je ne m'en émus guère. Peu à peu le front du fazendeiro se rasséréna, la conversation devint générale, on parla de toutes choses, et surtout de la cascade que nous avions entrevue la veille. Il nous apprit qu'on l'appelait la cascade de Paquequer.

« Vous repasserez devant ce grand *jet de cristal* en gagnant les hauteurs qui mènent à Moro-Queimado, nous dit-il, et vous pourrez l'admirer tout à votre aise. »

Il prononça ces mots, *jet de cristal*, en français, avec intention, et comme nous témoignâmes quelque étonnement de l'entendre se servir de ces expressions, il ajouta négligemment :

« Je sais par-ci par-là quelques mots de français, et j'aime à les jeter dans la conversation. »

En cet instant on vint nous annoncer que nos chevaux étaient sellés; nous nous levâmes de table et nous fîmes nos préparatifs de départ. J'avais enfourché ma monture après avoir fait un peu froidement mes adieux au fazendeiro, lorsque celui-ci revint vers moi, me tendit la main, et m'attirant à lui, il me dit en très-bon français et d'un ton de commisération ironique :

« Mon cher docteur, vous poursuivez des impossibilités; il vous sera tout aussi difficile de persuader aux Brésiliens qu'ils doivent émanciper leurs nègres que d'aller en bonne fortune en passant par le trou d'une serrure. »

Et sur ce, il sangla un coup de cravache à mon cheval, qui partit sans que j'eusse le temps de dire un mot....

Deux heures après notre départ de chez don Patricio Tejeiro y Campillo, nous nous retrouvâmes devant le grand *jet de cristal*, comme il appelait la cascade de Paquequer. En contemplant cette immense nappe d'eau, nous conçûmes le projet d'aller l'admirer à sa chute. Pendant que nous cherchions à découvrir un chemin, un sentier, un tracé se dirigeant vers ce point, nous aperçûmes le long de la rivière, à quelques centaines de pas dans l'intérieur des terres, une grande fazenda, qui la veille s'était obstinément dérobée à nos recherches. Aussitôt je piquai des deux et je me présentai devant cette habitation de bonne apparence. Au bruit que je fis en arrivant, un homme couleur cannelle, vêtu de blanc, s'approcha de moi et me dit courtoisement :

« Seigneur, qu'est-ce qui vous amène sur ce domaine? Le propriétaire Emmanuel Ferreira Pinto et ses serviteurs sont prêts à exécuter vos ordres.

— Seigneur, lui répondis-je, je vous remercie de votre gracieux accueil, et je m'y attendais. Le seigneur administrateur de la fazenda du capitão de custodio m'avait prévenu que nous trouverions chez vous l'hospitalité la plus généreuse; mais hier au soir, nous nous sommes égarés et nous avons passé devant votre habitation sans la découvrir.

— Et où donc avez-vous passé la nuit? me demanda le seigneur Emmanuel sans chercher à dissimuler sa surprise.

— Là-bas, au fond de la vallée, chez un de vos voisins, le seigneur Patricio....

— Quoi! vous avez passé la nuit au haras!... vous avez dormi dans cette demeure mystérieuse où aucun voyageur ne s'arrête jamais! s'écria en riant le seigneur Emmanúel. Contez-moi donc ce que vous avez vu.

— Seigneur, repris-je, je voudrais bien satisfaire sur l'heure votre curiosité; mais j'ai laissé en contemplation devant la cascade l'ambassadeur de France et sa suite; je suis chargé d'un message pour vous, et je tiens à le remplir. Pourriez-vous me dire, seigneur Emmanuel, si l'on peut se rendre au pied de la cascade à travers les sentiers qui pénètrent dans la forêt?

— Rien n'est plus facile, me répondit le fazendeiro; j'avais fait ouvrir un chemin pour m'y rendre moi-même; bien qu'il y ait un an et que je n'aie pas exécuté mon projet, je crois cependant que le tracé existe encore. Je vais m'en assurer avec vous; d'ailleurs, mes nègres nous précéderont pour aplanir les difficultés du chemin, s'il s'en présente. »

Et là-dessus le seigneur Emmanuel ordonna qu'on lui amenât un cheval et que dix nègres se tinssent prêts à l'accompagner.

Lorsque nous rejoignîmes nos compagnons de voyage, nous leur fîmes l'effet d'un chœur d'opéra comique. Le seigneur Emmanuel et moi, tous deux à cheval, étions entourés d'une troupe de nègres munis de haches, lesquels brandissaient en chantant leur arme meurtrière. Après les présentations d'usage, nous nous enfonçâmes résolûment dans une obscure forêt dont les arbres serrés et confondus formaient un dôme unique. Les esclaves marchaient en tête de la cavalcade, abattant à droite et à gauche les branches qui nous eussent fouetté le visage.

Au bout d'une heure, nous étions engagés dans un fourré impénétrable, où les chevaux ne pouvaient avancer et que les nègres étaient impuissants à éclaircir; plusieurs d'entre nous se mirent bravement à l'ouvrage. Nous parvînmes à franchir cet obstacle; mais il s'en présenta d'autres, et tous nous fûmes obligés de faire le reste de l'ascension à pied, laissant à chaque instant des lambeaux de nos vêtements aux longues épines des bambous, aux branches des arbres, aux rochers cachés sous les mousses et les fougères.

Nous traversâmes plusieurs ponts de lianes naturels, qui ressemblaient à un travail humain; enfin nous arrivâmes à notre but, après des travaux qui seront compris de ceux-là seuls qui ont franchi les forêts primitives.

La cascade de Paquequer tombe de cent mètres de haut sur un fond hérissé d'immenses blocs de granit. La masse d'eau est égale à celle de la fontaine de Vaucluse, et, comme cette source célèbre, elle porte bateau à sa naissance. L'effet produit par cette chute colossale est des plus grandioses : on n'aperçoit d'abord qu'une couche transparente comme une émeraude, puis, lorsque le regard plonge dans le gouffre, on voit jaillir de ses profondeurs des flots de rubis et de diamants dans lesquels le soleil des tropiques réfracte tous ses feux; ces gerbes lumineuses ressemblent au bouquet final d'un immense feu d'artifice que les étoiles colorées du Bengale animent de toutes leurs splendeurs. L'air déplacé par cette énorme colonne produit un vent continuel qui s'engouffre en mugissant dans le fond de la vallée, emportant sur le faîte de la forêt un nuage d'eau réduite en poussière au milieu duquel se jouent des milliers d'arcs-en-ciel. Le dôme de verdure qui recueille les gouttelettes étincelantes les transforme en mille petits ruisseaux qui tombent du haut des arbres et s'enfuient en grondant sur un lit de cailloux pour se réunir au courant de la rivière. Ce spectacle est d'une puissance et d'une grandeur inouïes; en sa présence nous sommes muets d'admiration, et les noirs, dans leur ravissement, poussent des cris inarticulés. Les décors sont magnifiquement disposés pour encadrer cette grande scène : d'un côté, l'aspect mystérieux et sombre d'une forêt vierge; de l'autre, l'austère grandeur des pics décharnés qui semblent écouter avec effroi le fracas épouvantable qui se fait à leur pied; et ce bruit d'enfer est l'accompagnement éternel de cet admirable spectacle.

Nous sommes étonnés que cette cascade de Paquequer, située seulement à six journées de Rio, n'ait pas une réputation européenne. C'est que la plupart de ceux qui arrivent à la fazenda de don Patricio et du seigneur Emmanuel, en entendant le bruit étrange de la cascade, se contentent de contempler le grand ruban azuré qui pend au flanc de la montagne, sans prendre la peine d'aller sur les lieux mêmes en contempler la majesté.

Lorsque nos yeux et notre imagination sont rassasiés de ce spectacle, nous songeons à reprendre la route de Novo-Friburgo. Le seigneur Emmanuel qui, au milieu des accidents de la route et en présence des témoignages bruyants de notre admiration, n'a pu parvenir à satisfaire sa curiosité touchant l'habitation de don Patricio, se décide à nous accompagner. Dès que le chemin le permet, il pousse son cheval à côté du mien et commence ainsi la conversation :

« Eh bien! seigneur, voudriez-vous me dire maintenant comment vous avez passé la nuit chez don Patricio?

— En compagnie de légumes de toutes sortes, lui répondis-je, et tout à côté d'un bel oiseau blanc qu'on tient en cage.

— L'avez-vous vu?

— Oui, certes! par le trou de la serrure.

— Ah! il ne vous l'a pas montré!... Du moins le seigneur Patricio vous a-t-il dit son nom, sa patrie et ses dieux?

— Son nom, vous le dites vous-même, don Patricio Tejeiro y Campillo; son pays, l'Espagne; ses dieux, une trinité : Fréret, Voltaire et Volney.

— Trois mensonges sur trois affirmations! s'écria le Portugais; il s'appelle Durand, il est Français, et en fait de dieux il ne croit qu'au diable.

— Et l'oiseau blanc? demandai-je avec empressement.

— L'oiseau!... l'oiseau! dit le fazendeiro en hochant la tête; ma foi, il est Brésilien....

— Diable! et dans quelle partie de votre pays chasse-t-on ce volatile? »

Le Brésilien garda le silence, il parut réfléchir, puis il reprit :

« Ce Durand est un homme du diable ; mais, bah ! il en arrivera ce qu'il pourra ; je vais vous dire ce que je sais sur son compte ; il ignore que je le connais, et vous ne le lui direz pas, j'espère. »

Je fis un signe affirmatif, et don Emmanuel continua :

« Il y a quelque dix ans que Durand arriva au Brésil en compagnie d'un nommé Almeida de Lisbonne. Ces deux hommes, qui paraissaient étroitement unis, s'associèrent pour exploiter une sucrerie dans la province de San Paulo. Leurs affaires étaient dans un bel état de prospérité, lorsqu'ils se séparèrent brusquement en témoignant l'un contre l'autre d'une irritation violente ; toutefois ils ne dirent jamais la cause d'une haine si bien partagée. A la suite de cette séparation, le seigneur Durand vint dans ces contrées sous le prétexte apparent de surveiller l'exploitation de sa petite fazenda, mais pour se livrer en réalité à l'élève du nègre. Il s'est fort enrichi à ce métier ; mais il faut avouer que le digne homme ne néglige rien pour améliorer ses produits ! Quant à son ancien associé, il s'en alla dans la province de Minas-Geraës. En arrivant dans ce pays il fit l'acquisition de quelques nègres et alla s'établir le long d'une rivière pour recueillir les parcelles d'or que les cours d'eau charrient dans leur lit. Triste métier que celui-là, seigneur ! l'or est la récolte la plus chanceuse du Brésil. Parmi les esclaves du seigneur Almeida, il y avait une de ces belles mulâtresses d'Ouro Preto qui jettent un sort sur les hommes qui les ont une fois connues. Le Portugais n'avait pas acheté cette belle fille pour lui faire laver le sable de la rivière ; c'était sa femme plus que son esclave ; aussi lui donnait-elle chaque année un enfant beau comme le jour. Cependant les affaires d'Almeida empiraient d'une manière désastreuse ; mais il ne fut jamais réduit aux expédients. Dès qu'il était dans l'embarras, un prêteur officieux se présentait et lui offrait la somme dont il avait besoin. On sut bientôt quelle était la main généreuse qui avait secouru avec tant de persévérance le malheureux Almeida. Un jour Durand se présenta chez son ancien associé, muni de toutes les traites qu'il avait souscrites et accompagné d'un homme de justice. Comme le malheureux débiteur ne put satisfaire son créancier, celui-ci fit saisir toute sa fortune, dont les esclaves étaient la meilleure part, de sorte que la belle mulâtresse et les enfants d'Almeida furent saisis comme les nègres!

— Quelle infamie! m'écriai-je.

— Comment, quelle infamie! reprit flegmatiquement le Brésilien; les lois le veulent ainsi. Les enfants suivent la condition de la mère; or, la mère n'étant pas émancipée, les enfants étaient esclaves. C'est simple comme bonjour. Almeida jura, hurla, menaça, mais tout fut inutile, on vendit à l'encan la mulâtresse, les nègres et les enfants. Seulement Durand retint pour lui la fille aînée d'Almeida, parce qu'elle était belle et que son père l'idolâtrait. Il voulait en faire une esclave de pioche pour que son ancien ami en mourût de désespoir. Mais le charme que possèdent les mulâtresses d'Ouro Preto vint au secours de la belle jeune fille. On dit que Durand s'en est épris et qu'elle le désespère par ses dédains.

— Ah! tant mieux, interrompis-je, voilà une pauvre esclave qui du moins vengera sa famille.

— Oh! il ne faut pas s'y fier! reprit le seigneur Emmanuel; Durand n'est pas homme à continuer longtemps le métier d'amoureux transi; si la jeune fille lasse sa patience, il pourra bien quelque jour lui mettre un collier de fer au cou, l'envoyer aux champs et la faire travailler aux cannes. Il sera tout aussi heureux des souffrances qu'il fera endurer à cette belle fille qu'il l'eût été si elle eût partagé son amour! Allez, c'est un rude homme que ce Durand; lui seul pouvait inventer une aussi belle vengeance.

— Mais tout cela est-il bien vrai, seigneur Emmanuel? demandai-je d'un air de doute.

— Vrai comme vous avez devant vous le chemin de Novo-Friburgo, répondit le fazendeiro, et que je vais prendre congé de vous. »

Lorsque le seigneur Emmanuel nous quitta, le soleil était déjà haut sur l'horizon et l'heure était fort avancée; mais l'histoire que nous avait contée le seigneur fazendeiro et la vue de la cascade nous avaient donné du contentement et du courage pour toute la journée, et, quoi qu'il pût nous arriver, nous étions décidés à ne pas nous plaindre.

Après une ascension de six heures consécutives, nous arrivons enfin sur une crête escarpée, d'où nous descendons dans une vallée très-large et très-étendue, qui renferme les cabanes des Suisses qui vinrent, il y a une vingtaine d'années, fonder la colonie de la Nouvelle-Fribourg. C'est avec un sentiment réel de plaisir que nous voyons de beaux enfants blonds, de belles jeunes filles roses et blanches, paraître sur le seuil de ces chétives habitations et nous suivre du regard. Depuis notre arrivée au Brésil, nous n'avons rencontré que des figures noires ou brunes, que des cheveux et des yeux noirs, que des physionomies ardentes et diaboliques qui semblent sous la préoccupation constante de quelque pensée infernale. Le contraste de ces douces apparitions, de ces figures naïves, de ces yeux bleus encadrés dans des cheveux blonds, repose agréablement notre vue et notre pensée. Si ce n'était le temps qui nous presse, la pluie qui tombe et le tonnerre qui gronde, car depuis notre départ nous avons notre orage quotidien, nous nous serions un moment arrêtés chez ces pauvres gens qui, en notre qualité de Français, nous saluent avec empressement et affection; mais nous avons hâte d'arriver.

Enfin, à six heures du soir, après une course et un jeûne de douze heures, nous mettons pied à terre devant l'hôtel Salusse, à Novo-Friburgo! Et, pour faire juger de l'impression que nous avons dû produire en arrivant, je dois décrire notre accoutrement. Chacun de nous est chaussé avec ces grandes bottes de mineiros, en peau de cerf, qui montent jusqu'au haut des cuisses; ces bottes, souillées de boue, recouvrent un pantalon jadis blanc ruisselant de pluie; nos vestes de toile lézardées et mouillées ne tiennent plus sur notre dos; et nos chapeaux de Panama à la forme écrasée, aux ailes larges, déformés par l'humidité, tombent jusque sur nos yeux. C'est que huit jours de courses, de voyages à travers les solitudes brésiliennes, fanent la toilette la plus irréprochable, et qu'il est difficile d'en réparer le désordre lorsque après douze heures de marche on arrive dans les bouges de ces chers fazendeiros, pour en repartir le lendemain!

Nous étions à savourer le bonheur qu'on éprouve à mettre un vêtement sec et chaud après avoir subi la pluie pendant sept ou huit heures, lorsqu'un jeune homme blond, aux manières distinguées, à la mise élégante, vint nous engager à assister à un bal qui avait lieu le soir même.

« On danse et on parle français à la Nouvelle-Fribourg, nous dit notre aimable visiteur; c'est assez pour vous croire momentanément transportés à Paris. »

Nous nous rendons à la salle de bal, et nous sommes fort étonnés en voyant la beauté et l'élégance des charmantes danseuses que nous trouvons réunies. Ce sont, pour la plupart, de jeunes dames de Rio, qui sont venues passer la chaude saison à Novo-Friburgo, et quelques dames de la ville. Tout est européen dans leur mise. Le caractère original des toilettes brésiliennes a complétement disparu, et rien n'indique que cette réunion ait lieu à deux mille lieues de notre pays, preuve par trop évidente de cette tendance universelle vers une unité d'une monotonie désespérante, que quelques-uns considèrent comme le terme certain d'un extrême progrès.

Deux nègres sont installés à l'orchestre; si les sons qu'ils tirent de leurs robustes violons ne sont pas d'une harmonie parfaite, la mesure est du moins toujours rigoureusement respectée. Notre introducteur, qui fait avec une grâce parfaite les honneurs du salon, danse la première contredanse avec une dame frêle et blanche. Comme, après tout, il était temps de s'informer des nom, titres et qualités d'un homme qui pousse les mœurs hospitalières jusqu'à se faire le cicerone et le protecteur des étrangers que le hasard conduit dans son pays, je prends la liberté de m'adresser à un monsieur en lunettes vertes, habit, pantalon et gilet noirs, figure pâle et maigre, qui s'est assis auprès de moi et qu'on m'a désigné comme le poëte élégiaque de la colonie.

« Voilà, lui dis-je en lui désignant mon inconnu, un danseur dont l'élégance et les belles manières m'ont frappé; a-t-il longtemps habité la France?

— Certainement; mais il n'y apprit point à danser. »

Cette réponse brève, faite d'un son de voix caverneux, me surprit étrangement. Ayant prié mon interlocuteur de s'expliquer, je sus que le danseur dont j'avais remarqué l'élégance était le curé de la paroisse!

Cet excellent prêtre, s'étant depuis longtemps aperçu que la cloche de son église avait beau carillonner et que ses ouailles se rendaient peu à son appel, s'était imaginé, pour avoir un moyen de les rejoindre, de se mettre à la tête des bals, des divertissements de la Nouvelle-Fribourg, et de venir danser avec elles, puisqu'elles ne voulaient pas venir prier avec lui. Sa ruse avait complétement réussi : les paroissiens et le curé ne formèrent plus, dès lors, qu'un quadrille; le même coup d'archet avait la puissance de les appeler dans le même lieu, où le pasteur apparaissait le premier, donnant le bras à sa jeune sœur, jolie Helvétienne à qui cette réforme religieuse paraissait fort bien convenir. Grâce à l'appoint de danseurs que la légation avait apporté, le bal se prolongea jusqu'au moment où le soleil vint se montrer sur les montagnes élevées de Moro-Queimado.

Il y a une vingtaine d'années qu'on chercha à amener au Brésil un assez grand nombre de Suisses pour peupler un petit coin de ce vaste empire. Les agents chargés d'enrôler les Helvétiens leur peignirent sous des couleurs ravissantes l'avenir qui les attendait. La foule des enthousiastes et des désœuvrés se précipita sur leurs pas, et ils arrivèrent au Brésil pleins des espérances les plus folles et les plus irréalisables. Le gouvernement leur assigna un sol fertile à mettre en culture, en garantissant à chaque colon une rétribution annuelle qui devait assurer son existence pendant deux ans. Cette avance qui, pour des hommes prévoyants, devait être la source de leur fortune, fut pour le plus grand nombre une cause de ruine. Assurés, pendant un certain temps, du pain du lendemain, au lieu de défricher leurs terres et de bâtir leurs demeures, ils se livrèrent à l'existence vagabonde du chasseur, parcourant le pays en tous sens, s'habituant à cette vie nomade qui n'a que trop d'attraits lorsqu'on la compare à la monotonie des occupations industrielles. Vint le temps qui mit un terme aux largesses du gouvernement; alors ces hommes, dénués de tout moyen d'existence, se répandirent dans l'intérieur, continuant leurs habitudes à demi sauvages, et les pauvres créatures qui s'étaient associées à leur fortune s'en allèrent à Rio grossir le nombre des femmes perdues, qui ne se recrutaient, avant ce temps, que parmi les négresses et les mulâtresses.

Quant à ceux qui, plus laborieux, avaient mis le temps à profit, ils ne furent pas d'abord récompensés de leurs peines. Le mode de culture qu'ils avaient adopté n'était pas en rapport avec le sol qu'ils cultivaient. Leurs cafiers ne donnèrent que des fruits avortés, et leurs cannes à sucre ne produisirent qu'un suc aqueux, ne contenant qu'une faible proportion de principe cristallisable. La tentative de colonisation avorta donc complétement, et ce ne fut qu'après ce premier et infructueux essai que de nouvelles familles suisses, françaises, anglaises et allemandes, vinrent s'établir dans ce lieu. Mieux avisées que leurs prédécesseurs, profitant de leur expérience, celles-ci exploitèrent toutes les ressources de la colonie pour assurer momentanément leur existence.

Une chose assez bizarre, c'est que le commerce qui contribua à donner un peu d'activité et de vie à ce pauvre pays fut celui des objets d'histoire naturelle. Un colon, qui est aujourd'hui dans une position de fortune très-satisfaisante, m'a souvent répété que, pendant les deux premières années de son séjour à Moro-Queimado, il vendait annuellement pour six mille francs de peaux de perroquets! Infortunés perroquets! Il ne suffisait pas à leur malheur que la plupart d'entre eux vécussent en exil, isolés sur un immobile perchoir, entre une dévote et un angora; il a fallu encore qu'aux lieux de leur naissance l'industrie humaine mît à contribution leur dépouille! et il ne se vend pas, à Rio, une de ces jolies fleurs nuancées de rouge et de vert, que l'on confectionne avec des plumes, qui n'ait coûté la vie à un descendant de Vert-Vert, d'Émeraude et du classique Jacquot.

Bien que, depuis le temps dont je parle, l'état de la colonie se soit considérablement amélioré, cependant le commerce qu'on y fait des objets d'histoire naturelle est encore fort important. Il est peu de maisons dans lesquelles on ne recueille des squelettes d'animaux, des peaux bourrées d'oiseaux ou de mammifères, des insectes, des plantes, réunis en collections pour les offrir aux voyageurs. Dans quelques habitations, les enfants se livrent à une recherche très-active de ces objets, et c'est à eux surtout qu'on doit la quantité d'objets rares et précieux qu'on exporte de ce pays.

La principale industrie de Novo-Friburgo consiste dans le louage des bestiaux et la production des mulets. Les ventes qu'on fait en beurre et en fromage constituent aussi l'un de ses principaux produits. Mais les personnes intelligentes qui habitent Novo-Friburgo n'ont pas assez cherché à assurer la prospérité de cette colonie par les productions du sol. La pensée qui les préoccupe est de faire de ce lieu le rendez-vous de la belle société qui fuit le littoral pendant les grandes chaleurs ; elles pensent que ce concours d'étrangers serait suffisant pour assurer le développement matériel de cette localité en lui fournissant chaque année une pluie bienfaisante d'onces et de reis. Ces espérances nous paraissent peu fondées. Nous étions à Novo-Friburgo dans le temps des plus fortes chaleurs brésiliennes ; la température était, il est vrai, très-fraîche, mais elle n'était maintenue à cet état que par les pluies abondantes qui tombaient régulièrement tous les jours, et qui faisaient de ce pays un lieu de réclusion fort triste. Et puis, lors même que la mode sanctionnerait momentanément cet usage, il n'y aurait dans ce caprice aucun élément de durée.

Les ressources agricoles du territoire de Moro-Queimado sont excessivement restreintes, je l'avoue ; les productions tropicales, comme je l'ai dit en parlant de la Serra-Marsh, n'y trouvent plus les conditions de leur développement ; les fruits d'Europe y subissent les mêmes dégénérescences, et les essais qui ont été tentés pour l'acclimatation des vers à soie y ont complétement échoué ; mais ce ne sont pas des raisons suffisantes pour détourner les yeux de ce sol fertile. Qu'on jette les yeux sur la vieille Europe, on verra que ce n'est pas dans les lieux que l'oranger parfume de son arome, où il donne annuellement sa triple récolte, qu'existe le plus grand mouvement matériel, mais là où croissent d'abondants pâturages, dans lesquels paissent de nombreux troupeaux.

Toutefois, nous ne saurions passer sous silence un établissement de Novo-Friburgo, qui, grâce à l'activité de son fondateur, prend tous les jours plus d'extension. C'est une maison d'éducation dirigée par M. Freese, un Anglais intelligent et zélé, qui semble concentrer en lui la rigidité sévère du méthodiste et du quaker. Son collége, qui n'est en exercice que depuis quelques années, renferme plus de cinquante élèves (nombre limité par le directeur), qui sont accourus de toutes les provinces brésiliennes, car c'est le seul établissement digne de quelque confiance qui existe dans ce vaste empire. On trouve déjà parmi ces jeunes enfants plusieurs noms célèbres du Brésil, et nous n'avons pas vu sans surprise que presque tous les élèves de M. Freese parlaient également bien le portugais, le français et l'anglais. Plein de cette pensée que l'éducation doit être en rapport avec l'état social dans lequel on doit vivre, le directeur semble prendre à tâche de les former aux mœurs constitutionnelles. Il habitue de bonne heure ses élèves aux improvisations orales et leur inspire une profonde horreur de l'esclavage ; conséquent avec les principes qu'il leur inculque, il n'a chez lui que des nègres libres.

Novo-Friburgo compte environ mille cinq cents habitants ; les maisons, au nombre de trois cents, sont d'une apparence assez chétive ; elles sont bâties sur une seule ligne et occupent par cela même un long espace. La vallée est en outre peuplée de petites cabanes disséminées çà et là, et contient encore quelques centaines de familles. L'aspect de la Nouvelle-Fribourg est assez agréable ; les montagnes qui bordent l'horizon portent un caractère remarquable : elles sont pour la plupart dénudées sur leur sommet, ce qui est assez rare dans cette partie du Brésil. Cette dénudation est due à un incendie terrible qui éclata dans ces forêts, ce qui fit donner à la vallée le nom de Moro-Queimado. On rapporte qu'à la suite de cet incendie formidable, une sécheresse de plusieurs années fut une cause de ruine pour les habitants des environs ; aucune de leurs récoltes ne se développa complétement, et leurs cours d'eau diminuèrent sensiblement de volume. Sur cette terre encore jeune, le mal n'a pas été irrémédiable, et aujourd'hui il n'existe presque plus de traces de ce terrible événement. Il serait fort heureux que le résultat qui s'ensuivit dessillât les yeux du gouvernement brésilien, et lui fît adopter une loi sévère pour régler le mode à suivre dans les défrichements, afin de ne pas laisser à des fazendeiros sans prévoyance la liberté de se livrer à une destruction illimitée, qui entraînerait, dans un avenir fort éloigné il est vrai, le déboisement de l'empire.

Ce n'est jamais impunément que l'homme se fait dévastateur des richesses végétales dans un pays ; en croyant augmenter momentanément ses produits, il en détruit le principe. Une chose bien pénible à voir lorsqu'on parcourt ces jeunes terres conquises depuis peu par l'activité humaine, c'est la précipitation que mettent les premiers habitants à détruire les êtres inoffensifs et utiles, en négligeant d'attaquer ceux qui sont un sujet d'effroi. Ainsi, au Brésil, on ne connaît aucun moyen pour arrêter dans leur œuvre de reproduction ces hideux reptiles qui sont un objet de terreur, et on abat tous les jours des milliers d'oiseaux dont le seul tort est de vivre auprès des habitations de l'homme, de chercher dans le calice des fleurs l'insecte qui soustrait leurs sucs nourriciers, de poursuivre dans son ovaire un œuf qui, en se développant, engendrera un ver parasite, lequel privera l'agriculteur du fruit qu'il attendait.

Le lien de solidarité et d'amour qui existe entre les êtres composant le règne organique n'a pas été étudié encore ; si on le connaissait, on apprendrait à respecter ceux qui nous viennent en aide. L'homme étendrait alors sa protection sur la nature entière, depuis l'insecte qui va porter à la fleur femelle épanouie sur sa branche solitaire le baiser fécondant de son amant, jusqu'aux animaux plus élevés, qui sont ses hôtes et ses amis. Ce qui devrait nous apprendre à respecter les habitants ailés de nos campagnes, c'est cette parfaite similitude de formes qui les rapproche des fleurs que nous cultivons. Les rosacées et les papilionacées, par exemple, ne sont-elles pas des ailes immobiles qui semblent attendre le mouvement et la vie, aspirer vers une existence plus élevée? Et le papillon qui fend l'air, est-il autre chose que les pétales animés d'une fleur dont les espérances ont été réalisées et à qui il a été donné de franchir l'espace? Et n'est-ce pas lui qui doit être le messager fidèle de l'amie que sa destinée a fixée sur sa tige vacillante? Quelle main délicate sera jamais capable de remplacer le bec délié d'une de nos charmantes mésanges ou d'un brillant colibri, écartant la soie légère d'un pétale, le fil d'or d'une étamine, sans endommager ni le tissu léger ni la bourse précieuse, pour arracher de dessus le lit de velours l'insecte qui, dans ses brusques mouvements, peut en opérer la destruction?

J'ai connu quelques Français à Novo-Friburgo, entre autres deux médecins pleins d'instruction et de mérite. En général, ceux de nos compatriotes qui ont quitté la France pour se créer dans ce pays une position en rapport avec leur valeur personnelle sont des hommes d'intelligence et d'énergie ; on lit sur leurs traits fortement accentués tout ce qu'il a fallu de volonté à ces courageux et loyaux aventuriers pour conquérir la position qu'ils occupent, pour avoir su gagner la confiance et l'affection des populations. En France, nous n'avons aucune idée de cette vie exceptionnelle du fazendeiro éloigné de tout centre de population, vivant en roi absolu au milieu de son peuple de noirs. L'action normale de la loi s'arrête à l'entrée de son domaine, quelque chose qu'il fasse. Qui le dénoncerait? qui l'arrêterait? Aussi n'est-ce pas sans un vif intérêt que j'écoutais le récit des luttes incessantes que la plupart de nos compatriotes ont eu à soutenir pour prendre leur place au soleil, sans en appeler à d'autres moyens que ceux qu'une intelligence forte et élevée peut opposer à l'ignorance et à la brutalité. Je me plaisais surtout à évoquer leurs souvenirs, à ramener quelquefois leurs pensées vers la patrie, que quelques-uns ont abandonnée sans retour. Ceux-là m'introduisaient dans leur jeune famille, et, comme tous les pères du monde d'ailleurs, ils tiraient l'horoscope de leurs enfants en ma présence. Mais une chose qui m'attristait profondément, c'était de voir que la plupart de ces enfants connaissaient à peine la langue de leur père, que plusieurs même ne la parlaient plus. Cet abandon de la langue paternelle à la première génération, bien qu'il s'explique, ne se comprend pas d'abord.

Il existe à Novo-Friburgo beaucoup de mariages mixtes de Français et de Brésiliennes, de Suissesses et d'Anglais, de Français et d'Anglaises; chacun d'eux, afin de s'entendre en ménage, chose essentielle, a pris l'idiome portugais pour langue commune; de plus, les enfants élevés par les négresses ont conservé exclusivement un langage parlé par le père et la mère, et qu'ils ont épelé en naissant. Ainsi, dans cette colonie, où l'on ne parlait que français au début, il est très-probable que, d'ici à vingt ans, notre langue sera non pas tout à fait inconnue, mais d'un usage tout à fait accidentel et restreint.

Après nous être longuement reposés à Novo-Friburgo et en avoir soigneusement visité les environs, nous prîmes la résolution de regagner Rio en passant par Santa-Anna, San-Payo, et de rentrer dans la capitale brésilienne en descendant le Macacou. Le jour fixé pour notre départ, nos préparatifs étaient faits à cinq heures du matin, et à huit heures, grâce à la lenteur caractéristique de nos muletiers portugais, nous n'étions pas encore en chemin. Il ne sert à rien, dans ces circonstances, de prier, de supplier, de tempêter; on n'active nullement leur zèle; le mieux est de prendre patience. C'est ce que nous fîmes, avec une résignation digne d'éloges; aussi, à neuf heures du matin, montions-nous à peine à cheval.

Notre première halte eut lieu dans une venta située au milieu d'une immense forêt vierge, et qui porte pour enseigne : *la Boa Fama*. Cette hôtellerie, isolée au milieu des bois, rendez-vous des fazendeiros, des feitors et des muletiers, pourrait être un peu suspecte au premier abord; mais, lorsqu'on a vu la figure avenante du sieur Darieu, qui en est le propriétaire, on se sent complétement rassuré : on comprend qu'on ne saurait, sans injustice, soupçonner la probité de sa venta, et qu'elle doit réaliser les promesses de son enseigne.

Darieu est certainement une des natures les plus originales que j'aie vues. Leste, joyeux, avenant, il ne prend pas un moment de repos; constamment en rapport avec les muletiers, espèce de contrebandiers qui ne transportent leurs marchandises que la nuit, sa maison sert d'entrepôt à leurs expéditions un peu aventureuses, et certes elle est bien placée pour cette chanceuse industrie.

La vie de cet homme, comme celle de toutes les natures nomades, a été semée de mille aventures; mais, chez ces individus habitués à vivre presque sans frein, les fruits d'une première éducation finissent tôt ou tard par se développer, et ils viennent se soumettre volontairement aux lois qui régissent les sociétés. Dans ce cas, c'est plutôt à un instinct de la nature humaine qu'ils obéissent qu'à une croyance religieuse.

En voici la preuve : en voyant jouer, sur les nattes de la principale pièce de la fazenda, deux petits enfants parfaitement blancs, nous demandâmes à Darieu s'il était marié depuis longtemps.

« Depuis un mois, nous répondit-il.

— Et ces enfants ?

— Ma foi ! ils ont devancé la cérémonie de quelques années. Un jour enfin, voyant ma femme fort malade, le médecin m'avait assuré qu'elle n'avait plus deux jours à vivre, j'envoyai chercher le curé et il nous maria. »

Nous louâmes Darieu de son action. Il reprit aussitôt :

« On se marierait plus souvent dans ces pays si ce n'était pas si cher; mais on ne donne pas ici les sacrements pour rien. Mon mariage, par exemple, m'a coûté quarante mille reis, et, avec cette somme, on fait bien des affaires... Il est vrai qu'avec quarante mille reis j'ai fait baptiser mes enfants, qui ne l'étaient pas, et inhumer le troisième, qui es tmort pendant le séjour du curé!... Ce fut fort heureux; un enterrement sans prêtre m'a toujours répugné; j'aurais mieux aimé payer encore une fois la même somme, quoique notre curé danse mieux qu'il ne chante au lutrin.... »

Inutile de dire que le curé de Darieu était notre aimable connaissance de Moro-Queimado!

En sortant de la fazenda, je vis la jeune femme de notre hôte. C'était une frêle créature, aux traits doux et délicats; elle était vêtue d'une pauvre robe rose, que des lavages successifs avaient en partie déteinte; ce vêtement, parfaitement propre, s'harmonisait admirablement avec celle qui le portait; les teintes de son visage semblaient se confondre avec celles de cette étoffe presque incolore. Elle était assise sous une grande feuille de bananier, qui l'abritait du soleil, et faisait répéter, avec une douceur angélique, quelques mots portugais à un petit nègre couché à ses pieds, lequel était une récente acquisition de Darieu.

On dit que certains hommes naissent esclaves même dans les rangs les plus élevés de la société; il faudrait dire aussi que, dans les rangs les plus infimes, quelques pauvres femmes naissent marquises ou grandes dames. Qu'aurait-il fallu à cette pauvre existence si riche en beauté pour être adorée, chantée par les poëtes, pour être l'objet d'un culte? Mon Dieu! presque rien: naître dans une maison! et la pauvre enfant avait reçu le jour dans une des anfractuosités des roches granitiques qui abritent les cabanes des Suisses, aux environs de la Nouvelle-Fribourg.

De la Nouvelle-Fribourg jusque chez Darieu on descend presque constamment; le chemin est large et bien entretenu. Arrivé dans cette partie de la route, on entre dans des plaines basses et fangeuses, qui vous accompagnent jusqu'au bord du Macacou.

En sortant de la venta, nous nous engageâmes dans un de ces chemins boueux; ce fut en le suivant que nous atteignîmes Santa-Anna, petite ville d'un aspect gracieux; mais elle est située au milieu de terrains marécageux, et c'est certainement une des localités les plus malsaines qui bordent la rivière sur laquelle nous devons nous embarquer. Ce pays, qui peut facilement transporter ses produits à Rio, est dans un état de prospérité réelle. C'est la seule de ces petites villes brésiliennes qui ait un peu d'industrie, si toutefois on peut appeler une industrie la fabrication de ces grands couteaux que les feitors et les muletiers portent en voyage, derrière la ceinture de leurs pantalons, et qui ne témoignent pas, de prime abord, en faveur de leurs intentions pacifiques. En approchant de Santa-Anna, nous rencontrons des bandes de mulets chargés de sacs de café et de caisses de sucre; ces produits arrivent de l'intérieur, pour être plus tard transportés à Rio par les bateaux qui naviguent sur la rivière.

Nous partons de Santa-Anna à huit heures du soir, et, malgré l'obscurité, les chemins presque impraticables que nous suivons, les eaux débordées dans lesquelles nos mulets marchent avec peine, nous arrivons à la fazenda du Collége à dix heures.

Cette fazenda est ainsi nommée parce qu'elle a appartenu aux jésuites. Bien qu'ils n'y aient fondé qu'un établissement agricole, elle a pourtant retenu ce nom, ainsi que toutes les propriétés que les pères ont jadis possédées au Brésil.

La fazenda du Collége est certainement une des plus belles exploitations agricoles du Brésil. Elle occupe plus de mille noirs disséminés sur une immense superficie, et dont le groupe principal est à la fazenda même. De beaux chemins bien entretenus, sur lesquels peuvent passer des chars à quatre roues, d'une construction aussi barbare qu'on pourra se la figurer, et traînés par des bœufs, servent à transporter les récoltes des champs à la fazenda. Les bâtiments sont immenses; un premier corps de logis très-vaste renferme les appartements des maîtres, les logements de l'aumônier, du médecin, de quelques employés supérieurs, une chapelle et un hôpital. Cette construction est renfermée dans une immense cour qui est, en quelque sorte, la cour d'honneur. Derrière cette première enceinte, il en est une autre moins belle, mais bien plus spacieuse; c'est au fond de celle-ci que se trouvent le logement du directeur général, une très-vaste usine consacrée à la manutention de la canne à sucre; des ateliers de toute sorte, un hangar couvert pour la préparation du manioc et les écuries pour les bestiaux; puis, en dehors de ce second enclos, les cases des nègres, qui constituent un grand village, de l'aspect le plus misérable.

Dans ces pays, où les voyageurs sont rares, où l'hospitalité est plus souvent pratiquée gratuitement qu'elle n'est payée par ceux qui passent, où l'on ne trouve des lieux de repos qu'à d'énormes distances, l'arrivée d'une cavalcade nombreuse dans une habitation est toujours un grand événement. A notre arrivée, les chiens aboient, les nègres crient et nos chevaux hennissent. Dire que nous fûmes parfaitement accueillis par les habitants de la fazenda, serait une grande exagération et même un léger mensonge. Tous ces gens troublés dans leur sommeil ne parurent guère se soucier de savoir qui nous étions et où nous allions. On nous apporta du thé, peu de sucre et très-peu de rhum, puis, après nous avoir montré des nattes sous des moustiquaires, on nous souhaita une *boa noite*.... On s'habitue, en voyage, aux plus simples repas : celui-ci, quoique léger, ne souleva, de notre part, aucune réclamation : c'était un souper, il fallait l'accepter ainsi.

Le lendemain, de très-bonne heure, je visitai les environs de la fazenda. C'était un dimanche; des négresses étaient au lavoir, occupées à blanchir leurs vêtements pour le jour même; d'autres préparaient leurs aliments sur un feu allumé au milieu de la case; d'autres encore nettoyaient le devant de ces misérables demeures. Les plus pauvres cabanes de nos paysans, quoi qu'en disent les partisans de l'esclavage, ne sauraient donner l'idée d'une telle misère; elles sont sales, tristes, enfumées, horribles, j'en conviens, et pour moi je les voudrais plus blanches, plus gaies, plus confortables; mais du moins il y a dans ces affreux réduits quelque chose qui annonce des habitudes de possession. Ici, règne un dénûment inconcevable : une natte, quelques vases d'argile, pour tout ameublement; la terre nue, humide, pour parquet, et quelques feuilles entrelacées pour toiture.

J'allai visiter le moulin pour la préparation du manioc; il fonctionnait activement. Afin que les esclaves ne s'habituent pas à un repos trop prolongé, on les fait travailler les jours de fête jusqu'à midi. Je vis là une malheureuse négresse, les reins ceints d'une chaîne en fer dont l'extrémité s'adaptait à un vrai collier de chien du même métal.... On lui avait rivé au cou cette horrible cravate, parce qu'elle avait voulu s'enfuir de l'habitation.

En sortant de cette usine, où je vis plusieurs détails de manutention intéressants, je trouvai le seigneur administrateur, qui daignait appliquer lui-même quelques coups de *chicote* à une femme. La patiente était vieille et défaite ; elle recevait les coups sur son corps incliné, et l'homme frappait, pendant qu'un chien léchait les joues flétries de la pauvre créature. Alors je ne connaissais pas une coutume brésilienne qui permet à tout individu témoin du supplice infligé à un esclave de s'interposer et d'exiger sa grâce. User de ce droit s'appelle *apadrinhar*, patronner un esclave. Ignorant le pouvoir dont je disposais, je m'éloignai à la hâte de ce spectacle affligeant.

On vint m'inviter, de la part de l'aumônier, à assister à la messe qu'il allait célébrer dans l'église de la fazenda, église coquette, gracieuse, surchargée d'ornements, témoignages de la piété, du zèle catholique des religieux Brésiliens, et de l'esprit mondain des bons pères jésuites qui en avaient été les fondateurs. De tous les environs étaient accourus des nègres et des mulâtresses, population diversement nuancée et tenant rigoureusement son rang à l'église.

A cause de notre noblesse épidermique, on nous avait logés dans une tribune réservée; le *senhor administrador* était, lui aussi, le digne homme, dans une loge couverte, avec ses employés blancs; des dames mulâtresses, de teinte acajou, étaient devant l'autel, assises sur des chaises; derrière elles se trouvaient des dames couleur chocolat; quant aux viles négresses, elles étaient agenouillées à terre, bien loin derrière. Les senhoras étaient parées comme des châsses; à leurs doigts scintillaient d'énormes diamants, qu'elles mettaient complaisamment en évidence; quant à leur toilette, elle remontait certainement à l'époque de l'entrée du roi Jean à Rio. Et, comme il faut rendre à chacun ce qui lui revient, je dois dire que ces élégantes fazendeiras avaient une tournure très-gauche, très-matérielle, et que leurs gros doigts épais portaient fort mal ces magnifiques brillants.

Lorsque le prêtre monta à l'autel, toutes les négresses poussèrent en chœur une espèce de glapissement plaintif. Ce fut probablement l'impression qu'avait produite sur moi la scène de violence dont j'avais été témoin, qui fit que je trouvai dans ces cris, qu'on qualifiait de chants, des larmes et des reproches !...

La messe se termina d'une manière assez décente; mais, après le saint sacrifice, il se passa une scène d'une inconvenance telle, que j'éprouve quelque peine à l'écrire. On amena dans l'église une quarantaine d'esclaves qui, malgré le droit de visite, avaient été depuis peu débarqués sur le sol brésilien ; c'étaient de jeunes garçons et de jeunes filles de dix à vingt ans, à la physionomie sauvage et hébétée. On les divisa en deux groupes séparés, les mâles d'un côté et les femelles de l'autre, et l'on nous annonça qu'on allait leur conférer le baptême. Un nègre et une négresse accompagnaient chacun de ces pauvres enfants, qui, dans l'ignorance de ce qui devait se passer, semblaient redouter la cérémonie d'initiation au christianisme. Le prêtre, une liste à la main, s'approcha d'abord de chaque néophyte et lui adressa les questions d'usage ; le parrain y répondit et l'officiant procéda à l'administration du sacrement.

Nous ne pouvions guère présumer que cet acte solennel pût être, même pour un membre du clergé brésilien, le sujet d'une plaisanterie triviale ! Au lieu d'imposer sur les lèvres de ces malheureux un morceau de sel, suivant l'usage, il leur faisait largement ouvrir la bouche, et leur en ingérait une pincée dans le gosier. A peine les jeunes nègres avaient-ils apprécié le goût de cette substance, qu'ils la rejetaient en faisant mille grimaces grotesques, ce qui égayait singulièrement le saint personnage. Chacun de ces enfants semblait éprouver pour ce condiment inconnu la même répugnance que le Vendredi de Robinson, et le bon père se tenait les côtes à chaque mouvement de répulsion que l'impression désagréable leur causait. Lorsqu'il leur versa l'eau sainte sur la tête, ce fut pis encore : il leur administra à chacun une véritable douche, avec des élans de gaieté dignes de cette cérémonie bouffonne ; et c'est ce qu'on appelle, dans certaines fazendas, faire des chrétiens ! car, il faut le dire, cette cérémonie n'avait été précédée et ne fut suivie d'aucune instruction ; le padrinho, pauvre nègre qui n'avait pas été mieux instruit que ces enfants, était seul chargé du soin de leur direction religieuse.

Le prêtre qui procéda ainsi était un aventurier portugais qui était venu chercher fortune au Brésil. C'était un homme grand, svelte, noir de visage, hardi du regard et d'une honteuse ignorance. Il n'avait fait aucune étude classique, ne savait pas un traître mot de latin, et, s'il avait étudié la théologie, on comprenait à son langage que ce n'était ni dans saint Jean Chrysostome ni dans Bellarmin. Si j'ai insisté sur les faits et gestes des desservants de Nuovo-Friburgo et de la fazenda du Collége, ce n'est nullement dans un esprit de dénigrement, c'est pour faire comprendre dans quel état de dissolution est tombé le petit clergé de ces contrées, loin des grands centres de population et de la surveillance des évêques.

Je me souviens qu'en discutant sur les inconvénients de l'esclavage, les personnes les plus religieuses de l'ambassade n'hésitaient pas à soutenir que les nègres n'achetaient pas trop chèrement, par les souffrances de leur position, l'unique bonheur de devenir chrétiens ! mais la cérémonie dont nous fûmes témoins à la fazenda du Collége et les renseignements que nous prîmes sur l'éducation religieuse des nègres enlevèrent à ces catholiques orthodoxes leurs illusions à cet égard, et les ramenèrent à des idées plus rationnelles et plus humaines.

Pendant la cérémonie, nous nous étions aperçus que tous ces enfants portaient, sous la clavicule gauche, une plaie saignante ou en voie de guérison. Curieux de connaître la cause de ce signe uniforme, nous nous en informâmes auprès de l'administrateur lui-même ; le cher homme nous avoua ingénument que c'était une marque qui leur était apposée avec un fer rouge sur les lieux où l'on fait la traite. Cette empreinte portait les initiales du navire négrier, et celles du maître pour le compte duquel on avait acheté les esclaves !...

Navrés de tout ce que nous venions de voir, nous sortîmes de l'église et nous trouvâmes, dans la salle à manger de la fazenda, le *padre*, homme élégant et d'une vigueur peu commune, qui vint à nous en se plaignant vivement des fatigues de sa position.

« Quel ennui, s'écria-t-il, de se trouver ainsi en contact avec des bêtes puantes ! Heureusement je n'ai plus à m'occuper d'elles lorsque j'ai fermé sur leurs talons les portes de l'église.

— Mais ne cherchez-vous pas à leur faire quelques instructions de temps à autre ? lui demanda M. de Lagrené avec le sentiment d'une croyance blessée.

— Moi !... interrompit le *padre* avec indignation, j'aimerais mieux instruire les porcs de la fazenda !... »

Nous partons dans l'après-midi pour nous rendre au port d'Ascache ; le chemin que nous suivons est, comme celui de la veille, insalubre et fangeux ; des marais boueux le bordent dans toute sa longueur, et on ne saurait s'en écarter sans crainte de s'enfoncer dans une vase infecte, recouverte de joncs et de papyrus.

Le vent fait incliner la tige lisse et droite de cette belle plante, et sa chevelure légère obéit au caprice de l'air agité; d'innombrables troupes d'oiseaux aquatiques, cachés dans ces touffes vertes, se montrent à notre approche et ne paraissent nullement effrayés de notre présence; ce sont, pour la plupart, des échassiers et des palmipèdes parés de jolies couleurs. Nous apercevons, par intervalles, des traces profondes qui dénoncent le passage en ce lieu de quelque grande espèce animale; notre guide nous assure que ce sont des caïmans qui peuplent ces parages, et qu'ils y sont en si grand nombre, qu'il n'est pas difficile d'en apercevoir avec un peu d'attention. Nous ne découvrons aucun de ces affreux reptiles; mais nous voyons, à quelque distance, trembler les pointes des herbes et leurs tiges s'incliner sur une grande étendue, ce qui nous fait juger que nous ne sommes pas très-éloignés de ces terribles lézards.

Nous traversons à gué un bras très-large, mais peu profond, du Macacou, avant d'arriver au village qui porte ce nom. Nous trouvons ce pauvre pays littéralement désert; les fièvres pernicieuses, qui sévissent dans ce temps de l'année avec une intensité extrême, ont mis toute la population en fuite. Les maisons ont une apparence assez belle; nous passons sur une place fort régulière, au milieu de laquelle est établie une potence à quatre crochets. C'est un crochet de plus qu'il ne faudrait pour y suspendre ce qui reste d'habitants dans cette localité. A propos de potence, je dois parler de la manière d'élire le bourreau dans ces contrées. Lorsque l'on condamne un individu à la peine de mort, on le condamne également à vivre jusqu'à ce qu'il ait pendu deux, trois, quatre ou cinq personnes, suivant son crime; de sorte que le pauvre malheureux, après sa condamnation, prend forcément le plus vif intérêt à la moralité de la population, et fait les vœux les plus sincères pour que les hommes deviennent meilleurs et les juges plus indulgents.

Nous atteignons le port d'Ascache à huit heures du soir, au moment où un orage éclate avec violence, et nous faisons notre entrée au milieu de la foudre et des éclairs. Cette ville est bâtie sur un coteau qui domine le Macacou; malheureusement elle n'est pas, malgré son élévation, à l'abri des influences pernicieuses qui s'échappent du sein des eaux. Le lendemain, à neuf heures, nous arrivons à San-Paio, deux heures avant le départ du bateau à vapeur qui descend la rivière et se rend à Rio. San-Paio ne se compose que de quelques misérables cahutes renfermant de grandes quantités de marchandises. C'est un point central, comme Pietade, où l'on vient se pourvoir de beaucoup d'objets nécessaires à l'exploitation des fazendas de l'intérieur. Son importance commerciale explique la persistance que mettent les habitants à l'occuper malgré son insalubrité. On a été forcé, à diverses époques, de l'abandonner pendant plusieurs années; mais on y est revenu ensuite, espérant toujours que les influences délétères auraient disparu, comme si la Providence se chargeait elle-même de l'assainissement des lieux que l'homme doit s'approprier par sa persévérance et conquérir par son travail!

A notre arrivée, les bords de la rivière et les avenues qui y conduisent sont encombrés de nègres portant sur leur tête des corbeilles de fruits et de légumes qu'on expédie à Rio, et de voyageurs qui se hâtent d'arriver avant que les roues du bateau s'ébranlent. Il est assez curieux, sur cette rivière bordée de grands arbres entourés de lianes, dans ce lieu où une exploitation, à peine à l'état d'enfance, représente une société naissante, de voir fonctionner un excellent bateau à vapeur, ce produit des grandes civilisations qui ont atteint leur apogée. Cette participation des sociétés nouvelles aux biens que les sociétés anciennes ont conquis par leur travail témoigne en faveur de cette solidarité qui existe entre les membres des grandes familles humaines, quels que soient leur âge et leur couleur.

Nous nous installons sur les bancs du bateau, au milieu des fazendeiros, des noirs, des mulâtres et des Portugais couleur de bistre qui ont pris passage en même temps que nous, et nous descendons paisiblement le fleuve, chacun livré à ses réflexions ou à sa contemplation muette; enfin, nous rentrons, huit heures après notre départ de San-Paio, dans la belle rade de Rio.

A notre retour à Rio, nous trouvons la ville transformée en champ de bataille : les rues, les places publiques, les maisons même sont le théâtre de mille scènes de violence; on s'attaque avec fureur, on se défend avec acharnement; on entend des chants de victoire et des cris de détresse; nous assistons au sac d'une ville prise d'assaut. Qu'on se rassure toutefois, les projectiles qu'on lance dans ces luttes n'ont rien de bien meurtrier; ce sont des boules en cire diversement coloriées, affectant la forme d'un œuf et remplies d'un liquide odorant, et les blessés en sont quittes pour s'essuyer la figure en riant. Si l'on veut savoir quelle est la cause de cette agitation, on n'a qu'à consulter l'almanach de l'an de grâce 1844, et l'on verra que le 19 février de cette année était le mardi gras, jour des réjouissances les plus excentriques, des joies les plus folles, des plaisirs les plus bruyants. En France, on célèbre le carnaval en dansant, en s'agitant convulsivement; le peuple le termine en brûlant un mannequin et en gambadant autour du bûcher; mais au Brésil on ne saurait se divertir de la même manière, et sous ce ciel incandescent, où il serait téméraire de jouer avec le feu, on s'est emparé de l'eau. Comme témoignage d'un plaisir très-vif, on inonde ses amis, on noie sa maîtresse dans des flots parfumés, et on ne s'est réellement beaucoup amusé que lorsqu'on s'est imprégné d'eau comme une éponge depuis deux heures de l'après-midi jusqu'au soir, pendant les deux derniers jours de carnaval. Il serait absurde de blâmer cet usage, auquel s'attaquent des étrangers aigres et maussades; les manifestations du contentement, si variées d'un peuple à l'autre, ne sauraient être impartialement appréciées. Cela est tellement vrai que j'ai vu des gens susceptibles s'exaspérer à l'idée de recevoir sur leurs vêtements quelques gouttes d'une eau limpide et agréablement parfumée, qui, à cette dégoûtante cérémonie qu'on appelle le baptême de la ligne, s'étaient montrés les plus ardents à se servir des projectiles les plus affreux.

Le mercredi des Cendres, les combats cessèrent; on courut aux églises, et, l'après-midi, une longue procession qui parcourut la ville fit succéder à la joie bruyante de la veille une curiosité grave, un empressement respectueux, très-prononcé chez les Brésiliens et les noirs. J'ai vu des processions dans presque toutes les villes du midi de la France; j'étais donc préparé à toutes les excentricités religieuses que le génie portugais pouvait inventer. Je m'attendais à voir des congrégations de toutes les espèces, des pénitents de toutes les couleurs, des saints de toutes les tailles portés sur les épaules robustes des nègres; mais je n'avais certes pas tout prévu.

Il m'eût été difficile de supposer que la plupart des saints dont je savais l'histoire eussent, depuis leur entrée en paradis, acquis autant de distinction dans leurs manières et qu'ils prissent autant de soin de leur toilette. La plupart étaient frisés et poudrés et portaient la brette et les talons rouges, ni plus ni moins que des Lauzun ou des Richelieu. Tous se faisaient remarquer par une politesse du meilleur goût. Je regardais défiler le cortége avec la foule qui stationnait devant le palais de l'empereur. Sa Majesté Brésilienne occupait avec l'impératrice la principale fenêtre du château; la princesse Januaria était à la fenêtre de gauche. Lorsque le premier saint arriva devant Leurs Majestés, il s'arrêta, inclina la tête avec respect, et les salua avec autant de grâce que pouvaient le lui permettre ses articulations ankylosées. Je crus avoir mal vu; mais un second salut détruisit mes doutes, d'autant mieux que j'entendis à mes côtés les murmures d'admiration de quelques négresses qui prenaient certainement la chose au sérieux. Chacun des saints qui suivirent répéta avec une régularité parfaite ce mouvement automatique, et plus de quarante acteurs vinrent rendre hommage à la puissance impériale.

Arriva enfin la grande figure du Christ; lui aussi inclina mélancoliquement la tête devant les princes, tandis que la jeune impératrice souriait à travers sa gravité de commande en considérant un aussi étrange spectacle. Après ce dernier trait qui venait de clore la cérémonie, je me retirai en songeant aux destinées d'un empire dont les institutions sont au niveau des gouvernements les plus libéraux et dont les traditions les plus respectées remontent au temps d'une crédulité barbare! Je songeai à cette agglomération d'hommes qui se compose des éléments les plus dissemblables pour constituer une nation, et dans laquelle on cherche en vain un peuple fils du sol, attaché au sol, ce principe de toute nationalité!

Je passai les derniers temps de mon séjour à Rio à visiter les amis improvisés que j'y avais faits et ceux qui, avant mon arrivée, avaient déjà des droits à mon affection. Mais, la veille de mon départ, je voulus faire seul mes adieux à ce beau pays, qui avait réveillé en moi des sentiments que je croyais éteints, un zèle enthousiaste devant les beautés de la nature et une activité saine et vigoureuse qui sommeillait depuis bien longtemps.

A cet effet, je m'acheminai vers une chapelle, desservie par des moines, laquelle est bâtie sur le lieu où fut déposée la pierre monumentale que plantèrent les premiers navigateurs qui abordèrent au Brésil et en prirent possession au nom du roi de Portugal. Ce respectable vestige du passé, le seul monument que possède Rio, est là délaissé comme une pierre vulgaire, sans qu'aucune enceinte le garantisse. Si quelque main profane le mutilait un jour, nul ne s'informerait du nom du profanateur, nul ne saurait peut-être qu'un pareil sacrilége a été consommé. Cet abandon est-il le résultat de l'ignorance, de l'incurie brésilienne, ou d'un froid dédain pour le passé?

Je m'accoudai sur ce vénérable morceau de granit, dont une des faces est ciselée aux armes du Portugal, et de ce point, qui domine la ville et la baie, je jetai un regard sur les lieux que j'allais quitter. La lune, qui rayonnait des feux d'un soleil levant, donnait à tous les objets une teinte claire et blanche; on apercevait, au milieu de la rade, *la Sirène* et *la Victorieuse* dans le repos le plus absolu et semblant reprendre haleine après leur longue course.

La ville était muette. Au tumulte, à l'agitation, avait succédé un calme parfait; car la population noire, ne pouvant plus sortir après certaines heures, est contrainte de respirer la brise rafraîchissante du soir, assise devant la porte des habitations, où la surveille l'œil méfiant du maître.

En contemplant ce spectacle, je me demandais par quelle fatalité la race éthiopienne était, depuis une suite effrayante de siècles, condamnée à la servitude, et jusqu'à quel temps devait se perpétuer l'état d'abjection dans lequel elle vit. Avant d'avoir parcouru le Brésil, j'avais cru à l'infériorité native des hommes de cette race, et tout me paraissait expliqué par cette cause; mais, depuis que j'avais vu ces êtres malheureux, que j'avais pu me convaincre que leur aptitude n'est pas très-inférieure à l'intelligence que déploient les natures incultes de nos contrées, cette explication n'avait plus pour moi de valeur, et j'étais obligé de chercher dans un autre ordre d'idées la raison de leur humiliation.

Pendant que je rêvais à l'avenir qui doit leur être réservé dans les desseins providentiels, je vis venir vers moi un vieux moine, que j'avais souvent rencontré chez un Français de mes amis, et qui était un des plus fervents et des plus inexorables champions de la traite et de l'esclavage.

Le père, répondant à une interpellation que je lui adressais, vint s'asseoir auprès de moi.

« Savez-vous, lui dis-je, que, si les souffrances des damnés pouvaient commencer sur cette terre, je croirais que le Brésil est une succursale de l'enfer? En vérité, je ne puis comprendre que, par le fait seul de la coloration de sa peau, une partie de l'humanité soit fatalement condamnée à être ainsi torturée par l'autre. Peut-être me répondrez-vous, avec votre logique catholique, que c'est en suite d'un crime passé que cette population endure de pareilles souffrances; mais alors que deviennent la rédemption et les promesses qui furent attachées à ce grand sacrifice? »

Le père secoua dédaigneusement la tête, et il prononça, avec une véhémence qui plus d'une fois me fit frémir, la longue improvisation que je vais transcrire :

« Vous me demandez ces choses parce que vous êtes un insensé, parce que vous n'avez aucune croyance, parce que vous avez abandonné la foi de vos pères, sans avoir réfléchi, sans avoir comparé sa majesté imposante, son unité, et la divergence des systèmes qui vous poursuivent et qui vous égarent dans un dédale d'où vous ne pouvez sortir. Vous, Français railleur et sceptique, inclinez-vous devant la raison qui vous parle, et écoutez-moi!

« Lorsque l'humanité se résumait dans deux êtres, une expiation et une victime furent promises pour racheter leurs crimes, qui pesèrent sur l'humanité entière; mais, lorsque les sociétés nombreuses et disséminées se sont partiellement soulevées contre la barrière intellectuelle que Dieu leur avait défendu de franchir, Dieu a frappé les coupables, sans rejeter sur l'espèce la responsabilité du crime des individus; c'est ainsi que des villes ont péri, c'est ainsi que ce globe inondé n'a offert une terre ferme qu'au pied du juste qu'il voulait sauver. Malgré ces terribles châtiments et ces drames effrayants, où les souffrances furent indicibles, il y eut bien des révoltes encore, et, comme dans les premiers âges, ceux qui descendirent des révoltés durent porter la peine des méfaits de leurs pères! N'entendez-vous pas ce formidable anathème qui retentit dans le monde et dont chaque plainte du nègre est un écho : *Maledictus Chanaan servus servorum erit fratribus suis!* Eh bien! c'est ce formidable anathème qui pèse sur la race. et qui s'appesantira peut-être sur elle jusqu'à la consommation des temps....

« Vous vous récrierez sans doute, vous direz : « Mais qu'était « ce crime en comparaison de la souffrance endurée depuis?... » Ce n'était rien, en effet, d'outrager la majesté paternelle, de tourner en dérision ce qui représentait alors la majesté divine, parce que le sacerdoce n'existait pas; ce n'était rien de faire un thème d'obscénité de cette autorité sur laquelle repose la stabilité de la société, de l'ébranler dans sa base, lorsqu'elle était fondée à peine! Eh bien! la malédiction fut prompte, et la punition instantanée : Les descendants du maudit ont souffert dans leur affection paternelle, comme l'outragé avait souffert dans la sienne; leurs enfants ont été traînés en esclavage, et ils sont morts en leur présence sous le bâton d'un maître étranger.

« Et savez-vous, d'ailleurs, si c'est là ce qui constitue tout leur crime? Savez-vous s'il ne serait pas téméraire de laisser agir volontairement, même au milieu de votre monde qui se croit si fort, ces êtres qui, ne vous y trompez pas, possèdent des secrets formidables dont la révélation vous ferait frémir?

« Riez, riez, vous qui êtes Français, membre peut-être d'une académie de province; moi je ne suis qu'un pauvre prêtre catholique, qui croit comme les bonnes femmes à la toute-puissance et à la bonté de Dieu, mais qui croit également aux esprits rebelles avec lesquels le méchant peut être en rapport, et je m'étonne que nous ayons autant de puissance sur cette race réprouvée. Vous ne connaissez pas ces êtres maudits, et ils ont trop d'intérêt à tromper ceux qui pensent comme vous pour que vous les connaissiez jamais. Croyez-moi, ces gens, je vous le répète, ont d'horribles secrets! J'ai plus de soixante et dix ans d'âge et cinquante ans de sacerdoce; mon front rayonne d'une double auréole, mes cheveux blancs et mon saint caractère; eh bien! croyez le vieillard et le prêtre, qui ne veulent pas vous tromper, et écoutez ce récit :

« J'étais plus jeune que vous lorsque je parcourais, sous la conduite d'un nègre, les solitudes brésiliennes; arrivé dans une forêt profonde, un léger dissentiment s'éleva entre moi et mon guide. Je parlai impérieusement à cet homme; je voulus lui imposer ma volonté; mais lui, jusqu'alors humble et soumis, se dressa de toute sa hauteur, me lança un regard de défi et me dit avec insolence :

« Nous verrons bientôt qui demandera grâce, du blanc ou de « l'esclave ! »

« A ces mots, il siffla d'une façon étrange, et aussitôt je vis apparaître, sur les branches des arbres, entre les arbustes, au-dessus de la pointe verte des herbes, la tête de milliers de hideux reptiles sifflants et irrités, lesquels vinrent en rampant baiser les pieds du maître qui les avait appelés et qui leur rendait leurs hideuses caresses! Plus de trente ans se sont écoulés depuis ce moment, et pourtant ce spectacle est encore présent à ma pensée; il obsède mes jours et il trouble mes nuits! Je restai immobile, je ne prononçai pas la moindre parole; je ne fis ni prière ni supplication, lorsque, sur un nouveau cri de mon conducteur, cette affreuse vision disparut comme elle était venue. Oh! je vous le dis, il existe un lien mystérieux entre ces êtres affreux, que toutes les mythologies représentent comme le symbole du mal, et la race maudite que vous plaignez!

« Et de quel droit, d'ailleurs, voulez-vous soustraire les nègres aux châtiments, à l'exploitation, pour dire comme vous, que le blanc leur impose? Savez-vous si les châtiments ne constituent pas leur expiation? Savez-vous si ce ne sont pas ces douleurs incessantes, ces humiliations profondes, qui maintiennent leur âme dans un état d'abattement qui les empêche de faire le mal, ou dans un état d'exaltation qui les rend meilleurs?

« Vous croyez connaître l'homme, parce que vous avez coupé des lambeaux de chair avec un scalpel; mais vous n'avez pas sondé l'âme humaine. Si vous aviez vécu sous le cilice et dans les cloîtres, vous sauriez que rien ne s'obtient que par la douleur. Les souffrances du corps assainissent l'âme et lui permettent de s'élancer dans des régions qui ne sont accessibles qu'à ceux qui ont tué le premier sous des étreintes douloureuses. J'ai vu, entendez-vous, j'ai vu des nègres venir réclamer ces punitions corporelles auxquelles vous voulez les arracher et dire : « Maître, cela « va mal, j'ai envie de mal faire, faites-moi battre aujourd'hui; »

d'autres encore demander avec insistance qu'on les vendît, parce qu'ils avaient envie de tuer autour d'eux! Et ces altérations morales s'observent chez ceux qui sont les favoris de maîtres trop indulgents! Oh! croyez-moi, cessez de vous apitoyer sur leurs souffrances.... Pleurez, mais en secret, sur les rigueurs nécessaires qui les frappent; mais que leur sang coule incessamment sur la terre et abreuve la poussière qui en a soif!

« Voulez-vous une dernière preuve de l'anathème qui les poursuit? Voyez les nations qui ont eu le malheur de s'unir à eux, qui ont eu l'infamie d'introduire leurs femmes dans leur lit et de les associer à leurs débauches, car en aucun cas elles ne sauraient être les compagnes d'une existence honnête; ces nations ont déjà le sceau de la race anathématisée à laquelle elles se sont unies, un sang esclave coule dans leurs veines, et tôt ou tard elles subiront une humiliante suzeraineté! Déjà chacun s'immisce dans leurs affaires; chacun croit avoir le droit d'inspirer leur politique; déjà, vous dis-je, elles sont esclaves comme l'était la mère hideuse qui leur donna son lait! Et voyez les enfants nés de ces rapprochements! la sainte majesté de l'homme disparaît de leur front, qui se rapetisse et s'efface; leurs membres grêles et arqués se rapprochent des formes animales, et leur instinct se déprave comme leur corps et leur intelligence! Adieu; puissiez-vous vous souvenir de mes paroles!... »

Là-dessus, le vieux prêtre s'éloigna; je restai anéanti sous ce langage passionné et véhément; et, en rentrant chez moi, je m'empressai de transcrire cette bizarre conversation, qui clôt tout ce que j'avais à raconter après mon séjour au Brésil.

J'oubliais de dire que le P. *** avait les yeux bleus, et qu'Esquirol nous a dit souvent que les individus aux yeux bleus étaient plus que d'autres prédisposés aux affections mentales.

IV.

Le cap de Bonne-Espérance.

Nous partîmes de Rio-de-Janeiro, l'imagination remplie de tout ce que nous avions vu pendant notre séjour au Brésil. Cette nature exubérante et parée, ces grands fleuves bordés d'arbres gigantesques, ces cascades bruyantes, les scènes à demi sauvages qui s'étaient passées devant nous, se retraçaient à notre esprit; et, en suivant d'un regard distrait le sillage écumant de *la Sirène*, nous nous prenions à regretter la terre féconde que nous quittions. L'homme est ainsi fait : il se passionne pour ce qu'il connaît à peine, pour ce qu'il n'a fait qu'entrevoir; il est vrai qu'une expérience funeste lui permet rarement de regretter ce qu'il connaît mieux.

Le beau ciel de Rio sembla d'abord nous suivre pendant notre traversée de ce pays au cap de Bonne-Espérance. Des brises tièdes enflèrent nos voiles; la mer, à peine ridée, s'ouvrait sans effort pour donner passage à notre belle frégate, dont l'allure tranquille et majestueuse était en harmonie avec le ciel qui scintillait sur nos têtes et l'Océan qui nous berçait sur son sein. Mais, lorsque nous approchâmes de la pointe africaine, la lame dure et creuse nous secoua rudement, le vent fit gémir notre mâture, et, la veille de notre arrivée au Cap, une brume épaisse nous couvrit de ses voiles; les côtes, qui commençaient à se montrer, disparurent; plusieurs bâtiments que nous apercevions auprès de nous devinrent invisibles, et les feux de *la Victorieuse* eux-mêmes s'éteignirent dans une obscurité profonde. La nuit devint tellement épaisse, que les deux bâtiments qui voguaient de conserve se virent forcés, chacun à son bord, de battre le tambour et de sonner les cloches, pour juger par le son de la distance qui les séparait, et pour prévenir ainsi une rencontre qui eût pu devenir funeste. Ordinairement, le silence qui règne la nuit à bord des navires n'est interrompu que par la voix de commandement de l'officier de quart, ou par les cris des sentinelles préposées à la garde du bâtiment; aussi ces bruits inaccoutumés et discordants ne laissaient-ils pas de nous impressionner d'une manière pénible. Toutefois, la nuit se passa sans accident, et le lendemain, lorsque le soleil se montra à l'horizon, nous aperçûmes la montagne de la Table, dont le plateau était encore couronné d'une vapeur légère et flottante, que la brise chassait devant elle.

La montagne de la Table a, dans sa configuration, quelque chose d'original, qui donne du relief et du caractère à la vue de ce cap accidenté; le dessinateur le moins habile peut faire de ce joli pays une esquisse qui n'aura rien de banal, rien de commun, et qui ne ressemblera pas, comme la plupart des vues de keepsakes et d'albums, à tous les paysages du monde. C'est, comme son nom l'indique, un immense plateau de schistes régulièrement stratifiés; il repose sur deux gigantesques blocs de granit nommés la Tête et la Croupe du lion. Du point de la rade que nous vînmes occuper, nous apercevions parfaitement les couches de la montagne, semblables à des tables de marbre superposées; le sommet horizontal a plusieurs lieues de long; il est taillé à pic jusqu'à une hauteur d'environ deux cents pieds; ensuite, ses pentes s'adoucissent et s'abaissent insensiblement jusqu'à la mer.

C'est sur cette inclinaison qu'est bâtie la ville du Cap de Bonne-Espérance.

Vu à distance, le sol qui entoure la ville et qui borde le pied de la montagne a un aspect un peu aride; quelques bruyères éparses et peu élevées, quelques arbres aux formes grêles et bizarres, réunis en petits groupes, le couvrent à peine. Quel contraste avec la terre embaumée du Brésil! Au Brésil, toutes les parties osseuses des montagnes sont cachées sous la verdure et les fleurs; ici, la terre rouge sombre est à peine voilée par les feuilles légères des arbustes qui s'aventurent à sa surface et qui semblent ne recevoir qu'une nourriture insuffisante. Cependant les petites fleurs blanches, roses et jaunes, de ces plantes souffreteuses ont un aspect si doux et si mélancolique, qu'on se prend tout de suite à les aimer, comme on aime ces enfants étiolés dont le regard intelligent annonce la précocité.

Nous descendîmes à terre dans un canot que dirigeaient deux Malais aux yeux obliques, au teint pâle et plombé, au nez presqué aquilin, aux membres grêles, aux cheveux noirs et lisses, à la tête pyramidale, coiffée d'un chapeau pointu dont les larges bords abritaient jusqu'à leurs épaules. La rade renfermait alors un assez grand nombre de bâtiments de commerce de diverses nations, une frégate anglaise et une frégate française, *l'Érigone*, qui revenait de Chine, et qui allait, pour rentrer en France, renouveler sur la mer Atlantique le sillon que nous avions tracé.

Les navires français qui se rendent à notre colonie de Bourbon ne relâchent que fort rarement au cap de Bonne-Espérance, et nos relations commerciales avec ce pays intéressant sont peu importantes. Pendant que nous nous rendions de notre bord à terre, notre attention était captivée par la vue d'un pays nouveau et par le mouvement qui régnait dans la rade, où de grandes barques, portant des vivres et des marchandises, se croisaient en tous sens. Des myriades de pingouins voltigeaient autour de notre embarcation, tandis que les vieillards et les sages de ce petit peuple ailé, habitants nombreux et privilégiés de la rade, posés sur les morceaux de bois qui flottaient sur l'eau, nous regardaient passer avec la plus complète indifférence, sachant très-bien que leur personne est inviolable et sacrée dans ce lieu de refuge, où ils vivent sous la protection des lois et des policemen. Le débarcadère de Cape-Town est une simple construction en bois, qui se prolonge assez avant dans la mer pour favoriser le débarquement des marchandises lorsqu'il y a beaucoup de houle, ce qui arrive assez fréquemment dans ces parages.

Il n'est pas de naturaliste qui n'ait rêvé à la patrie des Hottentots, des Boschismans et des Cafres; il n'en est pas qui n'ait ardemment désiré, même au prix des plus grands dangers, de visiter cette terre habitée par des monstres formidables, et dont toutes les productions sont marquées d'un sceau étrange. Plus qu'un autre peut-être je m'étais abandonné à de téméraires projets; aussi, lorsque je posai le pied sur ce Cap désiré, j'éprouvai une impression de surprise, de ravissement et d'enthousiasme dont le souvenir m'émeut aujourd'hui encore.

A peine foule-t-on ce point privilégié du globe, qu'on est immédiatement frappé des soins minutieux qu'une administration prévoyante donne à son embellissement et à l'entretien de ses promenades et de ses rues. On se rend du débarcadère dans l'intérieur de la ville par des allées larges et bien sablées; les habitations qu'on rencontre annoncent l'aisance et le luxe. Les rues, bien payées, sont ornées de grands et beaux magasins; de bonnes voitures, traînées par d'élégants chevaux, les parcourent; enfin on retrouve une ville entièrement européenne par les ressources dont elle dispose pour satisfaire les mille besoins qu'enfante une civilisation raffinée. Ici, tout nous retrace la France, tout nous rappelle l'ordre et la sécurité qui règnent dans notre pays, et nous en trouvons, comme chez nous, la personnification dans les graves *policemen* dont nos sergents de ville sont une adroite contrefaçon. Certes, nous n'avions rien vu de semblable au milieu de la population déguenillée de Ténériffe, ni dans la confusion de Rio, au sein de cette jeune société qui a tous les défauts inhérents à son âge.... Nous avions vu la décrépitude d'une société abrutie par la misère et la débauche dans le premier de ces deux pays; dans le second, une activité désordonnée et fébrile. Ici, c'est la vie dans sa manifestion la plus normale, la vie laborieuse, grave, sensée, avec toutes les joies et toutes les satisfactions que procure le développement des facultés bien employées.

Avant de visiter la jolie ville où nous venions de descendre, notre premier soin fut de chercher des logements qu'on n'avait pu nous procurer, malgré les ordres que nous avions donnés. Le Cap est le rendez-vous des valétudinaires de l'Inde; c'est sous son ciel si pur que les riches nababs viennent oublier les ennuis d'une vieillesse prématurée et réparer leur santé minée par les excès d'une vie trop orientale. Ordinairement ces Crésus indiens arrivent en ce pays avec une suite nombreuse; ils sont accompagnés de domestiques de race hindoue, aux traits européens, au teint noir, aux cheveux longs et soyeux. Ces domestiques sont coiffés d'un turban en mousseline; ils portent un large pantalon et une tunique flottante; leurs jambes sont ornées de bracelets et leurs orteils d'anneaux d'or, comme ceux des citoyennes du temps du Directoire. Rien n'est singulier comme de voir, dans de brillantes voitures, les figures parcheminées des maîtres à côté des traits nobles et fortement caractérisés de leurs beaux conducteurs.

Grâce à ce concours d'étrangers, il est souvent fort difficile d'avoir des logements à Cape-Town, et, lors de notre arrivée, l'affluence des voyageurs était telle, que nous ne pûmes trouver place dans aucun hôtel, et que nous fûmes forcés de chercher dans des maisons particulières un asile jusqu'au jour de notre départ. Il existe au Cap une coutume assez singulière : certaines familles ont l'habitude de loger chez elles quelques étrangers qui s'assoient à la table commune et qui reçoivent, à des prix très-modérés, une hospitalité tout à fait patriarcale. C'est dans une de ces maisons que nous fûmes accueillis par mistress H***, laquelle nous reçut sans empressement, mais avec une bienveillance sincère et de bon goût. Lorsqu'on sut qui nous étions, on nous admit dans l'intimité, comme d'anciennes connaissances. Cette excellente famille se composait de Mme H***, de trois jeunes personnes charmantes et de deux petits garçons. Toutes les occupations relatives aux soins de la maison étaient distribuées d'après l'âge des membres qui la composaient.

Dès le second jour de notre arrivée, nous fûmes délivrés de toute contrainte cérémonieuse; les enfants grimpaient sur nos genoux avec le plus aimable sans-façon; nous jouissions enfin des charmes de la vie intime, qu'on apprécie d'autant plus en voyage, qu'ils rappellent la patrie et le passé. Chacun de nous gardera un long et doux souvenir de cette relâche au cap de Bonne-Espérance. C'est la plus délicieuse de toutes les compensations accordées au voyageur pour les fatigues et les ennuis qu'il endure, que d'accumuler dans sa pensée des souvenirs sans amertume, sans regret, et de pouvoir évoquer, pendant les heures d'oisiveté et de repos, de gracieuses apparitions, qu'il ne trouvera plus sur le chemin de la vie.

La ville du Cap est certainement une des plus jolies villes que je connaisse. Les maisons sont généralement très-basses, mais elles sont établies sur une large superficie de terrain, et par conséquent aussi spacieuses que commodes. L'architecture n'en est pas très-soignée, mais elles ont une apparence de confort et de bonheur calme qui fait plaisir à voir. Toutes les rues sont tirées au cordeau; on a laissé assez d'espace entre les deux rangées de maisons qui les bordent pour établir une allée d'arbres dans chacune d'elles; aussi toutes les façades sont-elles abritées par des chênes et des ormeaux, nos compatriotes, ou par des plantes grimpantes des climats tropicaux. La place de la Parade est une très-belle promenade, qui affecte la forme d'un carré parfait; elle est plantée de chênes admirables et renferme deux petits édifices fort élégants, dont l'un est la Bourse.

Les magasins du Cap sont de vrais musées de curiosités; à côté de ce que l'industrie anglaise confectionne de plus délicat et de plus utile, on y trouve les produits de l'Inde, de la Chine et des peuplades sauvages de l'Afrique. Les tissus légers et les bracelets qui parent une bayadère sont étalés à côté du petit soulier et du coffret mystérieux d'une Chinoise, le keepsake d'une lady auprès du collier en coquillages d'une négresse ou du manteau en peau de tigre d'un roi cafre; le nécessaire d'un gentleman figure en face de la pipe grossière d'un Hottentot, et les poteries de l'Inde s'étalent pêle-mêle avec les porcelaines du Japon, de la Chine et de l'Angleterre.

Lorsqu'on parcourt les rues du Cap, on est étonné de la multiplicité de temples qu'on y rencontre. Ce sont des églises de presbytériens, d'anglicans, de wesleyens, de luthériens, de catholiques, et même des mosquées! Il est peu de villes où les diverses confessions chrétiennes se fassent une concurrence plus active; comme le gouvernement du Cap les protége toutes également, elles vivent extérieurement dans la plus parfaite intelligence, se contentant de s'anathématiser mutuellement dans leurs temples. Si on demande quelle est en définitive l'action de ces diverses sectes, nous dirons qu'elles entretiennent au plus haut point le sentiment religieux et l'observation des devoirs que les croyances imposent. Chacun, dans la sphère qu'il peut parcourir, agit dans l'intérêt de sa croyance; mais l'humanité y trouve son compte.

On ne saurait s'empêcher, en venant du Brésil au Cap, d'établir un parallèle qui est tout à l'avantage du dernier de ces deux pays, entre les mœurs dissolues des habitants de l'Amérique méridionale, qui a conservé l'esclavage, et celles qui honorent cette terre libre, où les doctrines chrétiennes sont mises en pratique. Il n'existe pas au Cap de ces maisons de réunion qui favorisent le désœuvrement et la paresse, où la curiosité ne s'alimente que de médisances scandaleuses et de mensonges colportés par l'envie et par la sottise. Un club, où l'on reçoit presque tous les journaux du monde, est le seul endroit où, à certaines heures, on rencontre des hommes sérieux, qui viennent prendre connaissance des événements importants. Le Cap compte environ vingt mille habitants agglomérés dans la ville ; ce sont pour la plupart des Hollandais, des Anglais, des Allemands, des Malais et des nègres hottentots, cafres ou mozambiques.

Il y avait jadis un théâtre à Cape-Town ; mais, sur la demande de diverses sectes chrétiennes, le local a été consacré à une école primaire gratuite. Cette école est indistinctement fréquentée par des enfants de toutes les croyances, qui y reçoivent une instruction en rapport avec le milieu social dans lequel ils doivent vivre.

Les mœurs ont ici quelque chose de patriarcal ; aussi les relations portent-elles un cachet de pureté naïve qui nous charmait. Un jeune homme peut fréquenter assidûment les bonnes maisons hollandaises, les graves maisons anglaises, peuplées de jeunes personnes, et exprimer publiquement sa préférence pour l'une d'elles, sans que personne y trouve à redire, sans que les parents s'en alarment, et il est à peu près sans exemple qu'on ait eu à se repentir de cette confiance accordée à la loyauté et à l'honneur. Je rencontrais fréquemment dans une maison un joli couple dont on me raconta l'histoire. Je la transcris très-brièvement; elle servira à faire comprendre jusqu'où s'étend la confiance mutuelle qui existe entre deux jeunes gens qui se sont aimés sans entraves et qui ont compté sur eux seuls pour faire leur position.

Ceux-ci étaient pauvres et l'époque de leur union avait été ajournée, d'un consentement mutuel, jusqu'à ce que le prétendu eût, par son travail, assuré l'existence du futur ménage. Cet heureux moment arrivé, on arrêta le jour et l'heure du mariage. Les parents de la future furent d'autant plus exacts au rendez-vous, que ceux de l'autre partie contractante n'habitaient pas Cape-Town et n'y venaient que pour assister à la cérémonie : cependant l'heure assignée passe et le futur ne se présente pas ; deux, trois, quatre heures s'écoulent sans qu'aucun message vienne donner l'explication d'une conduite aussi étrange. On s'étonne avec quelque raison, lorsqu'on apprend que le jeune homme est parti précipitamment dans la matinée, sans dire à qui que ce soit la cause et le but de son voyage. La jeune fiancée fait ses excuses à la société rassemblée à son intention, affirmant sans crainte, sans embarras, que la cérémonie est seulement remise, et annonçant qu'elle va déposer ses habits de mariée; mais au même moment arrive le jeune homme, qui explique le plus naturellement du monde qu'on est venu, dès le matin, lui proposer une affaire commerciale qui lui permettra de réaliser plus de trois cents livres sterling de bénéfice, et qu'il est parti immédiatement pour ne pas éveiller la convoitise de ses concurrents, bien persuadé qu'on lui pardonnerait, en faveur de la cause, quelques instants de retard. Songer à une affaire d'argent lorsqu'on touche au terme du bonheur! Quel crime abominable!... Mais, dans ce pays-ci, l'éducation est telle, qu'on apprend de bonne heure à se former une idée juste de la vie avec toutes ses nécessités.

La liberté civile et la liberté religieuse se sont unies pour faire disparaître du Cap l'esclavage. Quel que soit le vêtement dont un homme est couvert, quelle que soit la couleur de sa peau, on sait qu'il est dans le libre exercice de ses facultés et de ses droits, et c'est peut-être le seul pays de la terre qui, pour la gestion de ses affaires municipales, appelle dans son corps électoral des blancs originaires de tous les pays du monde, des noirs de toutes les races, Hottentots, Mozambiques, et même des Malais musulmans.

Ces derniers sont surtout en grand nombre au Cap, où ils font preuve d'intelligence et d'une activité merveilleuse. Un matin, par une fraîcheur charmante, nous errions, M. de Ferrière et moi, aux environs de la ville, lorsque nous pénétrâmes dans un jardin situé sur le versant d'une colline qui borde la mer; de grands aloès qui entourent ce terrain avaient dérobé à nos regards nombre de petites constructions gracieuses, qui se cachent sous les plantes et les arbustes en fleur. En les considérant de plus près, nous vîmes que ces monuments étaient couverts de caractères arabes. Nous apprîmes d'un jeune homme qui suivait le même sentier que nous que nous étions dans le cimetière des Malais musulmans et que c'était sous ces touffes charmantes de bruyères, de géraniums et de roses, qu'ils venaient ensevelir leurs morts. Nous fîmes le tour de ces oasis silencieuses, car on ne saurait nommer autrement ce joli tertre couvert de fleurs et de pierres blanches, et nous nous en allâmes, enviant la foi poétique de ces hommes qui ont assez de croyance dans la bonté de Dieu pour faire d'un tombeau une hutte fleurie où doit reposer le corps, tandis que l'âme heureuse est appelée à d'autres destinées.

Pendant notre séjour à Cape-Town, un vaisseau de guerre néerlandais vint y relâcher; les habitants d'origine hollandaise profitèrent de cette circonstance pour exprimer au commandant la sympathie que leur inspiraient d'anciens compatriotes, et une sérénade fut spontanément organisée pour fêter l'arrivée du navire. On se tromperait si on voulait voir dans cette démonstration une protestation contre la domination anglaise. Aujourd'hui, les habitants du Cap ne sont plus ni Hollandais, ni Anglais, ni Allemands, ni Français; la plupart sont nés sur le sol africain, et ils pressentent leur future destinée. Une population éclairée, laborieuse, entreprenante, essentiellement industrieuse, couvrant une superficie de terrain qui s'étend depuis Cape-Town jusqu'à Port-Natal, ne saurait rester longtemps dans la dépendance d'une métropole européenne. Monarchie ou république, tôt ou tard le Cap proclamera sa séparation de l'Angleterre : les habitants nés à Cape-Town, en s'intitulant Africains, ont conscience de leur avenir.

Les environs de Cape-Town ont, comme je l'ai dit, un cachet particulier : les parties incultes sont couvertes de bruyères et de protéacées ; les terres cultivées sont plantées de vignes et d'arbres fruitiers, tous originaires d'Europe. Il est peu de contrées que des colons intelligents aient façonnées avec plus d'art et de soin. Dès les premiers temps de leur arrivée sur le sol africain, les Hollandais ont voulu en faire un pays à l'image de celui qu'ils quittaient; ils y ont parfaitement réussi : on voit partout, autant que les localités le permettent, des canaux d'irrigation parfaitement disposés, bordés de trembles et de peupliers; de belles allées de chênes abritent les habitations, qui sont en tout semblables à celles de la Flandre et de la Hollande, propres, cirées, blanchies comme les murs et le parquet d'un temple.

C'est à une petite distance de la ville, dans un lieu appelé Constance, qu'on récolte le vin qui porte ce nom. Trois propriétaires sont exclusivement en possession de la confiance des consommateurs ; ce sont MM. Cloëte, Van Reynet et Collins. Les clos de ces messieurs sont de superbes villas, où ils font le meilleur accueil aux étrangers, sans se préoccuper, en vrais gentlemen qu'ils sont, si les visiteurs viennent ou non acheter leurs produits [1].

Il existe quatre espèces de vin de Constance : le pontac, le frontignac, le constance rouge et le constance blanc. Le premier de ces vins se fabrique avec deux espèces de raisins, un raisin blanc et l'autre noir. Le raisin blanc est absolument semblable à celui avec lequel on fait, en France, le vin de Frontignan. On le cueille excessivement mûr, on l'égrène et on en exprime le suc dans de grands tonneaux. Lorsqu'il commence à fermenter, on le transvase pour interrompre cette première fermentation. On laisse sécher sur le cep le raisin noir, qui n'est autre que le teinturier du midi de la France, et, lorsqu'il ne renferme plus un atome de moût, on met les grains dans le suc précédemment exprimé du raisin blanc; ces grains s'en imprègnent, et on les écrase alors, pour qu'ils donnent toute leur partie colorante. Comme on le voit, l'addition du raisin noir n'est faite que dans le but de colorer le vin, et certainement on ne pouvait trouver un procédé plus barbare pour obtenir une liqueur rouge avec du suc de raisin blanc. Malgré les vices d'une fabrication aussi défectueuse, le pontac est le plus estimé de tous les vins de Constance ; c'est aussi le plus cher, et celui qui, en même temps, a le plus de caractère et ressemble le moins à nos vins liquoreux de France. Il a toujours, quel que soit son âge, un peu d'âcreté ; ce défaut vient de ce que le raisin noir, qui a subi une dessiccation complète sur sa tige, ne renferme plus de sucre au moment où on l'emploie, mais un principe astringent, uni à la partie colorante, qui prend vivement à la gorge.

Le frontignac se fabrique seulement avec le raisin blanc dont j'ai parlé précédemment. Le principal secret de sa confection consiste à empêcher la fermentation au moyen de mèches soufrées, et à transvaser le liquide plusieurs fois, jusqu'à ce qu'il soit séparé de tout ce qui en altère la transparence. Après le pontac, c'est le frontignac qui est le plus cher et le plus recherché. Quant

1. M. Natalis Rondot a publié sous ce titre : *Constance, son vignoble et ses vins*, un travail plein d'intérêt. Les procédés de fabrication y sont décrits avec la plus sévère exactitude ; c'est une véritable monographie sur Constance.

au constance rouge et blanc, il a tant de rapport avec les vins de Malvoisie et même avec ceux de la bonne ville de Cette, que je ne sais, en vérité, si on pourrait toujours le distinguer de ces derniers.

On conserve les vins de Constance dans des tonneaux en chêne parfaitement soignés, et on ne les met en bouteilles qu'au moment de les expédier. Ils supportent assez bien le transport, sans cependant acquérir des qualités nouvelles, ce qui est un défaut pour un vin de luxe qu'on ne saurait consommer sur les lieux. Depuis quelques années, on a essayé de contrefaire le champagne à Constance!... Que les Rémois ne s'alarment pas de la concurrence; car nous, qui avons goûté à cet infâme breuvage, nous aimerions mieux avaler l'huile rance d'une lampe d'église que de tremper une seconde fois nos lèvres dans ce prétendu sillery.

Nous allâmes visiter les trois clos de Constance dans un très-bel équipage qu'on avait mis à notre disposition, et qui était conduit par un cocher malais dont l'immense chapeau pointu dominait notre voiture, comme le toit d'un minaret. Nous nous arrêtâmes d'abord chez M. Collins, qui nous fit admirer son habitation dans les plus petits détails; nous flattâmes sa vanité de propriétaire en nous arrêtant devant des statues de grandeur naturelle, représentant des Cafres, des Hottentots, des Boschismans dans leur cahute, et se livrant à diverses opérations de la vie domestique. Ces statues ont été faites à Londres, à ce que nous dit M. Collins; elles sont effectivement assez mauvaises pour que l'on n'en doute pas. Après mille petites circonvolutions pour nous faire admirer tantôt un arbre nain, tantôt un arbre géant, le propriétaire nous introduisit enfin dans le clos, qui est parfaitement tenu, et où il nous versa le nectar qu'il fabrique.

En le quittant, nous nous rendîmes chez M. Cloëte, qui nous soumit aux mêmes épreuves, en nous abreuvant d'absinthe et de miel, c'est-à-dire en provoquant notre enthousiasme en faveur d'une stalactite, d'une coquille, d'un oiseau, d'un tigre empaillé, et en nous forçant à de nouvelles libations.

Nous allâmes enfin chez M. Van Reynet, qui n'avait ni stalactites, ni statues, ni coquilles à nous faire admirer, mais qui nous offrit, en compensation, une table servie de fruits secs et de fromage, présumant qu'à notre visite se rattachait le désir de faire l'acquisition de quelques bouteilles de constance, et voulant mettre notre palais en état d'apprécier dignement les qualités supérieures de ses produits. L'hospitalité de M. Van Reynet fut si bienveillante, il nous abreuva si largement de sa liqueur divine, que nous fûmes sur le point de perdre le souvenir des choses d'ici-bas.

Parmi les personnes que j'eus le bonheur de rencontrer au Cap, il en est deux dont je ne puis passer les noms sous silence : ce sont MM. les docteurs Pape et Sayher, qui furent pour moi pleins d'obligeance. C'est chez ce dernier que je vis un jeune Boschisman de dix-sept à dix-huit ans, arrivé depuis peu de l'intérieur. La taille de cet individu n'avait pas plus d'un mètre ; son teint était olivâtre, et bien moins foncé que celui d'un Hottentot. Ses cheveux courts et laineux ressemblaient à de la mousse sur un rocher; ils se confondaient presque avec les sourcils, tant le front était déprimé, et les ailes du nez s'aplatissaient sur des lèvres énormes. Cet enfant portait tous les caractères de la faiblesse et de la débilité ; il parlait seulement la langue de sa tribu, que M. Sayher connaissait fort bien, et il répondait avec une extrême lenteur aux questions qu'on lui adressait. Lui ayant fait demander quels étaient les objets habituels dont les Boschismans faisaient leur nourriture, il me répondit « que les gens de son pays mangeaient de tout, depuis les œufs de fourmis et les fourmis elles-mêmes, jusqu'aux éléphants, quand ils les trouvaient morts. »

Il est difficile d'avoir l'idée d'une dégradation physique aussi grande que celle dont était frappé ce petit malheureux ; ses jambes étaient arquées comme celles des espèces animales qui se rapprochent le plus de nous : on eût dit que les muscles qui forment le mollet existaient à peine chez lui à l'état rudimentaire. Tels sont les effets de la misère et de la persécution sur la race humaine ! Autant elle est belle et puissante au milieu du bien-être, de l'abondance et de la sécurité, autant elle est hideuse, débile à l'état de sauvagerie, dans ce prétendu état primitif qu'on s'avise parfois de nous vanter.

Les Boschismans sont certainement une ramification de la race hottentote réduite à la condition la plus misérable par les poursuites dont ils ont été l'objet. Entourés de Cafres, de Hottentots qui leur ont voué une haine implacable, ces malheureux ont eu toutes les peines du monde à perpétuer leur race ; et ils n'ont pas eu seulement à se défendre contre ces ennemis cruels, mais encore contre les formidables animaux qui peuplent cette vieille terre d'Afrique, et pour lesquels ils devenaient une proie d'autant plus facile qu'ils étaient dénués de tout moyen efficace de défense. Pour échapper à tant de dangers, ils se sont vus contraints d'établir leurs demeures sur les arbres les plus élevés des forêts, dans les antres les plus inaccessibles, et de soutenir leur misérable existence à l'aide des aliments les plus dégoûtants. Les persécutions et la misère ont rendu les Boschismans méchants et cruels, et dans leur faiblesse ils n'ont étudié la nature que pour lui emprunter tout ce qu'elle possède de funeste et de délétère, afin de l'employer contre leurs ennemis. Personne ne connaît mieux qu'eux les plantes vénéneuses et les reptiles les plus dangereux, dont ils extraient les principes toxiques pour préparer leurs flèches; aussi la plus légère blessure produite avec les armes de ces êtres faibles et chétifs est-elle toujours mortelle.

C'est avec M. Sayher que j'ai parcouru les environs du Cap et que j'ai fait connaissance avec la flore de ce charmant pays; malheureusement la saison ne se prêtait pas à nos recherches, et nos récoltes ne furent pas très-abondantes. Un jour que j'herborisais avec mon excellent guide le long de la montagne de la Table, nous arrivâmes dans un ravin profond, où coulait une eau limpide. En explorant du regard les objets qui nous entouraient, nous aperçûmes, au-dessous d'une roche qui surplombait, une figure noire et ridée qui nous regardait avec attention. L'aspect de cette créature étrange n'avait rien de bien rassurant. Sa mâchoire proéminente et son nez écrasé me la firent prendre pour un vrai Boschisman vivant dans la retraite; mais mon guide, qui connaissait mieux les indigènes, s'étant servi de sa canne comme d'un fusil pour coucher en joue l'inconnu, nous le vîmes tout à coup montrer son corps grêle et velu, s'accrocher à l'aide de ses longs bras à la partie supérieure de la roche, sauter lestement dessus et disparaître en un clin d'œil. C'était, comme me l'expliqua M. Sayher, qui connaît les mœurs des singes comme celles des Hottentots et des Cafres, un énorme babouin chassé de sa troupe pour quelque méfait et vivant à l'écart.

Lorsque ces animaux vont en maraudeurs parcourir les champs, ils placent des sentinelles pour les prévenir en cas de danger. Si, malgré ces précautions, ils sont pris en flagrant délit, leurs éclaireurs sont responsables de cet accident; ils leur administrent après jugement une correction si énergique à coups de pierres ou de bâton, que parfois ils les laissent morts sur la place. Quand il s'agit seulement d'une peccadille, ils se contentent d'exiler les coupables pendant un certain temps, et ne les réintègrent dans leurs droits de citoyen qu'après une expiation proportionnée à leur faute. Il n'est pas rare de rencontrer des bandes de babouins dans les montagnes qui dominent le Cap; c'est même le seul grand mammifère qui s'y soit perpétué, le lion, l'éléphant et l'hippopotame ayant fui devant la civilisation et s'étant retirés là où les Hottentots se sont arrêtés eux-mêmes.

Je vis fréquemment M. Sayher pendant mon séjour à Cape-Town; j'allais visiter son laboratoire, dans lequel étaient amoncelées les richesses naturelles de cet admirable pays. Mon excellent collègue se prêtait à toutes mes fantaisies, débouchant des flacons pour examiner des reptiles, décollant des boîtes pour voir des insectes, et me racontant avec son flegme germanique ses courses aventureuses dans la Cafrerie, au milieu de ces populations dont l'Angleterre a su se faire des amis. Je ne connais rien d'intéressant comme les récits de l'intrépide voyageur qui a vécu des années entières avec les sauvages que les wesleyens et les frères moraves initient à la civilisation chrétienne.

Il est peu de pays sur lesquels on possède autant de documents que sur le cap de Bonne-Espérance. Indépendamment des journaux qui se publient à Cape-Town, à Graham-Town, à Elizabeth-Town, à Port-Natal, des annuaires qui paraissent au commencement de chaque année, des tableaux statistiques imprimés par ordre de l'administration, il existe encore un très-grand nombre d'ouvrages spéciaux, qui donnent des détails pleins d'intérêt sur les mœurs, les habitudes, les produits de ce pays et les événements dont il a été le théâtre. Entre autres livres, il en est un dont la lecture est des plus attachantes par l'originalité des descriptions et l'étrangeté du sujet; il est intitulé *Wild Tribes and sport of South Africa, by Harris*. En lisant les récits de l'officier anglais, on partage les émotions et les enivrements de ce chasseur prodigieux, qui semble avoir hérité de la massue d'Hercule.

Nous recommandons également à nos lecteurs le *Reprint of Port-*

Natal, by Chase, dans lequel sont racontés de la manière la plus dramatique les événements de Port-Natal, la migration des Boers, toutes choses fort mal connues en France et décrites avec une poésie biblique qui fait ressembler cette page de l'histoire du Cap à un feuillet détaché de l'Ancien Testament.

Il est encore quelques autres ouvrages que nous aurions pu mettre à contribution; mais nous avons préféré notre prolixité, peut-être un peu ennuyeuse, à des détails fort intéressants sans doute, qu'il eût fallu recueillir de tous côtés. En voyage, les journées sont si courtes et les heures si rapides, qu'il n'est pas permis de bouquiner et de chercher ailleurs que dans ses notes et ses souvenirs des faits à raconter, des sites à décrire et.... de petits mensonges fort innocents à inventer; car quel est le voyageur qui ne mente pas légèrement? Pour moi, je n'en connais pas.

Le seul événement un peu remarquable qui se passa pendant notre séjour au Cap fut le rappel de sir Charles Napier, gouverneur de cette colonie : il fut remplacé par M. P. Maitton. Les amis de l'ancien administrateur lui exprimèrent publiquement les regrets que son départ leur inspirait, en lui offrant un banquet auquel assista son remplaçant. Bien que M. de Lagrené n'eût aucun caractère officiel au Cap, les commissaires qui présidaient à cette réunion ne s'empressèrent pas moins de venir prier le ministre plénipotentiaire de France en Chine de leur faire l'honneur d'y assister. Malheureusement, M. de Lagrené, qui, depuis plusieurs jours, avait fait ses dispositions pour un voyage dans l'intérieur où nous allons le suivre, ne put se rendre à leur désir.

Au moment de notre départ, on nous annonce la mort de l'agent consulaire de France. Nous ne pouvons donner de bien vifs regrets à la perte d'un vieillard valétudinaire qui nous était inconnu; mais la vive sympathie que nous inspire ce beau pays nous fait immédiatement songer à celui de nos compatriotes qui sera assez heureux pour venir le remplacer. Nous nous empressons de faire le roman de son existence, suivant que nous lui supposons le goût du monde ou celui de la retraite, des désirs bornés ou le goût des plaisirs bruyants, et toute l'ambassade conclut à l'unanimité qu'avec de la raison, un esprit sérieux, l'amour de l'étude.... et un peu d'autre amour au cœur, on peut vivre à Cape-Town aussi heureux qu'à Paris.

Le 21 mars, à cinq heures du matin, un immense chariot à quatre roues stationnait devant la porte de l'hôtel où logeait M. de Lagrené; cette pesante machine renfermait trois bancs fort médiocrement rembourrés, suspendus sur des courroies; et huit bons chevaux attelés à cette locomotive attendaient impatiemment le moment du départ. Ce ne fut pas sans surprise que j'appris que ce lourd équipage était destiné à nous transporter pendant toute notre excursion dans l'intérieur. Deux cochers malais, surmontés de leurs larges chapeaux pointus, grimpèrent sur le siége perché au-dessus de la voiture : l'un tenant en main un fouet démesurément long, et l'autre les rênes. Ces habiles conducteurs se servent des rênes pour arrêter leur attelage et du fouet pour le diriger.

Lorsque nous fûmes tous convenablement installés, la gigantesque voiture s'ébranla, nos chevaux prirent immédiatement le trot et ils marchèrent ainsi pendant quatre heures consécutives, sans qu'il fût nécessaire d'aiguillonner autrement leur zèle que par quelques paroles d'encouragement. Nous traversâmes une partie de la ville, qui s'éveillait à peine et dont la première pensée se tournait vers les besoins matériels; des nègres, marchands de fruits, de légumes et de volailles, parcouraient les rues, portant sur leur tête des corbeilles pleines; des Malais, marchands de poisson, une gaule transversalement placée sur leurs épaules, offraient, aux deux extrémités de cet étalage ambulant, leur marchandise qui frétillait encore; et, devant la porte des bouchers, on voyait suspendue la chair blanche et rose des bœufs gigantesques, dont l'aspect savoureux faisait involontairement songer au rosbif britannique.

Nous suivîmes d'abord la route qui conduit à Constance; nous passâmes chemin faisant devant une enceinte de forme carrée, appelée le marché, où étaient rassemblés une trentaine de wagons chargés de blé, de vins et d'autres produits, que les agriculteurs viennent vendre à Cape-Town. Rien n'est singulier comme l'aspect de ces wagons en voyage; ils sont attelés de seize, vingt et même vingt-quatre bœufs, lesquels traînent péniblement les roues gémissantes au milieu d'immenses plaines sablonneuses. Ces ruminants sont de magnifiques animaux; leurs cornes sont longues d'un mètre environ, et acérées comme une dague; ils sont doués d'une force prodigieuse; leur pas est grave; en marchant ils promènent de tous côtés leurs yeux pleins de sens et de réflexion, pour reconnaître si rien ne vient troubler leur sécurité. Lorsqu'on rencontre un certain nombre de ces attelages, on est étonné de voir que tous les bœufs portent leurs cornes d'une manière distinctive : les uns les ont déviées à droite, les autres à gauche, les uns les portent réunies en croissant au-dessus de leur tête, les autres contournées presque au-dessous de la mâchoire inférieure. Ceux de ces quadrupèdes qui sont ainsi marqués viennent du pays des Cafres, où l'on se sert de ce moyen bien simple pour reconnaître les individus appartenant aux troupeaux de deux propriétaires voisins. Ainsi, dans ce pays, où l'homme le moins riche possède jusqu'à quatre ou cinq cents bœufs, tous ceux qui appartiennent au même maître portent uniformément le même caractère distinctif qu'on leur inflige en agissant au moyen d'un lien sur la substance phanérique qui leur sert d'ornement. Plaisant moyen de distinction, qui, malheureusement, dans les pays à esclaves, n'est pas applicable à l'espèce humaine : car nous avons vu que les négriers du Brésil y suppléent avec un fer brûlant.

En quittant le chemin de Constance, nous descendîmes sur les bords de la mer, où s'étendent à perte de vue ces sables mouvants d'Afrique, que le vent soulève et déplace comme les ondes; nous parcourûmes ensuite une plaine couverte de joncs maritimes. Cette herbe flexible est une des richesses du Cap; les habitants s'en servent en la réunissant en faisceaux très-serrés pour recouvrir la toiture de leurs maisons. Rien ne saurait remplacer ce végétal comme élégance et comme solidité; il a en outre l'avantage de rendre presque imcombustibles les demeures qu'il protége : car sa tige siliceuse se carbonise par l'effet de la chaleur, mais elle ne flambe pas, et le feu qui atteint une partie ne se communique pas de proche en proche. Cette plante précieuse réussirait certainement dans les plaines sableuses de la Méditerranée, et son introduction dans nos départements méridionaux serait un bienfait pour ces pays privés de carrières d'ardoises et presque dénués de combustible. Je voulus recueillir des graines de cette monocotylédonée; malheureusement elles n'étaient pas dans leur état de maturité, et il eût été inutile d'envoyer en France des semences stériles, incapables de lever.

Malgré les difficultés du terrain mouvant dans lequel notre char s'enfonçait jusqu'à l'essieu, nos chevaux tinrent bon, et nous arrivâmes à Half-Way-House à l'heure fixée d'avance par nos guides. C'est une maison isolée, qui sert de lieu de repos aux voyageurs qui vont du Cap à Stelenbosch. On trouve dans cette pauvre auberge tout le confort qu'on peut raisonnablement désirer, et nous y fîmes un très-bon déjeuner en société de voyageurs qui arrivèrent par la poste en même temps que nous. Sur cette plage africaine, les services publics se font avec la même régularité qu'en Europe. On sent que c'est une terre conquise à la civilisation, où prospère une société grave et laborieuse, qui s'est délivrée des natures impatientes et des aventuriers.

Nos compagnons de table étaient deux hommes vêtus de noir, se ressemblant beaucoup sous ce rapport, mais d'un physique fort différent. L'un, jeune homme de vingt-cinq à vingt-huit ans, avait une figure ronde et enluminée; de grands yeux bruns, sans distinction, et une obésité tout à fait néerlandaise laissaient deviner la nature la plus pacifique qui se soit jamais prélassée dans la nullité d'un homme de bien. L'autre, au contraire, était un petit homme de cinquante ans, grêle et mince; sa figure était maigre et osseuse; ses deux petits yeux, gris et méchants comme ceux d'un chat, avaient une vivacité extraordinaire; sa lèvre inférieure, effilée comme un rasoir, et son nez pointu lui donnaient un air insolent qui ne prévenait pas en sa faveur. On reconnaissait immédiatement que c'était une de ces natures roides, intolérantes, actives, nées pour la lutte, qui se plaisent dans les discussions et les controverses.

Bien qu'arrivés en même temps, nos deux inconnus restèrent silencieux, assis en face l'un de l'autre, pendant le déjeuner; ils causèrent parfois avec nous; mais ils s'abstinrent de prendre part à une conversation générale. Le petit homme s'étant un moment retiré, son flegmatique compagnon nous apprit, en toute hâte, que c'était un missionnaire wesleyen; mais lui s'étant trouvé à son tour dans la nécessité de quitter la place, nous apprîmes du méthodiste que c'était un ministre calviniste. Ainsi, nous avions en présence un de ces ardents propagandistes qui vont habiter avec leurs femmes et leurs enfants les déserts de l'Afrique centrale pour civiliser les Hottentots et les Cafres, et un de ces bons ministres protestants qui se contentent de faire leur prêche le dimanche, de soigner et d'élever paisiblement leur famille, afin d'aller au ciel par la route la plus douce et le chemin le moins accidenté. Il faut bien l'avouer, le wesleyen n'avait pas trop l'air d'un homme de paix et de miséricorde! je crois même qu'il est fort heureux qu'il se soit exalté pour le bien, quelque outré que soit son zèle ; car il avait quelque ressemblance avec ce procureur du roi qui m'avouait un jour qu'il ne savait en vérité à quoi il eût appliqué son activité, s'il n'eût été occupé à faire prendre les voleurs! Le malheureux calviniste semblait redouter l'exaltation de son compagnon; sa figure épanouie et souriante, son corps proéminent, étaient mal à l'aise devant les formes grêles et le regard plein d'autorité du méthodiste.

Après le déjeuner, nous vîmes nos deux apôtres monter en voiture. Le wesleyen prit la droite et le calviniste la gauche : celui-ci détournait la tête et portait timidement son regard vers la terre pour éviter celui de son confrère; l'autre, au contraire, promenait ses petits yeux gris en tous sens comme pour rechercher un objet sur lequel il pût exercer son influence. Une jeune fille vint s'asseoir entre les deux missionnaires; je vis aussitôt la main du méthodiste s'étendre vers elle. Le départ de la voiture m'empêcha de voir comment étaient accueillies ses avances.

Pendant que nous nous promenions aux alentours de Half-Way-House, occupés à examiner les travaux qu'on exécutait pour conquérir sur les sables quelques arpents de terre végétale, nous rencontrâmes un nègre à qui nous adressâmes la parole en anglais; mais le noir ne répondit pas; l'ayant interpellé en hollandais, nous ne fûmes pas plus heureux. « Il ne comprend probablement que le portugais, » fit observer M. de Lagrené. A ces mots français, le nègre releva la tête, et nous dit en frappant sur sa poitrine : « Moi nègre de l'Ile-de-France! » Il n'est pas de surprise plus agréable que celle qu'on éprouve lorsque, après avoir épuisé son recueil philologique pour se mettre en rapport avec un inconnu, on s'aperçoit tout à coup qu'il ne parle que votre langue maternelle. Aussi, après la découverte que nous venions de faire, restâmes-nous quelque temps à causer avec ce pauvre nègre. Son sort n'était pas trop mauvais. Lorsque l'émancipation fut proclamée à Maurice, il partit avec quelques affranchis qui ne voulaient plus habiter chez leurs anciens maîtres : tous ensemble vinrent s'établir à Cape-Town, où ils trouvèrent du travail et où ils vivent assez heureux.

En quittant Half-Way-House, nous nous jetons dans l'intérieur des terres. Nous n'avons devant nous que d'immenses plaines sablonneuses couvertes de bruyères. Les arbustes élégants sont garnis de fleurettes roses et blanches que le vent emporte. Le terrain est si uni que chacun se fraye à travers l'espace sa route à sa fantaisie, et, si l'on rencontre sur son chemin quelque monticule de sable, la pesanteur du char surmonte et détruit aussitôt cet obstacle. Cette disposition du sol rend très-faciles les excursions dans l'intérieur. Parfois une chaîne de montagnes semble vous barrer le passage; mais en avançant on découvre un défilé, que les voitures et les attelages traversent aisément. On peut voyager ainsi du Cap jusque dans la Cafrerie, avec un char semblable à celui qui nous transportait. C'est le mode de locomotion presque exclusivement adopté dans ce pays, où la chaleur parfois excessive rend fort pénibles les courses à cheval.

Dans les voyages d'une longue durée, les bœufs remplacent les chevaux. Nous avons rencontré, chemin faisant, quelques-uns de ces équipages qui roulaient vers le pays des Cafres; chaque wagon représentait une maison ambulante; il renfermait non-seulement des provisions pour plusieurs semaines et des ustensiles de cuisine, mais encore tout ce qui est nécessaire pour un campement; il y avait un attirail de chasse complet, et en outre des armes et des munitions à suffisance pour repousser les attaques des hommes.

On éprouve un bonheur indicible à parcourir ces solitudes immenses, sur lesquelles rayonne un ciel admirablement pur. L'aspect de ces déserts vous enivre; on envie ces hardis voyageurs, ces chasseurs intrépides qui, comme Harris et Delegorgue, ont livré de véritables combats contre les lions, les hippopotames, les éléphants, monstres formidables que la vieille Afrique nourrit dans son sein, et dont elle assure la conservation en les protégeant de sa ceinture de sables et de son soleil dévorant.

Nous arrivâmes à Stelenbosch au déclin du jour; avant d'entrer dans la petite ville, nous traversâmes un ruisseau, *Crit-River*, qui était presque à sec en ce moment, et qui ne s'enfle guère qu'au temps des pluies. Il est impossible de rêver un plus charmant pays que Stelenbosch ! Chaque seuil semble vous faire un accueil bienveillant et vous engager à entrer dans l'intérieur. Stelenbosch est bâtie sur un terrain plus uni que celui de Cape-Town, les rues sont plus régulières, et les beaux chênes qui les ombragent les mettent à l'abri du soleil.

Nous descendîmes à l'hôtel de M. Van Blommesteen. Le maître de la maison vint au-devant de nous; c'était un homme d'une cinquantaine d'années, frais et dispos, calme et gros comme un Hollandais. Sa figure séraphique était surmontée d'un chapeau blanc colossal et reposait sur une prodigieuse cravate blanche, dont la *rosette*, symétriquement épanouie, nous donna une opinion avantageuse de la coquetterie élégante de son propriétaire. M. de Blommesteen nous introduisit dans sa maison, dont la propreté intérieure ne démentait nullement le gracieux extérieur. Entre autres ornements des appartements de M. de Blommesteen, nous remarquâmes un arbre généalogique assignant à la dynastie des Blommesteen une origine qui se perdait dans la nuit des temps. Le même tableau indiquait les alliances contractées par les ascendants mâles de notre hôte, et renfermait à côté de chaque nom les armoiries des familles qui avaient été assez favorisées du sort pour leur donner les femmes qui ont légitimement perpétué leur nom jusqu'à ce jour. L'arbre généalogique s'arrêtait à l'hôtelier régnant, qui n'avait pas encore eu le temps d'y faire inscrire le nom des six femmes légitimes qui l'ont précédé dans les champs de l'éternité. Les prétentions héraldiques de notre hôte ne me surprirent nullement ; j'avais déjà vu au Cap un temple dont les murs étaient couverts de boucliers, d'épées et de cottes de mailles, et l'on m'avait appris qu'à la mort de tous les marchands hollandais, on portait les armes du chevalier décédé dans le temple de sa communion.

Le docteur Versfeld eut l'obligeance de nous faire les honneurs de Stelenbosch avec une bonhomie et une grâce charmantes. Il a habité longtemps la France, où il a été un des élèves les plus distingués de nos universités. Ce fut pour moi un véritable plaisir, à quatre mille lieues de notre pays, d'évoquer des souvenirs de quinze ans, de parler du savant botaniste Persoon, que j'avais connu au début de ma carrière : bon vieillard, qui, au milieu du dénûment dans lequel il vivait, ne porta jamais d'autre accusation contre la Providence que de lui donner des étés trop pluvieux pour mûrir ses graines et faire épanouir ses fleurs, ou des automnes trop secs pour le développement des champignons, objets de ses études.

Le docteur Versfeld, qui s'occupe avec succès d'histoire naturelle, mit à ma disposition son intéressante collection. Lui ayant exprimé le désir de voir des individus de race pure, Hottentots, Cafres ou Boschmans, et surtout de posséder des crânes de ces diverses races, il nous fit faire, au milieu de la nuit, la plus étrange promenade qu'aucun de nous eût encore faite pendant sa vie aventureuse de voyageur.

Le docteur nous conduisit d'abord chez lui et nous fit admirer deux crânes de Cafres qu'il avait recueillis sur un champ de bataille, où le courage des Boers de Port-Natal avait échoué contre la sauvage énergie des guerriers de plusieurs tribus réunies. Ces crânes, qui portaient tous les caractères propres à cette race, c'est-à-dire un développement considérable des parties latérales de la tête, un front assez large mais fort déprimé, me furent offerts par le docteur avec une générosité qui me toucha. Après m'avoir fait don de ce trésor, il mit le comble à mes désirs en me donnant le crâne d'un Hottentot de race pure, qui avait été assassiné par un Indien, il y avait un an à peu près. C'est une douce satisfaction de posséder ce qu'on désire, surtout lorsque les objets que l'on convoite, objets d'art ou de science, portent un cachet positif d'authenticité; et c'est l'impression que j'éprouvais en considérant ces trois crânes, sur lesquels le docteur me fournit des renseignements capables de satisfaire l'amateur le plus scrupuleux.

Après les premiers moments donnés à notre admiration, mon confrère nous entraîna mystérieusement devant une maison d'assez belle apparence; il en fit le tour, et frappa trois coups avec précaution à une porte très-basse, d'où sortit un gaillard au teint cuivré, souple comme un serpent, bien posé sur deux jambes nerveuses, vêtu d'un pantalon serré autour des reins par une ceinture rouge, la tête découverte et les bras croisés sur sa poitrine nue. S'étant posé vis-à-vis du docteur, le nouveau venu lui demanda, d'une manière assez brusque, le sujet de sa visite un peu tardive.

« Savez-vous, lui répondit M. Versfeld, ce qu'est devenue la tête de l'Indien que vous avez pendu il y a un an ? »

A ces mots, nous reculâmes d'un pas, car le hardi coquin qui était devant nous était, Dieu nous pardonne, le bourreau! un vrai bourreau, mais un bourreau de drame et de roman, avec de la résolution dans le regard et une énergie dans le poignet qui devait solidement seconder les prescriptions de la loi. Il répondit d'un ton fort calme :

« Ordinairement, après l'opération, je ne m'informe guère de ce que devient le personnage. Je crois cependant que celui-ci a été écorché par le docteur N***, à qui le greffier a réclamé une tête dont il s'était frauduleusement emparé; elle est maintenant parmi les pièces de conviction. »

Quelques minutes après, nous étions au greffe, conduits par le geôlier de la prison, qui cumule ces fonctions avec celles de concierge du tribunal, et nous avions devant nous la tête de l'Indien à qui je devais, en bonne conscience, celle du Hottentot dont la possession me rendait si heureux.

« Ce n'est pas tout, nous dit le docteur : comme il serait imprudent de vous endormir avec des images de destruction et de mort, car les rêves de notre sommeil reflètent presque constamment nos dernières impressions, je vais, pour vous distraire de trop sombres pensées, vous montrer la nature vivante dans sa force, sa grâce et sa beauté. »

Et, toujours éclairés par les rayons de la lune, qui n'avait pas voilé sa face blanche et candide pendant notre diabolique excursion, nous nous acheminâmes vers une espèce de bouge, où l'on répondit à l'appel du docteur par un grognement prolongé. Bientôt apparut l'animal qui avait poussé ce gloussement étrange : c'était une Hottentote d'une quarantaine d'années, masse informe et puante, ressemblant à une agglomération de corps sphériques. Son nez aplati s'arrondissait au milieu de sa face globuleuse, ses yeux enfoncés avaient la forme d'un croissant, et son teint passait par tous les tons de la terre d'ombre. En continuant à examiner, couches par couches, ce bloc de viande noire, je me trouvai, à ma grande admiration, en face d'une partie saillante dont la masse graisseuse ne sera jamais qu'imparfaitement imitée par la crinoline d'Oudinot. Je fus obligé d'y toucher à deux fois pour y croire. Nous quittâmes le docteur bien avant dans la nuit, charmés de son obligeance et de sa piquante originalité.

Les environs de Stelenbosch sont admirablement cultivés : la persévérance des Hollandais, leur amour du bien-être, en ont fait un pays des plus productifs. Des canaux d'irrigation mettent à profit les moindres cours d'eau; d'abondants pâturages permettent aux habitants de nourrir de nombreux troupeaux, d'élever des mulets, des chevaux et des bœufs, tandis qu'une autre partie du sol leur donne du blé comme celui de la Beauce, des fruits comme ceux des environs de Paris, et surtout du vin qui s'exporte dans l'Amérique du Nord. Le vin qu'on fabrique à Stelenbosch est connu sous le nom de vin du Cap. Il n'a aucun rapport avec les différentes espèces de constance ; il se rapproche davantage du téneriffe ou du madère, sans les égaler toutefois.

Le lendemain de notre arrivée à Stelenbosch, nous allâmes visiter une ferme des environs qui peut donner une idée de ces charmantes habitations que savent créer, loin de la civilisation européenne, les Anglais et les Hollandais, nos maîtres, je voudrais dire nos émules, en fait de colonisation. La ferme de M. Van Dyse est située à une petite distance de la ville, dans un lieu appelé Vilbeton; elle se compose d'une immense étendue de terrain sur laquelle on cultive la vigne, et d'une étendue plus immense encore, transformée en prairies artificielles. On élève chez M. Van Dyse, non-seulement des bêtes de trait, mais encore des chevaux de course d'une élégance et d'une beauté parfaites; on y fait une énorme quantité de vin, et, comme dans les grandes exploitations bien dirigées, on y met à profit toutes les parties de la récolte. A cet effet, le propriétaire a établi une distillerie, pour retirer les dernières molécules d'alcool qui ont échappé à l'action du pressoir et qui sont restées dans le marc du raisin.

L'habitation du riche colon est une véritable maison de plaisance : elle est entourée d'un charmant jardin ombragé par des chênes, arrosé par un joli ruisseau, et où croissent des plantes et des arbustes de tous les pays. Lorsqu'on entre dans le salon, on est étonné du luxe de l'ameublement et du bon goût qui a présidé à son choix. De charmantes aquarelles tapissent les murs, des statuettes délicieuses couvrent la cheminée, et, sur un guéridon en laque du Japon, qui supporte un beau cheval de marbre blanc, on trouve une collection de keepsakes, de dessins, de caricatures, de journaux, de brochures, en présence de laquelle on est tenté de se demander si l'on est aux environs de Londres ou de Paris. La garde de la maison est confiée à une meute de chiens superbes; ces magnifiques animaux ont le privilége d'entrer et de s'asseoir partout; ils usent de leur droit avec un abandon qui fait l'éloge de la charmante personne qui les a pris sous sa protection. M. Van Dyse vit dans cette délicieuse retraite avec ses deux enfants, un fils et une fille fraîche, gracieuse, élégante comme une Anglaise élevée à Paris, et, bien qu'à ma toilette un peu ténébreuse elle m'ait pris pour un abbé, je lui pardonne en faveur de la petite moue dont me gratifia son intolérance protestante.

Les Anglais ont dans leurs possessions du Cap un nombre immense d'habitations semblables, dans lesquelles des hommes qui connaissent l'univers comme le commun des mortels connaît sa ville natale se sont fait, loin de tout centre de population, un monde à eux, qui a pour horizon leurs possessions et qui n'est peuplé que de leurs enfants : toutes choses, d'ailleurs, que Méry a dépeintes, dans *la Floride*, avec une telle vérité, qu'on croirait que le poëte les a vues autrement que dans ses rêves.

Le soir, en quittant la maison de M. Van Dyse pour regagner Stelenbosch, nous galopons sur un sol sablonneux, couvert de bruyères; de grandes montagnes d'une teinte sombre se montrent à notre droite, le désert et ses profondeurs sont à gauche, et la lune, qui nage dans le fluide bleu du firmament, nous éclaire d'une lueur blanche et mate. Nous éprouvons un véritable ravissement à nous laisser aller à toute la vitesse de nos chevaux sur cette mer de granit réduit en poussière. Mme de Lagrené dirige la cavalcade, qui la suit en silence, chacun abandonnant le soin de sa propre conservation au cheval qui l'emporte, et ses pensées à ce vague infini dont le ciel qui nous éclaire et la terre que nous foulons sont l'image.

Lorsque nous quittons Stelenbosch pour nous rendre à la Paarl, nous traversons, comme les jours précédents, de vastes plaines; mais ici les bruyères et les protéacées mellifères deviennent plus rares; le terrain n'est accidenté que par des milliers de petites constructions coniques, qui ne sont autre chose que des nids construits par d'énormes fourmis avec une solidité et un art admirables. Il est impossible de parcourir ces lieux sans être frappé de la multiplicité de ces cités souterraines.

Arrivés sur les bords d'une petite rivière, nous rencontrons un campement de nègres hottentots, qui sont en voyage et se sont arrêtés pour prendre leur repas. La petite troupe se compose de huit ou dix femmes, d'autant d'hommes et d'un assez grand nombre d'enfants. Tandis que les hommes coupent du bois et poursuivent, dans le lit de la rivière, de grands crustacés qui nagent dans cette eau limpide, quelques femmes allaitent leurs enfants; d'autres, qui se livrent aux soins du ménage, les portent dans un sac suspendu derrière le dos. Les petits des Hottentots passent le premier temps de leur enfance enfermés dans une poche à la manière des kanguroos; seulement, la poche des femmes hottentotes, au lieu d'être située sous leur ventre, comme celle des marsupiaux de la Nouvelle-Hollande, est tout simplement un sac de toile assujetti sur leurs épaules.

Nous jetons un coup d'œil sur ce tableau animé, et nous continuons notre voyage. A partir de ce point, le sol change complétement d'aspect : aux terres incultes succèdent des plantations de pins symétriquement alignés; les vignes reparaissent, et la disposition du terrain reprend un caractère montueux, que nous n'avions plus observé depuis notre départ du Cap. En pénétrant dans le territoire de la Paarl, nous voyons qu'il fait partie d'un bassin géologique ceint d'une chaîne granitique qui embrasse Franc-Hoeck, Dragesteen, Wellington et Wagen-Makers-Valley. Ce vaste bassin est arrosé par quelques cours d'eau insignifiants et surtout par une rivière, Berg-Rivier, qui féconde une grande étendue de pays. Cette contrée ne renferme que des terrains primitifs. La chaîne de montagnes qui l'entoure devait, dans le principe, être taillée à pic; mais la facilité avec laquelle cette roche est attaquée par les agents atmosphériques en a eu bientôt adouci les pentes. C'est ce qu'on peut conclure de l'observation des lieux et des assises de terrain de transport inférieures à la terre végétale, lesquelles sont composées des éléments désagrégés qui font partie de la roche intacte.

La Paarl est ainsi nommée à cause de la forme sphérique qu'affectent les blocs de granit qui couronnent en ce lieu le sommet des montagnes. Ces masses arrondies sont dues à l'altération de la roche, dont les arêtes et les parties saillantes ont été effacées par la triple action de l'eau, de l'air et du soleil.

Telle qu'elle est, cette petite ville ne déparerait pas nos plaines de la Normandie; elle est bâtie en amphithéâtre, sur le versant d'un escarpement assez élevé. Nous sommes logés chez un pharmacien qui cumule cette profession avec celle de maître d'hôtel, ce qui ne nous empêche pas de faire chez lui d'excellents repas, entre autres un déjeuner où figuraient des œufs de pingouin, dont l'albumine coagulée conserve une transparence parfaite, une omelette d'œufs d'autruche et un morceau d'hippopotame fumé, du meilleur goût. Heureux pays que celui où l'on peut offrir à ses hôtes un pied braisé d'éléphant, comme on offre en France un pied de cochon à la Sainte-Menehould, où l'on sert un filet de porc-épic, une cuisse d'antilope, un jambon de rhinocéros, avec autant d'indifférence que si c'était du bœuf ou du mouton!

Malgré mon goût prononcé pour ces excentricités culinaires, je fus obligé de m'en tenir aux œufs d'autruche, aux filets d'hippopotame et à ces petites tortues de terre qu'on trouve courant au milieu des bruyères, où elles se nourrissent d'insectes, et qui sont excellentes cuites au four, emprisonnées dans leur carapace.

La Paarl, après les blocs de granit, ne renferme plus rien qui vaille la peine d'être examiné avec intérêt; le vin de ce cru est d'une qualité fort ordinaire. En voulant imiter le constance, on a inventé une liqueur noire et épaisse, qui ressemble à un mélange médicinal.

Nos chevaux sont harassés par les longues courses que nous avons faites. On nous procure un nouveau char qui appartient à un pauvre diable que l'on appelle Mornay-Duplessis, c'est-à-dire à un homme qui porte un des plus beaux noms de France et que nous trouvons à la Paarl, pauvre et inconnu. Mais il n'est pas le seul à porter un nom qui nous rappelle la patrie; car, arrivés à Franc-Hoeck, on nous montre les habitations de Malherbe, de Hugo, de Rousseau et de bien d'autres encore!... Ce sont les descendants de nos compatriotes protestants, que le chancelier Letellier chassa de France en conseillant la révocation de l'édit de Nantes. Un certain nombre de ces expulsés se réfugia d'abord en Hollande, et vint ensuite fonder au Cap un établissement colonial.

Les Néerlandais abandonnèrent à leurs coreligionnaires un des lieux les plus stériles de la colonie; à force d'intelligence et d'activité, ceux-ci en firent une terre féconde. Depuis ces temps déjà reculés, les Français du Cap se sont fondus dans la population hollandaise; ils en ont adopté la langue, et, s'ils n'ont pas aujourd'hui complétement oublié leur origine, ils sont du moins tout à fait étrangers au passé et au présent du pays qui fut la patrie de leurs pères.

En passant devant les jolies habitations de Malherbe et de Hugo, je vis les modestes propriétaires de ces riantes chaumières labourer mélancoliquement leurs champs; ils mettaient à leur travail une énergie et une vigueur qui donnaient de la grâce et de la noblesse à leurs corps inclinés sur la charrue; leurs bœufs robustes traînaient hardiment le soc; la journée était brûlante, des mouches bourdonnaient autour des nobles animaux en cherchant à les piquer de leurs trompes; mais une troupe de bergeronnettes, qui suivaient en voltigeant les pas des laboureurs, s'attaquaient aux insectes incommodes quand ils se reposaient sur les compagnons qui semblaient confiés à leur sollicitude; plus loin, une troupe de jeunes filles de huit à treize ans, avec le costume hollandais, marchaient deux à deux, souriantes et fraîches, en sortant de l'école, leur livre à la main. Ce groupe renfermait sans doute des enfants de Hugo et de Malherbe, et je me demandais, à la vue de ce tableau ravissant, si mieux ne valait la vie calme, le paisible labeur de ces deux hommes, que l'existence et les travaux des deux poëtes dont ils portent le nom! Et pourtant je suis un des vétérans qui ont combattu à *Hernani*.

Aucun des descendants des Français réfugiés à Franc-Hoeck n'est possesseur d'une grande fortune. En travaillant assidûment, ils mangent le pain de chaque jour, élèvent leurs enfants et atteignent paisiblement la vieillesse. Et pourtant presque tous ces hommes tiennent à des races qui furent puissantes! Mornay-Duplessis, par exemple, peut-être le seul représentant authentique de cette illustre famille, est un malheureux loueur de chevaux, débiteur de notre hôte, qui nous fit prendre son char pour retenir le prix du louage!

De Franc-Hoeck, nous allons à Dragesteen : ces deux pays ont les mêmes produits et un aspect analogue; ce sont les réfugiés français qui ont introduit dans cette contrée la culture de la vigne. Avant leur arrivée, cette partie était encore sous la domination peu tolérante des hôtes des bois. Un voyageur qui vint visiter nos compatriotes au moment de leur arrivée raconte qu'étant sorti d'une hutte provisoire pour faire une course à quelques centaines de pas du camp, il y rentra plein d'effroi, s'étant trouvé trompe à trompe avec deux éléphants qui renversaient tout sur leur passage. Depuis lors, ces animaux, comme les lions, ont suivi les Hottentots, qui se sont, eux aussi, retirés devant la civilisation à laquelle les wesleyens et les frères moraves cherchent à les rallier.

C'est entre Franc-Hoeck et Dragesteen qu'on traverse Berg-Rivier. Le lit de la rivière est très-large ; mais, dans ce temps de l'année, elle coule entre deux rives très-resserrées. L'eau de Berg-Rivier est toujours jaunâtre ; elle entraîne dans son cours un sable siliceux très-fin, dû à la désagrégation du terrain granitique au milieu duquel elle prend sa source. Après avoir passé ce torrent, le pays devient de plus en plus montueux, et c'est à travers des collines, des ravins, qu'on atteint Wellington, petite ville de nouvelle fondation, bâtie au milieu de terrains incultes que l'activité laborieuse des Anglais fécondera bientôt. Quelle différence entre la colonie naissante de Wellington et certaines petites villes du Brésil qui comptent déjà plusieurs années d'existence ! Dans le premier de ces deux pays, on voit s'élever, comme pour protéger tout ce qui doit se grouper alentour, les deux foyers de toute prospérité et de toute moralisation, l'école publique et le temple ; dans le second, au contraire, la piété proverbiale des Portugais n'est pas encore parvenue à bâtir une modeste chapelle !

Wellington compte déjà une centaine de maisons ; les habitants se sont bornés à préparer leurs demeures, à rassembler les bestiaux nécessaires à leurs futures exploitations, sans se préoccuper actuellement de la culture des terres ; aussi faut-il voir comme leurs constructions sont bien ordonnées ! C'est ainsi que procèdent les Anglais et les Hollandais : lorsqu'ils fondent un établissement, ils songent d'abord à assurer à leur famille un abri sain et confortable ; nous, au contraire, sous le prétexte d'improviser une hutte pour quelques jours, nous nous réfugions dans d'horribles taudis auxquels plus tard la paresse et l'incurie s'accoutument.

En sortant de Wellington, nous abordons des sentiers de plus en plus accidentés; ils sont bordés de deux espèces d'oliviers fort communs dans ces parages et dont les fruits ne sont pas utilisés. Le chemin que nous suivons conduit à Wagen-Makers-Valley, bâti au pied de la chaîne granitique qui circonscrit le bassin dont j'ai parlé. Dans cette position, les parties inférieures reçoivent toutes les eaux du versant qui les domine. Aussi ce coin de terre est-il d'une fraîcheur ravissante, et la végétation d'une force et d'une beauté qui sont presque exceptionnelles dans ce pays.

C'est à Wagen-Makers-Valley qu'on récolte la plus grande partie des oranges qui se consomment à Cape-Town, et nulle part je n'ai vu les arbres odorants prendre des dimensions aussi grandes. Dans une vaste prairie traversée par mille petits ruisseaux qui courent sur l'herbe comme des franges d'argent sur du satin vert, j'ai remarqué des orangers qui confondaient leurs feuillages avec ceux de chênes séculaires. Nous voyons ici sur les cimes montueuses de nombreux troupeaux de moutons et de chèvres, et l'on m'apprend que, par le fait d'une mésalliance européenne, la brebis du Cap fait perdre à ses rejetons la queue graisseuse qui la caractérise.

Une famille wesleyenne nous donne l'hospitalité; la jeune fille qui nous reçoit est sérieuse et réservée; la mort récente de sa mère ajoute quelque chose de mélancolique et de triste à la rigidité habituelle du méthodisme. Elle nous offre tout ce qui peut nous être nécessaire, froidement peut-être, mais avec l'intention bien marquée de nous être agréable et de nous le voir accepter. Nous apprenons qu'un ministre français (il ne s'agit que d'un ministre protestant) est établi à Wagen-Makers-Valley : nous allons faire une visite à notre compatriote; malheureusement, il est absent. Nous trouvons, dans une humble et décente maison, la jeune femme du ministre; elle est entourée de sa petite famille, de femmes hottentotes et de jeunes enfants de cette race, qui vivent sous sa direction. Tout respire l'ordre et la paix dans cette maison qui est bâtie en face du temple. Involontairement, nous nous prenons à songer à l'influence que peuvent acquérir un homme et une femme saintement unis, agissant dans l'intérêt d'une foi commune et donnant à des populations jeunes encore l'exemple d'une moralité profonde, en étendant individuellement leur influence sur ceux qui les entourent.

Le soir, pendant que nous sommes à considérer les teintes roses dont un soleil mourant colore les rochers de granit, Mme de Lagrené signale à notre attention une lueur incertaine qui court sur la crête de la montagne. Bientôt la clarté augmente, le sillon imperceptible s'agrandit, et nous voyons de grandes langues de feu s'élever dans les airs, courir sur le sol en étendant partout les ravages de l'incendie. En un instant la lisière embrasée occupe plusieurs lieues ; nous déplorons cette horrible dévastation ; mais nos hôtes se hâtent de nous rassurer; ils nous apprennent que c'est en brûlant les herbes de l'année précédente que les agriculteurs régénèrent leurs pâturages.

Avant le point du jour, nous sommes debout : nous voulons descendre sur le versant opposé de la montagne pour jeter un coup d'œil sur les habitations des Boers qui vivent derrière Wagen-Makers-Valley et nous acheminer ensuite vers le Cap. Le rigide commandant de *la Sirène* nous attend dans trois jours pour reprendre la mer. Lorsque nous avons gravi le sommet qui nous sépare du pays des Boers, nous nous arrêtons pour contempler les nouvelles terres que nous venons de découvrir. C'est une étendue sans limite, c'est le désert couvert d'une herbe grêle et serrée; la plaine immense ondule dans l'espace comme la mer, et comme celle-ci offre au regard un horizon sans fin ! Des tribus errantes, un peuple de pasteurs peuvent seuls habiter ces régions, qui semblent dire à l'homme que sa destinée sur la terre est de ne s'arrêter jamais, de marcher toujours.

Les habitations des Boers ressemblent beaucoup aux chalets des Alpes et de la Suisse : ce sont de grandes masures construites en planches et recouvertes en chaume, elles se composent d'une seule pièce tout de plain-pied et ne reçoivent le jour que par la porte, qui n'est fermée que pendant la nuit. Une cuisine qui sert de salle à manger, une chambre à coucher pour le père et la mère de famille, un réduit le plus souvent obscur pour les enfants et pour quelque domestique privilégié, sont les seules divisions que l'on ait faites à ce vaste appartement. Les Boers ne cultivent pas ou presque pas de céréales; quelques légumes, le lait de leurs brebis, la chair des bœufs et des moutons constituent leur seule nourriture. Les hommes ne rentrent dans l'habitation que le soir; le jour, ils gardent les troupeaux, pendant que les femmes, aidées de quelques domestiques hottentotes, fabriquent des chandelles et se livrent à la préparation des fromages, qui sont l'un de leurs principaux revenus. La vie des peuples pasteurs se ressemble partout; chez ceux-ci, les croyances s'harmonisent admirablement avec les mœurs. La lecture de la Bible est leur seule récréation, et cette lecture est plutôt pour eux la peinture de leur vie calme, sérieuse et un peu sauvage, qu'un enseignement religieux. Le plus pauvre des Boers possède jusqu'à cinq ou six cents bœufs. Ces animaux sont parqués tous les soirs; les engrais résultant de cette grande agglomération d'animaux, qui, partout ailleurs, constitueraient une source de richesse, sont ici détruits par le feu, et très-souvent ces matières incendiées brûlent pendant plusieurs années consécutives, tant leur masse est considérable.

Les Boers quittent rarement leurs demeures; ils ne vont pas dans les villes voisines se pourvoir des objets nécessaires à leurs besoins; ils agissent à cet égard exactement comme les Cafres, avec lesquels ils ont des rapports fréquents et qui ont des mœurs identiques. Ils reçoivent des marchands colporteurs, qui vont les trouver à l'aide de ces immenses wagons dont j'ai parlé, tout ce qui peut leur être utile. J'ai vu au Cap un jeune Marseillais qui allait jusque dans la Cafrerie faire avec ces peuples un commerce d'échanges. Quelquefois, quand les pâturages sont épuisés, les Boers changent de résidence; ils mettent sur un char tous les ustensiles de ménage; les femmes, les enfants, les vieillards prennent place sur celui qui leur est réservé; les hommes les plus vigoureux et les domestiques hottentots rassemblent les troupeaux; puis cette immense caravane se met en mouvement, campant le soir, et ne s'arrêtant définitivement que là où se trouvent une herbe abondante et une eau limpide. N'est-ce pas la vie d'Abraham, de Laban, de Jacob? N'est-ce pas une reproduction des temps bibliques?

Nous quittons, quoique à regret, le chalet où nous nous sommes reposés quelques instants, et nous revenons sur nos pas pour regagner la Paarl, s'il se peut, avant le coucher du soleil. Pendant les deux jours qui suivent, nous parcourons les lieux que nous connaissons déjà. Ce n'est qu'à notre troisième étape que nous gagnons d'Arben, que nous n'avons pas visitée encore, et qui mérite à peine une mention spéciale. D'Arben est située dans une plaine plus aride que celles que nous avons déjà parcourues; la culture de la vigne y fait place à celle des céréales; la terre y est légère, facile à labourer, et produit un froment d'une beauté remarquable. La misérable auberge où nous nous arrêtons est tenue par un cultivateur dont les traits nous rappellent ceux des habitants de notre pays, et qui accourt vers nous avec empressement, en nous disant qu'il s'appelle Tevillers. Comme nous ne pouvons reconnaître un compatriote dans ce nom, il nous apporte une vieille Bible française sur laquelle nous lisons : de Villiers. Ainsi, celui-ci ne sait pas même prononcer correctement son nom!

Cette famille des de Villiers est excessivement répandue au Cap, où elle est venue comme les autres familles françaises, dans le même temps et dans les mêmes circonstances. Perron, qui vint visiter à Franc-Hoeck les Français émigrés, une soixantaine d'années après leur départ de la mère patrie, avait observé, comme nous l'avons fait au Brésil, avec quelle facilité se perd la langue maternelle; car il ne trouva plus alors qu'une vieille femme de quatre-vingts ans parlant le français. Toutefois, il paraît que, dans certaines familles, l'usage de notre langue s'était plus longtemps conservé, car de Villiers nous a assuré qu'il l'avait parlée dans son enfance. Il est vrai qu'il nous a fait observer qu'avant lui personne de son nom ne s'était allié à des Hollandais, et que ses pères n'avaient épousé que des femmes d'origine française, des Rousseau, des Rétif, etc. La fille de notre hôte, bien que livrée aux plus rudes travaux, bien que déjà mère plusieurs fois, nous rappelle les traits fins et délicats de nos jeunes compatriotes; il y a de plus, chez elle, un peu de cette timidité puritaine qui la fait ressembler à une des vierges-mères des tableaux de Raphaël. Cette halte chez de Villiers donne cours de nouveau à nos réflexions sur l'instabilité des destinées humaines, et, vivement préoccupés de ces pensées, nous partons de chez lui pour aller nous réinstaller à bord de *la Sirène*.

V.

L'île Bourbon.

Nous naviguions depuis un mois sur une mer dure et constamment agitée, lorsque, le 30 avril 1844, à cinq heures du matin, la vigie signala les montagnes qui s'élèvent au centre de l'île Bourbon. Le nom pittoresque de *Pitons* que portent ces cônes volcaniques, répété par les hommes de quart, éveilla en moi un vif souvenir de mes premières impressions ; je me rappelai tout à coup une autre phase de mon existence, le temps heureux où je lisais *Paul et Virginie*, où mon imagination suivait les deux charmants enfants sous les bouquets de cocotiers, au pied de ces âpres sommets dont j'avais plus tard admiré la sombre grandeur avec Mme Delmare, une des premières femmes incomprises qui se soient décidées à franchir les mers sur les planches fragiles du roman.

Un bon vent nous poussait ; grâce à ce moteur puissant, nous filions dix nœuds à l'heure. A midi, nous jetâmes l'ancre devant Saint-Denis.

A notre arrivée, cette côte inhospitalière était battue par une mer qui mugissait avec furie et se brisait contre les rochers perpendiculaires qui bordent le rivage en jetant sur les parties découvertes de la plage son écume, semblable à des flocons de neige emportés par le vent. Notre frégate, obéissant à l'impulsion du flot, roulait et tanguait comme en pleine mer, ce qui n'ajoutait rien au charme contestable que l'on trouve à habiter ces demeures flottantes lorsqu'on est en vue de terre.

Du point de la rade que nous occupions, la petite ville de Saint-Denis, entourée de jardins où s'élèvent des jambosiers aux fruits odorants, des papayers, des roucous aux fruits épineux, aux fleurs pourprées, nous semblait un séjour d'autant plus charmant que nous ignorions l'heure à laquelle il nous serait permis de quitter le bord pour aller nous reposer dans cette espèce d'oasis que la main de Dieu a placée au milieu des solitudes mouvantes de l'Océan. M. de Lagrené, souffrant plutôt que malade, réclamait mes soins et ma présence à bord, car son indisposition pouvait s'aggraver instantanément sous les plus légères influences ; enfin, sur les pressantes sollicitations que M. le gouverneur lui fit adresser par un de ses aides-de-camp, M. le ministre plénipotentiaire se décida à descendre à terre, où je le devançai vers quatre heures de l'après-midi.

Il est souvent beaucoup plus dangereux de traverser la rade de Bourbon que de faire un long voyage sur le Grand Océan. La mer est presque toujours mauvaise dans ces parages, à cause d'un vent de travers qui y règne à peu près sans relâche, et qui expose les petites embarcations à chavirer pendant ce dangereux trajet Déjà aguerri contre les accidents d'un embarquement difficile, je n'hésitai pas à descendre dans le canot-major avec Xavier Reymond, et nous voilà aussitôt roulant à la merci d'une mer dure et profonde, tantôt couchés sur le côté, tantôt soulevés avec violence et retombant lourdement dans l'abîme mouvant qui se creusait comme pour nous engloutir. A chaque instant, les vagues déferlaient dans notre embarcation ; mais nos matelots, gens hardis et vigoureux, ramaient avec une précision, un sang-froid inouïs, et, grâce à leur habileté, nous atteignîmes un des embarcadères de Bourbon, laissant derrière nous la mer de plus en plus moutonnée et mugissante.

Les embarcadères de Bourbon sont construits de manière à pouvoir assurer, même par le plus mauvais temps, l'abordage des petites embarcations. Ce sont de grandes constructions sur pilotis, s'avançant au-dessus de l'eau comme une tête de pont ; elles sont munies d'échelles, les unes fixes, dont on peut se servir lorsque la mer est calme, et les autres flottantes, dont on fait usage pendant le mauvais temps. Ce dernier moyen d'ascension est difficile et périlleux. Lorsque la vague agitée empêche l'embarcation de toucher aux pilotis, il faut saisir, pour ainsi dire à la volée, une de ces échelles qui se balancent au-dessus des flots, et grimper lestement sur l'embarcadère. Certainement je n'avais pas été créé et mis au monde pour briller dans la gymnastique et faire des évolutions sur la corde ; mais l'instinct de la conservation opère des miracles. Grâce à son influence, je me cramponnai à propos à l'échelle flottante, dont je franchis les degrés comme aurait pu le faire le meilleur élève du colonel Amoros. Quelques curieux qui formaient la haie sur l'édifice aérien m'accueillirent avec un sourire approbateur; j'en conclus que je n'avais point franchi ce mauvais pas d'une manière trop disgracieuse. Malgré ce succès, j'avoue cependant que ce fut avec une certaine satisfaction que je posai les pieds sur les planches solides de l'embarcadère.

En descendant sur ce nouveau rivage, rien ne me fit présumer d'abord que je venais de retrouver sur ces vastes mers un point perdu de la France. Je traversai une grande place déserte, chauffée par un lourd soleil, dont aucune feuille d'arbre n'affaiblissait l'intensité; l'aspect en était morne et silencieux; le sol mal nivelé ne présentait aucune empreinte de pas humains; deux monuments d'une belle apparence, construits à l'extrémité de cet emplacement et clos comme une tombe, semblaient privés d'habitants; on voyait çà et là quelques nègres frétillant sur le sable incandescent, comme de gigantesques lézards, ce qui faisait ressembler ce lieu aux solitudes abandonnées d'Héliopolis ou de Balbec. Toutefois cette impression se dissipa promptement à la vue du tricorne d'un gendarme, du pantalon garance d'un tourlourou et de l'habit vert d'un douanier. Ces trois représentants subalternes des autorités constituées de notre belle patrie, agents actifs de la civilisation française dans nos possessions d'outre-mer, vinrent m'offrir leurs services avec une grâce, un empressement qui n'appartiennent qu'aux membres de ces corps hiérarchisés. J'acceptai leur offre obligeante, et me fis conduire à l'hôtel Joinville, qui m'avait été signalé comme l'établissement le plus rapproché du palais du gouverneur. J'avais à peine mis le pied dans ce local qu'il m'arriva comme un parfum caractéristique des brises qui s'échappent des estaminets et des cafés de province de notre beau pays!

Ce jour-là même, M. de Lagrené présenta le personnel de la légation à M. le contre-amiral Basoche, vice-roi, par la grâce de M. de Mackau, de Bourbon et de ses dépendances. M. le gouverneur nous reçut avec une aménité parfaite, et Mme la gouvernante avec une distinction qu'on est heureux de rencontrer chez les représentants de la France.

Le lendemain de notre arrivée, c'était la Saint-Philippe. Dès le matin, les navires de la station étaient brillamment pavoisés, le canon tonnait, les troupes étaient sous les armes, et nous fîmes notre première visite dans l'intérieur de Saint-Denis en nous associant au cortége des fonctionnaires qui se rendaient à l'église pour assister au *Te Deum* et à la messe qu'on y célébrait en l'honneur du chef de l'État.

Le *Te Deum* et la messe furent chantés par des prêtres blancs, parmi lesquels étaient mêlés quelques chantres d'une couleur qui trahissait leur origine. Dans notre colonie de Bourbon, ce n'est qu'au sanctuaire, au pied même de l'autel, que j'ai vu ainsi rapprochés et confondus des blancs et des mulâtres; partout ailleurs, dans les salons et sous la voûte même de l'église, les différentes nuances de l'épiderme établissent entre les individus une distance infranchissable.

Après la cérémonie officielle, j'allai rendre visite à une belle dame créole, une des notabilités de la colonie, Mme B***. Pour nous rendre chez cette dame, nous parcourûmes plusieurs grandes rues, entre autres la rue Royale et la rue Labourdonnaye; nous traversâmes de belles places ombragées par des manguiers ou bordées de cocotiers; une de ces dernières est garnie de hangars en bois pour abriter des marchands de fruits et de légumes, nègres indolents, accroupis sur leurs talons dans un état de demi-somnolence. Ce premier coup d'œil jeté sur la ville nous confirma dans la bonne opinion que nous avions de ce charmant pays. Vu de la rade, il nous avait apparu comme une réunion de grandes villas distribuées sur une vaste étendue.

La maison de Mme B*** ne différait en rien des autres maisons de Saint-Denis. Elle était précédée d'un jardin où croissaient les arbres odorants de l'Inde, des orangers, des pamplemousses, des manguiers au feuillage noir et lustré. De sveltes palmiers balançaient au-dessus de ces masses de verdure sombre leurs gracieux éventails. Une large varande, espèce de galerie ouverte, régnait tout le long de la façade. C'est là que, d'après Georges Sand, les heureux colons s'abreuvent de l'*aromatique fahan* et fument d'odorantes cigarettes en se balançant dans des hamacs. En réalité, ils y prennent du café noir en médisant de leurs voisins, réservant l'aromatique fahan pour guérir leurs catarrhes et leurs fluxions; quant aux cigarettes odorantes, elles sont remplacées par d'énormes *chirutos* de Manille, auprès desquels nos cigares de gendarme ne paraîtraient pas plus gros qu'un brin de paille.

Lorsqu'on a passé le seuil hospitalier, on entre de plain-pied dans un vaste salon, dont les fenêtres sont fermées par des persiennes qui laissent un libre accès à la brise. Les murs, simplement blanchis, sont ornés de méchantes gravures magnifiquement encadrées. On retrouvait dans l'ameublement toutes les belles inventions parisiennes : les siéges les plus confortables, de riches pendules, des glaces d'une dimension étonnante, enfin tout le mobilier d'un opulent salon de la Chaussée-d'Antin, tout, hormis les tapis et les rideaux. Ce n'étaient pas seulement les produits de l'industrie française qui décoraient cette pièce, mais on y voyait encore tout ce que l'extrême Orient crée de charmantes fantaisies, de coûteuses inutilités, les incrustations de Bombay, les laques du Japon, les filigranes de l'Inde.

La maîtresse de la maison lisait à demi couchée sur un divan. Dans un coin, à distance, se tenaient trois ou quatre femmes de diverses nuances; elles cousaient en babillant à demi-voix. Notre présence n'interrompit pas leur entretien. Mme B*** passait à Bourbon pour une femme d'un esprit supérieur; à Paris, elle aurait été parfaitement élégante, rien de plus. Tandis que nous suivions à grand'peine une conversation languissante, Mme B*** frappa des mains; c'est à Bourbon la manière d'appeler les gens. Une des suivantes bronzées, qui travaillait à l'extrémité du salon, se leva aussitôt. Je m'aperçus alors que cette belle mulâtresse, bien vêtue d'ailleurs, presque parée avec sa jupe de guingan et son fichu de crêpe de Chine, n'avait ni bas ni souliers. Sur un ordre de sa maîtresse, elle se disposa à sortir; mais, avant de traverser le jardin, elle prit une ombrelle de soie ponceau, l'ouvrit, pour se garantir du soleil, et s'en alla ainsi pieds nus dans la rue, peut-être pour aller faire une commission à l'autre extrémité de la ville. J'appris alors qu'en ce pays l'usage des chaussures est exclusivement réservé aux individus libres; la coutume et la loi le veulent ainsi. De là cette expression si souvent employée par les nègres qu'on loue de leur intelligence : « A moi, monsieur, il ne manque que des souliers ! »

Je visitai dans cette même journée les trois établissements les plus remarquables de Bourbon : le jardin botanique, l'hôpital et le collége. Après avoir jeté ce premier et rapide coup d'œil sur la ville de Saint-Denis, nous dûmes nous rendre chez M. le gouverneur, où l'aristocratie de la colonie avait été invitée pour fêter la Saint-Philippe.

L'hôtel du gouverneur est un véritable palais, élevé entre deux jardins qu'arrosent des eaux vives et où s'épanouit une magnifique végétation. Le vestibule, pavé en marbre, donne accès à un double escalier d'une construction hardie; une légère colonnade soutient la varande, qui règne sur toute la façade et abrite les appartements intérieurs des rayons du soleil.

On sent, en voyant ce monument, qu'à l'époque où il fut construit, Bourbon était une des portes de l'Inde française, qu'il date de ce temps où nous commandions dans les Indes orientales, où des hommes qui ont laissé une grande renommée administraient nos possessions de Bourbon et de l'Ile-de-France : c'est comme un souvenir, un vestige de notre ancienne grandeur, de notre puissance perdue.

La foule des invités envahissait les salons, et ce ne fut pas sans peine que je parvins à aborder M. le gouverneur et Mme la gouvernante. Un quart d'heure plus tard, on se mit à table. L'aspect de la salle à manger était réellement magnifique; on aurait pu se croire à l'un de nos plus beaux dîners officiels. Une singularité me frappa surtout : des Pions indiens de la côte de Malabar, aux cheveux flottants, à la peau d'un noir mat, vêtus d'une courte tunique blanche et coiffés d'une espèce de turban, faisaient le service avec une gravité respectueuse. Chaque invité avait en outre derrière lui un esclave nègre plus ou moins vêtu, lequel ne s'occupait que de son maître.

J'étais placé à côté de M. le curé de Saint-Denis, dont la conversation intéressante me fit supporter patiemment l'ennui de ce dîner officiel. Nous abordâmes bientôt un sujet fort délicat et tout *palpitant d'actualité*, comme on disait jadis : nous parlâmes de l'émancipation !

Sans partager les opinions du clergé brésilien, le bon curé, en sa qualité de prêtre catholique, n'était nullement abolitioniste; je lui en demandai la raison, la voici, elle est fabuleuse :

« Les nègres, me dit-il, ne sont pas *encore* assez profondément religieux; à peine sont-ils émancipés qu'ils refusent d'accomplir leurs devoirs de catholiques, *sous le prétexte qu'ils sont libres et qu'ils agissent comme leurs anciens maîtres !* »

Il semblerait qu'une pareille réponse, qui n'est pas dénuée de bon sens et d'un esprit d'observation semblable à celui des enfants, dût engager les prêtres à moraliser tout autant les maîtres que les esclaves, pour que les premiers pussent leur prêcher d'exemple, prédication bien plus vivante que celle de sermons pour eux incompréhensibles; mais, comme les colons ne sont pas soumis à l'alternative du fouet ou de la confession, ils se dispensent d'écouter les homélies de M. le curé, et se soucient fort peu de la dégradation réelle de leurs esclaves, pourvu qu'ils fassent les travaux de la sucrerie.

Au reste, M. le curé avait des opinions que je partage à propos de l'influence du moral sur le physique; il m'assurait que la négresse, par le fait d'une éducation chrétienne, en acquérant le sentiment de la pudeur, gagnait en grâce et en beauté; que ses grands yeux noirs modestement baissés vers la terre étaient bien plus séduisants que les regards ardents de ces espèces de brutes éhontées que l'esclavage déprave. Mais tout cela ne pouvait me convaincre de l'inopportunité de l'émancipation. Il est vrai que M. le curé avait par devers lui des raisons plus touchantes que celles qu'il voulait bien me donner.

Le bon père a des esclaves, et, comme tous les prêtres de nos colonies, il redoute une mesure qui réjouirait peut-être son cœur de chrétien, mais qui léserait ses intérêts de propriétaire. Espérons que tôt ou tard la papauté fera cesser cette lutte du devoir et de l'intérêt en interdisant au clergé colonial la possession de cette marchandise humaine.

La soirée se termina bien avant dans la nuit; car le jeu a d'irrésistibles attraits pour ces esprits inquiets, qui, habitués aux combinaisons hasardeuses, considèrent presque ce passe-temps funeste comme une affaire commerciale à bref délai. Les pertes qui se firent et les gains qui se réalisèrent dans cette soirée furent considérables; ils étaient en rapport, sans doute, avec la fortune de ceux qui se livrèrent à ces chances capricieuses, mais non pas avec les habitudes de nos salons. C'est que dans ce pays l'amour du jeu prend des proportions gigantesques : le joueur qui convoite des monceaux d'or étalés sous ses yeux ne connaît ni frein ni entrave; une partie engagée est pour lui une lutte à mort; son audace va jusqu'au délire; il ne se retire qu'après avoir épuisé sa dernière chance. On assure cependant que la fureur du jeu diminue sensiblement dans la colonie. Ce serait un grand bonheur, surtout pour les employés que la métropole envoie dans ces parages. Ces fonctionnaires, mal rétribués, se laissent séduire par quelques rares exemples de gains considérables; ils sont souvent entraînés devant le tapis vert par l'espoir incertain d'en réaliser de semblables; espoir ordinairement déçu, qui ne leur laisse que d'amers regrets et de pénibles embarras.

Le lendemain de la Saint-Philippe, il y eut bal au gouvernement; ce qui nous permit de voir réunies les belles Bourbonnaises, comme on dit là-bas; expression assez comique, qui rappelle involontairement un chant populaire dont les images sont peu gracieuses. Malgré ce fâcheux synonyme, nous n'en trouvâmes pas moins les belles Bourbonnaises charmantes : ce sont des femmes de satin blanc, vêtues de gaze, vaporeuses comme un rêve, mais nonchalantes, froides, ne mettant un peu d'élan que là où elles peuvent satisfaire leur vanité, nous dirons même leur orgueil. Si jamais une erreur s'est propagée avec une malheureuse facilité, c'est celle qui attribue aux femmes des climats ardents une imagination en rapport avec la température dans laquelle elles vivent. Ces femmes ont des caprices, elles n'ont pas de passion. Les désirs de ces êtres diaphanes, nés avec des instincts de despotisme, habitués à la mollesse, n'ayant d'autre règle que leur vouloir, sont presque toujours irréalisables à cause des vagues aspirations de leur esprit peu cultivé, qui ne sait pas formuler ses propres entraînements; leur imagination est une mer dont les vagues se succèdent sans se ressembler, et dont la configuration change cent fois de forme et de physionomie dans quelques moments : de sorte qu'on peut dire indifféremment qu'elles aiment tout parce qu'elles n'aiment rien, ou qu'elles n'aiment rien parce qu'elles aiment tout.

Il est possible que quelque histoire de violence brutale ait pu leur donner une certaine réputation d'énergie; mais ces instincts grossiers, propres ordinairement aux natures communes, ne constituent pas la passion. Ce qu'il y a de poétique dans l'amour est toujours le résultat d'une intelligence élevée, d'une éducation soignée, qui exalte la sensibilité; c'est le fruit d'une civilisation avancée; mais ce n'est certainement pas dans les âmes incultes qu'on trouve ces délicatesses qu'on est porté à diviniser et qu'on adore à genoux.

Aussi, en général, les dames créoles manquent de physionomie; elles sont quelquefois belles, elles sont très-rarement jolies. Lorsqu'elles vieillissent, il ne reste rien pour remplacer ce qu'elles perdent; aussi cherchent-elles à éterniser leur jeunesse. Nous avons vu danser, couronnée de roses et vêtue en sylphide, une dame qui était deux fois grand'maman et qui comptait soixante étés, — dans ce pays il n'y a pas d'hiver : — c'était en vain que ses mains amaigries avaient perdu leur forme charmante et que sa charpente osseuse commençait à faire saillie sous une peau sans éclat; c'était en vain que l'affreuse patte d'oie avait marqué son stigmate sur ses tempes; elle voulait être jeune malgré le temps, malgré le calendrier, malgré son acte de naissance, et surtout malgré son mari!

En général, les mœurs des dames créoles sont pures; dans leurs maisons complétement ouvertes aux importuns, dans lesquelles chacun pénètre presque sans se faire annoncer, où tous les membres de la famille vivent dans une étroite communauté, où de nombreux domestiques se croisent et se succèdent dans les appartements, rien ne prête au mystère, aux discrets entretiens, aux exquises douceurs de l'amour : l'occasion peut déterminer un acte brutal, jamais une tendre liaison ne naît de ces rapports.

Le bal fut brillant et animé. Les toilettes des danseuses étaient du meilleur goût; on voyait qu'elles sortaient des mains les plus habiles et les plus exercées; on devinait que toutes ces parures avaient été créées dans le pays où vivent les femmes les plus élégantes de la terre; elles auraient dû être portées par des fées, par des sylphides; mais la silencieuse immobilité des danseuses les faisait ressembler plutôt à des ombres qu'à ces êtres fantastiques et charmants qu'évoque notre fantaisie.

La population de Bourbon se renouvelle fort souvent : ce pays est une espèce de camp volant dont on s'échappe dès qu'on y a fait fortune. Cependant il existe encore dans l'île quelques familles dont l'origine remonte aux premiers temps de notre établissement;

elles ont eu pour fondateurs soit des aventuriers intelligents, soit ces anciens déportés dont on avait voulu à une certaine époque peupler Madagascar. La plupart, pour se soustraire à cette importun souvenir, ont inhumé leur vieux nom de famille, bon tout au plus pour des goujats, dans un nom d'habitation qu'ils portent affublé de la particule aristocratique. Pour ces nobles blancs, la plus petite trace de sang nègre équivaut à un déshonneur complet, et celui qui est ainsi entaché ne saurait être admis dans leur intimité ni même fréquenter les maisons dans lesquelles ils se rassemblent. Cette horreur pour le sang nègre est telle, que si, dès son arrivée dans l'île, un gouverneur voulait braver l'opinion publique et accueillir des mulâtres ou des descendants de mulâtres chez lesquels il est impossible de reconnaître le moindre vestige d'une origine éthiopienne, son palais serait bientôt désert et les familles influentes de l'île cesseraient de s'y montrer.

Toutefois, il faut bien le dire, cette répulsion n'est pas réelle; c'est un calcul hypocrite. Les colons ont adopté ce préjugé par intérêt, pour pouvoir retenir impudemment en esclavage des êtres qui ont la peau plus lisse et plus blanche que la leur et qui fort souvent sont les enfants de ceux-là mêmes qui les retiennent dans cet état abject ou tout au moins de leurs fils ou de leurs amis.

Les habitants que l'amour du gain amène dans ces contrées, tous ces hardis aventuriers, ces bohémiens courageux, dont la race ne remonte guère qu'à une génération, ne sont ni moins âpres ni moins injustes envers les nègres et les mulâtres, qu'ils confondent dans une égale réprobation.

En dehors du jeu, les colons ne recherchent guère de distraction qu'auprès de leurs jeunes esclaves, de ces belles mulâtresses qui leur inspirent souvent des passions désordonnées. Lorsqu'ils subissent l'influence de ces brunes beautés, ce n'est pas un amour tendre et dévoué qui les domine, mais une passion brutale. Ils redoutent de voir l'objet de leur convoitise dans la possession d'un autre, et, pour se l'approprier, ils se résignent aux plus durs sacrifices. Les belles filles ardemment désirées par ces hommes sont très-souvent un objet de spéculation pour ceux qui les possèdent comme esclaves; quelle que soit leur position sociale, lorsqu'ils savent qu'elles sont poursuivies par un homme riche et influent, ils s'en servent comme d'un moyen pour arriver à certaines fins, ou bien ils leur assignent un prix exorbitant !

Ce sont ordinairement ces penchants irrésistibles qui établissent entre l'esclave et le maître une véritable égalité, disons mieux, qui intervertissent les rôles. Si la jeune fille est assez adroite pour lutter avec de violents désirs et les irriter par des refus, le délire qu'elle fait naître ne connaît plus de bornes, surtout si le maître a quelques raisons pour croire que, malgré son droit, un autre lui est préféré.

Ce qui rend d'ailleurs excessif l'amour que les colons affichent pour leurs jeunes esclaves, c'est la comparaison qu'ils peuvent établir entre les dames créoles et les mulâtresses ; comparaison qui est tout à l'avantage de ces dernières. Les premières sont, il est vrai, d'adorables statues, d'une perfection idéale sous leurs élégants vêtements ; mais elles n'ont jamais la souplesse lascive des secondes, elles n'ont jamais ces belles chairs élastiques et fermes, qui n'ont pas besoin d'être emprisonnées dans des liens pour conserver la position anatomique que la nature leur a assignée ; elles n'ont jamais ces yeux ardents, frangés de longs cils et entourés de cette auréole noire, qui donne au regard tant de douceur et qu'imitent avec des poudres brunes les femmes aimées de l'Orient. Le pied des créoles n'a jamais cette élégance et cette perfection qui font ressembler les mulâtresses à des Dianes chasseresses ; il n'est pas jusqu'au patois créole que parlent ordinairement les femmes de couleur, charmant langage ressemblant aux premiers mots que gazouille un enfant, qui n'ait dans leur bouche un attrait piquant, contre lequel le mutisme à peu près constant des dames créoles ne saurait lutter.

J'ai dit que c'était une erreur de croire que les femmes des pays tropicaux éprouvent ces passions ardentes dont les ont dotées les poëtes et les romanciers. J'en suis convaincu, les mulâtresses ne subissent pas plus que les dames créoles l'empire des grandes passions. Mais si, au fond du cœur, elles restent impassibles et froides, personne mieux qu'elles ne sait irriter les désirs et donner le change à l'imagination ; aussi leur présence est un obstacle à l'influence que les dames, à Bourbon, pourraient exercer sur la société. Le rêve d'un adolescent, la satisfaction que l'âge mûr se procure avec la plus grande avidité, c'est la possession d'une mulâtresse.

J'ai vu des hommes sensés, dominés par ce charme fatal, oublier, pour obtenir les faveurs de ces femmes, et leur considération et leur position officielle, et les enfants issus d'une union légitime, et leur fortune elle-même. Mais il est une preuve d'affection qu'aucun d'eux ne saurait donner à ces pauvres femmes, c'est de contracter avec elles ce qu'on appelle une mésalliance. Cet acte consciencieux les rendrait la risée de tous, et leur amour ne saurait braver cette épreuve. C'est que leur amour n'est pas une passion réelle, et que le feu qui les consume s'éteint par la crainte du ridicule. Cette crainte d'ailleurs n'est que trop fondée. Celui qui braverait l'opinion à cet égard serait exclu de la société créole; il aurait l'indicible souffrance d'entendre répéter autour de lui que cette femme qui l'a séduit, et à laquelle il s'est uni à la face du ciel et de la terre, a été touchée jadis par le fouet de la geôle, et que ce corps charmant, avant qu'il lui appartînt, a été flétri par un brutal exécuteur. Si ce n'était cette raison, très-certainement on verrait souvent de ces alliances du maître et de l'esclave; car la plupart des affranchissements dont on parle si souvent, en exaltant la générosité des colons, n'ont d'autre cause que ces liaisons illégitimes, à moins que ces hommes généreux n'exercent leur droit sur leurs propres enfants, ce qui se voit quelquefois.

Le 9 mai, à quatre heures du matin, M. et Mme de Lagrené, accompagnés de quelques membres de la légation, quittèrent Saint-Denis pour faire une excursion dans l'intérieur de l'île. Il était nuit encore lorsque nous montâmes en voiture devant le palais du gouverneur; pourtant la fraîche brise qui accompagne l'aube commençait à souffler.

La route que nous suivions côtoyait le rivage; la marée montante battait ces grèves solitaires, dénuées de toute végétation; le bruit rauque et profond du flot roulant sur les galets interrompait seul le silence de la plage. Le jour se fit enfin; nous quittâmes alors le bord de la mer pour prendre le chemin qui conduit, à travers les terres, jusqu'à l'habitation de M. P***, riche colon, qui avait invité M. l'ambassadeur à venir visiter ses domaines.

M. P*** nous fit une splendide réception. La demeure de ce

haut baron industriel ne rappelait point les manoirs de nos anciens seigneurs; pourtant on retrouvait chez lui quelques-unes des magnifiques habitudes de l'hospitalité féodale. A peine eut-on signalé l'apparition de nos voitures dans l'éloignement, que le tintement d'une cloche annonça sur toute l'habitation notre arrivée. Une troupe de nègres vint au-devant de nous; le maître de la maison, entouré de sa famille, parut sur les premiers degrés de la varande, pour recevoir M. l'ambassadeur. Tandis que M. P*** introduisait M. et Mme de Lagrené dans l'intérieur de la demeure, on nous conduisait aussi au logement qui nous était destiné.

Nous traversâmes le grand jardin qui s'étend devant la maison, en suivant des sentiers bordés d'hibiscus aux fleurs rouges et de cassias aux longues grappes jaunes; des coléoptères aux élytres brillants volaient bruyamment autour de ces charmilles embaumées, et un beau papillon, fort commun dans ces climats, aux ailes noires frangées de rouge, plongeait sa trompe entre les étamines jaunes de l'hibiscus. Au delà du jardin s'élevait, sur la lisière d'un petit bois de manguiers, un délicieux pavillon, qui allait nous servir provisoirement de logis. Les branches entrelacées de ces arbres formaient un dôme de verdure, sous lequel régnait un frais crépuscule, et mettaient cette jolie retraite tout à fait à l'abri de la chaleur et de la lumière ardente des tropiques.

C'est là que je pris gîte avec mes compagnons de voyage et en société de MM. les commandants de *la Victorieuse* et de *la Sirène*, que nous eûmes le plaisir de rencontrer chez M. P***. Le séjour de cette maisonnette était une précieuse jouissance. La brise qui circulait continuellement sous les manguiers y entretenait une fraîcheur délicieuse, tout imprégnée du léger parfum des fleurs. Les mailles des rameaux qui s'abaissaient devant les fenêtres de la façade servaient de varande, et protégeaient contre les rayons du soleil le toit bas et presque en contact avec le plancher des appartements. Sans cette espèce de tente naturelle, notre demeure aurait, au contraire, ressemblé à la fournaise dans laquelle le prophète Daniel glorifiait le Seigneur; car, sous ces latitudes, toute construction exposée directement à l'action solaire atteint une température où ne peuvent vivre que les nègres et les salamandres. J'ai délicieusement passé une demi-journée au fond de ce pavillon frais et sombre, livré à la rêverie et m'abandonnant aux songes qu'on aime à poursuivre dans un repos nonchalant, à travers la légère fumée des chirutos de Manille.

Vers dix heures, un excellent déjeuner, dont Mme P**** fit les honneurs avec une grâce parfaite, réunit tous les hôtes de l'habitation. Les coins de la table étaient ornés de gigantesques pyramides de goyaves, d'anones, de pommes-cannelles, d'ananas, et de jambosiers à l'odeur de rose, entremêlés, en guise de pampre, de géraniums et de jasmin d'Espagne. Nos regards s'arrêtèrent d'abord sur ces fruits magnifiques, dont plusieurs nous étaient inconnus et auxquels nous fûmes d'autant plus charmés de goûter, que la sensualité créole ne nous soumettait pas exclusivement à cette nourriture pythagoricienne et que des mets plus substantiels nous étaient offerts. Le déjeuner était servi tout à fait à l'européenne; les maîtres suivaient scrupuleusement les usages de la métropole. Aussi fus-je très-étonné, plus tard, lorsque, de nouveau réuni à des dames créoles, je m'aperçus qu'elles ne mangeaient pas de pain. Elles prennent ordinairement sur leur assiette une provision de riz bouilli; elles entassent sans distinction sur cette première couche les différents mets servis devant elles, se souciant peu de la diversité de leur saveur, et ajoutant au tout les inévitables condiments auxquels les palais européens ne sauraient s'habituer, les achars, le piment rouge, la poudre de kari. J'avoue qu'elles me rappelaient ainsi les Arabes réunis devant un plat de kouskoussou : la seule différence, c'est que l'élégante dame créole porte nonchalamment le riz à sa bouche avec une cuiller d'argent ciselé, tandis que le Bédouin plonge tout simplement les doigts dans la pâte substantielle et compacte. Lorsque nous quittâmes la table, nos voitures étaient déjà attelées. Nous partîmes pour aller visiter la Nouvelle-Espérance, vaste usine située à quelque distance de l'habitation de M. P***.

Les champs que nous traversâmes, entièrement complantés de cannes, avaient l'aspect de nos terres à blé. L'uniformité de ces grandes cultures donne à la contrée un singulier caractère de tristesse et de monotonie; mais cette puissante manifestation du travail de l'homme, qui répand partout la fécondité et la vie, ne saurait fatiguer ni la pensée ni le regard. Le paysage était d'ailleurs animé par de nombreux groupes de travailleurs. Des nègres nus jusqu'aux reins, chaussaient les pieds des jeunes plants, en amoncelant la terre sur la partie inférieure des tiges, au moyen d'une pioche armée d'un manche élevé, qui leur permettait de travailler sans trop s'incliner; des négresses enlevaient les feuilles desséchées et les herbes parasites qui nuisaient au développement de la canne. Mais ces travaux s'accomplissaient sans élan. Il n'y avait dans le cœur des esclaves ni bonne volonté ni espérance; on le voyait, ils n'attachaient aucune pensée d'avenir à ce labeur forcé, dont le résultat ne devait rien ajouter à leur bien-être. Un surveillant, vêtu du costume que les peintures populaires attribuent aux colons, avec le pantalon aux larges raies rouges et bleues, la veste blanche et le chapeau de palmier aux larges bords, promenait au milieu d'eux son visage sévère; mais cette surveillance les maintenait à la tâche sans exciter leur zèle.

La Nouvelle-Espérance est une immense sucrerie, où l'on se sert d'ustensiles rejetés en France comme défectueux depuis plus de dix ans. Il faut bien le dire, un appareil hors d'usage dans les raffineries du Havre ou de Marseille est encore, aux yeux des colons, un instrument perfectionné; et ceux qui fonctionnent à la Nouvelle-Espérance sont de beaucoup supérieurs aux antiques moulins, aux vieilles marmites dont l'usage s'est perpétué jusqu'à ce jour sur beaucoup d'habitations. M. N***, l'un des possesseurs actuels de cet établissement important, prit la peine de nous le montrer dans tous ses détails et de nous en expliquer l'origine. Il nous apprit que c'était un de ses amis, homme intelligent et énergique, qui avait fondé la Nouvelle-Espérance, avec la pensée d'en faire une fabrique centrale, dans laquelle les petits planteurs devaient apporter leurs récoltes et fabriquer leur sucre, évitant ainsi des frais de manutention écrasants pour l'habitant qui ne possède pas un grand domaine.

« Mon ancien associé et mon ami, M. Vincent, était venu jeune à Bourbon, me dit-il. Il y aurait fait certainement une grande fortune; il avait des idées capables d'opérer une révolution dans l'industrie sucrière de ce pays; mais une mort précoce et terrible a détruit nos espérances et nos projets. Je tâche pourtant de continuer l'œuvre commencée, et déjà j'ai la satisfaction de voir que la plupart des produits des plantations voisines sont manipulés ici. »

M. N*** avait prononcé d'un ton si triste le nom de son ancien associé, que j'eus la curiosité de savoir ce qui se rattachait à la fin prématurée de cet homme regretté. Je m'adressai à un vieux nègre esclave, qui répondit à ma question très-nettement formulée : « Sais pas ça, moi, monsieur. » Un de ses compagnons, que j'interrogeai aussi, tourna sur moi son œil terne et articula en remuant à peine ses grosses lèvres : « Monsieur, moi sais pas ça ! » Ces deux malheureux, attachés depuis bien des années à l'habitation, avaient été témoins cependant du tragique événement dont j'appris le soir même les détails.

Les sucriers sont obligés, chose assez singulière, de surveiller leurs produits pour en altérer la qualité; ils s'appliquent à faire de mauvais sucre, parce que, s'ils envoyaient à la métropole de trop beaux produits, l'administration des douanes en interdirait l'entrée, sous le prétexte inouï que la marchandise est trop belle; une pareille mesure s'appelle, en argot *économique*, protéger l'industrie française! C'est-à-dire que les producteurs coloniaux sont forcés de transformer une partie de leur sirop en sucre incristallisable, en mélasse, afin que les raffineurs français fassent subir de nouvelles opérations à ce produit. En définitive, c'est le consommateur qui paye tous ces frais de manipulation. Il est vrai que très-anciennement on ignorait que la mélasse fût le produit vicieux de mauvais procédés opératoires, et l'on exigeait raisonnablement que les colons ne raffinassent pas leur sucre pour maintenir à la métropole une lucrative industrie. Mais aujourd'hui que la science a éclairé le gouvernement, en démontrant qu'on peut obtenir avec moins de temps, à meilleur marché, un sucre de bien plus belle qualité que ces produits défectueux connus sous le nom de cassonade, sera-t-il longtemps possible d'obliger les colons à altérer leur marchandise pour la plus grande prospérité des raffineurs français?

En sortant de cette usine, nous descendîmes vers une habitation située sur le bord de la mer. Cette possession était gérée par un jeune homme qui avait adopté, pour la fabrication du sucre, un procédé nouvellement inventé dans la colonie. Ce système consiste dans une rangée de chaudières communiquant les unes avec les autres; le sirop, en se concentrant par l'évaporation, se rend, au moyen de l'inclinaison ménagée à la surface, dans le dernier récipient, où il acquiert promptement le degré de concentration nécessaire à sa cristallisation. Cette invention, qui a certainement un avantage sur les anciennes méthodes, est encore bien imparfaite, si on la compare aux procédés appliqués en France.

Nous traversâmes l'emplacement sur lequel étaient disposées irrégulièrement les cases à nègres. La plupart avaient un petit jardin, où croissaient pêle-mêle des ignames et des bananiers. Ces misérables demeures semblaient abandonnées; les toits de feuilles de palmier étaient effondrés et pourris par la pluie; les mauvaises herbes étouffaient les plantes nourricières; tout cela était plus triste, plus désolé que des ruines. J'entrai dans un de ces chenils; il y avait par terre une natte; pas un vêtement, pas un ustensile de ménage : c'était là pourtant l'habitation d'une famille entière. En présence de ce dénûment, de cette absence totale de tout ce qui constitue le bien-être, je pris la liberté de demander au maître comment il se faisait que les malheureux nègres n'eussent pas seulement un lit pour se coucher.

« Un lit! et pourquoi faire? me répondit le philanthropique habitant; dans ce pays, un lit leur serait inutile. »

Je voulus lui faire comprendre alors que, dans son intérêt même, mieux vaudrait que l'esclave couchât sur quelques planches placées au-dessus du sol que sur la terre humide; mais je m'aperçus qu'on ne daignait pas même m'écouter.

En nous retirant, nous passâmes devant une hutte dont l'extérieur était propre et soigné; le jardin était bien tenu, les diverses cultures formaient de petits carrés que les plantes parasites n'avaient pas envahis; au fond du jardin il y avait un poulailler bien peuplé. Le colon me prit alors par le bras et me dit :

« Les nègres sont des brutes; s'ils ne sont pas plus commodément dans leur case, c'est qu'ils préfèrent le rhum à un ameublement commode. Lorsque parfois quelques-uns d'entre eux veulent se procurer ces douceurs que vous regrettez de ne pas rencontrer dans leurs demeures, ils y parviennent aisément; avec un peu d'ordre et d'économie la chose est facile, car nous sommes, après tout, leurs pères plus que leurs maîtres. Je vais vous le prouver. »

Et ce disant, il m'introduisit dans la maisonnette qui venait d'attirer mes regards. Tout en effet y était propre et rangé; le sol bien uni était parfaitement sec; une petite alcôve abritée par une moustiquaire renfermait un lit composé d'une natte et d'un pan d'étoffe aux vives couleurs; devant la fenêtre flottait un léger rideau; sur une étagère on avait soigneusement disposé quelques ustensiles de ménage en terre coloriée; un coffre en bois, destiné à renfermer des vêtements, était placé dans un coin, à côté d'une table dont le tiroir contenait peut-être un petit pécule. Cette jolie cabane était habitée par une jeune négresse, laquelle, lorsque nous entrâmes, cousait silencieusement assise devant la fenêtre, chose rare assurément dans une case à nègres. La jeune esclave portait un jupon bleu de toile de coton, et un grand fichu blanc était modestement croisé devant sa poitrine. Notre présence ne parut nullement l'intimider ni l'étonner; elle tourna à peine sur nous son grand œil inintelligent et mélancolique, puis, sans s'occuper davantage de nous, elle continua silencieusement son ouvrage. L'aspect de cet intérieur, dont des habitudes laborieuses semblaient avoir banni la pauvreté, faillit me convaincre des assertions de mon guide créole; mais je fus promptement détrompé. Cette jeune fille au maintien modeste était l'esclave favorite de l'administrateur de l'habitation; je venais de voir non les résultats de l'ordre, du travail, mais le prix des faveurs intéressées de cette noire beauté.

On nous servit des rafraîchissements sous la varande. Assis à l'ombre de cette galerie en plein air, nous entendions le remous du flot qui battait doucement la plage, et nous apercevions à travers les branches des philaos les profondeurs bleuâtres de l'Océan. Le philao est un conifère originaire de la Nouvelle-Hollande, qu'on a acclimaté à Bourbon et dont on se sert pour former des rideaux destinés à protéger les plantations contre la violence du vent. Son ombre légère ne saurait nuire aux espèces végétales auprès desquelles il vit, ce qui le rend précieux dans ces contrées. Cet arbre élancé, aux feuilles découpées, réunit à la grâce élégante du bouleau la mélancolique physionomie du cyprès et du saule pleureur. Nous n'avons dans nos bosquets aucun arbre qui embellisse le paysage comme ce conifère gracieux. Lorsque la brise souffle à travers les longues allées qui bordent les champs de cannes, et courbe la tête du philao dont les petites feuilles tremblent et frissonnent, une plainte harmonieuse semble s'exhaler entre ses rameaux.

Le soleil baissait à l'horizon lorsque nous reprîmes le chemin de l'habitation de M. P***. Nous rencontrâmes des nègres rentrant de leurs travaux, silencieux et mornes. Il n'y avait sur ces physionomies ni l'expression que donne la satisfaction du devoir accompli, ni la gaieté qui résulte d'une tâche remplie avec conscience. On ne voyait dans ces groupes ni femmes ni enfants, ces gais oiseaux dont les gazouillements font oublier les souffrances d'un long labeur. Quelle différence entre l'allure triste des travailleurs esclaves et le contentement des cultivateurs de nos plus pauvres villages rentrant dans leur famille après les travaux d'une rude journée!

Nous trouvâmes l'habitation de M. P*** envahie par une foule d'invités. Le couvert était dressé sous la varande; l'immense table, servie avec l'élégance parisienne et la magnificence créole, était éclairée par une profusion de bougies placées dans des candélabres d'argent et abritées par des verrines. On dîna bien et longtemps. Le repas terminé, les dames se mirent au piano. On dansa jusque bien avant dans la nuit. Enfin tout se passa ni plus ni moins que dans un festin et un raout parisiens. Le piano a fait le tour du monde, c'est un fait accompli. Il n'est pays si barbare où il ne se trouve quelque jeune dame possédant le fatal talent de tirer des sons de cet instrument le plus souvent discord. Weber et Schubert ont le triste privilége d'être les compagnons ordinaires du piano dans ses pérégrinations. Fonde-t-on une colonie, le piano débarque en même temps que les ustensiles nécessaires au nouvel établissement; et, en quelque lieu du monde que le voyageur s'arrête maintenant, il est forcé de subir un déluge de notes aigres, souvent accompagnées de cris auxquels la politesse française donne le nom de chant. C'est surtout à Bourbon que l'influence du piano se fait généralement sentir. Il n'est pas de demoiselle qui n'apporte à son mari, outre sa personne et sa dot, quelque contrefaçon de Pape et d'Érard ou de Boisselot. Il est vrai que le fatal instrument compte pour deux mille francs dans l'apport de la mariée. C'est cher assurément; mais c'est un usage invariablement établi par les pères d'outre-mer. Ils ne voudraient pas marier leur fille sans se défaire en même temps de la machine bruyante que la mode, bien plus que le goût de la musique, a introduite dans les salons de la colonie.

Tandis qu'on dansait dans les appartements, j'allai retrouver, sous la varande, le propriétaire de la Nouvelle-Espérance, ce M. N*** qui nous avait fait un si gracieux accueil. J'étais, je l'avoue, poursuivi par une secrète curiosité, et je désirais l'interroger sur le sort de cet ancien associé, de cet ami qu'il semblait regretter si vivement.

« Hélas ! monsieur, me répondit M. N***, tout le monde ici connaît cette histoire funeste; mais personne peut-être ne pourrait comme moi vous en rapporter toutes les circonstances. Ainsi que je vous l'ai dit, j'ai été, pendant plusieurs années, l'associé, l'ami de M. Vincent. La sympathie de caractère et des intérêts communs nous avaient étroitement liés. Vincent n'était pas créole, et sa première éducation s'était faite en France. Lorsque le moment fut venu d'embrasser une carrière, il fit comme moi, comme tant de jeunes gens qui, trouvant que l'on gagne trop lentement le vieil argent d'Europe, viennent tâcher de faire fortune aux colonies. C'est toujours la même histoire, l'histoire de ces enfants de famille qui préfèrent une carrière aventureuse à la médiocre position qu'ils pourraient se faire commodément dans la mère patrie, et qui, lorsqu'ils ne meurent pas à la peine, réussissent infailliblement dans leur entreprise.

« Les hommes de la trempe de Vincent ne succombent pas sous l'influence du climat et l'excès de travail; sa robuste organisation et son activité suffisaient à tout. Au bout de quelques années, nous avions fondé la Nouvelle-Espérance; cette grande usine prospérait, les rêves de notre ambition se réalisaient rapidement. Vincent s'était marié; sa femme appartenait à l'aristocratie créole, elle lui avait apporté une belle dot. Au lieu de demeurer à la Nouvelle-Espérance, il vivait tantôt sur l'habitation de sa belle-mère, tantôt dans sa maison de Saint-Denis.

« C'était une famille des plus heureuses et des plus unies; la fortune avait comblé Vincent de toutes manières; il était riche, universellement considéré, et il avait trouvé le bonheur intérieur, qui manque ordinairement aux existences ainsi déplacées.

« Cet homme heureux embrassa un matin sa femme et ses enfants, disant qu'il allait me rejoindre à la Nouvelle-Espérance, et promettant d'être de retour le jour suivant. Il passa effectivement la journée à l'habitation, et, vers le soir, nous partîmes ensemble pour Saint-Denis, où il devait rester jusqu'au lendemain. Durant le trajet il m'entretint longtemps de nos affaires communes, et m'expliqua ses idées sur diverses améliorations que nous avions projetées; il me parla aussi avec quelque détail de ses propres affaires, comme s'il eût tenu à me mettre parfaitement au courant de sa situation. Je m'en étonnai un peu ; car Vincent était un homme très-réservé, et qui n'avait jamais rendu compte à personne du résultat magnifique des opérations commerciales qu'il avait seul entreprises.

« Nous nous séparâmes en entrant dans la ville. Vincent s'en alla chez lui et se mit au lit assez tard. La même nuit, vers quatre heures, il se leva et sortit sans appeler personne; un nègre l'aperçut descendant la rue et se dirigeant vers la mer; il passa d'un côté à l'autre pour éviter des matériaux de construction qui embarrassaient la voie publique, et disparut au détour de la rue. Depuis ce moment on ne l'a pas revu.

— Comment! m'écriai-je, cet homme a disparu ainsi?... L'on n'a pu savoir ce qu'il était devenu?

— Non, répondit M. N***; les recherches les plus actives, les plus minutieuses n'ont abouti à rien. Ce n'est guère que deux jours plus tard que la disparition de mon malheureux ami fut constatée. Sa famille ne conçut pas d'abord une grande inquiétude; on ne lui connaissait aucun ennemi parmi les colons, et il était aimé de ses esclaves, dont le sort était fort doux comparativement à celui des autres nègres. On crut à un voyage improvisé, à la négligence de quelque esclave porteur d'une lettre; plusieurs jours s'écoulèrent dans une attente, dans un espoir qui à chaque moment s'affaiblissait.

« Les plus sinistres appréhensions ne tardèrent pas à nous assaillir. L'on explora alors toute l'île; on fouilla les anfractuosités du rivage; on alla interroger les nègres de toutes les habitations qui avoisinent Saint-Denis. Ces investigations n'eurent aucun succès; Vincent avait bien réellement disparu; on ne le retrouva ni mort ni vivant. Un dernier et bien faible espoir nous restait encore : le jour même où Vincent était sorti de sa maison pour n'y plus rentrer, il y avait un navire en partance pour Bordeaux;

l'on supposa que, par un motif inexplicable, il avait quitté secrètement la colonie. J'écrivis en France, et nous attendîmes, en tâchant de nous faire illusion sur le résultat de cette démarche, la réponse, qui n'arriva qu'au bout de huit mois; comme je le prévoyais, elle anéantit notre dernière espérance. Mon pauvre ami n'existait plus, et Dieu seul connaissait l'endroit qui cachait sa dépouille mortelle. Cette fin mystérieuse donna lieu à bien des conjectures : les uns supposèrent que Vincent s'était suicidé parce qu'il croyait sa ruine imminente; d'autres affirmèrent qu'il avait involontairement péri dans sa promenade matinale sur le rivage ; un journal de la métropole prétendit que ses nègres l'avaient assassiné, et que son corps, mis en morceaux, avait été consumé sous les chaudières à sucre de l'habitation.

— Et vous croyez qu'aucune de ces suppositions n'approche de la vérité ? demandai-je à M. N***.

— Aucune, » répondit-il vivement.

Et après un moment de silence, il ajouta :

« Vincent était un homme très-digne, très-absolu, très-fier ; il apportait dans ses relations avec les colons une certaine roideur qui les choquait. Si l'un de ces hommes, aussi énergique, aussi entier que lui, l'avait insulté dans une discussion à laquelle personne n'aurait assisté, il s'en serait suivi un duel à mort.... Ce duel se serait passé, comme la querelle, sans témoins.... En ce cas, Vincent aurait succombé....

— L'on aurait retrouvé son corps, dis-je frappé de cette conjecture; l'on aurait aperçu sur le sable quelques traces de sang....

— La marée montante lave chaque jour le rivage, me répondit simplement M. N***, et un cadavre auquel l'on attache une pierre à chaque pied reste au fond de la mer. »

Nous quittons l'habitation de M. P***, nous gagnons les régions supérieures de l'île. Nous voulons, après avoir parcouru les champs de cannes, les vergers odorants de muscadiers et de girofliers, après nous être arrêtés dans les vastes usines où se manifeste bruyamment l'activité humaine, visiter les solitudes, les sites silencieux que l'homme n'a fait qu'explorer, et dont les sauvages beautés resteront à l'abri des dévastations de l'industrie, comme un ouvrage divin qu'aucun labeur humain ne doit profaner. Le chemin de Salassy, but de notre excursion, côtoie une étroite vallée, au fond de laquelle brille et gronde un rapide torrent ombragé de vieux arbres au tronc noueux, au feuillage épais et sombre. En pénétrant dans cette région élevée, on se croit tout à coup transporté dans quelque froide vallée des Alpes; l'aspect des âpres sommets dont la base se perd dans une verdure éternelle, l'abaissement de la température rendent l'illusion complète. A mesure qu'on avance, le spectacle devient plus grandiose: d'immenses coulées de basalte s'élancent en colonnes prismatiques; on dirait des fûts encore debout, seuls débris de quelque gigantesque monument; l'eau profonde du torrent prend une teinte bleu foncé qui lui donne l'apparence d'une lessive d'indigo; sur ces abîmes sont suspendus de légers ponts en fil de fer, aussi élégants, presque aussi mobiles que les ponts de lianes jetés par la nature dans toutes les contrées tropicales. C'est en suivant toujours les sinuosités du torrent que nous atteignîmes l'habitation de M. Per***.

M. Per*** est un petit vieillard haut en couleurs, gai, causeur aimable comme on l'était du temps de M. de Parny, regrettant fort le passé et s'accommodant au mieux du présent. Cet habitant a le premier importé à Bourbon l'industrie séricicole. Avant de nous conduire dans sa magnanerie, il nous fit asseoir à sa table, couverte avec profusion de mets créoles. Nous ne goûtâmes qu'aux fruits et au café; car les damnés seuls seraient capables de toucher aux ragoûts dont se nourrit cet homme étonnant, qui mange des charbons enflammés et des morceaux de métal en fusion sous la forme de kari et de piments enragés. Je suis convaincu que celui qui s'habituerait à un tel ordinaire serait capable d'avaler des tisons embrasés et de la poudre-coton incandescente.

La magnanerie de M. Per*** est attenante à son habitation; ce vaste local est parfaitement tenu; le propriétaire a suivi scrupuleusement la méthode recommandée par les éducateurs français. Cependant, malgré les soins qu'il apporte à son établissement, il n'a pu vaincre toutes les difficultés qui s'opposent dans ces contrées à l'éducation des vers à soie. Jusqu'à ce jour, les produits qu'il a obtenus sont faibles et mal nourris; le peu de soie qu'ils donnent est cependant d'une très-belle qualité. Je serais tenté d'attribuer le peu de consistance du cocon au pauvre aliment dont le ver se nourrit. En dehors de cette cause, il en est d'autres qui n'ont pas été signalées et dont l'action ne saurait être douteuse. La première de ces causes occultes, qui ont été négligées par les observateurs, réside, selon moi, dans la température moyenne du milieu ambiant. Le cocon, cette enveloppe protectrice que le ver prépare pour sa chrysalide, doit avoir d'autant plus de consistance que l'insecte habite une zone plus froide. Un abaissement subit dans la température, déjà très-préjudiciable à la chenille, le serait bien davantage encore à la chrysalide, si elle était directement soumise à l'action de l'air; c'est pourquoi, dans nos pays, le vêtement soyeux qui l'enveloppe est plus consistant, plus épais que dans les régions tout à fait méridionales : par un instinct admirable, l'insecte se file dans les zones tempérées une chaude demeure, tandis que, dans les régions équatoriales, il ne se couvre que d'un léger tissu. Je crois qu'on pourrait remédier en partie à ce dernier inconvénient, par la ventilation continuelle; on obtiendrait ainsi un double résultat : on établirait une température factice, et l'on chasserait les particules âcres et fétides que dégage la surface cutanée du nègre, et qui l'enveloppent comme une atmosphère dont il est incessamment le régénérateur. Le ver à soie a des nerfs bien autrement délicats que la femme la plus vaporeuse; les plus faibles émanations suffisent pour le jeter dans un état de malaise. Les paysans provençaux qui se livrent à son éducation observent une espèce de régime : ils évitent de manger les bulbes alliacées dont l'odeur incommoderait leurs élèves, et certainement les effluves qu'exhale un estomac provençal soumis à une alimentation antivermineuse n'ont rien d'aussi nauséabond que l'odeur du nègre soumis à des travaux qui provoquent la transpiration. Je suis convaincu qu'en confiant aux esclaves l'éducation du ver à soie, on établit au milieu de ces précieux insectes une cause permanente d'inappétence et de dégoût.

Cette observation mérite, je crois, d'attirer l'attention des personnes qui, au Brésil et à Bourbon, ont à cœur de faire fleurir l'industrie séricicole, laquelle aura encore à surmonter une dernière difficulté, la plus irrémédiable de toutes, celle qui tient à l'alimentation du ver à soie. Le mûrier ne donne, dans les pays tropicaux, qu'une feuille herbacée, aqueuse et privée en grande partie du principe résineux qui la rend ferme et nourrissante; ce sont les pluies trop abondantes qui modifient ainsi la nature de ce produit.

La chaleur et l'humidité activent la végétation d'une manière trop rapide; la feuille n'atteint pas la maturité nécessaire pour offrir une alimentation suffisante à la chenille, qui de cette manière mange beaucoup sans être bien nourrie. M. Per*** n'a pu surmonter encore toutes ces causes d'insuccès; mais il a fait beaucoup pour une industrie qui doit doter Bourbon d'une nouvelle source de richesses, et ses efforts persévérants méritent l'approbation et les encouragements du gouvernement.

Après une halte de quelques heures, nous poursuivons notre route vers les eaux thermales de Salassy. Nous suivons toujours la même vallée; le chemin n'est plus qu'un étroit sentier bordé de vieux arbres dont le tronc et les branches sont envahis par une végétation parasite; des lianes stériles nouent leurs fortes brindilles aux cimes les plus élevées, et les orchis plongent leurs racines tuberculeuses dans l'écorce vermoulue. C'est sur ces arbres séculaires que croît le fahan, cette herbe aromatique dont les pauvres esclaves de Madagascar révélèrent les propriétés aux premiers habitants de la colonie.

Bientôt la route devient à peu près impraticable; des branches entrelacées presque au niveau du sol, des blocs détachés de leur base nous barrent à chaque instant le passage; nos chevaux n'avancent plus qu'avec une peine extrême. Nous cheminons pendant plus d'une heure à travers ce paysage riant et borné. En face de nous, le versant de la montagne formait un talus immense: on eût dit les murs crevassés d'une construction cyclopéenne. Des sources nombreuses s'écoulent en mugissant sur cette pente abrupte. L'évaporation constante des eaux entretient sur ce point de la vallée une vive fraîcheur; l'humidité de l'atmosphère attire un nombre infini de mollusques terrestres; les rochers sont tapissés de leurs volutes élégantes. Je recueillis un grand nombre de ces *achatines*, que leur forme gracieuse encore plus que leur rareté fait avidement rechercher des collecteurs.

Nous parcourions depuis une demi-journée cette route agreste sans avoir rencontré un seul voyageur, lorsque nous aperçûmes, au détour d'un bouquet d'arbres, un groupe qui marchait devant nous. C'étaient des dames créoles qui voyageaient en hamac sur les épaules de deux robustes porteurs. A leur suite cheminaient une dizaine de nègres chargés de coffres en fer-blanc. Je m'étonnai à cet aspect, me demandant quels pouvaient être les insectes, les plantes gigantesques que l'on comptait collectionner dans ces immenses boîtes; mais j'appris aussitôt que ce que je prenais pour des magasins d'histoire naturelle n'était que des espèces de cartons à chapeaux qui renfermaient le bagage de ces dames, les fraîches toilettes qu'elles aiment à emporter partout. Comme nous allions plus vite avec nos chevaux que les nègres piétons, la petite caravane nous céda le pas. Les nègres, rangés au bord du chemin, nous saluèrent humblement, tandis que les voyageuses, couchées dans leurs hamacs, nous regardaient défiler à travers les larges mailles du réseau qui leur servait de palanquin.

Une demi-heure plus tard, nous arrivâmes au bord d'un petit lac, au delà duquel s'ouvrait une ravine. Presque à mi-côte de cet étroit passage rampait un sentier inégal, que nous étions obligés de suivre à la file. L'eau qui fuyait au fond du ravin se brisait avec fracas sur les fragments de roche basaltique, et ne formait, pour ainsi dire, qu'une longue cascade. Après avoir franchi cette rude montée, nous atteignîmes l'établissement thermal de Salassy. Ce point de vue est un des plus curieux que j'aie rencontrés dans mes voyages : les montagnes, d'une hauteur prodigieuse, forment un hémicycle immense, une espèce d'amphithéâtre dont les noires roches sont les gradins. Des plantes herbacées, des fougères arborescentes, quelques vieux arbres au rare feuillage couvrent ces pentes naturelles, où sont disséminées de jolies maisonnettes bravement campées entre les rochers, comme des nids de vautours.

Il y a peu d'années encore que ces parages presque inaccessibles servaient de retraite aux nègres marrons; les blancs n'osaient poursuivre jusque dans ce désert leurs esclaves révoltés; le plus intrépide chasseur n'aurait pas été assez hardi pour s'aventurer dans ces étroits défilés bordés d'affreux précipices. Un pauvre colon, qui cherchait des terres cultivables dans les régions inhabitées de l'île, se hasarda un jour à s'engager dans ces solitudes. En arrivant au point culminant du ravin, il aperçut une fumée légère qui s'élevait à travers l'inextricable réseau de lianes troué çà et là par les grandes roches basaltiques. Frappé de ce phénomène, il osa pénétrer dans ce chaos, et découvrit la source thermale, qui pétillait en s'écoulant sur un lit de mousse noirâtre. Avant de quitter ce site pittoresque, où il n'avait pas trouvé un seul arpent de terre à cultiver, il eut l'idée d'emporter une bouteille d'eau de la source brûlante. Cette eau fut analysée par un pharmacien de Saint-Denis, qui comprit tout le parti que la thérapeutique pouvait en retirer.

L'intrépide colon repartit aussitôt pour prendre possession du coin de terre où il avait fait une si importante découverte; il y emmena sa femme et ses enfants. Comme les hardis pionniers de l'Amérique du Nord, il emporta seulement quelques outils et quelques provisions. La saison des pluies approchait; il fallut d'abord construire une cabane, pauvre demeure pareille à celle de Robinson, entourée de palissades et couverte d'un toit de feuillage. La famille eut ainsi un abri; mais bientôt la saison de l'hivernage commença: le ciel était toujours couvert de nuages qui se fondaient en pluie torrentielle. Le petit tertre sur lequel était située l'habitation ressemblait par moments à une île entourée de courants rapides.

Une nuit, le tonnerre grondait, la pluie battait les parois tremblantes de la case; le colon s'éveilla épouvanté. A la lueur blafarde des éclairs qui pénétrait entre les planches disjointes, il aperçut le sol de sa demeure entièrement inondé; le malheureux n'avait plus qu'une minute pour sauver sa famille. Prenant ses enfants dans ses bras et suppliant sa femme de le suivre courageusement, il sortit de son habitation à moitié submergée et eut le bonheur de gagner un point élevé, où le flot ne pouvait pas atteindre. Il voulut tenter ensuite de sauver quelques provisions, quelques vêtements; mais, lorsqu'il redescendit vers la cabane, les ais de cette fragile masure craquaient sous les efforts du courant, et bientôt tout disparut entraîné par les eaux. La malheureuse famille passa près de quatre jours sans abri, presque sans vêtements, vivant de choux palmistes et de mollusques terrestres. La pluie cessa enfin, et ces pauvres gens furent délivrés.

Ceci se passait il y a quelques années; aujourd'hui l'industrieux colon a élevé sur son domaine de charmantes maisonnettes, que l'aristocratie de Saint-Denis habite temporairement chaque année. Les dames créoles y viennent boire cette eau pétillante comme le vin de Champagne. La source thermale de Salassy est gazeuse et ferrugineuse; un sédiment de sous-carbonate de fer couvre les parois de la fontaine; l'eau l'y dépose lorsque, par son exposition à l'air, elle perd l'excédant d'acide carbonique qui assurait la solubilité du sel. La température de cette source est de 25 degrés du thermomètre centigrade.

La découverte de ces eaux thermales sera une précieuse ressource thérapeutique pour la colonie, si les médecins savent les utiliser pour combattre les nombreuses affections des voies digestives si communes chez les blancs qui vivent sous ces latitudes. Les pâles beautés créoles en éprouveront aussi les salutaires effets; cette onde bienfaisante fortifiera leur organisation étiolée, et concourra, comme on disait sous l'Empire, à orner de quelques roses les lis de leur teint. Pour être plus mythologique encore et renchérir sur cette comparaison, j'ajouterai que les eaux de Salassy eussent donné les apparences de la vie au marbre de Pygmalion, et que les Galatées de Saint-Denis s'animeront à leur tiède contact. En descendant les hauteurs de Salassy, nous gagnâmes l'habitation d'un riche planteur, M. F***, lequel nous donna jusqu'au lendemain une gracieuse hospitalité.

Pendant trois ou quatre heures encore, nous poursuivons notre route à travers un beau paysage, et nous arrivons au déclin du jour sur une exploitation située à l'extrême limite des terres cultivées. Cette jolie résidence appartient à une dame créole, qui avait fait offrir à M. de Lagrené et à sa suite de se reposer chez elle avant de commencer l'ascension du volcan.

Mme L*** nous offrit l'hospitalité cordiale et magnifique que nous avions trouvée chez les autres colons. Un souper délicat nous fut servi presque à notre arrivée. Parmi les mets indigènes figurait un plat exotique que je ne m'attendais certainement pas à trouver à une demi-lieue du Grand-Brûlé, sur la lisière d'un désert : c'était une dinde truffée. L'odorant tubercule (les savants disent *cryptogame*) venait directement de Paris, et avait été préparé dans les cuisines de Chevet.

En sortant de table, je gagnai un tertre élevé, pour me soustraire un moment à l'atmosphère brûlante du salon. La nuit était calme et sombre; les étoiles tremblaient dans les profondeurs du firmament, où j'apercevais comme un reflet rougeâtre pareil aux premières lueurs de l'aube. Surpris de ce phénomène, je parcourus du regard tous les points de l'horizon, et j'aperçus dans l'éloignement le sommet incandescent du cratère. Semblable à un phare gigantesque, le volcan lançait par intervalles des bouffées de flammes qui allaient s'éteindre dans les espaces infinis, tandis que la lave en fusion s'écoulait seulement sur le flanc de la montagne et m'apparaissait comme un météore au milieu des ténèbres de la nuit.

Ainsi que chez M. P***, je logeais, avec deux de nos compagnons de voyage, dans un pavillon attenant à l'habitation ; au moment où nous gagnions nos appartements respectifs, un nègre se présenta pour me servir de valet de chambre. Le drôle était jeune et bien découplé ; il portait la simple livrée du pays, un pantalon rayé et une chemise blanche, dont les manches retroussées laissaient apercevoir ses bras robustes. En jetant les yeux sur cet homme, je remarquai, non sans étonnement, qu'il portait au-dessus du poignet un bracelet en cheveux de la nuance la plus claire ; cette blonde tresse produisait un si singulier effet sur ce bras noir et luisant, que j'eus la curiosité de lui demander où il avait trouvé cette galante relique. A cette question indiscrète l'esclave sourit et répondit d'un air d'orgueilleuse satisfaction, en regardant complaisamment le bracelet orné d'un large fermoir en or :

« Je ne l'ai pas trouvé ; on me l'a donné : ce sont des cheveux de ma maîtresse. »

Je restai confondu. Il n'existe certainement point de mulâtresse de cette nuance-là : il y a donc des femmes blanches pour lesquelles un nègre est un homme.

A quatre heures du matin, nous montons à cheval pour aller faire notre excursion dans le Pays-Brûlé. Après avoir traversé le domaine de Mme L***, nous suivons pendant quelque temps la lisière d'un bois épais, dont la brise matinale agitait les cimes des arbres touffus. Au delà de ces sauvages bosquets et au point culminant de la plaine, s'élèvent quelques cabanes ombragées de choux palmistes ; ces humbles demeures appartiennent à des *petits blancs*.

On appelle petits blancs les descendants des anciens colons, qui vivent loin des villes, dans les étroites vallées du centre de l'île, et forment assurément la population la plus originale et la plus intéressante de notre possession. Les premiers aventuriers français qui abordèrent sur cette terre y subirent des chances diverses : les uns, favorisés par les circonstances, firent rapidement fortune; les autres, moins intelligents ou moins heureux, n'ayant pu parvenir à acheter des esclaves et à établir des plantations, se retirèrent dans le haut pays. Depuis près de deux siècles leurs descendants habitent ces lieux sauvages. Ces familles, qui constituent la noblesse, la véritable aristocratie coloniale, cachent fièrement leur pauvreté dans ces solitudes. La race qui s'est perpétuée ainsi sous l'influence d'un des climats les plus salubres de l'univers, au milieu de la température égale et fraîche des montagnes, a acquis un caractère de beauté remarquable. Les hommes sont élancés et vigoureux; leur teint est légèrement hâlé; leur front intelligent est large ; ils ont une bouche étroite, des dents magnifiques, et le sourire qui s'épanouit sur leurs lèvres minces a une expression singulière de douceur et de finesse. Leur contenance est noble, assurée, et avec leur pantalon rayé, leur simple jaquette de toile, ils ressemblent tous à des gentilshommes. Les femmes aussi sont élégantes et belles; elles ont de grands yeux bruns, des cheveux châtains qu'elles tordent et relèvent derrière la tête; leurs formes sveltes, et qui n'ont jamais subi la pression du corset, sont couvertes d'une simple chemise attachée au cou et qui descend jusque sur leurs pieds nus. Ces belles créatures, dont les traits droits et réguliers rappellent les types chers à la statuaire antique, auraient peut-être une physionomie trop fière, trop énergique, si les longs cils qui voilent leur regard n'en adoucissaient l'expression, et si, lorsqu'elles parlent, un sourire d'une douceur infinie n'éclatait sur leurs lèvres roses.

Les mœurs des petits blancs sont simples et paisibles; les femmes se livrent aux travaux du ménage et confectionnent les nattes, les chapeaux de feuilles de palmier que l'on vend à Saint-Denis. Les hommes s'assujettissent à de légers labeurs pour suffire aux besoins de leur famille. Ils cultivent l'étroit jardin qui environne leur case. Quelques-uns exploitent la forêt et fabriquent le charbon que l'on consomme dans la colonie; d'autres sont de hardis braconniers et d'intrépides pêcheurs. Ces diverses industries procurent quelque aisance aux petits blancs, mais elles ne les enrichissent jamais. Ils ne possèdent point d'esclaves; parfois seulement ils louent des nègres pour les aider dans leurs travaux. Ces familles isolées vivent dans la plus étroite union. Bien que les lois qui imposent un frein aux passions naturelles ne soient guère observées chez ces êtres revenus à la simplicité primitive, il se commet peu de délits parmi eux, et un crime y est une chose à peu près inouïe. La plupart des petits blancs sont baptisés, mais ils ne reçoivent pas d'autre sacrement. Les unions se forment d'après les instincts du cœur, sans calcul et sans formalités. Ces pauvres gens, si ignorants des devoirs de la morale et de la religion, vont pourtant à l'église le dimanche; les jeunes filles s'y rendent quand elles ont une paire de souliers et une robe neuve, et les jeunes gens y vont chercher un point de réunion hebdomadaire.

Certainement, ce sont les mœurs naïves des petits blancs qui ont inspiré à Bernardin de Saint-Pierre la touchante histoire dont les plages de l'Ile-de-France furent le théâtre : l'Ile-de-France ! cette belle colonie que nous ne possédons plus, mais que les Anglais ont vainement appelée Maurice ; car, dans toute l'Inde, elle porte encore le nom de la mère patrie. On ne saurait croire combien le roman de Bernardin de Saint-Pierre est présent à la mémoire de ceux qui visitent notre colonie de l'océan Indien. Lorsque, au détour d'une vallée, j'apercevais quelque pauvre cabane, au fond de laquelle jouait une petite fille aux cheveux flottants, un jeune garçon aux yeux noirs ombragés de longs cils, je les saluais des noms de Paul et de Virginie. Souvent rien ne manquait à ce gracieux tableau, ni les papayers au feuillage découpé, ni les cocotiers de la fontaine, ni le chien fidèle, qui bondissait devant ses jeunes maîtres; on y voyait même quelquefois, c'était rare pourtant, le vieux Domingue et sa femme. Une chose digne de remarque, c'est que, malgré leur pauvreté, jamais les petits blancs ne se sont alliés aux mulâtres; aucune considération ne saurait les décider à altérer la pureté de leur race par une goutte de sang mêlé : leur susceptibilité à cet égard est plus grande peut-être que celle des riches colons des basses terres. Aussi appartiennent-ils bien réellement à l'aristocratie. On ne se dispense pas à leur égard des formules d'exquise politesse en usage parmi les blancs; ils traitent d'égal à égal avec les plus riches colons, lesquels, malgré les marques de considération dont ils les comblent, ne peuvent que rarement les déterminer à se mettre à leurs gages pour surveiller leurs habitations et le travail des esclaves. Ceux qui ont vu au fond de nos provinces quelque pauvre rejeton d'une race noble, vivant dans son manoir ruiné, pourront se faire une idée de la fierté héréditaire du petit blanc; tous deux ont le sentiment profond de leur antique origine. Parle-t-on d'un homme influent de la colonie, le créole ne manque jamais de dire : « Il est riche, il est puissant; mais il n'est pas plus blanc que moi, après tout! »

On appelle Pays-Brûlé toute la partie de l'île qu'ont envahie les laves; c'est un espace immense couvert d'accidents de terrain bizarres, sur lesquels on peut étudier l'effet de l'action volcanique. Aux endroits que la matière en fusion n'a pas dévastés depuis une dizaine d'années, une végétation vigoureuse a déjà recouvert le sol calciné. La nature, toujours puissante, toujours féconde dans ces régions, se plaît à jeter une robe de feuillage sur les plaies qu'une force dévastatrice fait à la terre. On éprouve un profond sentiment d'admiration en observant les efforts puissants de la végétation pour reprendre son empire sur les lieux où ses manifestations les plus brillantes ont été violemment détruites. A peine la lave est-elle refroidie qu'une plante frêle y jette ses racines. Le faible végétal est longtemps la seule parure de ce noir domaine; mais, lorsque plusieurs générations se sont succédé sur ces îlots arides, où elles ont vécu en s'assimilant quelques-unes de leurs particules désagrégées, des semences apportées par le vent se développent sur cette espèce de terreau et donnent naissance à une nombreuse famille d'arbrisseaux et de plantes robustes.

On peut ainsi suivre en quelque sorte les transformations successives par lesquelles le rocher s'anime et s'individualise en concourant à la composition organique d'une fleur odorante, d'un arbre aux rameaux flexibles, mystérieuse métamorphose par laquelle se manifeste la loi de solidarité et d'amour qui régit ce vaste univers, loi immuable, d'après laquelle l'ensemble des êtres forme un tout homogène, qui porte en soi les éléments impérissables d'une éternelle résurrection. Nous traversâmes un bois dont les essences avaient été ainsi régénérées; les jeunes plants abaissaient leurs branches flexibles sur le sol et se balançaient mollement sur la lave refroidie, dont les facettes vitrifiées miroitaient au soleil.

A mesure qu'on avance dans cette zone désolée, la végétation s'amoindrit et disparaît; aux arbres succèdent des arbustes; à ceux-ci les plantes sèches et grêles; enfin la roche noirâtre et nue apparaît dans sa morne stérilité. Cependant l'aspect de ce sol aride n'a rien de monotone; les nombreux accidents de terrain ont créé mille fantaisies singulières, devant lesquelles on s'arrête, doutant si c'est l'art ou la nature qui a produit ces formes bizarres. Sur les points où la coulée est tombée en cascade, elle a formé, en se consolidant, de hautes colonnes herborisées; au contraire, lorsque la lave brûlante a coulé sur des arbres, sur des lianes ondoyantes, sur des herbes au feuillage grêle, elle a conservé en partie la forme de ce qu'elle a détruit. En passant sur les végétaux, le minéral en fusion a déterminé leur incinération, et les fibres les plus déliées sont empreintes dans la lave durcie. Ces fragiles vestiges, désormais à l'abri des altérations atmosphériques, superposés à des débris plus anciens, constatent le nombre des cataclysmes partiels qui ont successivement désolé cette contrée. Les pentes arides qu'on appelle le Grand-Brûlé ressemblent aux lieux désolés sur lesquels le feu du ciel a passé; on y reconnaît la trace des éruptions qui depuis dix ans, déversées par le cratère, ne se sont arrêtées qu'au rivage, et ont formé dans la mer des caps nouveaux. Cette surface onduleuse ressemble à une mer solidifiée; on dirait des vagues d'asphalte à peine refroidies; aucun être organisé ne s'aventure sur ce sol maudit, aucune fleur n'y étale sa corolle nuancée, aucun oiseau n'y chante, aucun insecte n'y bourdonne.

Nous arrivons devant la nouvelle coulée, qui descend lentement vers la mer; la lumière du jour éteint la rouge lueur de cette masse incandescente, assez semblable à un épais torrent de boue, qui roule pesamment sur le flanc de la montagne. Sur le passage de ce courant terrible, on entendait un léger grésillement; c'étaient les végétaux dévorés par le feu invincible, qui se calcinaient et disparaissaient sous la lave. L'éruption se dirigeait vers un bouquet de bois qui ombrageait la demeure de quelques petits blancs. Les pauvres gens regardaient venir cette masse redoutable en démolissant leur cabane pour la reconstruire un peu plus loin, hors des atteintes du fléau.

Ils accomplissaient ce travail avec une sorte de nonchalance qui m'étonna; le danger me semblait si proche, que je dis à l'un d'eux avec une sorte d'inquiétude :

« Mon Dieu, monsieur, pourrez-vous parvenir à vous mettre bientôt en lieu de sûreté?

— Rien ne presse, monsieur, me répondit-il flegmatiquement; la coulée ne marche pas vite; elle ne passera ici que dans une quinzaine de jours, et il lui faudra deux mois peut-être pour arriver jusqu'à la mer. »

Le même soir, nous étions de retour à l'habitation de Mme L***, et le surlendemain nous rentrions à Saint-Denis, avec le projet d'entreprendre une nouvelle excursion pour visiter la partie sous le vent et la plaine des Palmiers.

Lorsqu'on observe avec quelque attention la population esclave de Bourbon, on reconnaît avec surprise qu'elle ne se compose pas seulement de nègres, mais encore de Malais, de Bengalis, de Malabars et même de blancs. Cette dernière assertion étonnera sans doute; je ne saurais cependant désigner autrement des hommes aux formes accusées, à l'épiderme d'une blancheur égale à celle des plus purs délégués coloniaux, et des femmes dont la peau transparente et lisse surpasse en éclat et en beauté celle des plus grandes dames créoles. Les Malais, les Malabars et les Bengalis, retenus en esclavage, ont été amenés dans la colonie par ces hardis aventuriers qui jadis pourvoyaient notre établissement de travailleurs. Ces hommes énergiques ne ressemblaient guère aux négriers de nos jours, à ces contrebandiers honteux qui vont charger leur périlleuse marchandise dans les comptoirs portugais du canal Mozambique : les anciens trafiquants, non contents de faire sagement leur métier, montaient parfois de légers navires hérissés de canons et pourvus de munitions formidables; ils exploraient, comme des oiseaux de proie, les côtes de l'océan Indien, et, lorsque le moment leur paraissait opportun, ils se jetaient à l'improviste sur de paisibles bourgades, dont ils enlevaient par violence les malheureux habitants. Dans ces contrées lointaines, ces crimes restaient presque toujours impunis. Les rajahs desquels ces malheureux dépendaient ne se souciaient guère, au milieu des voluptés de la vie orientale, de leurs sujets enlevés et de l'outrage fait à leur puissance. D'ailleurs, quels moyens de répression pouvaient-ils exercer contre ces forbans intrépides? Ceux-ci revenaient rarement dans les mêmes parages, et le troupeau humain qu'ils ramenaient était vendu sur-le-champ aux planteurs de Bourbon et de l'Ile-de-France, lesquels ne s'inquiétaient nullement des différences physiques qui existaient entre les individus de ces races intelligentes et les nègres abrutis d'Angole et de Mozambique. Ce fait, peu connu, donne la mesure de la moralité de nos anciens colons, de ces saint Vincent de Paul de l'esclavage, qui n'achetaient pieusement des nègres, s'il faut en croire leurs panégyristes, que pour les soustraire à la mort à laquelle les roitelets africains les destinaient.

L'esclavage des nègres est assez généralement accepté en Europe comme un fait normal. Les planteurs de nos colonies, secondés par les naturalistes matérialistes du dernier siècle, ont représenté la race éthiopienne comme une espèce intermédiaire entre l'homme et la brute, et beaucoup d'esprits légers, superficiels, sont convaincus, d'après ces assertions, que l'état d'asservissement dans lequel elle vit est la conséquence naturelle de son infériorité relative dans l'échelle des êtres. Aussi lorsque, dans nos assemblées législatives, on traite de la grande mesure de l'émancipation, les partisans avoués de l'esclavage ne manquent pas d'opposer à leurs antagonistes que les nègres ne sont pas suffisamment préparés par une éducation préliminaire à user sagement de leur liberté, et que l'infériorité de leur nature sera peut-être à jamais un obstacle invincible à l'affranchissement de la race entière; objections qui provoquent ordinairement l'adhésion bruyante de la partie moutonnière de nos corps parlementaires.

Pourquoi jusqu'à ce jour personne n'a-t-il répondu que les nègres ne sont pas les seuls individus réduits en esclavage dans nos colonies? Pourquoi n'a-t-on pas réclamé en faveur des Malais, des Bengalis et des Malabars, descendants de races intelligentes, qui ne mésusent pas de leur liberté dans les lieux qu'elles habitent? Pourquoi n'a-t-on pas surtout élevé la voix en faveur des hommes de couleur esclaves chez lesquels il est, bien souvent, plus difficile de reconnaître une origine nègre que chez quelques-uns de nos compatriotes, dont personne assurément ne conteste l'intelligence et le talent?

Les membres de la légation furent invités à aller visiter, un dimanche, une habitation aux environs de Saint-Denis. Le propriétaire de cette grande exploitation, mû par les sentiments les plus honorables, a tenté de réformer les mœurs de ses nègres en leur faisant donner une véritable instruction religieuse. Un prêtre attaché à ce domaine est chargé de leur enseigner les lois morales émanées du christianisme; si les principes religieux sont aussi fortement gravés dans le cœur que dans la mémoire de ses noires ouailles, il faut avouer qu'il accomplit sa tâche avec succès. Peu de moments après notre arrivée, on réunit les esclaves dans une charmante chapelle. Ce petit monument est élégant comme l'église d'un de nos riches hameaux; les négresses chargées de le parer et d'y entretenir une exacte propreté s'acquittent de ces soins avec beaucoup de sollicitude et d'empressement. Après avoir adressé à ses noirs auditeurs une courte allocution, le prêtre monta à l'autel et célébra une messe, qui fut écoutée avec recueillement par ces pauvres gens. Mes yeux erraient avec intérêt sur cette réunion; je les arrêtai surtout sur quelques individus complétement blancs, qu'à leurs pieds nus je reconnus pour des esclaves. Attristé à cette vue, je demandai à l'un des directeurs de l'établissement comment il se faisait que ces blancs ne fussent pas depuis longtemps affranchis; il me répondit avec quelque étonnement :

« Mais, monsieur, ce sont des *nègres!* »

Le mot est assez joli pour être conservé; il me rappelle d'ailleurs une autre réponse qui n'est pas moins originale.

Malgré ma répugnance à traverser la rade dangereuse de Bourbon, je fus contraint un jour d'aller à bord de *la Sirène*. Je pris, pour exécuter ce voyage, un bon bateau servi par deux nègres, dans lequel je m'installai en attendant un esclave qui devait m'accompagner. Celui-ci tardant longtemps à venir, je prononçai quelques paroles de blâme qui furent entendues de l'un des deux rameurs, lequel, levant la tête, me dit :

« Oh! les nègres sont paresseux, menteurs, ivrognes; ce n'est pas là même race que nous! »

Je pris cette apostrophe pour une plainte ironique, un reproche indirect, et je répondis en manière d'excuse :

« Les blancs aussi sont, je le sais, ivrognes, paresseux. .. »

Mon interlocuteur m'interrompit à ces mots :

« Non, non, répliqua-t-il vivement; nous blancs, nous travaillons, nous sommes soigneux, rangés.... »

Je considérai alors d'un œil surpris la figure d'ébène qui était devant moi, et cherchai dans ses traits, dans la nuance de sa peau, ce qui pouvait lui donner ces prétentions à la noblesse épidermique; ne trouvant rien qui la légitimât, je lui dis avec un dédain affecté :

« Vous croyez-vous moins noir que vos camarades? »

A ces mots, mon homme bondit sur son banc, et me montrant son vilain pied chaussé d'un énorme soulier, il s'écria :

« Moi, je suis blanc, monsieur! »

Le nombre des nègres blancs, pour nous servir de l'expression créole, s'accroît tous les jours; les colons, en recherchant avidement les jeunes négresses, donnent naissance à cette race. Il est peu d'habitations qui ne fournissent quelque exemple de ces passagères liaisons. Lorsqu'on découvre, au milieu d'un pauvre hameau formé par les misérables cabanes des nègres, une case de meilleure apparence, ombragée par des mimosas odorants, à demi cachée sous les rameaux flexibles de l'arbre noir et entourée d'un jardin coquet, on peut être convaincu qu'elle renferme l'esclave favorite d'un fils de la maison ou tout au moins de l'administrateur de l'établissement.

Les jeunes négresses ainsi honorées des attentions passionnées de leurs maîtres ne sont pas assujetties aux rudes labeurs des champs; elles sont employées à des travaux d'intérieur; souvent même elles ne quittent pas leur case. Leur mise contraste singulièrement avec les misérables haillons de leurs compagnes, et ne manque pas d'une certaine élégance; les étoffes dont elles se parent empruntent leur éclat à toutes les couleurs de l'arc-en-ciel; on dirait que, dans leur imagination, elles ont eu la pensée de se faire un vêtement avec les pétales nuancés des plus belles fleurs tropicales.

J'ai vu souvent à Saint-Denis une négresse cafre, favorite en titre d'un jeune homme de ma connaissance intime; elle portait ordinairement une vaste coiffe rouge cerise, qui lui couvrait la nuque et retombait sur son épaule, une robe bleu de ciel et un châle jaune canari. Svelte et grande, lorsqu'elle parcourait ainsi vêtue les rues de Saint-Denis, elle ressemblait à un de ces brillants oiseaux qui peuplent les sauvages forêts de l'Inde; on pouvait croire qu'elle avait emprunté cette parure éclatante aux tangaras couleur de feu et au lori bleu et rouge. Rose était d'ailleurs un type d'autant plus intéressant à observer qu'elle représentait fidèlement le côté moral de ces esclaves noires, que les caprices des maîtres élèvent momentanément jusqu'à eux.

Moins avisée que les mulâtresses, la pauvre fille ne cherchait pas à mettre à profit son éphémère ascendant pour assurer son indépendance; elle ne songeait qu'à satisfaire des caprices d'enfant mal élevé et boudeur. Vaine, orgueilleuse, entêtée, sensuelle, sans amour, elle était exigeante, menteuse et colère comme toutes les natures brutales, qui croient prouver leur affection par les tracasseries qu'elles suscitent et les colères mutines qu'elles improvisent. Son maître, jeune homme fort intelligent d'ailleurs, subissait la capricieuse humeur de son esclave avec une patience qui fort souvent m'étonnait. Un jour, après un bal qui nous fut offert au gouvernement, je fus témoin d'un accès de jaloux emportement de cette beauté africaine : elle se répandit d'abord en invectives fort pittoresques contre son amant, et finit par lui enfoncer dans les joues ses ongles durs et crochus ; celui-ci ne se révolta pas contre cet acte de folie brutale.

En présence d'un pareil fait, je me demandai par quel charme inconcevable des blancs peuvent être attirés auprès de ces sauvages créatures, et il me fut impossible de trouver le mot de cette énigme. Ces femmes, à la tête couverte d'une laine grêle et contournée, à la peau huileuse et puante, au museau proéminent, aux yeux ternes, sans expression, s'éloignent trop complétement des types de beauté divinisés par nos peintres et nos poëtes pour qu'elles soient autre chose pour nous qu'un objet de curiosité mêlé de répulsion. Cependant les Européens qui arrivent aux colonies ont, pour la plupart, certaines idées fort erronées qui triomphent de cette impression; ils se figurent que des passions ardentes bouillonnent dans le sein bronzé de la laide Vénus africaine, et recherchent les faveurs de ces pauvres créatures, qui seraient certainement les femmes les plus chastes de l'univers, si elles n'obéissaient qu'à leurs instincts. En réalité, ces femmes, d'un tempérament lymphatique, nulles par le cœur et par l'intelligence, sans imagination et sans esprit, ne sont sensibles qu'à une grossière vanité : intéressées et paresseuses à l'excès, elles ne peuvent pas même aimer brutalement; mais elles se livrent volontiers à celui qui leur donne les parures qu'elles préfèrent et qui les dispense de toute espèce de travail.

Les enfants des négresses et des blancs, fruits de ces rapprochements déterminés par de honteux caprices, restent ordinairement en état d'esclavage. Ils deviennent la propriété de leurs frères et de leurs pères, qui les traitent comme les autres esclaves et ne leur épargnent ni les humiliations résultant de leur abjecte condition, ni les dures corrections de la geôle. Les jeunes mulâtresses unies à leurs maîtres donnent naissance à ces esclaves blancs qu'on est affligé de rencontrer dans les habitations, et dont le sort est digne de tout notre intérêt.

Si les colons étaient disposés, comme ils l'assurent, à préparer l'émancipation des esclaves en leur donnant une éducation en rapport avec la liberté qu'on leur promet depuis tant d'années, ils auraient dû commencer par instruire les enfants mulâtres de leurs habitations, qui, il faut bien le dire, le plus souvent leur tiennent de près par les liens du sang. Mais leurs promesses n'ont rien de sérieux; c'est un refrain monotone au moyen duquel ils veulent endormir la vigilance des abolitionnistes de la métropole; et ce n'est en réalité que dans l'habitation dont je viens de parler plus haut qu'on semble se préoccuper un peu de l'avenir des esclaves et de leur état moral. M. ***, le propriétaire de cette habitation, est le descendant d'une des plus anciennes familles de l'île; bien que sa généalogie ne remonte ni à Pépin le Bref ni même au roi Dagobert, et que son origine ne se perde guère que dans les ombrages sombres de la canne et du cafier, il n'en marche pas moins à la tête de l'aristocratie de Bourbon, dont il est le plus pur représentant.

La possession héréditaire de la richesse hiérarchise les hommes et crée autour des familles un certain nombre de clients qui s'inspirent à leur contact. M. ***, descendant respecté des anciens planteurs de l'île, exerce cette espèce de souveraineté, et son exemple pourrait faciliter l'œuvre de l'émancipation, si d'autres colons faisaient comme lui donner à leurs nègres un véritable enseignement religieux. Mais, il ne faut pas se le dissimuler, parmi les opulents planteurs, il en est peu qui soient susceptibles de l'imiter. M. *** sait que richesse et noblesse obligent, et, à ce double titre, il a voulu venir en aide, en apparence du moins, aux projets futurs du gouvernement. Cet exemple de noble bon sens serait plus généralement imité si tous les planteurs étaient créoles; mais la plupart, étrangers à la colonie, ne sont que d'âpres spéculateurs, qui ne sauraient faire dans l'intérêt de la future prospérité du pays un sacrifice momentané.

Pour me donner une idée de l'impression qu'éprouveraient les vieux créoles si jamais l'esclavage était aboli dans nos possessions, M. *** me disait :

« Cette mesure est inévitable; mais je fais les vœux les plus fervents pour que la loi d'émancipation ne soit promulguée qu'après la mort de ma vieille mère. Si jamais elle savait que ses nègres peuvent librement s'en aller, la chose lui paraîtrait une iniquité monstrueuse, elle considérerait ce droit des hommes de couleur comme une perturbation sociale bien plus terrible que les plus sanglants épisodes révolutionnaires. »

La bonne dame a plus de quatre-vingt-huit ans; elle gère elle-même une immense exploitation; elle a vu fouetter de père en fils cinq ou six générations de nègres : il faut bien lui pardonner ses préjugés.

Je causais une autre fois avec un vieux planteur, dur comme un négrier, et qui n'a pas dans l'occasion dédaigné d'administrer lui-même quelques coups de fouet à ses esclaves.

« Croyez-vous, me disait-il, que, si vos députés allaient nous bâcler une loi qui affranchît mes nègres, croyez-vous, monsieur, que je les laisserais partir?

— Très-certainement, lui répondis-je; vous n'oseriez pas vous mettre en opposition avec les lois de votre pays.

— Je l'oserais, ma foi, très-bien; et j'aimerais mieux les pendre de mes mains que de me laisser voler par leur départ!... Après tout, je les ai payés en belles piastres, ces gredins-là! »

Ce sont là les sentiments philanthropiques qui animent la plupart des colons; attendre de leur part une adhésion volontaire aux mesures proposées par les abolitionnistes, c'est rêver l'impossible.

Quelle que soit l'indemnité qu'on accorde aux propriétaires d'esclaves, si jamais ceux-ci sont émancipés, ils regarderont cette mesure comme une spoliation. Ils ne se contenteront pas de protester par des écrits et des paroles contre cet acte de grande justice, ils protesteront encore les armes à la main; qu'on en soit bien convaincu, à Bourbon, ils feront intervenir les intéressés, les nègres eux-mêmes dans ce débat. On verra dans certaines habitations les esclaves essayer de maintenir par la violence leur abjecte position. Ces malheureux, abrutis par la servitude, sont étrangers à toute noble passion, et quelques verres de rhum versés d'une main libérale par leurs maîtres peuvent leur faire renier la liberté, qui seule peut les régénérer.

Quoique le sort des esclaves soit évidemment fort malheureux, leurs maîtres ne sauraient en convenir; mais il suffit de visiter quelques-unes des misérables cases qu'ils habitent, pour se convaincre de l'affreux dénûment dans lequel ils vivent. Un haut dignitaire colonial nous disait souvent, pour nous convaincre de l'excellence de l'esclavage, que ses nègres étaient mieux nourris, mieux vêtus, mieux soignés que la plupart des paysans de nos provinces. Nous ne demandions pas mieux que de voir par nos yeux : nous allâmes donc visiter la propriété de ce colon. Nous devons le dire, jamais l'aspect d'une misère plus profonde, plus hideuse que celle dans laquelle vivent ses esclaves, ne nous avait affligés. Ces malheureux ne recevaient, pour toute nourriture, qu'une faible ration de riz du Bengale, le moins chargé de tous les riz en substance nutritive; la plupart étaient nus, ou bien ils portaient de si misérables haillons que nos chiffonniers eussent hésité à les recueillir dans le ruisseau. La demeure de ces créatures humaines ne renfermait aucun meuble, pas de lit, pas de table, pas le moindre ustensile de ménage; il n'y avait que quelques vases de grès, la plupart ébréchés; le sol mal nivelé était humide et puant; la toiture crevassée laissait passer la pluie et le soleil. Tel était le spécimen de la vie aisée des nègres, le modèle de ces cases confortables qu'on nous avait vantées.

La longue habitude qu'ont les créoles de considérer les esclaves comme des bêtes de somme, les porte à les traiter avec la plus grande dureté. J'ai vu, à l'hôtel Joinville, un pauvre nègre, appelé *Napoléon*, frappé impitoyablement par une espèce de dandy, parce que ce malheureux ne lui avait pas assez promptement rapporté la monnaie d'une pièce de cinq francs qu'il lui avait remise pour le prix d'un bain ! Le stupide auteur de cet acte de brutalité s'éloigna fièrement ensuite, sans être le moins du monde troublé par les cris de douleur de sa victime. Ces mauvais traitements, le dédain qu'on affecte à leur égard, rendent, en général, les nègres menteurs, perfides, vindicatifs; ils usent des ruses les plus ingénieuses pour tromper leurs maîtres, et ils mettent dans leur conduite tant de circonspection, tant de persévérance, qu'ils finissent par endormir la vigilance de ceux dont ils veulent se venger. Ils procèdent comme tous les êtres faibles, qui, ne pouvant lutter à front découvert avec des ennemis puissants, emploient, pour les combattre, la dissimulation et la perfidie. C'est parce qu'ils peuvent longtemps cacher leur haine, dissimuler leurs impressions, que souvent on accuse les nègres de se livrer à l'art des empoisonnements avec un succès capable de dérouter nos toxicologues les plus célèbres; mais ces accusations sont fort exagérées : les malheureux ne sont pas très-versés dans la science des Brinvilliers et des Borgia, quoique depuis longtemps on les pende sur la foi de leur réputation, sans qu'ils aient réclamé contre ces iniques arrêts.

A Bourbon, par exemple, il y a fort peu de temps encore qu'on était convaincu que les nègres employaient, comme poison, le duvet qui recouvre les tiges de bambou. Chaque fois que, dans une habitation, quelqu'un mourait subitement, l'on faisait des perquisitions dans les cases à esclaves, et, si par malheur quelqu'un d'entre eux avait en sa possession la fatale substance, on le traduisait devant les tribunaux de l'île, lesquels le condamnaient bravement à mort comme empoisonneur! Il a fallu, pour qu'on mît désormais à néant ces accusations hostiles, que M. Bernier de Saint-Denis, qui n'est pas seulement un homme de cœur et de courage, mais encore un médecin très-distingué, vînt déclarer devant les juges que, d'après ses expériences, le duvet du bambou est une substance complétement inerte. Pour en convaincre le tribunal, le docteur Bernier a avalé, audience tenante, une pincée de cette espèce de poussière végétale, à l'aide de laquelle on avait motivé tant d'arrêts de mort.

Sous le rapport de l'intelligence, on peut dire que les nègres sont des hommes qui restent toujours à l'état d'enfance, soit parce qu'ils n'ont pas obtenu tous les soins nécessaires à leur développement, soit parce que leur intelligence ne saurait dépasser certaines limites, ce qui est moins admissible. Aussi, dans ses habitudes, le nègre se rapproche de l'enfant : il a la même curiosité inquiète, la même mobilité de pensées, les mêmes ruses; il aurait la même naïveté charmante, si ses instincts grossiers ne s'éveillaient pas de bonne heure, s'il ne devenait bientôt brutal et débauché. C'est surtout la privation de tout plaisir licite et de toute jouissance honnête qui le jette dans les honteux excès auxquels il se livre parfois avec emportement.

Un matin, j'étais sorti à pied avec mon ami, M. de Montigny, pour faire une promenade sur la côte. Nous marchions au hasard le long de ces grèves solitaires, ne perdant jamais de vue les nappes bleues de la mer, dont les faibles brises nous soufflaient au visage et nous ranimaient par leurs passagères fraîcheurs. Nous atteignîmes ainsi une plage tout à fait déserte, et d'un aspect aussi désolé que les bords de la mer Morte. Il était près de midi; le vent du large devenait plus faible de moment en moment; le soleil dardait d'aplomb sur nos têtes, et l'air était en feu. Je regrettais amèrement de m'être ainsi aventuré, et jamais voyageur égaré au milieu de la nuit la plus noire ne déplora autant son imprudence que je déplorai de m'être fourvoyé sous les rayons meurtriers de cet ardent soleil. Suffoqués, haletants, les yeux éblouis par une lumière embrasée, nous cherchions inutilement un abri le long de cette côte plate et coupée seulement d'échancrures peu profondes. Enfin, j'avisai dans l'éloignement un bouquet de cocotiers, dont les grêles panaches retombaient immobiles comme les feuilles d'un parasol indien à demi fermé.

Nous nous acheminâmes lentement vers ces chétifs ombrages, et nous arrivâmes, non sans peine, à l'extrémité d'une petite plaine que coupait brusquement un accident de terrain. Alors un spectacle inouï frappa nos regards : une douzaine de nègres et de négresses faisaient fête en ce lieu. Les hommes, couchés sur le sable, les paupières appesanties par l'ivresse, le corps immobile, semblaient se baigner avec une volupté nonchalante dans les effluves qu'exhalait cette orgie africaine. L'un d'entre eux saisissait par intervalles une bouteille de rhum, en abreuvait ses compagnons et répandait ensuite sur leur tête l'excédant de la libation, afin que l'atmosphère qui les environnait en fût tout imprégnée. Il y avait en ce moment sur le visage de ces malheureux une expression qui n'est pas habituelle chez le nègre : leurs yeux somnolents dardaient des éclairs; leurs lèvres épaisses s'entr'ouvraient avec un rire silencieux, et leur front étroit, légèrement contracté, semblait annoncer la vague et terrible exaltation que procurent l'opium et le haschich. Les femmes, ivres aussi, dansaient furieuses autour de ces hommes anéantis par une débauche prolongée; elles dansaient cette pantomime licencieuse, la bambola, auprès de laquelle les danses les moins tolérées de la Grande-Chaumière sembleraient un menuet décent, un pas de ballet grave et compassé. Les orgies les plus immondes des gens du peuple en France ne sauraient être comparées à cette scène étrange, pendant laquelle les hommes, foudroyés par l'ivresse, et les femmes, excitées par les danses obscènes, présentaient un contraste hideux.

Quelques négrophiles prétendent que, si les nègres se livrent ainsi à la débauche, s'ils refusent surtout de contracter un lien légitime, c'est parce qu'ils ont la conscience de leur position, c'est qu'ils redoutent d'avoir des enfants. C'est là une erreur : ils ne s'élèvent guère jusqu'à ces considérations, et l'instinct de la paternité est peu développé chez eux. Ce ne sera certainement que par l'usage de la liberté qu'ils acquerront ces sentiments élevés, qu'ils arriveront à la constitution de la famille, cette source de toute moralisation.

Nous visitâmes, comme nous l'avions projeté, l'arrondissement sous le vent. Cette partie de l'île Bourbon n'est ni aussi féconde ni aussi pittoresque que celle que nous avions précédemment parcourue. Je ne ferai pas le récit détaillé de notre excursion; je craindrais que le lecteur, fatigué de nos pérégrinations à travers les *salazes* et les plantations, ne nous abandonnât en chemin. On se lasse de certaines descriptions comme on se lasse en voyage d'un paysage monotone; et les planteurs et les nègres, les champs de cannes et les sucreries se ressemblent, qu'on les observe au vent ou sous le vent.

Saint-Paul, chef-lieu de cette région, est un pays presque désert; ce grand village a une physionomie triste et ennuyée; on devine à son aspect que c'est une de ces charmantes localités où l'on n'a d'autre distraction que de médire de ses amis et de déchirer les indifférents. Les maisons sont bâties au centre d'une espèce de golfe formé par deux pointes qui se prolongent dans la mer; l'une est la pointe Saint-Gilles, et l'autre celle des Galets. La rade est presque constamment belle; mais les ras de marée y sont fréquents et les appareillages fort difficiles. Sur toute la côte de Bourbon, on ne trouverait pas une anse, une crique où l'on pût radouber une goëlette en sûreté. Il est vraiment honteux que les travaux onéreux qui ont été entrepris pour doter d'un port notre possession aient été faits en pure perte, et avec une inintelligence dont les Anglais qui fréquentent ces parages ont dû bien souvent se réjouir.

Aucun vestige du passé, aucun monument debout ou en ruine ne rappelle que jadis Saint-Paul fut la capitale de l'île; mais on se demande quel intérêt pressant a fait transporter à Saint-Denis le siége du gouvernement colonial. Le chef-lieu de l'arrondissement sous le vent est entouré d'une chaîne de montagnes basaltiques sur le flanc desquelles s'ouvrent d'étroites vallées. Ces espèces de gorges profondes sont comblées d'une belle végétation et arrosées par de nombreux ruisseaux. Derrière Saint-Paul, à une lieue environ de la ville, se trouve le ravin de Bernica, ce Léthé de l'océan Indien, où Georges Sand envoya Mme Delmare boire l'oubli de ses tristes amours et puiser une nouvelle jeunesse.

Le Bernica représente trois bassins concentriques superposés les uns aux autres. On visite ces lacs au moyen d'une pirogue conduite par un noir. Le nocher mozambique ne prend qu'un seul passager à son bord; celui-ci se couche dans l'étroite et frêle embarcation et l'esclave pagaye prudemment. Lorsqu'on arrive à la base de la deuxième conque volcanique, le voyageur débarque, le batelier charge son embarcation sur les épaules, et ils gravissent ensemble le sentier qui mène au second réservoir. On franchit cette nappe d'eau comme on a franchi la première; et l'on répète la même manœuvre pour voguer sur le dernier bassin.

Le Bernica est formé de trois cratères de soulèvement qui se sont successivement élancés d'un centre commun; ils sont disposés comme les tubes d'une lorgnette. La comparaison est prosaïque et mesquine, mais elle a du moins un pauvre mérite : elle est d'une exactitude parfaite. Les deux premiers bassins n'offrent rien de bien remarquable; ce sont tout simplement de grandes pièces d'eau entourées d'une végétation tropicale dont la prodigalité est monotone dans ces contrées. Mais, à mesure qu'on s'enfonce dans les profondeurs du ravin, le site revêt un caractère d'une originalité étrange. Les arbres élancés disparaissent, des plantes basses et grimpantes les remplacent; les parois basaltiques se rapprochent; les rochers qui surplombent, les masses plutoniennes contournées en arcs, élancées en colonnes, réunies en ogives, se confondent; une coulée de lave de plus de cent mètres domine l'eau immobile et verdâtre du troisième lac, et quelques rayons de soleil s'aventurent à peine à travers ce chaos. Il règne en cet endroit un froid glacial, une obscurité profonde et le silence le plus absolu; aucun souffle d'air ne soulève les lianes suspendues le long des précipices; on n'entend ni le chant d'un oiseau ni le cri d'un insecte, et pas un poisson ne vivifie cette eau morte. On éprouve devant Bernica une impression pénible, comme celle qu'on ressent devant une dépouille amie à laquelle un art menteur a voulu rendre les apparences de la vie. Ces masses solitaires, cette végétation stérile, cette eau inanimée, ce froid pénible sont l'image de ces êtres qui, avec les apparences de la jeunesse, portent un cœur qui ne vit plus. J'ai voulu faire connaître à mes lecteurs le ravin de Bernica, dont la plupart ont sans doute entendu parler; je ne franchirai pas cette gorge profonde, elle servira de limite à ce que j'avais à dire sur notre possession de l'océan Indien.

Depuis que ces lignes sont écrites, un grand fait s'est accompli dans nos colonies : l'émancipation des nègres y a été proclamée. A Bourbon il en est résulté d'abord une certaine perturbation dans les fortunes; mais elle n'a pas été de longue durée. Les mesures strictement justes finissent toujours par tourner à l'avantage de ceux-là mêmes qui les ont le plus violemment combattues. A peine les noirs ont-ils été émancipés que les travailleurs libres ont accouru de toutes parts; et aujourd'hui les Chinois, dans le plus grand intérêt des planteurs, propagent à Bourbon les excellentes méthodes de culture mises en pratique, de temps immémorial, dans l'empire du Milieu. D'abord j'avais eu l'intention de retrancher de ce travail la partie relative aux rapports qui existaient jadis entre les maîtres et les esclaves; mais en réfléchissant que tout ce que j'ai écrit je l'ai vu, que tout ce que j'ai décrit je l'ai touché du doigt, j'ai cru devoir la conserver intégralement, comme un document pouvant servir à faire connaître les mœurs et les habitudes des planteurs de Bourbon avant que l'esclavage fût aboli.

VI.

En mer.

La vue de la mer fait éprouver aux vieux matelots des sensations inconnues à ceux qui n'ont pas sillonné sa surface. Cette vaste étendue a pour ses rudes enfants des sourires voilés aux autres hommes, et les notes qui s'échappent de son sein forment pour leurs oreilles des concerts que le vulgaire n'entend pas. C'est que ces braves gens aiment d'amour l'immense Océan, et, comme tous ceux qui aiment, ils reçoivent de l'objet aimé leur récompense. C'est pour eux seuls qu'il a de tendres paroles et qu'il dévoile toutes ses beautés.

Lorsque je montai un navire pour la première fois, la vaste solitude des mers n'éveillait en moi aucune pensée, et les bruits de ses vagues ne disaient rien à mon esprit. Mais bientôt j'appris à lire sur sa physionomie mobile, et je compris les moindres sons qu'apportait son haleine.

Un jour, assis au pied d'un mât, je promènais mon regard sur la mer agitée; des damiers bruns et des pailles-en-queue, blancs comme des cygnes, battaient des ailes sur les crêtes écumeuses, tandis qu'on apercevait à l'horizon un petit brick luttant bravement contre la tempête, disparaissant par moments sous la lame et remontant héroïquement à son sommet. A cette vue, j'exprimai mon ravissement à un vieux maître d'équipage qui suivait comme moi ce spectacle avec intérêt. Après m'avoir attentivement écouté, le brave homme prit un air soucieux, hocha la tête et me dit gravement :

« La mer vous *a charmé !* »

Depuis lors, en songeant à l'espèce de fascination que sa vue exerce sur moi, je me suis rappelé le mot énergique du vieux marin provençal. Je me le rappelle surtout en ce moment, où ma pensée explore le sillon que nous avons tracé depuis Rio jusqu'à Malacca.

A notre départ de Rio-Janeiro, nous voguâmes pendant quinze jours, poussés par une brise qui soulevait à peine la surface de l'eau. Notre frégate filait rapidement et sans secousses, soutenue par l'haleine tiède et embaumée qui s'exhalait des côtes américaines. En volant sur cette plaine irisée, nous croyions naviguer sur les mers poétiques que l'imagination des matelots a seule entrevues, océans enchantés dont les eaux odorantes sont fréquentées par des navires construits avec la nacre des haliotides et dont les mâts sont recouverts de voiles de satin tissées par les fées. Un ciel sablé d'or pendant la nuit, étincelant d'une clarté splendide pendant le jour, nous couvrait de son dôme azuré; des fucus gigantesques, ces lianes des mers, que les marins appellent des raisins des tropiques, entouraient notre frégate de leurs joyeux festons; au-devant de la proue, on voyait par intervalles s'élever de grands vols de poissons ailés qui fendaient l'air, semblables à des oiseaux d'argent, tandis que les marsouins, étourdis comme des enfants, folâtraient autour du navire.

Mais, à mesure que nous descendîmes vers le sud, l'Océan changea d'aspect. Les grands fucus et les poissons volants disparurent, et la teinte azurée des eaux s'effaça dans l'espace. La mer se vêtit de deuil; elle se couvrit d'un vêtement sombre, et aux cris joyeux succédèrent les plaintes graves et tristes. La brise embaumée fut remplacée par un vent impétueux; sous ses efforts, d'immenses abîmes s'ouvraient sous nos pas; les mâts craquaient et la frégate ballottée poussait des gémissements sourds et profonds. L'espace était à perte de vue mamelonné et bondissant; on voyait seulement des montagnes d'une neige mobile s'élever dans les airs et s'abîmer au sein des flots. Parfois ces avalanches roulaient sur le pont de *la Sirène* et le couvraient de leurs flocons blancs.

On éprouvait un certain plaisir mêlé de crainte à se sentir bercé sur cette mer orageuse, à se sentir entraîné par les capricieuses fantaisies de la vague dure et profonde. Il fallait étudier avec précision les moindres mouvements qu'on exécutait, pour ne point faillir aux lois de l'équilibre et ne pas rouler pesamment sur le pont. Assis au carré de *la Sirène*, nous subissions à l'heure des repas le supplice momentané de Tantale devant le verre qui fuyait nos lèvres et devant les plats qui s'en allaient d'eux-mêmes.

Cependant, au milieu de cette agitation des eaux, nous ne tardâmes pas à voir apparaître les habitants ailés de ces parages. Les pétrels des tempêtes et les albatros vinrent s'abattre sur notre sillage.

L'albatros, que les marins ont surnommé le mouton du Cap, est un oiseau magnifique; ses plumes, d'un blanc nacré, recouvrent d'un triple duvet son corps amaigri et diminuent sa densité; ses pieds membraneux ressemblent à des rames robustes; cette conformation lui permet d'affronter les plus rudes tempêtes et d'habiter les vagues, son humide séjour. Les marins amorcent ce grand palmipède en lui jetant de longues lignes armées d'un hameçon garni de quelques morceaux de lard ou de volaille. Le pauvre oiseau se laisse prendre facilement à cet appât perfide. Lorsqu'il est attiré sur le pont d'un navire, l'albatros ne cherche pas à fuir, il regarde avec étonnement les ennemis qui l'entourent, il marche en trébuchant sur le sol ferme et résistant; on dirait que, sans l'aide agitée des eaux, il ne peut s'élancer dans les airs.

C'est ce bel oiseau qui fournit aux marins les souvenirs grossiers qu'ils emportent de leur passage à travers le cap des Tempêtes. Avec ses pattes palmées, ils confectionnent des sacs à tabac qui n'ont d'autre mérite que celui de leur rareté, et, avec les os creux de ses ailes, ils fabriquent des tuyaux de pipe recherchés de certains amateurs. La chair de l'albatros est dure et sent la marée; ce n'est pas une ressource pour les navires, ordinairement privés de vivres frais lorsqu'ils atteignent ces parages, et rien ne légitime la guerre acharnée que lui font les marins. Mais, partout où il passe, l'homme laisse après lui quelque trace de sang, et il répand de préférence celui des êtres inoffensifs qui ne demanderaient qu'à être ses auxiliaires et ses amis!

L'albatros est, pour l'homme de mer, un messager d'heureux augure; sa présence lui annonce qu'après de rudes fatigues, de pénibles labeurs, il va toucher la terre, et, dès ce moment, il devient son compagnon fidèle. Lorsque le ciel est serein, lorsque rien ne présage l'orage, l'oiseau charmant s'associe à sa joie; il nage gracieusement autour du navire; il s'abandonne mollement aux vagues; il ne s'élève dans l'air que pour caresser de son aile blanche le flot tranquille qui le berce.

Mais, si quelque signe dans l'atmosphère lui révèle la tempête, il pousse un avertissement plaintif, il dit aux matelots : « Serrez vos voiles ! veillez au gouvernail ! voici l'orage ! » et il ne cesse ses avertissements et ses plaintes que lorsque la mer s'apaise et que le vent se tait. Et c'est sur ce compagnon fidèle que l'homme exerce sa perfide adresse ! C'est cet ami dévoué qu'il tue brutalement et sans nécessité !

Les albatros nous accompagnèrent jusqu'en vue du cap de Bonne-Espérance ; là, comme des guides intelligents, ils nous abandonnèrent. En nous quittant, leur dernier regard sembla nous dire : « Nous allons au-devant de nouveaux amis ; nous viendrons vous reprendre lorsque vous irez courir de nouveaux hasards ! » Les charmants oiseaux ont tenu parole ; nous les retrouvâmes sur les vagues moutonnées en quittant le Cap. Cette fois, ils ne nous abandonnèrent que lorsqu'ils nous eurent confiés aux pailles-en-queue, les blancs ramiers de la mer, lesquels nous conduisirent jusqu'à Bourbon.

C'est dans ces parages que nous entendîmes retentir pour la première fois, à bord de *la Sirène*, le terrible cri : « Un homme à la mer ! » On coupa la bouée, on mit en panne, on lança une embarcation à l'eau avec la rapidité de l'éclair. Malgré la promptitude avec laquelle furent exécutées ces manœuvres, on ne put arriver à temps pour secourir le malheureux matelot. Nous le vîmes un moment s'agiter sur la vague, mais il disparut presque aussitôt, et l'Océan roula à jamais sur lui son humide linceul !

C'était un brave Breton fort estimé à bord. Cet événement impressionna vivement l'équipage ; tous pendant quelques jours nous payâmes au malheureux noyé un juste tribut de regrets. A bord d'un navire, il existe une solidarité si intime entre les individus qui l'habitent, que le malheur d'un seul est pour tous un sujet de deuil.

Lorsque nous quittâmes la rade foraine de Bourbon, nous nous abandonnâmes à la mousson, qui nous poussa de sa puissante haleine jusqu'à l'entrée du détroit de Malacca. C'était merveille de voir *la Sirène*, sous cette action puissante, filer treize nœuds à l'heure, sans éprouver les effets du tangage ni du roulis, tant la frégate était bien soutenue par cette force motrice !

A notre entrée dans le détroit de Malacca, nous fûmes assaillis pendant la nuit par une de ces tempêtes passagères qu'on appelle un *sumatra* dans ces contrées. Le grain tomba à l'improviste sur le navire, et ce fut au milieu des éclairs, des détonations réitérées du tonnerre, et sous une véritable chute d'eau, que le brave équipage de *la Sirène* monta sur les vergues et serra les voiles. Lorsque le navire fut en sûreté, officiers, passagers et matelots, malgré la pluie battante, se mirent à contempler le magnifique spectacle que nous présentait le ciel orageux. L'obscurité était complète, le tonnerre grondait sans interruption, semblable au bruit incessant d'une immense cataracte, et à de courts intervalles des jets éblouissants déchiraient les nuages suspendus sur notre tête. Après ces émissions lumineuses, on entendait des détonations formidables, et la pluie redoublait de violence. Bientôt un phénomène plus extraordinaire vint jeter une teinte fantastique sur ce sombre tableau.

Nous vîmes sur la pointe des mâts, sur les vergues et même sur les cordages, courir de grandes flammes bleuâtres semblables aux langues de feu qui descendirent, dit-on, sur les apôtres pendant un jour d'orage. L'apparition du feu Saint-Elme mit en émoi tout l'équipage. Les plus vieux gabiers se réunirent par groupes, entourés de jeunes matelots, pour rechercher quel événement sinistre devaient prédire ces lueurs bizarres; les savants discutèrent sur la nature de ce feu qui ne brûle pas, tandis que les jeunes aspirants, drapés dans leurs manteaux à la manière des sombres corsaires de lord Byron, se croyant à la veille de quelque aventure de mer, murmuraient de leurs voix fraîches, qu'ils cherchaient à rendre sépulcrales, le refrain de la célèbre ballade :

Ouvre l'œil au bossoir,
Car la nuit sera sombre,
Et l'on a vu dans l'ombre
Le capitaine noir.

Le lendemain, à notre réveil, le ciel était serein, le soleil dardait sur les eaux étincelantes ses rayons les plus purs; la mer était calme et unie comme une surface d'acier polie. A travers ce cristal azuré, on voyait nager les diaphanes habitants des mers tropicales : des hyales, des béroés, des pyrosomes, des biphores, et par intervalles des hydrophis zébrés de jaune et de noir.

Les hydrophis sont des serpents venimeux qui vivent dans ces eaux tièdes et calmes; au premier aspect on les prendrait pour des anguilles ; ils en ont la forme svelte et la queue aplatie, mais l'absence de nageoires ne permet pas de les confondre avec ces poissons inoffensifs.

Les hydrophis s'établissent sur les eaux, y demeurent dans une immobilité parfaite ; mais, lorsqu'une proie passe à leur portée, ils se précipitent sur elle, la mordent avec rage, et la victime ne tarde pas à mourir par l'effet du venin que distillent leurs gencives. Nous passâmes quatre jours engagés dans le détroit, forcés de jeter l'ancre fort souvent faute d'un peu d'air pour continuer notre route. Notre séjour sur ce canal tranquille ne fut pas improductif pour la science : mon ami de Montigny et le docteur Duval, premier chirurgien de la frégate, firent plusieurs expériences sur le venin des hydrophis.

M. de Montigny commit la courageuse imprudence de saisir plusieurs de ces reptiles à la base de la tête, tandis que M. Duval leur présentait quelques volailles à mordre.

Tous les animaux atteints moururent en trente minutes, et les deux observateurs constatèrent qu'ils succombèrent à une diminution de la densité du fluide sanguin. Ce symptôme est commun à tous les êtres mordus par des serpents venimeux. Un hasard heureux me mit à même de constater la viviparité de ces terribles ophidiens. Je retirai du ventre de l'un d'eux six petits vivants. Ces jeunes reptiles avaient environ huit centimètres de longueur, ils étaient d'une couleur uniforme gris clair ; si ce n'eût été leurs yeux très-marqués, on les eût pris pour des lombrics. Enfin le docteur Duval eut l'insigne bonheur de pêcher une spirale de Perron complète, la seule peut-être qu'on ait recueillie dans cet état.

VII.

Malacca.

A peine avons-nous jeté l'ancre dans la rade de Malacca qu'une foule de légères embarcations malaises viennent entourer *la Sirène*.

Ces pirogues, creusées dans un tronc d'arbre, sont montées par des hommes petits, grêles, bien conformés et complétement jaunes. Ces braves enfants de la mer sont entièrement nus ; ils ne portent qu'un *langouti* fort exigu, qui embrasse la partie supérieure des cuisses et passe au-dessous des hanches. Un simple mouchoir plié en forme de turban, ou un chapeau de bambou large comme un parasol, couvre leurs cheveux rudes et noirs. La physionomie de ces hommes est pleine de résolution et d'intelligence; leurs petits yeux, légèrement bridés, ont une expression fine et hardie qui prévient en leur faveur.

Je fus immédiatement pris de sympathie pour ces Malais aventureux, que les rusés Néerlandais nous représentent comme une race haineuse et perfide.

J'avais déjà vu, il est vrai, des hommes de race malaise au cap de Bonne-Espérance et à Bourbon. Mais à Cape-Town les descendants des anciens déportés de Java sont devenus de paisibles travailleurs qui n'ont plus que les traits des hardis pirates, leurs aïeux; et à Saint-Denis les malheureux Malais, réduits en esclavage par les colons de Bourbon, sous prétexte qu'ils étaient jaunes, avaient l'aspect triste et sombre d'un lion captif. Je connaissais les Malais comme les conducteurs des ménageries connaissent les animaux sauvages, comme les professeurs du Jardin des Plantes connaissent la flore tropicale; et j'étais heureux de pouvoir les observer libres de toute entrave au milieu de leur beau pays.

Nos visiteurs venaient nous vendre des fruits, des légumes, des oiseaux et des curiosités. Les Malais sont, en quelque sorte, les maraîchers de cette partie de l'Océan; ils vont souvent très-loin des côtes explorer le vaste horizon des mers pour rechercher si le hasard ne leur envoie pas des acheteurs pour les cocos et les bananes dont leurs *proas* sont ordinairement chargées. Chez ces hommes hardis, l'amour du gain s'allie toujours avec quelque projet d'entreprise aventureuse : aussi ont-ils d'étranges idées sur la propriété; ils la considèrent comme légitimement acquise, pourvu qu'elle ait été achetée au prix de quelque danger.

On permit à ces fournisseurs nomades de grimper sur *la Sirène*, et bientôt le pont ressembla à une place de village un jour de marché. Ils offrirent à la convoitise de l'équipage, privé de vivres frais depuis longtemps, tous les fruits savoureux des tropiques, et entre autres des jacquiers et des durians, dont j'aurai occasion de parler plus tard, et que nos matelots appelaient, je ne sais pas trop pourquoi, pains de jésuite. Ils nous apportèrent également de charmantes petites perruches enfermées dans de jolies cages tressées en jonc.

Les élégantes cellules étaient comme des oubliettes aériennes; elles n'avaient aucune ouverture par laquelle le prisonnier pût s'échapper. Ces délicieux oiseaux n'étaient pas plus grands qu'un moineau; leur robe était vert émeraude; quelques-uns avaient les ailes nuancées de rose; d'autres, qui portaient seulement au milieu du front une étoile bleu lapis, semblaient marqués d'un signe mystique comme les habitants des régions éthérées. En observant leur gentillesse, on se prenait à partager les croyances poétiques de ces bons Indiens, qui veulent que les âmes des enfants morts revêtent la brillante parure des oiseaux pour habiter encore parmi les vivants.

Un oiseau jaseur accompagnait les jolies perruches. Celui-ci était vêtu de moire du plus beau noir; il était coiffé avec deux caroncules d'un jaune tendre appliquées sur les parties latérales de la tête, et entourant le bec, également jaune, de leurs bourrelets éclatants. Tous ces oiseaux en esclavage jasaient et sautillaient sans cesse; l'air natal suffisait à leur bonheur; ils ne regrettaient pas leur liberté! Hélas! j'ai revu les pauvres enfants de la Malaisie derrière les vitrages de nos oiseleurs parisiens; ils étaient tristes et moroses; à peine quittaient-ils le bâton sur lequel ils étaient perchés pour s'approcher de leur mangeoire. Autour de moi j'entendais dire : « Ils sont jolis, mais ils sont inintelligents et maussades. » Les pauvres exilés ne sont ni sots ni tristes, mais ils ont froid.

Pendant que nous observions tous ces objets si nouveaux pour nous, on vint nous annoncer que nous relâcherions pendant deux jours à Malacca.

Xavier Raymond, de Montigny et moi, nous descendîmes immédiatement dans une embarcation du pays conduite par quatre Malais, qui font voler sur le flot immobile notre légère pirogue. En avançant dans la rade, nous découvrons à notre gauche une rangée de maisons établies sur des pilotis et s'avançant en quelque sorte sur la pointe des pieds bien avant dans la mer. Ces constructions en bois n'ont qu'un seul étage; leur toit est incliné comme le faîte d'un château de cartes, et aux pieux qui les soutiennent au-dessus des eaux sont amarrées de sveltes embarcations. Une rivière jaune et boueuse divise la ville de Malacca en deux parties unies par un pont; sur la rive gauche s'élève la ville officielle, où résident la plupart des autorités anglaises, et sur la rive droite se développe la ville commerçante. Des pirogues, des proas malaises et des jonques chinoises, ressemblant beaucoup au navire antédiluvien de Noé, sont à l'ancre dans la petite anse où débouche cette rivière et où s'engage notre embarcation.

Nous touchons terre du côté de la ville officielle; sur cet emplacement s'élève une éminence couverte d'arbres, au centre de laquelle est bâti le palais du gouverneur. Ce palais domine une grande agglomération de maisons européennes, qui s'étendent le long de la mer et forment un quartier charmant, ombragé par des cocotiers et baigné par les eaux limpides de la rade. Jadis un fort protégeait cette partie de la ville, une ceinture de murailles la défendait, et une belle église s'élevait dans son enceinte : c'était du temps que les Portugais régnaient dans l'Inde. Mais aujourd'hui il ne reste plus que les ruines de ces augustes monuments : le fort est démantelé, les murailles sont détruites, une mesquine chapelle a remplacé le noble édifice que la foi portugaise avait érigé. Il ne reste du temple saint que le cintre de la porte d'entrée qui avoisine la mer; la voûte s'est écroulée, les pieds vigoureux de l'arbre des Banians ont disjoint le ciment qui liait les pierres, et les arceaux formés par les racines qui descendent des branches du beau végétal ont remplacé les arceaux de granit.

Après avoir considéré d'un regard attristé ces vestiges d'un temps prospère, nous traversons le pont qui lie les deux villes, et nous entrons dans la ville commerçante. La rue dans laquelle nous débouchons est formée de maisons à un étage, d'une bonne apparence, mais d'un aspect bizarre. Elles sont établies directement sur le sol : un auvent, formé par la toiture qui avance sur le mur de façade, abrite invariablement un meuble en bois massif couvert de dorures et d'arabesques; des caractères étrangés sont inscrits au-dessus de la porte d'entrée. Sur le meuble que nous avons signalé sont assis des hommes qui fument; ils sont jaunes comme une fleur de jonquille; leur tête est rasée, une touffe de cheveux conservée sur le sinciput forme une longue queue qui descend jusqu'au mollet; ils ont les pommettes saillantes, les yeux très-obliques et le nez très-dilaté.

L'accoutrement de ces êtres singuliers n'est pas moins extraordinaire : ils ont la tête nue, un éventail leur sert pour se garantir contre les rayons du soleil; ils portent une espèce de veste flottante en soie blanche ou en coton; ce vêtement descend jusqu'à mi-cuisse et s'attache au-dessus de la clavicule par un bouton placé sur l'épaule droite; le pantalon, également blanc, est maintenu au jarret par des rubans bleus; les jambes sont couvertes de bas en étoffe de coton piquée, et les pieds sont chaussés de souliers en satin noir dont la semelle de feutre a deux pouces de hauteur. Ces hommes sont des Chinois, ces maisons basses et ornées sont leurs demeures, et les grands meubles en bois couverts de dorures, les cercueils que dans leur prévoyance ils ont préparés à leurs restes mortels!

Ainsi les premiers représentants de ce peuple que nous allons visiter s'offrent à nous sous un aspect étrange, et ils nous révèlent un trait caractéristique de leur race qui n'est pas moins surprenant que leurs habitudes et leur costume : c'est leur indifférence en face de l'idée de la mort! A nous, hommes de l'Occident, la vue d'un tombeau est importune, car ce sinistre monument semble nous dire : « A quoi sert-il de tant nous tourmenter, puisque nous ne saurions éviter la mort? » Au Chinois au contraire, moins imbu de doctrines mystiques, il dit simplement : « Travaille pour jouir, car la mort est là! »

En sortant de cette rue, nous pénétrons dans un quartier malais; les maisons sont exactement semblables à celles que nous avons vues de la rade s'avançant bravement dans la mer. Elles sont également construites sur de longs pieux, mais placées au milieu de vastes jardins; des mangoustaniers et des durians les couvrent de leurs branches chargées de feuilles épaisses, et des palmiers les entourent de leurs aigrettes, comme une palissade hérissée de lances.

Les habitants de ces demeures nous rappellent les visiteurs nomades que nous avons vus à bord de *la Sirène;* toutefois, nous constatons avec plaisir que ceux-ci ont fait quelques additions indispensables au vêtement primitif de nos anciennes connaissances: ils portent de larges pantalons, et une ceinture au travers de laquelle est passé un kriss pour se défendre.

En parcourant cette ville singulière, nous rencontrons bien çà et là quelques constructions européennes; mais elles sont en quelque sorte perdues au milieu de maisons chinoises et malaises. Les magasins des quartiers marchands sont fournis de comestibles qui nous sont entièrement inconnus; ce sont des gelées de fucus qu'on appelle ici de l'agar-agar, du tao-fou, du tan-ka-choy, toutes choses que nous aurons le temps d'étudier en Chine. Des éléphants se promènent gravement dans les rues, et plusieurs, dans leur joyeuse humeur, provoquent les passants avec leur trompe inoffensive.

Nous rencontrons fort peu de femmes sur notre passage; les métisses portugaises que nous voyons à visage découvert sont affreuses. Elles ont la tête nue; elles portent autour du corps un *sarron*, espèce de tapis qui dessine leurs formes grêles en se collant sur les parties inférieures, et par-dessus ce vêtement une espèce de redingote, laquelle descend jusqu'aux genoux et couvre les épaules: les femmes musulmanes sont voilées pour la plupart, si toutefois on peut appeler ainsi la manière dont elles cachent leur figure aux yeux indiscrets.

Elles jettent leur jupon sur la tête à la manière de Virginie se mettant à l'abri de la pluie; elles étendent ensuite les bras en croix et font remonter au niveau des yeux le bord inférieur, de sorte qu'il ne reste qu'une fente longitudinale à travers laquelle elles promènent leurs regards. Sous un tel accoutrement, ces femmes ressemblent aux immenses chauves-souris auxquelles la science a donné un nom emprunté aux superstitions populaires, à ces vampires redoutés qui peuplent les forêts américaines.

On le voit, ici l'influence de la civilisation européenne s'efface complétement : les Portugais, les Hollandais, les Anglais ont bien pu dominer ces populations par les armes; mais en réalité d'autres mœurs règnent sur elles et les rendront pendant très-longtemps encore rebelles à l'action évangélique.

Après avoir jeté ce premier coup d'œil sur la ville, nous nous mettons en quête d'un hôtel, d'une auberge, d'un cabaret, d'un abri quelconque pour passer la nuit. Des Malais nous indiquent une belle maison de construction européenne, dans laquelle nous serons, nous disent-ils, traités comme des rajahs. Nous heurtons à la porte; une vieille femme malaise vient nous ouvrir et nous précède auprès du maître du logis.

La pièce dans laquelle on nous introduit est excessivement vaste; elle est garnie tout autour de fauteuils et de canapés en rotins. Le chef de la maison, qui est installé sur un de ces meubles, s'occupe activement à s'éventer avec un écran en feuilles de palmier, et toute sa famille, sa femme, ses trois filles et un garçon se livrent avec frénésie à ce même exercice. Notre hôte futur est un homme de cinquante-huit ans, petit, replet et noir; il est vêtu à l'européenne, c'est-à-dire qu'il porte une jaquette et un pantalon blanc. Sa femme est une grande personne très-blanche; elle est vêtue d'une espèce de chemise courte qui flotte librement sur ses jupons. Les trois filles, petites moricaudes de quinze à dix-huit ans, sont habillées de la même façon que leur mère.

Lorsque nous entrons, le père seul se lève, vient à nous et nous dit en portugais :

« Seigneurs, qu'est-ce qui me vaut l'honneur de votre visite?

— On nous a assuré, lui répondit notre ami de Montigny, que nous trouverions chez vous une chambre pour passer la nuit.

— Très-certainement, interrompit le digne homme, et j'ose dire que dans tout Malacca vous n'en trouveriez pas une pareille à celle que je puis mettre à votre disposition. Si vous voulez me suivre, seigneur, je vais vous y conduire. »

Nous entrâmes effectivement dans une vaste salle assez propre, entièrement dépourvue de meubles.

« C'est bien, dis-je; lorsque vous aurez fait monter ici trois lits et quelques chaises, nous serons effectivement très-bien.

— Des lits! des chaises! s'écria notre hôte en écarquillant les yeux; vous n'en avez donc pas?

— Pas le moins du monde, répliquâmes-nous.

— Une nuit est bientôt passée, dit en forme de réflexion notre honnête Portugais; un lit n'est pas absolument nécessaire pour dormir; vous pourriez acheter trois nattes pour vous coucher.

— Va, répondit de Montigny, pour les trois nattes; et, comme une nuit est bientôt passée, vous pourriez nous remettre alors vos moustiquaires.

— Depuis plus d'un an j'ai le projet d'acheter une moustiquaire pour le lit de mes filles et une pour le lit de mon fils, qui ne couche plus sur la même natte qu'elles, mais il n'y a encore que mon lit qui soit fourni de ce meuble.

— Ma foi, vous avez une façon de dire les choses qui me charme, dit de Montigny; que vous ayez ou que vous n'ayez pas de moustiquaires, nous coucherons chez vous! Comme vous le dites très-bien, une nuit est bientôt passée! Préparez-nous à manger, et qu'il ne soit plus question de lits.

— Vous voulez manger? interrompit notre homme épouvanté; vous voulez manger? mais c'est impossible!

— Comment! c'est impossible? Est-ce que vous ne mangez pas, vous? nous écriâmes-nous tous les trois ensemble.

— Certainement je mange, répondit notre hôte avec abattement; je mange, puisqu'on ne peut pas faire autrement... mais vous...

— Ah çà! est-ce que vous nous prenez pour des anges? demandâmes-nous exaspérés.

— Oh! mon Dieu, non! répliqua le pauvre homme; mais, si je vous donne à manger, vous voudrez sûrement une assiette, un verre, une fourchette, qui sait? peut-être même une serviette pour chacun, et, avant d'avoir rassemblé tous ces objets, il me faudrait frapper à la porte de tous mes amis... Vous ne dîneriez pas avant minuit... Tenez, je suis homme d'expérience, suivez mon conseil : allez vous promener autour du palais du gouverneur; si vous le rencontrez, il est possible qu'il vous invite à dîner avec lui. C'est la seule chance que vous ayez de manger ce soir. »

A ce dernier trait, l'hilarité l'emporta sur la mauvaise humeur; nous serrâmes la main de ce brave homme et nous sortîmes de chez lui.

Les Malais qui nous avaient amenés nous attendaient à la porte d'entrée. En apprenant que nous n'avions pas trouvé ce que nous désirions, ils nous proposèrent de nous conduire dans plusieurs autres maisons portugaises et hollandaises, où la scène que l'on vient de lire se reproduisit, sauf de légères variantes. Nous demandâmes alors à quelques-uns des Malais qui paraissaient le plus huppés parmi nos guides de nous héberger; mais ces fidèles sectateurs du Coran reculèrent d'horreur à cette proposition en murmurant le nom de chrétiens! Nous ne savions plus à quel gargotier nous vouer; nous étions disposés à user du stratagème que nous avait indiqué le seigneur portugais, lorsqu'un jeune garçon vint à nous. Son costume était celui des marins européens; il portait un chapeau ciré et une veste bleue.

« Messieurs, nous dit-il en mauvais anglais, vous êtes probablement sans logement, et vous ne savez pas encore si vous dînerez ce soir, ni même si vous pourrez coucher sous un toit.

— C'est effectivement là le sujet de notre préoccupation, lui dîmes-nous; pouvez-vous nous tirer d'embarras?

— Très-certainement, nous répondit-il en se dandinant comme un homme sûr de son fait.

— Comment! vous pourrez nous donner à coucher?

— Pourquoi pas? Je suis matelot à bord du brick du capitaine Martin, qui fait les voyages de Bahi et de Bankoc, mais je suis de Malacca. Je m'appelle Melo, et ma famille habite ce pays depuis plus de trois cents ans; je vais vous conduire chez ma mère.

— Et vous êtes sûr que votre mère nous donnera à coucher et nous préparera à dîner?

— Pour ce qui est de vous préparer à dîner, c'est plus difficile que de vous faire coucher; mais ce n'est pas impossible; il ne s'agit pour vous que de remplir une petite formalité.

— Laquelle? demandâmes-nous avec empressement.

— Tout simplement de payer votre dîner d'avance. Ici nous avons de tout, excepté de l'argent, et ces gueux de Chinois ne nous donnent rien à crédit.

— Et combien vous faut-il, seigneur Melo?

— Venez chez ma mère, et nous nous arrangerons. »

Nous suivîmes notre guide. Il nous conduisit dans un quartier solitaire, où chaque maison était entourée d'un jardin.

L'habitation de la mère du seigneur Melo était bâtie en pierre, mais elle avait l'aspect le plus misérable. La toiture était en feuilles de palmier et le mur de la façade tombait de vétusté. Nous entrâmes dans une salle basse assez propre; une table étroite occupait toute la longueur de cette pièce, et deux bancs étaient établis sur les côtés.

Cette disposition, commune aux cabarets du monde entier,

nous fit espérer que la mère de Melo n'en était pas à son coup d'essai, et qu'elle tiendrait les promesses que son fils nous avait faites. Nous passâmes de cette pièce dans une autre qui y était contiguë; nous trouvâmes dans celle-ci deux femmes vêtues avec le sarron malais et l'espèce de redingote flottante que les Portugaises portent par-dessus ce vêtement. Une de ces femmes était très-vieille et hideuse, l'autre n'était plus jeune et me parut aussi fort laide. Melo dit avec volubilité quelques mots malais à la plus vieille des deux femmes. Celle-ci lui répondit dans la même langue. Après quoi le matelot nous demanda trois piastres fortes d'Espagne, en nous assurant que nous dînerions aussi bien que le sultan de Bornéo.

Après avoir reçu notre argent, notre guide nous engagea, maintenant que nous avions la certitude de dîner, à aller faire une petite promenade pour gagner de l'appétit. Nous nous empressâmes de suivre ce judicieux conseil.

Lorsqu'on découvre de la rade l'immense plaine dans laquelle la ville de Malacca est bâtie et où rien n'arrête le regard, où l'on ne voit que des milliers de cocotiers dont les colonnes élégantes soutiennent avec orgueil leur chapiteau de verdure, on sent qu'on aborde une de ces terres privilégiées qui n'ont pas besoin d'être fécondées par un travail humain; et, lorsqu'on foule ce sol admirable, on est tout à fait confirmé dans cette idée. Nous nous éloignons de la ville et nous arrivons dans un charmant verger au milieu duquel s'élèvent de nombreuses petites habitations cachées sous des centaines d'espèces végétales qui toutes donnent des fruits savoureux; on n'aperçoit sous ces dômes de feuillage aucune trace de la main de l'homme; on croirait que l'on a sous les yeux un peuple frugivore, pour lequel les portes du paradis terrestre n'ont point été fermées encore. Nous nous approchons d'une de ces charmantes habitations malaises : le dessous de la maison sert à abriter des quantités énormes de ces beaux joncs de l'Inde, dont on fait dans le pays un commerce considérable. Un balcon recouvert, une espèce de varande entoure complétement cette demeure, dans laquelle on entre par un escalier placé en dehors.

Une femme et deux hommes sont sur le balcon; la femme est occupée à tresser une natte grossière en feuilles de palmier. C'est avec la feuille verte, à peine enlevée à l'arbre, qu'elle exécute son travail; les hommes détachent, à l'aide d'un petit instrument en fer, l'amande que renferme la noix de coco. Quelques volailles grattent la terre; ce sont de jolies poules malaises, plus petites que les nôtres; leur plumage est animé des plus vives couleurs, et elles donnent des œufs d'un jaune nankin. Dans un endroit exposé au soleil, et sur lequel est déposée une certaine quantité de fumier, nous trouvons un grand nombre de cocos qui commencent à lever. La feuille cotylédonaire est complétement développée, et la petite tige échappe déjà à ses embrassements. Ce seraient là de beaux sujets pour étudier les phénomènes de la germination, mais en voyage on observe et on n'étudie pas. Nous comptons plus de vingt espèces d'arbres dans un petit espace qui entoure cette chétive demeure; ce sont des manguiers, des eugenias, des durians, des ramboutans, des garcinias mangoustans, des papayers, des jacquiers, des diospiros, des longhangs, et bien d'autres que j'omets pour ne pas rendre cette nomenclature ennuyeuse. Tous ces arbres sont en plein rapport; les fruits qu'ils produisent sur cette vieille terre sont sucrés et savoureux, et ne ressemblent pas aux fruits âpres de la jeune Amérique.

En parcourant ce *campon*, nous découvrons une misérable maison en pierre, qui contraste avec la bonne mine des habitations malaises : il en sort une vieille femme portugaise couverte de haillons; elle tient du bout des doigts une pièce de monnaie en cuivre plus petite que nos liards, et elle marche en grommelant. Nous suivons cette pauvre créature; elle se rend auprès d'une échoppe établie par un Chinois sur le bord d'un chemin. Cette misérable boutique en planches renferme une faible quantité de chaux coquillière, des fragments de gambier, quelques tas de riz et des piments; sur une table vacillante est étalé devant la porte un superbe poisson qui ferait l'ornement de la devanture de Chevet. La vieille tend en rechignant sa petite pièce de monnaie au Chinois, qui la reçoit avec le sourire gracieux particulier aux marchands de son pays, et il donne en échange à la vieille femme un morceau large comme la main de son énorme poisson.

Cette vieille femme descend certainement des anciens conquérants de la Malaisie; elle s'appelle peut-être Albuquerque, Souza ou Vasco; elle a fait, dans sa jeunesse, partie de la plus haute aristocratie de ces contrées ; aujourd'hui elle vit dans l'abandon, dans la misère, dans la dégradation. Le rusé Chinois est tout simplement un pauvre diable du Fo-kien ; il est arrivé à Malacca sans un sou vaillant, n'ayant d'autre ressource que l'esprit entreprenant de sa race. A force de soins, de travail, de persévérance, il est parvenu à monter sa misérable boutique. Dès ce moment, sa fortune est assurée ; il poursuivra les Malais de son obséquiosité mercantile, jusqu'à ce qu'il ait fait passer de leur poche dans la sienne une petite fortune, de laquelle il vivra fort tranquillement à Malacca, et se fera commodément enterrer dans son cimetière de prédilection. Ici, comme dans beaucoup d'autres pays, la race conquérante, la haute aristocratie, disparaît, et les races laborieuses la remplacent. Nous abordons la vieille femme, et nous lui offrons quelques pièces d'argent. A cette vue, elle se frotte les yeux, regarde autour d'elle, prend notre offrande, et s'enfuit aussi vite que ses jambes le lui permettent en nous comblant de bénédictions.

Un moment après nous voyons accourir vers nous la moins vieille de nos hôtesses. Elle pousse des exclamations, et nous fait signe d'accourir en toute hâte. Elle nous apprend que, pendant notre absence, une troupe de forbans s'est abattue sur notre dîner, et qu'elle est en train de le dévorer. A cette nouvelle, nous poussons un cri de douleur.

« Comment se fait-il, nous écrions-nous, que votre fils ne se soit pas fait tuer, plutôt que de laisser manger notre dîner ?

— Qui ? mon fils ? s'écrie à son tour la vieille. Vous voulez parler de ce pendard qui vous a amenés ? Qui, lui mon fils ? Ce fils d'une chienne vous a dit qu'il était mon fils ? Il s'est bien fait donner une demi-piastre pour vous avoir conduits chez moi. »

A cette révélation nous partîmes d'un grand éclat de rire, et nous nous acheminâmes précipitamment, convaincus que nous trouverions notre guide parmi les dévorants qui expédiaient notre dîner. Il n'en est rien : ce sont les maîtres et les contre-maîtres de la corvette *la Victorieuse* qui se sont rendus coupables de cet acte de piraterie. A notre aspect, ils sont un peu confus ; cependant l'orateur de la troupe nous donne l'explication suivante :

« Les habitants de ce pays sont les plus grands menteurs de la terre ; lorsque nous sommes entrés ici, attirés par une certaine odeur de cuisine, ces vieilles crevettes nous ont dit qu'elles préparaient à dîner pour des Français. Alors nous avons naturellement pensé que c'était pour des Anglais ou des Portugais que la poêle chantait, et nous nous sommes mis à table. C'est du guignon ; ces sorcières n'ont dit qu'une fois la vérité dans leur vie, et il faut que ce soit à nous ! Ce qu'il y a de mieux à faire maintenant, messieurs, c'est de vous asseoir et de tâcher de dîner avec ces restes. »

Nous allions suivre cet avis, lorsque, sur un signe de l'une des deux vieilles, nous refusâmes. Nos hôtesses nous firent entrer dans un petit jardin qui ressemblait à un fourré, tant il était ombragé, et nous trouvâmes, servi sous un grand oranger, un dîner fort rassurant ; il se composait d'un karri de volaille, d'un beau poisson aux tomates et d'un morceau de viande. C'était ce qu'elles avaient pu sauver de la razzia. Moyennant deux piastres que nous ajoutâmes, nous obtînmes du vin qui, à trois mille cinq cents lieues de France, pouvait passer pour du bordeaux. Nous dînâmes fort gaiement, nous promettant, si nous revenions jamais à Malacca (pour ma part j'y suis revenu trois fois depuis), de ne plus perdre notre dîner de vue, une fois que nous en aurions trouvé un.

Nous sortons de chez notre hôtesse à la nuit close ; les rues habitées par les Chinois, les magasins tenus par ces laborieux marchands, les ateliers qu'ils fréquentent nous offrent un coup d'œil inattendu. Toutes leurs maisons, toutes leurs boutiques sont illuminées ; d'immenses lanternes en étoffes de soie, sur lesquelles sont peints des fleurs, des oiseaux et des dragons fantastiques, pendent devant chaque façade. Sur quelques-uns de ces globes légers sont tracés des caractères qui indiquent le nom et la profession du maître de la maison. Cependant ces rues si élégamment éclairées sont presque désertes ; à peine rencontre-t-on par intervalles quelque Malais attardé qui rentre chez lui, ou quelques restaurateurs ambulants criant leur marchandise suspendue aux deux extrémités d'un bambou. Des clartés éblouissantes qui s'échappent d'un quartier attirent notre attention ; nous apprenons que c'est une rue exclusivement habitée par des forgerons chinois. Aujourd'hui, ce sont ces adroits industriels qui confectionnent les lames des kriss, des campilans redoutables, les fers de lance si appréciés des amateurs de la vieille ferraille malaise. Ces laborieux artisans sont nus depuis la plante des pieds jusqu'au haut des cuisses, et depuis le sommet de la tête jusqu'au bas des reins. Les lueurs de la forge et du fer rougi jettent une teinte claire sur leur peau dorée; ils travaillent silencieusement et avec entrain.

Les rues malaises n'ont rien de cette animation industrielle; les maisons sont muettes; on entend seulement sortir quelques chants monotones de quelques-unes de ces demeures parfumées: c'est probablement quelque jeune femme qui charme les ennuis de son seigneur et maître. Dans une de ces rues nous rencontrons le seigneur Melo, qui nous demande, de l'air le plus naturel du monde, si nous sommes satisfaits du dîner que sa mère nous a donné. Nous lui répondons affirmativement. Alors le jeune gentilhomme nous propose de nous introduire dans une de ces maisons malaises. Nous grimpons par un escalier de bois qui aboutit à une varande où nous trouvons toute la famille couchée sur des nattes. Notre apparition un peu brusque surprend les habitants du logis; mais, sur quelques mots de notre conducteur, on s'empresse d'allumer une mèche qui trempe dans un grand verre rempli d'huile de coco, et nous faisons connaissance avec la physionomie de ces bonnes gens.

Le père peut passer, à Malacca, pour un homme d'une taille au-dessus de la moyenne; des moustaches et une barbe blanchies par l'âge donnent à sa physionomie une certaine dignité; ses yeux ne sont pas bridés et il a le nez aquilin. Son costume offre également des différences notables avec celui des autres Malais; il porte un véritable turban, des pantalons fort larges et une espèce de longue robe de chambre en indienne. Sa femme est une Malaise pur sang; elle a les lèvres rougies par le bétel et les dents noires; elle est vêtue avec le sarron national et une camisole qui lui couvre les épaules. Les deux filles de ce couple ont les traits beaucoup plus fins que leur mère, elles sont moins jaunes qu'elle; leur costume est le même, avec cette différence qu'elles n'ont pas de camisole; leurs épaules, leurs bras et leurs seins sont entièrement nus. A peine sommes-nous installés sur des nattes jetées à terre, que le maître de la maison nous apprend qu'il descend par son père d'un musulman célèbre qui vint d'Arabie, il y a près de cent ans, réveiller le zèle religieux des Malais. Le vieux musulman nous dit cela pour nous apprendre qu'il est de noble origine et qu'il jouit auprès de ses coreligionnaires d'une certaine considération. Quant à nous, nous trouvons dans ce fait l'explication de son nez aquilin et du parallélisme de ses grands yeux noirs; ce qui, pour nous, est plein d'intérêt.

Pendant que nous causons avec le père, les jeunes filles ont pris sur leurs genoux un petit plateau en laque rouge sur lequel sont étalées des boîtes en cuivre semblables à celles dans lesquelles nos barbiers de village renferment leurs savonnettes.

Après avoir puisé diverses substances dans les unes et les autres, elles enveloppent le tout dans une feuille verte et nous offrent ces petits paquets artistement confectionnés. Au moment où je porte cet objet à la bouche, la mère fait un geste pour me retenir, et s'écrie en portugais : « *Arde! arde!* Ça brûle! ça brûle! » Malgré cet avertissement, je mâche la composition malaise. Déjà j'avais subi les épreuves du feu au Brésil et à Bourbon avec les condiments tropicaux ; aussi la saveur brûlante du bétel ne me surprend pas. Je trouve même un certain plaisir à mâcher cette drogue astringente. Les jeunes filles, voyant mes bonnes dispositions, voulurent m'apprendre à préparer moi-même cette *chique* orientale. La plus jeune des deux sœurs prend dans sa main une feuille de poivre-bétel; elle puise ensuite, avec l'extrémité d'un des doigts de la main droite, dans une des boîtes en cuivre, une petite quantité de pâte de chaux vive dont elle barbouille la partie supérieure; cela fait, elle plie dans cette feuille un morceau de noix d'arec et un fragment de gambier. Le bétel ainsi préparé est doué de propriétés toniques très-énergiques; j'en ai fait usage avec succès, lorsque mon estomac, débilité par l'excès de la température, fonctionnait difficilement.

En parcourant du regard la pièce dans laquelle nous nous trouvons, je vois, appliquée contre le mur, une gravure du *Journal des Modes*. Ce fut pour moi comme une apparition; elle représentait une marquise de Breda-street, avec des manches à gigot et un chapeau dont la forme élevée était surmontée de nœuds de rubans monstrueux. Cette caricature excita mon hilarité; les jeunes filles vinrent curieusement vers moi, et l'une d'elles me dit :

« Est-ce là le costume des femmes de votre pays?

— C'était leur costume il y a dix ans, lui répondis-je; mais aujourd'hui ce n'est plus ainsi qu'elles sont vêtues.

— Pourquoi donc ont-elles changé de costume? Est-ce que des hommes étrangers ont amené chez vous des femmes étrangères qu'elles ont voulu imiter?

— Les femmes de mon pays, repris-je, n'imitent jamais dans leurs vêtements les femmes étrangères : ce sont celles-ci qui prennent leur costume pour modèle.

— Eh bien! alors, puisque vous êtes si puissants que vous faites adopter partout le costume de vos femmes, pourquoi en changent-elles? »

Je voulus faire comprendre à ces sauvages enfants ce que c'était que la mode et ses caprices; mais l'aînée des deux sœurs me répondit :

« Ce qui allait bien hier ne peut pas aller mal demain : les unes aiment mieux un sarron bleu qu'un sarron rouge, mais c'est toujours un sarron. Ma sœur aime mieux porter les cheveux relevés, moi j'aime mieux les laisser tomber sur mes épaules; mais, si nous nous couvrons la tête, c'est avec un chapeau semblable. »

En disant ces mots, elle avait dénoué sa chevelure, qui se répandit sur ses épaules et sur son sein jaunes et les couvrit de ses flots noirs. Cette figure de sandal encadrée dans de l'ébène avait une expression fière et énergique; par intervalles, elle passait sa main fine et gracieuse sur son front; lorsqu'elle exécutait ces mouvements, les anneaux dont ses doigts étaient ornés ressemblaient à de l'or brillant sur de l'or mat.

Nous prolongeâmes longtemps notre soirée chez ces braves gens. Bien qu'il fût plus de minuit lorsque nous regagnâmes notre demeure, l'illumination chinoise durait encore. La plupart des boutiques étaient fermées, excepté cependant celles de la rue habitée par les forgerons. Nous apprîmes de Melo, qui, en cicerone fidèle, ne nous avait pas quittés, que ces artisans ne ferment jamais leurs ateliers. Les ouvriers de ces usines font le quart, comme les matelots à bord d'un navire. Ainsi, dans ce quartier, l'enclume ne cesse jamais de retentir, la forge ne s'éteint jamais.

En rentrant chez notre hôtesse, Melo demanda avec autorité si nos lits étaient prêts : une des vieilles sorcières prit un grand godet dans lequel brûlait une mèche de coton, et nous précéda le long d'un escalier qui conduisait au premier étage. Jamais je n'avais vu de mansarde aussi affreuse que celle dans laquelle nous conduisit cette horrible fée. Le plancher était couvert des débris de tous les végétaux de la création ; de vieilles piques, de vieux ustensiles étaient déposés le long des murs; le toit de nippa laissait passer les rayons de la lune, et aux quatre coins étaient étendues quatre nattes ; le seigneur Melo nous faisait l'honneur de nous tenir compagnie.

Nous nous couchâmes sur ces lits improvisés, mais il nous fut impossible de fermer les yeux. Des rats trottillaient autour de nous, des insectes nocturnes volaient et claquetaient au dessus de notre tête, et la lune nous éclairait aussi vivement que le soleil en plein midi à Londres ou à Paris.

« Savez-vous, dis-je à Melo, qu'on est parfaitement mal logé chez madame votre mère?

— C'est aussi mon avis, répondit le drôle.

— Eh bien ! voulez-vous alors que nous allions faire un petit tour en ville?

— J'y consens, » me répondit-il.

En traversant de nouveau les rues chinoises, nous voyons plusieurs maisons dont la porte extérieure est ouverte et le vestibule parfaitement éclairé. Je demande à Melo s'il y a fête ou gala dans ces loges. Il me répond que ce sont probablement des Chinois qui célèbrent une des nombreuses pratiques de leur culte. Je m'arrête sur le seuil de l'une de ces demeures; un jeune Chinois, d'environ vingt ans, vêtu d'une robe en soie bleu foncé garnie de boutons en verre, m'engage à entrer chez lui. Devant une grande image représentant les génies protecteurs de la famille, il fait brûler des allumettes parfumées. Ces allumettes sont fixées dans de la cendre contenue dans un ustensile en bronze de forme carrée, couvert d'arabesques et soutenu sur quatre pieds. Deux cercueils, semblables à ceux que j'ai déjà signalés en décrivant les habitations chinoises, sont placés parallèlement des deux côtés de l'autel des ancêtres. Melo demande à ce jeune homme quels sont les restes que renferment ces meubles funèbres.

« Celui-ci, répond-il en les désignant du doigt, renferme mon père, et celui-là ma mère. Depuis plus de deux ans je conserve chez moi ces restes sacrés; mais les biens qu'ils m'envoient sont si nombreux, que je ne sais plus où les placer. Demain je vais les déposer dans le tombeau que je leur ai fait élever sur la montagne. »

Melo me rend cette réponse en l'accompagnant de ses réflexions de pirate et de mécréant.

« Les Chinois sont si avares, me dit-il, qu'ils ont toujours peur de mourir de faim. Ils boucanent ainsi leur père et leur mère afin de les utiliser en cas de disette. Si ce n'était pas ce motif, je vous demande ce qu'ils feraient de cela dans la maison; ils ne s'en débarrassent que lorsqu'ils sont devenus riches. Celui-ci, par exemple, n'avait pas un sou vaillant il y a cinq ans; aujourd'hui, il est riche comme Palmer de Calcutta. »

Le bon Chinois nous engage à examiner les apprêts de la cérémonie du lendemain. Sur une châsse ressemblant beaucoup à celles dans lesquelles on place nos saints, est étalé un cochon rôti; sur d'autres châsses moins ornées sont disposés des bols remplis de ragoûts d'une odeur appétissante, des gâteaux en losange, carrés, ronds, portant des caractères. Nous voyons plusieurs corbeilles remplies de papiers dorés : ce sont des valeurs idéales destinées à être brûlées sur le tombeau des morts pour leur servir de monnaie dans l'autre monde. Ensuite il nous montre le costume qu'il doit revêtir et ceux des pleureuses qui accompagneront les cercueils. Nous sortons après avoir pris avec notre hôte une tasse de thé et mâché le bétel.

Nous traversons le pont qui sépare les deux parties de la ville; nous suivons un long faubourg qui borde la plage. La marée monte, et, au milieu du silence de la nuit, nous entendons la grande voix de l'Océan, qui endort au bruit de ses chants mélancoliques les heureux habitants de Malacca. La clarté de la lune se joue sur les flots; le mouvement de l'eau fait ressembler les rayons qui la pénètrent à des poissons phosphorescents. Une légère brise fait onduler la tête des palmiers; chacune des grandes feuilles de l'arbre des grèves rend un son harmonieux. Tout cela est admirable ! Ces mœurs étranges, cette nature poétique, me font croire que je suis le jouet d'un songe, ou que je suis arrivé au pays des fées et des génies bienfaisants.

Les marchands de vieille ferraille, les collecteurs de bric-à-brac encombrent ce matin les rues de Malacca. A la nouvelle de notre arrivée, ils sont accourus de toutes les parties de la colonie. Les uns agitent des kriss aux lames minces et effilées, des campilans longs comme la Durandal de Roland, des lances aiguës garnies de crins rouges et noirs; d'autres sont cachés derrière d'énormes boucliers en peau de buffle, en cuir de rhinocéros, ou tout bonnement de bois, bariolés de rouge et de noir; d'autres encore sont armés de sarbacanes en bambou, d'arcs et de flèches empoisonnées.

Ce sont les Malais qui sont les détenteurs de toutes ces armes. Cela se conçoit : un touriste qui sait son monde se garderait bien d'acheter ces instruments redoutables à d'autres qu'à ces farouches insulaires. Pour le moment, les farouches insulaires se sont transformés en de paisibles marchands fort rusés, faisant valoir les objets qu'ils vendent avec autant d'art qu'un vulgaire *calicot*.

Malacca est un des arsenaux de la Malaisie; il partage ce privilége avec Holo et Bornéo. Les romantiques du détroit jurent par leur bonne lame de Malacca, comme les héros de M. de Musset jurent par leur bonne lame de Tolède. Les kriss qu'on fabrique dans ce pays sont de petites armes droites et effilées; elles sont enfermées dans un fourreau, le plus ordinairement de bois, quelquefois de métal. Le fourreau est d'autant plus riche, d'autant plus élégant, que la lame est réputée meilleure. Un kriss de Malacca ne doit jamais plier; il ne doit jamais s'ébrécher en heurtant les corps les plus durs, et ne doit se rompre que sous les efforts les plus violents. Ordinairement le plat de la lame porte des herborisations, et c'est sur ces dessins confus que les nécromanciens du détroit lisent le présent et l'avenir. Jadis c'étaient les Malais seuls qui fabriquaient ces armes redoutables; mais, depuis que la curiosité européenne s'est mise à la recherche de ces objets, les Chinois établis dans le détroit en confectionnent à suffisance pour satisfaire l'avidité des collecteurs. Hélas! il en est aujourd'hui des armes malaises comme des vases étrusques, des momies égyptiennes et des médailles antiques : d'avides marchands les contrefont avec un art incomparable.

Les campilans ressemblent beaucoup aux sabres droits de nos hussards; ce sont de grandes lattes avec une poignée en bois qu'on peut saisir à deux mains. Cette poignée est, comme l'épée des preux chevaliers, dépourvue de garde; la lame, très-large, est droite et mince, mais elle ne plie pas; l'acier en est dur comme du corindon. C'est là ce qu'on appelle le campilan à deux mains.

Il est d'autres campilans qu'on peut manœuvrer plus facilement. Ceux-là sont ordinairement des armes de luxe. J'en ai vu dont la poignée était en ivoire grossièrement travaillé. Elle représentait quelque animal fantastique, tel qu'une sirène ou un dragon. La lame des campilans est percée de distance en distance de petites ouvertures bouchées pour la plupart avec un morceau de cuivre. S'il fallait croire les assertions des marchands malais, presque aussi menteurs que ceux de Paris, ces ouvertures seraient en quelque sorte les chevrons de l'ancien propriétaire de ces armes; le nombre des trous ouverts indiquerait le nombre des victimes sacrifiées par ces sauvages guerriers. Avec ce système de constatation, on comprend combien il est facile à des héros toujours un peu vantards de se fabriquer de brillants états de service.

J'ai vu des lances malaises dont le fer était festonné sur le tranchant par des pointes recourbées de haut en bas. Cette disposition permet à l'instrument meurtrier de pénétrer facilement dans les chairs et d'en emporter des lambeaux quand on le retire : invention bien digne, en vérité, de ces populations barbares, chez lesquelles la guerre est encore l'état permanent de leur détestable société.

Le bois de toutes les lances est ordinairement orné de peaux dont les poils sont teints en rouge. Au dire des marchands, ce sont les chevelures des ennemis vaincus; en réalité, ce sont tout simplement des dépouilles de singes, de chats sauvages, ou des crins de cheval. Il est vrai cependant que les habitants de Bornéo, de Sumatra et de Holo gardent souvent dans leurs huttes d'abominables trophées; mais ces parchemins sanglants sont religieusement conservés dans les familles, et ce n'est que par la violence qu'on peut ensuite se les approprier.

Les armes de prédilection des guerriers malais sont le kriss et le campilan. Lorsqu'ils s'attaquent en combat singulier, ils dédaignent de se servir de tout autre instrument de défense. Mais, dans les luttes de peuple à peuple, la masse des combattants est armée d'arcs et de flèches. Le fer des flèches est enduit d'une substance extractive très-vénéneuse, à ce qu'on assure, de telle sorte que toute blessure faite avec ces traits est nécessairement mortelle. J'avoue que je crois faiblement à l'action toxique des armes malaises. A Malacca, j'ai piqué plusieurs animaux avec de prétendues flèches empoisonnées, et les sujets de mes expériences n'en ont été nullement affectés.

A mon avis, l'arme la plus dangereuse dont se servent les habitants de ces contrées est une sarbacane en bambou de deux mètres de long environ. Au moyen de ce tube et par l'effet d'une simple expiration, ils lancent à de très-grandes distances des traits aigus en bambou qui traversent facilement tous les tissus organisés. Je me suis servi contre de pauvres oiseaux de ce perfide instrument; le muet agent de destruction frappait la victime sans que ses compagnons pussent comprendre quel chemin avait pris le meurtrier pour l'atteindre, et ils ne cherchaient pas à se soustraire au sort qui les menaçait. C'étaient de pauvres kakatoës blancs ornés d'une aigrette jaune qui servaient de but à ces cruels amusements; aujourd'hui je me reproche ces meurtres inutiles. Je ne m'arrogerai plus désormais le droit de vie et de mort sur les êtres charmants que Dieu nous a donnés pour amis sur cette terre, et dans mon repentir je suis prêt à m'écrier : « Oiseaux, mes frères, pardonnez-moi le mal que je vous ai fait ! »

Chaque combattant malais est muni d'un bouclier, espèce de disque de cuir ou de bois, derrière lequel il se soustrait aux coups de ses adversaires. Ces armures sont ornées de dessins ou simplement bariolées de diverses couleurs. Les combattants se couvrent de ces carapaces mobiles en passant le bras gauche entre le bouclier et une tige en bois qui le longe postérieurement. Dans tous les pays, dans tous les temps, pendant les phases sociales analogues, les mêmes nécessités ont donné naissance aux mêmes inventions. Le disque de cuir taillé dans une peau de rhinocéros par les pauvres Malais de Bornéo sert aux mêmes usages que les armures forgées par Vulcain pour les demi-dieux de la Grèce.

Nos compagnons de voyage se jetèrent avec avidité sur toutes ces raretés barbares, et Dieu sait à quel prix ils débarrassèrent Malacca de vieilles piques émoussées, de morceaux de cuir troués et de rouillardes ébréchées! Il faut avouer aussi que les Malais mirent en œuvre toutes leurs ruses pour séduire les jeunes Européens. A entendre ces marchands menteurs, toutes ces armes avaient une généalogie des mieux établies. Toutes avaient appartenu à des princes et à des rajahs, et la plupart remontaient par leur antiquité au temps d'un roi célèbre dans la Malaisie, lequel conquit, il y a plus de mille ans, l'île de Ceylan avec une armée d'orangs-outangs qu'il avait disciplinée.

J'étais resté insensible à l'éloquence des marchands malais, lorsqu'un jeune garçon m'offrit un kriss dont le fourreau de cuivre poli reluisait au soleil comme un sceptre d'or.

« Tuan, me dit-il, voulez-vous acheter ce kriss ?

— Non, lui répondis-je, car je ne saurais qu'en faire.

— Comment ! vous ne sauriez qu'en faire ? Est-ce que vous ne vous proposez pas de visiter Nias, Holo, Bornéo, Benthan ?

— Certainement, si je le puis.

— Eh bien ! alors, continua le Malais, comment vous présenterez-vous devant les chefs, si vous n'avez pas à vos côtés une arme éclatante qui indique votre dignité? Vous serez obligé de vous prosterner le front dans la poussière, tandis que, si vous portez ce kriss, vous marcherez la tête haute et le regard assuré. Chacun, en vous voyant, saura ce que vous êtes ! »

Et là-dessus mon Malais passa son kriss dans la ceinture rouge qui maintenait son pantalon : il se mit à marcher la tête haute, en agitant les bras et en portant en arrière son torse jaune et nu. Il mit tant de vivacité, tant d'action dans sa pantomime, que je ne pus m'empêcher de rire, et j'achetai, moyennant quatre piastres, une petite inutilité que les brocanteurs juifs de Paris vendraient à peine dix francs. A cette occasion, voici un sage conseil que je me permets de donner aux voyageurs futurs : c'est d'acheter à leur retour à Paris les kriss, les campilans, casse-tête, houhas, narguilès, qu'ils veulent rapporter à leurs amis; ils feront leurs acquisitions à 50 pour 100 meilleur marché !

J'avais à peine fait mon emplette, lorsque je vis venir vers nous le vieux Malais, d'origine arabe, chez lequel Melo m'avait conduit la veille. Sa physionomie, empreinte d'un caractère européen plein de noblesse, contrastait avec les traits arrondis de ses compatriotes. On comprenait, en le voyant, que cet homme devait inspirer un certain respect à ses coreligionnaires. Il s'avança vers moi et me tendit la main. Aussitôt les autres marchands se retirèrent en s'inclinant. Il était vêtu d'une espèce de robe de chambre, comme la veille, et portait entre ses bras un grand nombre de joncs. C'est dans cette partie de la péninsule malaise, aux environs du mont Ophir, qui recèle des diamants et de l'or dans son sein, qu'on recueille ce beau végétal. On ne saurait se faire une idée de l'immense quantité qu'on en exporte aujourd'hui encore en Europe, bien que la fashion dédaigne maintenant ces cannes élégantes. Les joncs du vieux Malais étaient tous très-arrondis, d'un brun marron très-vif et d'une belle longueur. Moyennant la faible somme de deux piastres, j'en obtins huit qui auraient rendu jaloux *les vieux de la vieille*, très-grands amateurs, comme chacun sait, de *la canne de jonc.*

Ce joli roseau subit une préparation avant d'acquérir la robe luisante dont il est paré. Voici comment on procède : on coupe les joncs, on les dégarnit sur place de leurs feuilles engaînantes, et on les abandonne ensuite à eux-mêmes. Lorsqu'ils sont à peu près secs, on les enduit d'huile de coco et on les approche d'un feu très-vif auquel on les laisse exposés jusqu'à ce qu'ils aient pris la couleur que nous leur connaissons. Pendant qu'on les chauffe ainsi, ils rejettent une certaine quantité d'eau de végétation qu'ils renfermaient encore, et l'huile, en pénétrant entre le réseau siliceux de leurs tissus, les rend inattaquables aux insectes. Le commerce des joncs est une des principales industries des Malais de cette contrée ; il existe fort peu de maisons à Malacca sous lesquelles on ne voie amoncelés d'énormes fagots de ces monocotylédonés. Mais dans ce nombre immense il en est bien peu qui trouveraient grâce aux yeux d'un véritable amateur :

Car un jonc sans défaut vaut seul un sceptre d'or !

. . . .

J'eus le bonheur de rencontrer à Malacca un prêtre des missions étrangères, qui voulut bien me conduire chez quelques marchands d'histoire naturelle. Notre première visite eut pour but la collection d'un indigène d'origine hollandaise. C'était un homme de cinquante ans, assez grand et d'un jaune canari fort tendre. J'admirai avec ravissement chez lui tous les enfants ailés de la Malaisie : des loris rouges, des martins-chasseurs bleus, des perruches bleues, vertes, jaunes, des toucans au bec gigantesque, et bien d'autres encore. Mais l'oiseau le plus brillant de la volière de ce marchand était sa jeune fille de quatorze ans, blanche comme du lait. Elle était assise dans un coin de la salle dans laquelle nous étions ; ses yeux étaient timidement baissés vers la terre, et de grands cheveux blonds qui inondaient ses épaules et débordaient sur son front la couvraient d'un voile pudique.

« Combien avez-vous d'enfants? demanda le missionnaire à l'Indo-Hollandais en examinant curieusement la jeune fille.

— J'en ai trois, répondit-il.

— Mais il me semble, reprit mon introducteur, qu'un jeune homme seul, qui est bien toujours le même, accompagne votre femme lorsqu'elle vient à l'église.

— Cela est vrai, senhor padre; mais c'est parce que Vicente de Paulo est le seul de mes enfants qui soit catholique, dit le marchand.

— Et les autres, que sont-ils donc? » demanda le prêtre, un peu étonné.

Le marchand ne répondit pas d'abord à cette question; il réfléchit un moment, ensuite il dit :

« Voyez-vous, padre, il y a du bon partout; Vicente, qui est l'aîné de nos enfants, je l'ai fait catholique comme sa mère et moi (car je suis catholique par ma mère, quoique Hollandais), parce qu'il fallait que l'aîné de la famille eût la religion de ses parents. Mon second fils, John, je l'ai fait protestant, par déférence pour les Anglais qui nous gouvernent. J'ai pensé, d'ailleurs, qu'en considération de la religion qu'il professera, les ministres, qui sont fort puissants, pourraient lui être utiles. Quant à ma fille, j'étais fort en peine de la religion que je lui donnerais, lorsqu'un jour, en me promenant avec l'iman, il m'a démontré que le mahométisme était la religion qui convenait le mieux à une femme, et je l'ai faite musulmane. »

A cette révélation, le missionnaire se mit dans une sainte colère, fort légitime en cette circonstance, il faut l'avouer, tandis que j'avais grand'peine à garder mon sérieux. Il ne quitta le Hollandais que lorsqu'il lui eut fait promettre qu'on lui amènerait John et Fatina pour les baptiser et les instruire religieusement.

En sortant de chez le Hollandais, nous nous rendîmes au bord de la mer, chez un métis portugais qui avait des animaux vivants. La maison de cet homme, qui s'appelle Souza, était située au fond d'un jardin tout planté d'arbustes autour desquels montait en spirale le poivre-bétel. Cette petite hutte, moins confortable que les habitations malaises, était assise directement sur le sol et ne renfermait que trois petites chambres contiguës. En pénétrant dans la première, nous trouvâmes un joli singe, complétement libre, lequel, à notre aspect, s'enfuit en poussant de grands cris. C'était un de ces quadrumanes sans queue appelés des hylobates, et qui, après l'orang-outang, se rapprochent le plus de l'homme. Le pelage de celui-ci était entièrement blanc; sa petite figure noire, entourée de laine soyeuse, le faisait ressembler à un jeune nègre avec une perruque blonde. Aux cris du singe, une jeune fille accourut; aussitôt il s'élança dans les bras de sa maîtresse, et cessa de se plaindre dès qu'elle lui eut adressé quelques paroles pour le rassurer. Croyant les craintes du joli animal calmées par la présence de la métisse, je m'approchai de celle-ci et lui demandai en malais le prix qu'elle en voulait. Il faut supposer qu'il comprit mes paroles; car, à cette question, il recommença à crier en enlaçant de ses bras le cou de la Portugaise et en donnant des signes du plus violent désespoir. Ce furent probablement ces preuves d'un attachement profond qui engagèrent la jeune fille à garder auprès d'elle cet ami, car elle me dit résolûment :

« Je ne céderai pas mon singe pour moins de trente piastres. »

Trente piastres, c'était à peu près tout ce que pouvaient valoir le jardin, la maison et ses habitants! Je compris aussitôt qu'on ne voulait pas me le vendre. L'intelligent animal vit que j'abandonnais mes prétentions sur lui; il commença alors à m'examiner curieusement, et me permit même de toucher sa petite main douce. Mais si je le regardais à mon tour un peu trop attentivement, ou si j'adressais à sa maîtresse quelque question qui lui fût personnelle, il reprenait l'alarme et se réfugiait en pleurant sur le sein de son amie. Je n'ai jamais rien vu de charmant comme ce petit être, et plus d'une fois j'ai regretté de n'avoir pas sacrifié les trente piastres qu'on me demandait pour me l'approprier.

En sortant de cette maison, un jeune Malais vint m'offrir deux singes qu'il portait dans ses bras. L'un était encore un hylobate, c'est-à-dire un singe sans queue, et l'autre un singe à museau de chien. Je les achetai tous deux. Mais l'hylobate n'était pas de la même espèce que celui que je regrettais; son pelage était noir, et il portait autour de la figure une rangée de poils blancs. Ce joli quadrumane, connu de mes compagnons de voyage sous le nom de Manis, devint le favori de Mlles Gabrielle et Olga de Lagrené; c'était en quelque sorte leur poupée vivante; il les avait prises en si vive affection, qu'un jour quelqu'un ayant enlevé dans ses bras Mlle Olga, âgée alors de quatre ans, Manis, qui craignait un rapt, se jeta sur le ravisseur et le mordit cruellement.

Malgré les naturalistes de Paris, qui veulent que les hylobates appuient leurs mains à terre pour s'aider à marcher, Manis, comme tous ceux que j'ai vus, marchait sur les deux pieds et s'aidait de ses bras relevés au-dessus de sa tête comme de deux balanciers. Les mœurs de Manis étaient pures; il n'était pas pétulant et grimacier comme les autres singes; il exprimait ses sentiments par des manières convenables, et son nom, qui veut dire doux, donnait une idée vraie de son caractère.

En regagnant le bord j'emmenai avec moi Manis et Simon, l'autre singe à museau de chien; l'un et l'autre pleuraient en s'éloignant du rivage. Je consolai Manis de mon mieux en lui adressant de douces paroles; quant à Simon, que j'abandonnai à sa douleur, il se désespérait. Lorsque nous fûmes en pleine mer, M. Fernand de Lahante eut l'idée de le détacher; dès que la pauvre bête fut libre, elle se jeta à la nage pour aller rejoindre son ancien maître, qui lui avait adressé du rivage les plus tendres adieux!

Les hommes de cette partie de l'univers n'ont pas rompu le pacte qui nous liait primitivement aux animaux; ils leur parlent une langue qu'ils comprennent; ils les aiment comme des amis et ne se sont pas faits leurs persécuteurs. Ces êtres à leur tour sont reconnaissants de ce que l'homme respecte leur indépendance, et ils se soumettent à sa souveraineté, convaincus qu'il n'en abusera pas. Les uns et les autres sur cette belle terre ont comme un vague souvenir de l'Éden, de ce jardin fortuné où l'homme communiait par l'amour avec la nature entière!

Malacca compte environ trente mille habitants. Cette population se compose de Portugais, de Hollandais, d'Anglais, de Malais et de Chinois.

Parmi les habitants d'origine européenne, les Portugais sont les plus nombreux. Ce sont, pour la plupart, les descendants des anciens conquérants de la Malaisie. Leurs pères furent les compagnons de Vasco de Gama et d'Albuquerque. Mais, semblables aux monuments qu'élevèrent leurs aïeux et qui couvrent le sol de leurs ruines, eux aussi ont été atteints par la dégradation et la vétusté.

Au milieu de la population malaise avec laquelle ils se sont depuis fort longtemps alliés, les trois mille descendants des anciens Portugais sont ce qu'il y a de plus laid physiquement, et moralement de plus dégradé.

On ne saurait les confondre avec les Malais d'origine pure; ils n'ont pas, dans le regard, dans l'attitude, la sauvage énergie de ces hommes. On dirait plutôt qu'ils ont emprunté le caractère qui les distingue aux races éthiopiennes; leurs traits ont quelque chose de bestial.

En un mot, ils portent sur leur front rétréci et huileux le signe d'une chute morale. Les pauvres gens n'ont aucune idée de leurs glorieux ancêtres : la tradition, souvenir consolateur des races déchues, s'est effacée de la mémoire du peuple; la plupart portent des noms illustres, et ils ignorent quels furent leurs pères et quel rayon du passé perce leur obscurité.

Il existe aux environs de Malacca, dans la direction du mont Ophir, un petit campon situé au milieu des jongles. Les habitants de cette espèce de hameau sont dans un état de dénûment affreux; ils ne cultivent pas, ils vivent en dehors de toutes les lois sociales, n'ayant ni prêtre pour les marier, ni cadi, ni juge, ni maire pour régler leurs différends. Leurs demeures sont des espèces de cabanes en joncs, couvertes de feuilles de latanier, et leur seule industrie consiste à aller chercher dans les bois la cire produite par les abeilles sauvages, à laver des sables stannifères ou à recueillir la résine qui suinte le long des arbres.

On m'avait souvent parlé de cette population; pendant une de nos relâches à Malacca, un prêtre des missions étrangères me proposa d'aller la visiter. Nous partîmes à cheval, et, après cinq heures de marche à travers des rizières, des jongles et de vastes terrains couverts de palmiers saccharifères, nous arrivâmes au pied d'une petite élévation sur laquelle le village est établi. Rien n'annonçait le voisinage d'un endroit habité; aucun des bruits accoutumés n'interrompait le silence des solitudes; on n'entendait ni les cris joyeux des enfants ni le chant du coq.

Les signes auxquels on reconnaît la présence de l'homme n'existaient même pas dans ce lieu sauvage. On ne voyait aucune trace de culture. On n'apercevait pas même entre les arbres ces blanches spirales de fumée qui signalent ordinairement la plus humble demeure. Les sinuosités battues, qui fuyaient en serpentant à travers la forêt, ressemblaient plutôt aux empreintes laissées sur le sol par des bêtes fauves qu'à des sentiers fréquentés par des hommes. Au reste, ce que j'appelle fastueusement un village était une réunion de cases délabrées de l'aspect le plus misérable; toutes ces huttes étaient ouvertes au premier arrivant; on voyait que les habitants ne cachaient rien à leurs voisins; mais on comprenait immédiatement que, s'ils mettaient tout en commun, ils ne jouissaient guère que de la misère commune. Lorsque nous arrivâmes, les femmes étaient accroupies autour des cases, les unes mâchant du bétel sans rien faire, les autres tenant suspendus à leurs mamelles affaissées quelques avortons débiles.

Les trois ou quatre hommes que nous trouvâmes dans les campons étaient couchés à l'écart, fumant de gros cigaritos de maïs et chiquant le siri comme les femmes. Tout ce monde était nu, ou peu s'en faut. Le teint des enfants était presque blanc; celui des hommes et des femmes avait la couleur de la suie. Ils avaient les lèvres grosses, les yeux noirs et grands, le nez droit et saillant et les cheveux rudes et longs. Ils étaient tous petits et maigres.

On aurait dit que cette population passait sans transition de l'enfance au déclin de la virilité; la jeunesse semblait ne pas exister pour ces malheureux; tous les yeux étaient caves et toutes les chairs étaient flétries.

Ces groupes silencieux, nous considérant stupidement sans se déplacer, offraient un tableau sombre et fatal; on sentait au milieu de cette belle nature tropicale que cet abrutissement était volontaire, ou plutôt qu'il pesait sur cette race comme une malédiction. Nos guides, qui étaient des Malais, s'adressèrent à quelques femmes, leur demandant comment on appelait leur village, où étaient leurs maris. Mais, après avoir ouï leurs réponses, ils nous déclarèrent ne pas comprendre parfaitement ce qu'elles disaient, à cause d'un très-grand nombre de mots qui n'étaient pas malais. Le prêtre qui m'accompagnait descendit de cheval, s'approcha d'elles, et il constata que le langage qu'elles parlaient était un simple mélange de malais et de portugais. Voici la conversation qui s'établit entre le missionnaire et ces femmes.

« Êtes-vous Malais ou Portugais ? » leur demanda le prêtre.

A cette question elles se mirent à sourire et répondirent :

« Nous ne savons pas !

— Vos pères, les pères de vos pères étaient-ils venus d'une autre terre ? leur disait le missionnaire.

— De là-bas, répondirent-elles en indiquant la direction de Malacca.

— Qui vous l'a dit ?

— Nous ne savons pas.

— Qui dort dans cette case ?

— Le Borgne, répondirent les femmes.

— Et dans celle-ci ? continua mon compagnon.

— Le Fort. »

Ces hommes ne portaient plus d'autre nom que celui qui leur avait été imposé d'après leurs qualités physiques ; ils avaient perdu les traditions de la famille, celles qui se conservent encore lorsque toutes les autres ont disparu.

« Faites-vous le signe de la croix ? » demanda le prêtre en se signant.

A cette vue, les femmes se mirent à rire et essayèrent maladroitement, les unes de la main droite, les autres de la main gauche, d'imiter le missionnaire.

« Qui vous marie ? » demanda-t-il.

Personne ne répondit. Il réitéra son interrogation, soit en malais, soit en portugais, mais vainement. Le mot de mariage n'avait plus de sens pour ces êtres abrutis.

Pendant cette conversation, les hommes étaient restés indolemment couchés ; ils ne paraissaient nullement s'intéresser à ce qui se passait. Nous allâmes vers eux en leur adressant quelques questions auxquelles ils ne daignèrent pas répondre.

Enfin le missionnaire ayant dit à l'un d'eux : « Êtes-vous descendus de là-haut ? en montrant le ciel, ou êtes-vous sortis de là-bas ? » en frappant du pied la terre, le sauvage répondit :

« Nous sommes venus de beaucoup de maisons qui sont là-bas. »

Et il montrait la direction de Malacca.

« Y a-t-il longtemps ? » demanda le prêtre.

L'idée du temps n'était pas formulée dans sa pensée; car après un moment de silence il répondit : « Je ne sais pas ; » comme s'il eût dit : « Je ne comprends pas. »

Le missionnaire leur dit qu'il reviendrait les voir, mais cette promesse ne produisit sur eux aucune impression. Ils se retournèrent sur le flanc et ne s'occupèrent plus de nous.

Nous remontâmes sur nos chevaux, le cœur attristé par ce hideux spectacle, et nous reprîmes le chemin de Malacca.

Mon compagnon rompit le premier le silence ; ce n'était ni un déclamateur ni un fanatique ; c'était un homme de bien, profondément catholique ; aussi il me dit fort simplement :

« Il n'est pas vrai, docteur, vous le voyez, que les sauvages représentent l'homme primitif; le sauvage, c'est l'homme dégradé, l'homme qui a perdu les notions morales. Avant d'être sauvage, il a été civilisé, et il reviendra à la civilisation en revenant aux croyances dont il a perdu le souvenir. Ici nous pouvons constater cette dégradation, cette chute, parce qu'elle s'est en quelque sorte accomplie sous nos yeux; si nous avions les mêmes moyens d'investigation pour les moindres peuplades de l'Océanie ou de l'Amérique, nous arriverions au même résultat. »

J'étais trop vivement impressionné par ce que j'avais vu pour soutenir une controverse avec mon compagnon; je me contentai de lui répondre :

« Il est vraiment effrayant de dresser le bilan des pertes que ces hommes ont faites. Dans l'espace d'un siècle peut-être, religion, morale, tradition, langage, transmission écrite de la pensée, se sont effacés de leurs souvenirs ! La paresse la plus hideuse et l'absence de tout besoin se sont substituées aux jouissances laborieusement acquises. Vous leur avez promis de revenir les voir; mais que pourrez-vous faire pour eux? On secourt un homme qui se noie, mais il est inutile de se dévouer pour un cadavre depuis longtemps submergé.

— Vous parlez en médecin, me dit le prêtre en souriant; mais nous, nous ne connaissons pas de malades incurables. Lazare est sorti du tombeau lorsque déjà ses chairs étaient putréfiées et détruites. Eh bien! avec le secours de ma foi je ressusciterai ces hommes morts à la vie morale, et je les ramènerai à Dieu et à la civilisation. Si vous connaissiez mieux ces contrées, vous apprendriez à ne vous étonner de rien et à ne vous décourager jamais. Cette pauvre race portugaise est tombée dans un état d'abjection qui vous ferait frémir si vous en connaissiez l'étendue. Vous avez vu un pauvre Hollandais élever ses trois enfants chacun dans une religion différente, suivant l'importance qu'elles ont dans ces contrées; c'est là un calcul égoïste fort sot; mais il n'est pas empreint de perversité, tandis que les Portugais.... Pardon, docteur, j'oubliais que ce n'est pas à moi à découvrir ces plaies honteuses. »

Lorsque nous arrivâmes à Malacca, mon compagnon fut mystérieusement accosté par un jeune homme qu'à son costume et à ses traits je reconnus pour un Portugais. Il tira le missionnaire à part et lui parla à voix basse. Le prêtre, sans lui répondre, passa furtivement sa main dans une des poches de son vêtement et la tendit ensuite en signe d'amitié à son interlocuteur. Tout cela se passa très-rapidement, mais il me fut facile de comprendre que ce jeune homme fort et dispos recevait l'aumône.

« Comment se fait-il, dis-je au missionnaire, que ce garçon s'abaisse jusqu'à implorer la charité? Ne pourrait-il donc pas travailler?

— Il le pourrait sans aucun doute, mais sa dignité ne le lui permet pas; c'est un gentilhomme de la localité. Ses parents sont d'anciens négociants auquel il ne reste plus une piastre de leur fortune d'autrefois, me répondit le prêtre.

— Il reste deux bras à leur fils, qui pourrait les occuper plus utilement, il me semble, qu'à s'éventer les trois quarts de la journée.

— Il faut si peu pour vivre dans ce pays, qu'il est tout aussi facile de mendier que de travailler. D'ailleurs les travaux d'un Portugais se bornent à bien peu de chose; il fait un peu de commerce lorsqu'il a quelques sous vaillants; il se livre quelque peu à la pêche; mais, si la tempête gronde et que la charité l'oublie, il est exposé à un jeûne sévère.

— C'est donc à cet état précaire que sont réduits les descendants des illustres aventuriers qui ont régné dans ce pays avec tant de grandeur et d'éclat? demandai-je tristement au missionnaire.

— A part quelques familles aisées, me répondit-il, tous les Portugais vivent au jour le jour, sans ressource assurée pour le lendemain. C'est une race déchue physiquement et moralement; l'absence d'autorité a précipité sa ruine. Lorsque les Hollandais se sont emparés de ce pays, les liens hiérarchiques qui liaient les prêtres de Malacca à la juridiction de l'archevêque de Goa ont été rompus. Le clergé, composé d'hommes qui, presque tous, avaient du sang indien dans le cœur, s'est par un instinct fatal rapproché peu à peu des naturels, et, en adoptant leurs mœurs dissolues, il a entraîné dans sa chute ceux qu'il était chargé de diriger et de soutenir.

— Mais il me semble, repris-je, que l'autorité de l'archevêque de Goa s'étend encore sur cette partie de l'Inde; elle aurait donc pu prévenir le désordre que vous déplorez.

— L'autorité de l'archevêque est une autorité factice : quel moyen a-t-il de contrôler la conduite de ces prêtres? Le temps n'est plus, docteur, où les délégués du pape montaient les navires de Sa Majesté le roi de Portugal, donnaient eux-mêmes la route et voguaient sur ces mers inconnues pour répandre le nom de Dieu et l'autorité de la sainte Église. Aujourd'hui, hélas! le Portugal n'a plus de vaisseaux; l'archevêque de Goa, s'il voulait visiter Achem, Rangoun, Malacca, Macao, Timor et tous ses suffragants, n'aurait à sa disposition ni une tartane européenne, ni même une jonque chinoise, ou tout simplement une proa malaise.»

Je quittai mon excellent compatriote pour aller dîner chez un fonctionnaire anglais. En m'acheminant vers sa demeure, je songeais malgré moi à tout ce que je venais de voir, à tout ce que je venais d'entendre. Je regrettais amèrement que l'autorité des Portugais, de ces aventuriers un peu barbares, de ces pillards chevaleresques, de ces forbans catholiques, eût été tour à tour remplacée par celle des marchands de la Haye et de Londres. En entrant dans le salon sous cette impression, je trouvai la figure placide de ces flegmatiques insulaires plus triste que de coutume. La table était servie dans une immense pièce fort modestement décorée ; les murs étaient simplement blanchis, les siéges étaient en rotins tressés, et des stores de bambou garnissaient les fenêtres. Des domestiques malais agitaient au-dessus de la table un large panka, et l'air déplacé répandait dans ce vaste appartement une fraîcheur délicieuse. On me plaça à côté d'une vieille fille méthodiste, desséchée et jaune comme un vieux citron. Cette charmante personne s'était pendue aux basques d'un missionnaire wesleyen, et elle était venue essayer sa puissance attractive, dans l'intérêt du protestantisme s'entend, sur les Malais de la Péninsule. Lorsqu'on nous eut présentés l'un à l'autre, la conversation s'engagea entre nous. Je dois dire que cette vieille miss parlait le français parfaitement. Je voulais savoir d'elle quel crime mon ami le missionnaire reprochait aux pauvres prêtres portugais, et, convaincu que cette vieille harpie wesleyenne ne manquerait pas d'exagérer complaisamment leurs forfaits, je commençai ainsi l'entretien :

« J'ai vu bien des misères aujourd'hui, madame ; j'ai visité les débris d'une colonie portugaise, et jamais je n'avais été si affligé par le spectacle d'une pareille dégradation.

— C'est là le résultat de l'enseignement catholique, me répondit aigrement la dame ; en enlevant à l'homme l'usage de sa raison, en subalternisant sa volonté, on le laisse tomber infailliblement lorsque ses guides spirituels l'abandonnent.

— En tout cas, repris-je en riant, ce serait la faute des pasteurs, et non pas celle du troupeau.... Au fait, je sais que les prêtres portugais....

— Les prêtres portugais ! interrompit la dame avec un petit sourire venimeux, ce sont les seuls prêtres catholiques qui aient le sens commun. Que leur reproche-t-on en définitive ? De n'avoir pas trouvé dans la Bible que le célibat fût obligatoire pour les ministres ? mais ils ne sont pas les seuls, je pense. Eh bien ! ils ont pris femme, ils ont des enfants, beaucoup d'enfants même.... Cela ne vaut-il pas mieux encore que d'*embrasser* les filles qui vont à confesse ? »

Le diable seul peut savoir ce que voulait dire le mot embrasser dans l'esprit de la vieille wesleyenne. Aussi je repris :

« Dans votre pensée, peut-être, cela vaut mieux ; mais, lorsqu'on a accepté volontairement une obligation, il faut la subir ; et je ne sais ce qu'ils répondront aux chefs spirituels qui leur demanderont compte de leur conduite.

— Je vais vous l'apprendre, me dit la dame en trépignant d'aise : à l'archevêque de Goa, qui a parfois encore la hardiesse de dicter des ordres à des sujets de la reine, ils répondent qu'ils en référeront au pape ; à l'évêque de Rome, ou plutôt à ses envoyés français, ils répondent qu'ils ne relèvent que de Goa. Et, comme Rome est fort loin et que l'évêque de Goa n'ira pas à Rome, ils n'en continuent pas moins à faire suivant leur conscience et leur volonté. »

Si c'est là une calomnie méthodiste, j'en repousse la responsabilité; si c'est simplement de la médisance, je répéterai ce que j'ai dit plus haut : au milieu de cette population mêlée, les Portugais, riches et pauvres, prêtres et laïques, sont ce qu'il y a physiquement de plus laid et moralement de plus dégradé.

Les Hollandais ont possédé Malacca après les Portugais; mais ils n'ont pas laissé sur le sol malais des traces vivantes de leur passage aussi nombreuses que leurs devanciers. Partout où s'est abattue la race portugaise, semblable aux sauterelles d'Égypte, elle a couvert le sol de sa nombreuse postérité. Les Hollandais, au contraire, ne se reproduisent que difficilement sous la zone tropicale.

Ces peuples colonisateurs ont l'un et l'autre contracté des alliances avec les races soumises à leur domination; ils n'ont pas partagé l'éloignement hypocrite que les Français, les Anglais et les Espagnols affectent pour les nègres et les Indiens. Et cependant l'une de ces deux races propage outre mesure sa laideur proverbiale, dans les mêmes régions où l'autre, après quelques générations, s'étiole et s'éteint.

La raison de cette différence est facile à trouver : les Portugais et les Espagnols ont porté à Sierra-Leone, à Manille, à Malacca, à Ceylan, à Goa, un sang d'origine africaine, qui, sous l'influence du soleil des tropiques, a contracté une nouvelle séve, tandis que ces lymphatiques Hollandais, accoutumés aux brumes, n'ont pu habituer leur nature physiologique, imprégnée d'humidité, à ce contact embrasé. Aussi trouve-t-on à Malacca fort peu de créoles hollandais; ceux qui s'y sont perpétués, sauf quelques légères exceptions, se sont alliés à des Portugais, c'est-à-dire à cinq parties de sang malais pour une de sang européen, altérée dans son essence. Néanmoins, ces alliances donnent des résultats plus satisfaisants que ceux qui sont produits par les Malaises et les Portugais.

J'ai vu des jeunes filles d'origine hollandaise blondes avec les yeux bleus; leur teint était d'une fraîcheur et d'une délicatesse parfaites. Leurs mères, basanées, ressemblaient, auprès d'elles, à ces mulâtresses que les colons de nos possessions donnent pour nourrices à leurs enfants. Avec mes souvenirs de Bourbon, je me refusais à voir autre chose dans ces créatures vêtues du sarron malais et de la chemisette flottante que les esclaves des élégantes jeunes filles dont elles étaient en réalité les mères.

Les Hollandais ne se sont pas laissé atteindre par cette misère dégradante qui afflige les Portugais; la plupart se livrent à quelque commerce en achetant des produits indigènes aux Malais cultivateurs. J'ai vu chez l'un d'eux un diamant du mont Ophir de la grosseur d'une très-forte noisette. Cette pierre semblait avoir été roulée dans le lit d'un torrent. La surface était usée comme un verre dépoli, et il était difficile de reconnaître, dans ce caillou d'un blanc laiteux, une pierre précieuse. Le possesseur de ce diamant l'avait acheté d'un Malais de l'intérieur à un prix très-minime; il comptait, en le revendant, remonter un peu ses affaires. Je l'avoue, plus j'examinais ce diamant brut, moins je croyais à sa valeur fabuleuse; et, lorsque le brave Hollandais supputait devant moi le prix inestimable de son trésor, il me faisait l'effet d'un alchimiste devant son creuset.

Le nombre des Hollandais ne s'élève pas au delà de trois à quatre cents; leur mission providentielle sur cette langue de terre est de sauvegarder l'honneur de la beauté européenne en procréant des enfants dont les formes ne ressemblent en rien à celles des petits singes portugais.

Les Anglais ont une garnison de cipayes à Malacca; cette troupe est bien tenue et bien disciplinée. Elle est commandée par des officiers hindous. Un jour, je voyais un de ces vassaux de la Grande-Bretagne passer la revue d'une compagnie; un fonctionnaire anglais s'approcha de moi et me dit :

« Vous êtes sans doute fort étonné, monsieur, que nous donnions une épée et des épaulettes à ces indigènes?

— Pas le moins du monde, monsieur, répondis-je; pourquoi serais-je étonné?

— Parce qu'en réalité on ne devrait pas donner des grades à ces gens-là ; ce ne sont pas des gentlemen. Et puisque, dans l'armée anglaise, les gentlemen seuls sont officiers, il est absurde en apparence de faire une exception en faveur de ces Hindous.

— C'est bien le moins, repris-je, que vous laissiez croire à ces pauvres gens qu'ils comptent encore pour quelque chose dans le gouvernement de leur pays.

— Ah! très-certainement, répliqua l'Anglais, il faut qu'un intérêt politique bien puissant nous commande cette condescendance pour que nous donnions des épaulettes à des Bengalis!... Il est vrai, ajouta-t-il, que les Anglais, officiers ou soldats, peu importe, ne se commettent pas avec eux.»

Les Anglais sont peu nombreux à Malacca; on n'y compte guère qu'une dizaine de fonctionnaires civils et quelques négociants. Mais tous les sujets britanniques sont installés dans ce pays comme s'ils devaient y passer leur vie; ils s'entourent de tout le confortable, de tous les agréments qu'on peut se procurer dans ces contrées. Leurs maisons sont gracieuses, parfaitement aérées, entourées de varandes et bâties au milieu de beaux jardins. La plupart de ces habitations sont situées sur le bord de la mer, et, dans les jours de grande marée, le flot vient mourir sur le seuil en murmurant une plainte harmonieuse.

Il y avait jadis à Malacca un collége anglo-chinois; cet établissement avait été fondé dans un but religieux et surtout commercial, comme toutes les œuvres philanthropiques entreprises par les Anglais. Ce collége a donné quelques sinologues fort remarquables; il a produit des consuls sachant le chinois et pouvant traiter directement les affaires de leur pays avec les autorités du Céleste Empire; mais, religieusement parlant, il n'a pas eu le moindre résultat. La propagande protestante n'a pas de succès auprès des populations asiatiques; j'ai dit ailleurs la cause de son impuissance.

Le gouverneur anglais de Singapore, de Malacca et de Pinang, est fastueusement appelé par les Anglais *le gouverneur du Détroit*. Ce fonctionnaire réside alternativement dans l'un des trois pays qu'il est chargé d'administrer. A Malacca, il habite l'ancien château hollandais qui domine la rade; à Singapore et à Pinang, ses palais sont bâtis sur le sommet le plus élevé des deux îles. Les demeures de cet agent anglais, posées sur des points culminants, comme un observatoire, révèlent en quelque sorte le genre de service qu'il rend à son pays.

Le gouverneur du détroit est une sentinelle vigilante, chargée de pousser le cri d'alarme si une puissance européenne tentait de s'établir dans ces contrées, et prêt à pousser un cri de guerre si des éléments de sédition se montraient à Manille ou à Java. Quand des vaisseaux espagnols ou hollandais passent à l'horizon de Singapore, de Malacca et de Pinang, et que la vigie signale les trois vedettes sur lesquelles flottent les couleurs anglaises, de tristes appréhensions doivent traverser le cœur des fidèles serviteurs de ces deux nations ; car ils se disent certainement que la sentinelle qui veille toujours finit tôt ou tard par surprendre son ennemi pendant qu'il sommeille !

Les Portugais et les Hollandais, à force de persévérance et d'énergie, ont accoutumé les Malais au joug européen, et les Anglais recueillent aujourd'hui le prix dû à leurs intrépides devanciers. Mais si, après avoir subi pendant plus de trois cents ans la domination étrangère, tout sentiment d'indépendance nationale s'est éteint dans le cœur des indigènes de Malacca, ils n'ont renoncé ni à leurs coutumes ni à leur religion.

Aux beaux temps de la domination portugaise, saint François Xavier a prêché pour ces Malais récalcitrants ses plus beaux sermons ; il a accompli sous leurs yeux les miracles les plus authentiques ; mais ils ont résisté aux prédications et aux prodiges ; ils ont bouché leurs oreilles pour ne pas entendre ; ils ont fermé les yeux pour ne pas voir. Et cependant le saint apôtre des Indes avait été précédé à Malacca par de vaillants convertisseurs : ce pays avait été conquis par une bande qui n'entendait pas raillerie quand il s'agissait d'amener les gentils à la foi évangélique !

Ils leur faisaient bâtir des églises à coups de rotin, et, lorsqu'ils n'accomplissaient pas ces travaux pieux avec assez de ferveur, ils flambaient les mécréants et faisaient tomber sur leur peau du lard enflammé ou de la cire d'Espagne fondue. Eh bien ! rien n'y fit, ni les sermons, ni les miracles du P. Xavier, ni les coups de rotin, ni le lard enflammé, ni la cire d'Espagne fondue de ses prédécesseurs.

Les Hollandais, qui succédèrent aux Portugais, ne se préoccupèrent pas trop du salut de leurs vassaux : ils leur laissèrent croire ce qu'ils voulaient; mais, s'ils se montrèrent fort accommodants sous le rapport des croyances, ils commirent maintes violences et maintes exactions pour obtenir beaucoup de poivre à bon marché. Somme toute, la charge hollandaise fut plus légère à porter pour l'éléphant malais que ne l'avait été celle que lui avaient imposée les Portugais.

Aujourd'hui, il faut le dire hautement, au souvenir du passé les Malais doivent bénir la domination anglaise. L'autorité ne pèse nullement sur eux, ils sont complétement libres de leurs actions, ils pensent ce qu'ils veulent, et je connais bon nombre d'États en Europe, en l'an de grâce 1852, qui se contenteraient avec raison d'une administration aussi libérale que celle qui régit cette colonie. La propagande religieuse des Anglais s'est bornée à la distribution de quelques Bibles imprimées en langue malaise. Les livres saints ont été facilement acceptés; mais je suis sûr qu'ils ont été fort rarement lus.

Toutefois, il ne faut pas conclure que les moyens employés par les Européens pour faire des chrétiens de ces opiniâtres musulmans aient été cause de leur insuccès. La résistance qu'opposent les sectateurs de l'islamisme à accepter les vérités évangéliques tient à un fait inhérent à la race asiatique et au climat sous lequel ils vivent. S'il se fût seulement agi de vaincre une résistance basée sur la foi, les sermons du P. Xavier auraient converti les plus entêtés.

Les Malais de Malacca sont en général cultivateurs ou artisans; ils travaillent les métaux, confectionnent des vêtements, et se livrent quelque peu à la menuiserie. Ce sont les seules industries que leur permettent d'exercer les laborieux Chinois. Les cultivateurs vivent surtout dans l'intérieur des terres, où la principale culture est celle du riz. Les rizières n'existent qu'à une certaine distance de la ville; c'est à cette circonstance qu'il faut attribuer la parfaite salubrité dont jouit Malacca. On dit que le sol de ce pays est pauvre et improductif; c'est probablement en comparant sa fécondité à celle des terres presque vierges de la province de Walesley, de Pinang et de Singapore, qu'on a cru pouvoir dire que le sol était stérile.

Je me suis trouvé à Malacca pendant la récolte du riz; les

champs étaient couverts de moissons abondantes, et le chaume s'inclinait sous le poids des grains mûrs et bien nourris. Les cultivateurs, abrités sous de grands chapeaux en bambous, aidés de leurs femmes et de leurs enfants, abattaient la récolte, et leur peau nue se confondait avec les jaunes épis. Dans ce moment, cette terre avait les apparences de la fécondité, et les paysans que j'interrogeais me répondaient qu'ils étaient satisfaits de leur récolte. D'ailleurs, c'est bien plus avec du fruit et des poissons que se nourrissent les indigènes qu'avec du riz. Leurs vergers et la mer suffisent à leurs besoins.

Il n'existe pas de Malais riches dans ces contrées; presque tous travaillent pour vivre, si toutefois l'on peut appeler un travail les distractions auxquelles ils se livrent. Ce n'est que sur cette vieille terre d'Europe que le travail est âpre et répugnant; mais dans ces beaux pays de l'extrême Orient, pour peu qu'on gratte la terre, elle produit d'abondantes récoltes.

Les hommes de la côte dédaignent même toute espèce de culture; la mer, qui sourit à leur naissance et les berce tout enfants sur son sein, détermine leur vocation; ils sont presque tous marins. Malheureusement, ils n'exercent pas cette profession avec un désintéressement poétique; ils font rarement de l'art pour l'art, mais seulement parce qu'ils aiment à courir les aventures, en allant chercher au loin des ennemis à combattre ou à dépouiller.

A vrai dire, ce sont les Chinois qui forment la partie aisée de Malacca; la plupart des industries sont entre leurs mains, et un grand nombre d'entre eux ont des sommes considérables engagées dans le commerce des produits du sol. La liberté dont ils jouissent dans cette ville la leur a fait adopter comme une véritable patrie, et il est des familles qui s'y perpétuent depuis plus de deux cents ans.

Leur prédilection pour Malacca est telle que, lorsque dans le détroit un Chinois a fait fortune, et que, par des motifs que nous ne nous chargeons pas d'expliquer, il ne veut pas rentrer dans le Céleste Empire, c'est cette ville qu'il choisit pour s'y fixer définitivement. Je demandais un jour à un marchand de cette nation la cause de cette préférence; il me répondit en souriant :

« Ah! c'est qu'il y a à Malacca un bien beau cimetière! »

Le cimetière chinois de Malacca est effectivement fort beau et fort curieux. C'est sur une vaste colline, où croissent à profusion des arbustes odorants, que sont bâtis les tombeaux. Ces monuments ont la forme d'un fer à cheval ; l'enceinte intérieure est recouverte d'une dalle en granit sur laquelle sont gravés des caractères ; et c'est là que les fils respectueux viennent chaque année accomplir les cérémonies prescrites par les rites.

Les tombes sont fort éloignées les unes des autres, et chacune d'elles est ombragée par des ipomeas violets et des cystes roses qui les embrassent de leurs rameaux flexibles. On arrive au pied de la colline en suivant le chemin qui borde la mer, lequel est ombragé par des cocotiers dont les feuilles sonores répètent le bruit harmonieux des vagues. Lorsqu'on a vu le cimetière de Malacca, on comprend que les Chinois, qui, pendant leur vie, aiment à être bien vêtus, bien logés, bien nourris, aient choisi un emplacement aussi riant pour dormir du dernier sommeil.

Les premiers Chinois qui se sont établis à Malacca ont épousé des Malaises. Aujourd'hui, ces familles ne s'allient plus qu'entre elles. En observant rigoureusement cette coutume, ces hommes singuliers sont parvenus à confectionner des femmes parfaitement semblables à celles du Fo-kien et de Kuan-Tong. Toutefois, ils ne les ont pas obligées à se comprimer les pieds.

Enfin ils ont fondé à Malacca une petite Chine, comme ils font dans leurs appartements une forêt avec des arbres nains ; et la colonie chinoise n'est pas ce qu'il y a de moins curieux à observer dans ce pays.

J'aime Malacca de prédilection, et j'ai retracé avec plaisir tout ce que j'y ai vu pendant quatre relâches consécutives. Le motif de ma préférence est fort naturel : Malacca est le pays de la Malaisie le plus anciennement occupé par des Européens, par ces braves Portugais dont j'ai dit un peu de mal et dont je pense beaucoup de bien ; car jamais peuple au monde n'a donné de pareilles preuves d'intrépidité. Pendant plus de soixante ans, quarante mille hommes de cette nation tout au plus ont fait trembler les puissances barbaresques, les Arabes, les Mameluks et l'Inde, depuis Ormuz jusqu'en Chine. Si on suppute le nombre des combattants qui leur étaient opposés, il est facile de se convaincre que ces soldats endiablés n'étaient pas un contre cent !

En 1511, Albuquerque vient mouiller devant Malacca pour tirer vengeance de la mort de quelques matelots portugais. Il apprend à son arrivée qu'un de ses meilleurs amis, nommé Arunjo, est entre les mains du sultan, et il hésite à livrer l'assaut dans la crainte de compromettre la vie de cet homme. Mais le digne compagnon du grand capitaine lui fait secrètement tenir ces simples mots : « Ne pensez qu'à la gloire et à l'avantage du Portugal ; si je ne puis être un instrument de votre victoire, que je n'y sois pas un obstacle ! » L'assaut est livré, la ville est prise ; et Malacca fut pendant cent ans sous la domination portugaise la ville la plus florissante de la Malaisie.

Aussi, dans cette cité aujourd'hui silencieuse, chaque objet évoque un souvenir. Le fort qui protégeait la ville et qui jonche le sol de ses débris a résisté aux flottes réunies de Patane, d'Achem et de Sumatra. L'enceinte ruinée a sauvé de la mort ces glorieux aventuriers, ces demi-dieux chrétiens dont les Indiens disaient : « Ils sont plus que des hommes ! Heureusement Dieu a voulu qu'il y en eût peu, comme il y a peu de tigres et de lions, afin qu'ils ne détruisissent pas l'espèce humaine. » Toutes ces maisons presque désertes ont vu franchir leur seuil par les rajahs du détroit, humbles comme des vassaux, et ont reçu tous les trafiquants de l'Inde. Ces rues solitaires ont vu rouler des tonnes d'or sur leurs pavés ébranlés. Enfin, chacune des pierres qui tombent de ces monuments ruinés porte avec elle un grand souvenir ; car elles se sont élevées en murailles à la voix d'Albuquerque, et elles ont entendu la parole de saint François Xavier !

Les Portugais ont possédé Malacca de 1511 à 1641 ; à cette époque, des marchands hollandais corrompirent un misérable gouverneur qui leur livra la ville. Les troupes portugaises, qui n'étaient pas dans le secret de cette trahison, se jetèrent sur leurs armes à l'approche des Hollandais et se battirent résolûment, mais elles succombèrent. Pendant que cette action se passait, les perfides Néerlandais payèrent à leur manière le misérable coupable de cette trahison : ils le poignardèrent pour ne pas lui compter les cinq cent mille livres qu'ils lui avaient promises. Lorsque l'acquéreur de cette odieuse victoire se trouva en présence du commandant des forces portugaises, il lui dit insolemment :

« Quand votre nation reprendra-t-elle ce pays?

— Quand vos péchés seront plus grands que les nôtres, » répondit simplement le Portugais.

Aujourd'hui les marchands de la Haye sont partis; ce sont les marchands de Londres qui règnent à Malacca, et le Portugal continue son expiation.

VIII.

Singapore.

Singapore n'existait pas il y a trente ans; quelques habitations malaises perchées sur le rivage, demeures de pirates et de pêcheurs, marquaient seules la place sur laquelle devait plus tard s'élever une ville florissante. C'est le génie anglais, c'est l'activité européenne qui ont fondé cette grande cité, qui ont contraint sans violence, par l'appât seul du lucre et du bien-être, toutes les races de l'Indo-Chine à peupler ce coin de terre. Mais le génie anglais s'est aidé d'un puissant auxiliaire pour établir en moins de trente ans, sur cette plage déserte, une ville de soixante et quinze mille âmes. Cet auxiliaire irrésistible, c'est la liberté!

Dans ce port, les marchandises de toutes les provenances sont reçues en toute franchise; le *Singapore Free-Press* (la Presse libre de Singapore) offre à tous les habitants un organe de publicité, et dans les rues, encombrées de marchandises de toutes les nations du monde, l'iman coiffé de son turban, le bonze drapé dans sa longue robe, le brame presque nu, coudoient le ministre protestant étranglé dans sa cravate blanche et le missionnaire catholique enseveli dans sa soutane. La liberté commerciale, la liberté civile, la liberté religieuse, sérieusement pratiquées, ont fait affluer sur ce point, naguère inhabité, plus de population et de richesse que les Espagnols, les Portugais et les Hollandais, avec leurs lois prohibitives, leurs systèmes de violence et leur intolérance religieuse, n'en concentrèrent jamais à Goa, à Manille et à Java!

Aussi cette ville, éclose en quelque sorte au souffle de la liberté, présente-t-elle un aspect fort différent des anciennes possessions européennes. Lorsque les premiers navigateurs débarquaient sur un point à leur convenance, ils s'en emparaient par la violence; ils amoncelaient pierres sur pierres pour bâtir un fort, et ils entouraient d'une enceinte percée de meurtrières et hérissée de canons les maisons de ceux qui, les premiers, osaient occuper le sol volé par la conquête. Les Anglais ont procédé d'une tout autre manière dans la Malaisie : ils ont acheté tout simplement les points qu'ils voulaient occuper. Ce procédé vulgaire est, il faut en convenir, plus honnête que le premier; il étonne quelque peu nos préjugés barbares (car notre éducation classique nous force à considérer comme légitimes les vols à main armée que commettent les nations), mais il est conforme à l'équité.

Aussi les Anglais n'ont-ils pas entouré Singapore de murailles et de créneaux; les maisons se sont disséminées sur les coteaux arrondis de l'île avec une entière indépendance. Ils ont sacrifié au préjugé militaire en établissant un petit fort sur un coin de terre qui avance dans la mer; mais cette construction, de l'aspect le plus pacifique, est armée de canons à demi rouillés, lesquels sont servis par des cipayes inoffensifs : cet appareil suffit pour faire croire aux Malais que cette place est inexpugnable.

La Sirène mouilla dans la grande rade de Singapore devant la ville anglaise. Lorsque pour la première fois on jette l'ancre dans ce port immense, on est émerveillé en contemplant les constructions navales qui se balancent sur ces eaux tranquilles. Tous les pavillons et toutes les machines flottantes inventées depuis Noé semblent s'être donné rendez-vous en ce lieu. On y voit des jonques chinoises, véritables arches flottantes, de lourds vaisseaux cochinchinois, imitation barbare des constructions européennes, des proas de Holo effilées comme un poisson, des chebecs arabes, sveltes et élancés, de vieux sabots de Siam qui flottent depuis les Argonautes, des bateaux à vapeur de la Compagnie, puis les pavillons de Hollande, d'Espagne, de Portugal, et parfois même le drapeau français!

Singapore, vu de la rade, a une charmante physionomie. Les blanches habitations sont entourées de muscadiers et de girofliers; on voit que chacun s'est fait son nid en ne consultant que sa fantaisie et son goût. La ville des Anglais, véritable volée d'oiseaux abattus au milieu des arbres et des fleurs, est séparée de la ville commerçante par une espèce de crique, dans laquelle coule une rivière qui descend des parties supérieures de l'île. Je m'embarquai sur une pirogue malaise pour me rendre à terre; mes rameurs engagèrent leurs bateaux dans la rivière, dont l'entrée étroite est défendue par le fort dont j'ai parlé, et ils me débarquèrent sur la rive droite. On m'avait signalé London-Hotel comme le meilleur boarding-house de la colonie, et ce fut là que j'allai m'installer. Le maître de cet hôtel, M. Dutroncoy, est un homme de contrefaçon belge, qui a tour à tour l'attention d'être Français, Anglais ou Hollandais, suivant les besoins du moment; le fait est qu'il peut donner le change sur sa nationalité aux polyglottes les plus distingués. Lorsque j'arrivai, il s'avança vers moi la casquette à la main, et, à la vue d'un énorme paquet que je portais moi-même, il comprima un sourire imperceptible et me dit :

« Monsieur est Français, sans doute?

— Oui, monsieur Dutroncoy, lui répondis-je.

— Oh! monsieur sait mon nom! Eh bien, sans vanité, cela ne me surprend pas. Moi aussi, je dois être Français!

— Comment! vous n'en êtes pas sûr?

— Mon Dieu non; j'ai longtemps parcouru le monde, comme dit la chanson; et, ma foi, j'ai oublié le point de départ.... Mais je dois être Français; car j'aime le café et le grand Napoléon! »

Je me rendis à ces preuves convaincantes, et je tendis la main à mon compatriote; il m'installa dans une charmante chambre au rez-de-chaussée, humble comme la cellule d'un anachorète; les murs étaient nus, blanchis à la chaux; deux chaises en rotin, une immense cuvette en porcelaine de Chine, une table et un lit composaient tout le mobilier. Les lits de Singapore valent la peine d'être décrits : ce sont de grands cadres en jonc cachés sous une moustiquaire, garnis d'une natte de palmier et de deux traversins. On couche sur ces lits vêtu d'une moresque, vaste pantalon en toile du Bengale, et on y dort parfaitement rafraîchi par l'air de la nuit, qui circule librement tout à l'entour.

L'hôtel de M. Dutroncoy est bâti au milieu d'un vaste jardin où croissent librement les grands arbres des tropiques. Les murs sont percés de grandes fenêtres très-rapprochées les unes des autres et garnies de stores de bambou, qui font ressembler cette maison à une volière.

Le soir même de mon arrivée, j'allai dîner chez M. Balestier, consul général des États-Unis, lequel est un homme distingué et d'une bienveillance parfaite. L'habitation de M. Balestier est à vingt minutes à l'est de Singapore, du côté d'un grand village appelé Campon-Glan; elle est située au centre d'une vaste propriété plantée de cannes à sucre.

Les avenues par lesquelles on arrive à cette demeure sont ombragées par des cotonniers en arbre, des bananiers, et bordées d'ananas, dont les fruits d'or portent sur leur sommet une aigrette d'un vert glauque. Je fis en palanquin le trajet de la ville chez M. Balestier.

Le nom de palanquin ne saurait s'allier, dans la pensée de ceux qui n'ont pas visité Singapore et Pinang, avec l'idée d'un véhicule traîné par un cheval; car on peut croire qu'il s'agit d'un de ces cercueils dans lesquels on promène les vivants à Calcutta, d'une de ces boîtes lugubres portées par des hommes, dans lesquelles les nababs de l'Inde exécutent de longs voyages. Mais dans cette partie de la Malaisie on donne le nom de palanquin à une espèce de caisse longue portée sur quatre roues. Ce char, dans lequel on ne peut tenir plus de deux en face l'un de l'autre, est garni de persiennes qui laissent circuler l'air dans l'intérieur, et il est tendu d'une étoffe légère. Un coureur, appelé un *says* dans le pays, se tient à la tête du cheval pour le diriger et l'exciter; ce sont ordinairement de débiles Bengalis ou les plus pauvres des Malais qui font ce pénible métier.

C'est pitié de voir ces hommes, pour la plupart exténués par la misère, courir haletants des heures entières. Le costume de ces malheureux est des plus simples : ils ont les jambes et les pieds nus, le buste découvert, les cheveux cachés sous un mouchoir de coton roulé en turban autour de la tête; ils ne portent pour tout vêtement qu'un caleçon maintenu par une ceinture au-dessus des hanches et qui ne dépasse pas le genou.

Lorsque j'arrivai devant la demeure de M. Balestier, il était nuit; des domestiques chinois vêtus de blanc, leur longue queue bien peignée, vinrent au-devant de moi en portant des torches enflammées, et un pion indien, enveloppé dans une longue robe blanche et coiffé d'un turban de mousseline, me conduisit auprès du maître de la maison. Les Américains et les Anglais savent seuls vivre en ce monde. Leur amour du confort leur suggère mille raffinements qui nous sont inconnus; ils adoptent toutes les coutumes que l'attrait du bien-être a révélées à tous les peuples de la terre, tandis que nos compatriotes, fonctionnaires ou négociants, craindraient de prendre racine à l'étranger s'ils s'y établissaient convenablement. On me conduisit au premier étage; je traversai une varande splendidement éclairée par des globes en verre remplis d'huile de coco, et j'entrai dans une longue galerie formant cinq vastes pièces séparées par de légères cloisons percées à jour et illuminées avec des bougies enfermées dans des verrines.

Mme Balestier a rassemblé dans cette galerie toutes les raretés de l'Inde et de la Chine; elle n'a pas seulement mis à contribution les œuvres artistiques des habiles ouvriers de ces contrées, mais aussi les raretés de la terre et des mers. Chacune des séparations dont cette galerie était coupée avait en quelque sorte sa spécialité : dans l'une, il y avait la bibliothèque, composée de livres écrits dans toutes les langues d'Europe; dans une autre, une collection de coquilles enfermée dans des armoires d'ébène vitrées; dans une autre encore, des sculptures en sandal ou en bambou de Chine, des incrustations de l'Inde, ou des peintures représentant la théogonie brahminique et les transformations de Bouddha.

Toute la société anglaise et américaine était rassemblée chez M. Balestier; je trouvai là tout ce que Singapore comptait de gentlemen, de jolies misses et d'élégantes ladys. Après soixante jours de mer, dont la monotonie n'avait été interrompue que par une courte relâche dans le pays barbare de Malacca, j'éprouvai une vive surprise en me trouvant tout à coup au milieu d'une société européenne, dans un des palais féeriques de l'Orient ! Ces clartés éblouissantes, ce luxe asiatique, cette atmosphère tiède, parfumée par la douce haleine de ces femmes rayonnantes de fraîcheur et de grâce, me donnèrent le vertige, et je perdis presque la tête lorsque Mme Balestier me chargea d'offrir mon bras, pour passer à table, à une jeune miss dans tout l'éclat de sa beauté britannique, et qui parlait le français aussi purement qu'une Parisienne. La salle à manger était au rez-de-chaussée; de grandes fenêtres ouvertes sur les jardins laissaient pénétrer les senteurs qui, le soir, s'échappent du sein des fleurs, et l'on voyait, dans les ténèbres, se jouer les insectes lumineux de la nuit, semblables à des étincelles animées. Aux quatre coins de cette vaste pièce se tenaient de jeunes Chinois, agitant un de ces immenses éventails, peints de diverses couleurs, dont on attribue à tort l'invention aux Japonais. Ces éventails sont originaires de l'Inde, où on les fabrique avec les feuilles et le pédoncule du palmier-raquette.

Chaque gentleman avait derrière lui un domestique indien ; ces serviteurs attentifs étaient vêtus d'une tunique blanche et portaient des anneaux de cuivre et d'argent aux doigts de leurs pieds nus. Les dames étaient servies par des enfants chinois de douze à treize ans ; ces serviteurs attentifs avaient la tête fraîchement rasée et la queue bien peignée ; ils étaient vêtus d'un *cham* très-blanc ; et leur pantalon était attaché au jarret par un ruban rose. Leur physionomie était spirituelle et douce ; ils épiaient les moindres désirs de leurs charmantes maîtresses et se hâtaient de les devancer.

Ces enfants d'une propreté exquise, aux manières prévenantes, à la figure pleine de gentillesse et d'espièglerie, vêtus avec une certaine élégance, ne sont pas précisément des domestiques ; leurs fonctions se rapprochent de celles que remplissaient jadis les petits pages auprès des belles châtelaines, et, en examinant celui qui était spécialement attaché à la charmante miss auprès de laquelle j'étais assis, je voyais en lui un petit Jehan de Saintré d'un jaune tendre. Ces petits garçons servent de femmes de chambre aux dames anglaises ; ce sont eux qui sont chargés de lacer les brodequins, d'agrafer les robes.... Mais, lorsqu'ils atteignent l'âge de quatorze ans, on les affranchit de leur doux servage, et ils sont remplacés par de plus jeunes qu'eux. On dîna à la française, c'est-à-dire que les hommes accompagnèrent les dames en sortant de table, et la soirée se prolongea bien avant dans la nuit.

Au moment où l'on se disposait à se retirer, un éclair traversa l'espace, un vent frais et violent souffla à travers les branches d'arbres et les cannes inclinées, et une pluie accompagnée de tonnerre tomba avec furie. Cet orage dura à peu près une demi-heure ; à peine fut-il apaisé, que les says, mouillés jusqu'aux os, nous apparurent devant la maison, tenant d'une main les chevaux attelés aux palanquins et prêts à partir. Ces pauvres gens sont habitués à une telle obéissance que, malgré la pluie battante, ils n'avaient osé s'éloigner un moment pour se mettre à l'abri.

J'allais regagner Singapore, lorsque Mme Balestier m'appela auprès d'elle.

« Nous désirons, me dit cette excellente dame, vous garder auprès de nous le plus longtemps possible; ne rentrez pas ce soir à Singapore. M. Wampou, notre voisin, vous offre l'hospitalité; acceptez-la; demain M. Balestier vous fera visiter la ville malaise. »

Croyant que M. Wampou était un des gentlemen que j'avais vus à dîner, je me hâtai de répondre :

« Veuillez bien, madame, me dire lequel de ces messieurs est M. Wampou, afin que je le remercie de son invitation.

— M. Wampou, reprit Mme Balestier en riant, est un négociant chinois de nos amis, qui n'est pas ici.

— Comment! m'écriai-je, un Chinois, un vrai Chinois m'offre l'hospitalité! Mais c'est fabuleux! je veux aller le voir immédiatement. »

Mme Balestier appela Atay, sa petite femme de chambre chinoise, lequel me conduisit à mon palanquin. Deux Indiens munis de torches m'accompagnèrent, et trois minutes après j'étais devant l'habitation de M. Wampou. Je descendais à peine de mon palanquin, lorsque je fus salué d'un hourra trois fois répété, et d'un *France and England for ever!* Un pion hindou vint vers moi en s'inclinant; je le suivis, et je trouvai trois officiers anglais attablés sur une terrasse autour d'un punch à la glace. Ils se levèrent en m'apercevant, me tendirent la main et me firent asseoir auprès d'eux. Après un échange de *how do you do*, de *thank you* et autres banalités, nous en vînmes aux explications, et nous reconnûmes qu'il était difficile que la conversation devînt vive et animée, car ils ne savaient pas plus de français que je ne savais d'anglais. Nous essayions de nous consoler de ce contre-temps en chantant le *God save the queen*, en débitant alternativement des *speeches* en français et en anglais, et en buvant force rasades, lorsqu'il nous arriva un secours inespéré.

L'Indien qui m'avait introduit s'avança vers moi, s'inclina plusieurs fois et me dit :

« Vous ne parlez pas l'anglais, monsieur?

— Pas un traître mot, mon ami.

— Eh bien ! monsieur, je vous servirai d'interprète ; il ne faut pas que ces messieurs croient qu'ils pourraient dire en votre présence tout ce qu'il leur plairait parce que vous ne comprenez pas leur langue.

— Mais vous-même, comment savez-vous le français ?

— Comment ? parce que je suis Français.

— Vous êtes Français ! et de quel pays ?

— De Chandernagor, monsieur ; je m'appelle Ali ; M. Wampou m'a mis ici pour vous servir, et, en ma qualité de compatriote, je vous suis tout dévoué. »

L'homme qui me parlait ainsi était grand et élancé ; son teint était noir, ses grands yeux vifs, son nez aquilin et ses dents blanches. Il portait un vaste turban de couleur ; à son oreille brillaient deux diamants ; une robe serrait sa taille, et un long pantalon tombait sur ses pieds nus.

Les Anglais rirent beaucoup de cet incident ; quant à moi, il m'attrista profondément. Je songeai avec amertume que notre domination et notre influence étaient à jamais perdues dans les contrées où cet homme était né. Le tendre attachement de ce Blondel indien pour la France avait quelque chose de noble et de désintéressé qui me touchait ; en effet, combien de gens ignorent dans notre pays que la France possède encore quelques débris de ses antiques établissements des Indes ! Et si demain on nous demandait de sacrifier les pauvres souvenirs de notre gloire passée, les colonies productives de Chandernagor et de Pondichéry, en échange de quelques avantages concédés aux colonies onéreuses des Antilles et de Bourbon, il est probable qu'une partie du pays souscrirait sans peine à cette honteuse proposition, car les Français de l'Inde n'ont pas le bonheur d'être des nègres abrutis par un long esclavage ; depuis les temps les plus reculés, ils ont le malheur d'être civilisés, et les législateurs de la France ne les ont pas jugés dignes d'être représentés. Et cependant, j'en demande pardon à mes amis les ultra-abolitionnistes, les populations indigènes de l'Inde avaient bien plus de droits aux bienfaits de nos nouvelles institutions que les noirs affranchis, qui n'ont d'autre éducation préparatoire qu'un long asservissement.

Il était trois heures du matin lorsque Ali me conduisit dans la chambre qui m'était destinée. A Malacca j'avais failli ne pas dîner le premier jour de mon arrivée; à Singapore j'avais dîné pendant quatre heures. A Malacca je n'avais pas pu me coucher faute d'un lit; à Singapore j'en avais deux à ma disposition. En définitive, cette horrible civilisation a du bon, et le côté pittoresque des pays qui retournent à la barbarie n'est pas un aliment suffisant pour les tempéraments européens.

Le lendemain, lorsque Ali entra dans ma chambre pour m'apporter une tasse de thé à la crème, ce premier déjeuner d'un gentleman anglais, les rayons affaiblis du soleil se jouaient à travers les lames des stores chinois, et un air embaumé répandait une délicieuse fraîcheur dans ma charmante cellule. Ne sachant trop l'heure qu'il était et craignant d'être attendu chez M. Balestier, je dis à mon Indien :

« Comment donc vais-je faire pour me rendre chez M. Balestier et de là à Singapore?

— Votre palanquin vous attend, me répondit l'Indien; il sera prêt dans quelques minutes.

— Ah! mon palanquin m'attend; c'est fort heureux. Quand donc est-il arrivé?

— Il a passé la nuit ici, dans la crainte que vous n'eussiez besoin de lui.

— Et le cheval?

— On l'a dételé, et il a pu paître en toute liberté aux alentours de la maison.

— Mais le says, où a-t-il dormi? Qui donc lui a donné à manger?

— Comment! monsieur, vous vous préoccupez de ce qu'a fait votre says? Probablement il a dormi s'il avait sommeil, et il a mangé s'il avait du riz.

— Mais où a-t-il dormi?

— Où? mais sous une porte, sur la terre, dans le corridor, que sais-je? Comment cela peut-il préoccuper monsieur, de savoir où le says a dormi? »

En disant ces mots, Ali releva un des stores, et il ajouta :

« Voyez, monsieur, voilà votre says qui vous intéresse si fort; il se promène dans le jardin. »

Le says était un jeune Bengali de vingt ans, noir comme de la suie, long, mince, efflanqué, d'une maigreur excessive et d'une physionomie tout européenne. Lorsqu'il conduisait mon palanquin, il était aux trois quarts nu ; dans ce moment il était enveloppé dans une longue pièce de mousseline très-propre, mais usée ; il grelottait de tous ses membres sous ce léger vêtement, et semblait humer avidement les rayons du soleil.

« Allez demander à cet homme s'il a faim, dis-je à l'Indien.

— C'est inutile, me répondit-il sentencieusement, un Bengali a toujours faim ; il est rare qu'il satisfasse complétement son appétit. »

Cependant il appela le says et me rendit cette réponse :

« Sans doute, j'ai faim ; je n'ai pas mangé depuis hier midi. »

Aussitôt je pris sur ma table du biscuit américain qu'on m'avait servi avec le thé et je le lui offris ; mais il le refusa absolument. Ali, qui riait de ma surprise, me dit :

« Monsieur ne devait pas toucher le biscuit, s'il voulait que le Bengali le mangeât.

— Donnez-lui donc alors un morceau de viande, du riz, enfin quelque chose de ce que vous mangez, » repris-je.

Ali obéit ; mais, en voyant de la viande, le says s'éloigna avec horreur.

« Il est de bonne caste, ce Bengali, il ne mange pas la chair, observa Ali en riant.

— Eh bien ! donnez-lui simplement du riz. »

Voici la réponse que fit le says à cette nouvelle offre :

« J'accepterais volontiers du riz cru, mais je n'ai pas de vase pour le faire cuire. Je ne veux pas manger un aliment préparé par quelqu'un qui n'est pas de ma caste.

— Qu'il aille au diable avec ses délicatesses ! m'écriai-je quand Ali m'eut rendu sa réponse, et qu'il attelle le cheval au palanquin. »

Le pauvre says comprit mon exclamation sans qu'on la lui expliquât ; il s'éloigna en souriant tristement. Notre compatriote de Chandernagor avait bon cœur ; il s'empressa de donner deux bananes au Bengali, lequel les accepta avec joie. Il nous tourna le dos, s'assit au soleil et mangea avec sensualité la maigre pitance qu'on lui avait donnée. Pendant que j'observais avec intérêt mon pauvre says, je dis à Ali : « Et vous, de quelle caste êtes-vous ?

— Moi, répondit-il avec orgueil, je suis musulman, et je sais que tous les hommes sont égaux.

— Ainsi vous mangeriez de tout et avec tout le monde?

— Sans doute, je mangerais avec tout le monde; mais je ne mangerais pas de la viande d'un animal qu'un chrétien aurait tué.

— Eh bien! moi qui n'ai pas les mêmes délicatesses, je vous charge de me préparer un poulet pour mon déjeuner de demain. »

L'habitation de M. Wampou est moins grande que celle de M. Balestier; mais il y règne la même élégance et le même confort. Le jardin qui entourait la maison était très-bien cultivé, les plates-bandes étaient bordées d'ananas dont la douce senteur parfumait l'air.

« Combien un ananas vaut-il à Singapore? » demandai-je à Ali.

Pour toute réponse, il dit au says qu'il pouvait en couper un pour finir son repas. C'était me dire fort éloquemment que ce fruit n'avait aucune valeur. Lorsque l'Indien l'eut épluché, il le saupoudra de sel; on m'assura, à Singapore, que les naturels ne le mangent jamais autrement, afin de prévenir les indispositions qui résultent de son usage.

Lorsque j'eus rejoint M. Balestier, nous partîmes peu après pour Singapore. M. le consul général des États-Unis me fit monter dans sa voiture. Il n'aurait pas permis que son hôte le suivît dans un vulgaire palanquin. Nous étions commodément installés et nous volions sur le chemin de Singapore, lorsque, par hasard, je jetai les yeux sur le says qui nous conduisait. Je l'avoue, je fus frappé d'étonnement; cet Indien était le modèle le plus parfait de la beauté humaine que j'eusse contemplé jusque-là. C'était la beauté juvénile poétisée par les artistes grecs dans les types de Ganymède et d'Endymion. Ses cheveux longs et bouclés flottaient sur ses épaules; ses yeux bleus, ombragés de longs cils, étaient pleins de langueur; ses membres fins et délicats étaient charmants comme ceux d'une femme

Seulement le Ganymède, l'Endymion de Singapore était noir comme de l'ébène. Mais peu importe; on voyait, malgré les assertions des anthropologistes, que Dieu avait tiré du même moule les beautés adorées des Grecs et ce pauvre Bengali. Si nous avions encore vécu au temps des prodiges ou seulement des fables, j'aurais cru volontiers que, chassé de l'Olympe indien pour quelques méfaits, Siva, le dieu de la régénération éternelle, était condamné à garder les Européens dans l'Inde, supplice analogue à celui d'Apollon chez Admète.

Eh bien, malgré le prosaïsme et les misères du temps, notre beau conducteur, nu jusqu'aux hanches, ceint d'une écharpe rouge qui maintenait un pantalon blanc, enveloppé des atomes colorés d'une poussière brûlante, ressemblait à un demi-dieu dans un nuage d'or.

Nous traversâmes deux ponts établis sur une rivière boueuse, pour nous rendre de la ville européenne de Singapore dans la ville commerçante. Celle-ci est, à proprement parler, un bazar permanent. Toutes les maisons sont de vastes entrepôts entourés de boutiques. Les quartiers sont divisés suivant les populations qui les habitent.

Il y a des rues anglaises, des rues chinoises, des rues indiennes et des rues malaises. Il règne partout une activité prodigieuse, une animation sans pareille; les luttes commerciales remplacent ici les luttes improductives de l'Occident. Les flegmatiques Anglais, dans leurs immenses magasins, commandent avec une précision militaire aux compagnies de travailleurs qui entassent le poivre, nettoient la muscade, renferment le girofle dans des sacs, plient et déballent les étoffes.

Les Chinois n'ont pas ici cet air de quiétude béate que nous avons signalé chez leurs compatriotes de Malacca. Nous ne retrouvons plus ces indolents fumeurs assis sur leur cercueil, attendant patiemment la mort en usant largement des douceurs de la vie présente. Les enfants du Céleste Empire parcourent les rues d'un air affairé, l'œil au guet, le cou tendu : ils cherchent un gain à réaliser.

Le quartier qu'ils habitent est encombré par leurs étalages et leurs grandes enseignes; ce sont des araignées commerciales : ils tendent leur toile aussi loin qu'ils le peuvent pour saisir tout moucheron étourdi qui passe, et le sucent jusqu'au sang. Les marchands hindous eux-mêmes se départent un peu de leur impassibilité habituelle; on les entend, sous les allées en toile épaisse qui abritent les magasins, crier leurs marchandises et les vanter avec des réclames parlées qui valent bien celles de la quatrième page des journaux.

Singapore est, après Canton, la ville de l'extrême Orient où règne le plus grand mouvement commercial; elle nous apprend ce qu'étaient jadis les comptoirs des Européens dans l'Inde et aux îles aux épices. Ce qu'on voit le moins à Singapore, ce sont des Malais; on dirait que les races diverses qui se sont établies dans ce pays en ont chassé les habitants primitifs. M Balestier me conduisit chez M. Wampou; je trouvai là une véritable arche de l'industrie humaine. Dans un cataclysme universel, il suffirait de sauver la maison de M. Wampou pour mettre à l'abri toutes les conquêtes des arts industriels depuis dix-huit siècles.

J'avais vu au Brésil des entrepôts où étaient réunies les marchandises les plus disparates; c'était l'image du chaos commercial. Ici l'esprit d'ordre des Chinois a fait la lumière au milieu du chaos, et si vous cherchez à l'article chaussure, par exemple, vous trouvez depuis la botte à revers jusqu'à l'escarpin verni, en passant par la sandale et la babouche! Vous trouverez de tout chez M. Wampou, même de la poudre à poudrer! Mon hôte me reçut comme un vrai gentleman, il me dit d'user librement de sa maison, et fit, en mon honneur, déboucher une bouteille de champagne qui, pour n'être pas du Montebello, n'en était que meilleur.

Je sortis de chez M. Wampou, enchanté de lui et bien décidé à profiter de l'offre bienveillante qu'il m'avait faite. M. Balestier me raconta l'histoire de ce riche marchand; c'était, en définitive, celle de tous les émigrants chinois. Ils arrivent à Manille, à Java, à Singapore, sans ressources; puis, à force d'économie, de travail et de persévérance, ils parviennent au bien-être et plus tard à la richesse; ce qui fait que dans toute la Malaisie on leur porte une haine violente.

M. Balestier me fit visiter divers magasins, entre autres celui d'un marchand arabe. Cet homme avait environ soixante-cinq ans; il était très-grand et d'une contenance pleine de dignité et de noblesse. Sa barbe blanche et sa physionomie douce et calme le faisaient ressembler à une de ces figures vénérables qui interviennent comme de bons génies dans les contes arabes. Il portait un vêtement blanc taillé à la manière des Turcs, et un turban vert, pour indiquer qu'il avait fait un pèlerinage au tombeau du Prophète.

J'avais souvent entendu dire que les hadjis étaient l'objet d'une espèce de culte de la part des musulmans malais; je pus, en cette circonstance, voir par moi-même en quoi consistent les hommages qu'on leur rend.

Il n'entrait pas dans cette boutique un employé de la maison, un chaland, un musulman indien, qui ne s'inclinât devant le marchand et ne lui baisât humblement la main. L'hadji recevait ces témoignages d'humble soumission avec dignité. Il ne prononçait pas une parole, il se contentait de s'incliner légèrement en continuant à lisser sa barbe blanche, en la caressant de sa main droite, dont les doigts étaient ornés de gros diamants.

Le magasin de cet Arabe était une véritable cassolette; on y respirait les émanations de tous les parfums d'Arabie et celles bien plus enivrantes encore qui s'échappent des parfums de l'Inde et de la Chine. Le bois de sandal et d'aloès, les baumes précieux que distillent les arbres de l'Orient, les essences de la Mecque et de Dehli, le musc du Tonquin, formaient une atmosphère dont l'action enivrante vous jetait dans un état de somnolence irrésistible. C'est dans ce magasin que je vis pour la première fois le camphre malais, connu sous le nom de *capour barous*. Cette substance précieuse se trouve dans l'île de Sumatra, sous les écorces d'un grand arbre appelé *dryabalanos camphora* par les savants. Les Chinois attribuent des propriétés merveilleuses à cette substance, et ils échangent un quintal du camphre qu'ils produisent contre une livre de celui des Malais. Je sortis de chez le marchand hadji, la tête fatiguée; les dieux seuls peuvent respirer impunément les esprits subtils qui s'échappent d'entre les molécules des bois odorants, du sein des baumes où ils étaient captifs.

M. Balestier me proposa d'aller visiter les maisons malaises situées hors la ville. Ces maisons sont construites sur une rivière boueuse qui descend du sommet de l'île et communique avec la mer. D'abord on s'étonne que des demeures placées dans de pareilles conditions ne soient pas des foyers d'infection; mais, pour peu qu'on y réfléchisse, on voit qu'elles sont dans des conditions suffisantes de salubrité. Les habitations malaises, perchées sur leurs longs pieds, ne sont pas en communication avec le sol humide; elles sont seulement enveloppées des produits de l'évaporation qui se fait à sa surface. Cette évaporation ne porte avec elle aucun agent délétère. Tous les jours la marée visite, lave et nettoie le lit de la rivière, et emporte avec elle les détritus organiques abandonnés au courant.

D'ailleurs, le mélange de l'eau douce avec l'eau de la mer n'est une cause d'insalubrité que lorsque l'eau douce entre dans ce mélange en proportion suffisante pour déterminer la mort des êtres que la mer nourrit. Il résulte alors de ces circonstances un foyer immense de putréfaction qui vicie l'atmosphère. Mais à Singapore la rivière est peu abondante; le faible tribut qu'elle paye à l'Océan ne saurait changer les conditions d'existence des mollusques qui l'habitent. Cette ville est dans les mêmes conditions qu'Achem, que Holo et plusieurs autres pays de l'archipel malais, dont la salubrité est parfaite et où la plupart des habitations sont placées sur des terrains que le flux envahit journellement.

Les établissements où l'on prépare le sagou sont dans cette partie de la ville. Le sagou, comme chacun le sait, est une substance féculente que l'on retire de la moelle d'un palmier qui croît en abondance à Sumatra, à Bornéo et aux Célèbes. On apporte à Singapore les troncs de ces arbres, et voici comment on procède à l'extraction de la fécule : on fend longitudinalement le billot et on enlève avec un instrument tranchant les parties qui en occupent le centre. On lave à grande eau cette moelle au-dessus d'un tamis qui retient les fragments ligneux et laisse passer la fécule. Cette substance, par sa pesanteur spécifique, est entraînée au fond du liquide, d'où on la retire pour la faire sécher.

On l'étend sur des claies en bambou, et, lorsque l'eau est évaporée en partie, on passe cette pâte féculente sur une tôle en cuivre placée sur un feu vif. Cette opération s'accomplit en glissant rapidement la main à plat sur la plaque chauffée; elle a pour but de réduire la pâte en petits globules un peu plus gros, mais, à cela près, semblables aux nonpareilles des confiseurs. C'étaient des femmes malaises qui se livraient à la préparation du sagou; lorsque j'arrivai, elles exécutaient le dernier acte de cette manipulation.

Les plaques étaient sur un fourneau, et les ouvrières, inondées de sueur, travaillaient avec rapidité. Ces jeunes femmes avaient de quinze à vingt ans; elles étaient découvertes jusqu'aux hanches; leurs cheveux dénoués tombaient sur leurs épaules et couvraient en partie leur sein ferme, qui ressemblait à une boule d'or. Après avoir noté les diverses phases de cette manipulation, je descendis avec M. Balestier dans la ville commerçante. Nous parcourûmes jusqu'au soir les rues droites et aérées, constamment distraits par les diverses scènes dont nous étions témoins. Ici c'étaient des enfants jaunes, noirs et blancs, jouant ensemble et formant une marqueterie vivante sur le sol où ils étaient accroupis; là, des cultivateurs chinois, suivis d'une foule de curieux et portant, suspendus à un bambou, des boas, des singes, des tigres, prisonniers redoutables, solidement garrottés; ailleurs, des marchands anglais traitant de la vente de nids d'oiseaux, d'ailerons de requin et de tripan, de ces vers de mer connus sous le nom d'holothuries, dont les Chinois sont si friands; plus loin, des ouvriers malais exposant aux regards des passants des bijoux ciselés avec art, et que le cuivre cristallisé colore de ces teintes chatoyantes semblables à celles qui parent les élytres des coléoptères.

Nous visitâmes un temple indien d'une pauvre apparence. Quelques hommes en guenilles blanches paraient les statues de fleurs odorantes et en répandaient autour des autels, dont le dénûment était l'image de la misère dans laquelle vivent les pauvres Bengalis. Nous visitâmes du regard une mosquée fréquentée par les Malais et les Indiens musulmans; ce temple n'avait rien de remarquable. Une mare verdâtre représentait la piscine pour les ablutions; c'était plutôt une infecte grenouillère qu'un réservoir destiné à se purifier.

Mais de tous ces édifices religieux, le plus riche, le plus élégant, c'est la pagode chinoise, dont la toiture, surmontée d'arêtes recourbées, porte des crêtes de porcelaine colorée, représentant les animaux fantastiques inventés par l'imagination grotesque des artistes de l'empire du Milieu.

Sur la porte d'entrée on a placé en sentinelle deux dragons en granit, tenant dans leur gueule entr'ouverte une boule mobile, travail bizarre, dû à la patience des artistes du Fo-kien. Au luxe de cet édifice, on reconnaît que les sectateurs du dieu Fô sont les plus opulents parmi les fidèles appartenant aux diverses religions qui se partagent Singapore; mais la solitude du temple apprend en même temps qu'ils sont les moins croyants.

Les Chinois, peuple conservateur par excellence, ne ressemblent pas mal à beaucoup de nos amis de la religion en France; ils dotent des églises, mais ils ne les fréquentent pas; ils payent des bonzes, mais ils se soucient fort peu de ce qu'ils enseignent. La pagode de Singapore a été construite sur les plans d'une des pagodes d'Amoy. Nous aurons si souvent l'occasion de voir des temples bouddhiques, que je ne m'arrête pas à donner une description de celui-ci.

Pendant que je parcourais l'une des rues malaises, j'entendis sortir d'une maison de bonne apparence des voix d'enfants qui semblaient réciter une leçon. Je grimpai l'escalier de bois qui bordait la façade de cette demeure, et je trouvai dans une vaste salle un vieux Malais à barbe blanche, accroupi sur le plancher et entouré d'une douzaine d'enfants également assis comme des tailleurs, lesquels psalmodiaient en chœur des mots écrits sur des feuilles de papier.

Mon apparition mit en belle humeur les jaunes écoliers. Ils s'arrêtèrent instantanément; ils me regardèrent avec curiosité et se mirent ensuite à chuchoter en riant. Enfin les choses se passèrent de la même manière que dans nos classes d'enfants d'une entière blancheur. Le vieux Malais, à mon aspect, ne se dérangea pas; il s'inclina seulement et me salua d'un *Tabè Tuau* que tous ses élèves répétèrent. Cela fait, il me montra, en s'inclinant de nouveau, le livre qu'il avait devant lui.

« Quel est ce livre? lui demandai-je.

— C'est le Coran, me répondit-il.

— En malais?

— Non, seigneur, en arabe.

— Vous comprenez donc cette langue?

— Je ne la comprends pas, mais je lis les caractères avec lesquels elle est écrite.

— A quoi cela sert-il de lire des mots dont on ne comprend pas le sens?

— En les lisant, les enfants les apprennent par cœur; les fils du Prophète doivent tous avoir cette parole dans la mémoire, afin de la répéter souvent. Ces paroles sont douées d'une vertu particulière.

— Ne vaudrait-il pas mieux apprendre cette parole dans votre propre langue? car il est inutile de savoir des mots dont on ignore la signification; les mots par eux-mêmes n'ont aucune vertu.

— Le Prophète a écrit sa loi en arabe, c'est en arabe que nous devons l'apprendre. En la traduisant, nous pourrions en altérer le sens.... et ce serait un sacrilége. »

Cette foi naïve n'est-elle pas celle de nos mères et de nos sœurs? le paysan de nos villages comprend-il la prière qu'il épelle le matin et le soir? Et, aux yeux de beaucoup de chrétiens, n'est-ce pas un sacrilége de traduire les livres saints en langage vulgaire?

Depuis plusieurs jours je n'avais pas vu M. Dutroncoy. Lorsque je me présentai chez lui, du plus loin qu'il m'aperçut, il s'écria:

« Je vous attends depuis longtemps avec impatience, monsieur le docteur.

— Qu'y a-t-il pour votre service, mon cher monsieur? lui répondis-je; faut-il vous saigner, vous extraire quelque molaire, vous couper un doigt ou une jambe? parlez!

— Non, monsieur le docteur, vous êtes trop bon, en vérité.... Ce que j'attends de vous me touche de près, mais ne m'est pas personnel.

— Voyons, parlez, de quoi s'agit-il?

— Je voudrais vous proposer de faire une bonne œuvre en adoptant un pauvre orphelin....

— Ah çà! mais vous êtes fou, mon cher monsieur Dutroncoy! Croyez-vous que je sois venu à Singapore pour faire le saint Vincent de Paul?

— Mon Dieu! monsieur le docteur, sans être un saint Vincent de Paul, on peut bien adopter un orphelin une fois dans sa vie.

— Je ne dis pas le contraire, mais je ne veux adopter personne. S'il fallait adopter tous les enfants qui se disent orphelins, chaque célibataire aurait au moins vingt marmots à nourrir. Adopte qui voudra. Laissez-moi tranquille!

— Mais cependant, monsieur le docteur, si vous connaissiez l'histoire de mon protégé, elle vous intéresserait, et peut-être....

— Eh bien! ne me la contez pas, de peur de m'attendrir.... et faites-moi donner du ginger-beer. »

M. Dutroncoy s'éloigna, mais il revint bientôt avec deux bouteilles. Un domestique malais mit deux verres sur une table placée sous un arbre de pagode au feuillage cendré, et M. Dutroncoy s'assit en face de moi. Notre maître d'hôtel était un homme à la figure bonne et joviale. Lorsqu'il se fut installé, sa physionomie prit une expression de tristesse profonde ; il poussa un soupir et reprit :

« Voilà qui est décidé, vous ne voulez pas adopter l'enfant.... Il faut avouer qu'il y a des êtres qui naissent avec un guignon affreux sur cette terre.... Moi qui comptais sur vous pour cette bonne œuvre.

— Pourquoi donc sur moi plutôt que sur un autre ? Merci de la préférence !

— Pourquoi ? Mais parce que.... Au fait, inutile de vous dire cela maintenant.... C'est égal, il est bien malheureux, cet enfant. Avez-vous entendu parler des Dayaks, monsieur le docteur ?

— Oui, monsieur Dutroncoy, ce sont des peuples de Bornéo, je crois.

— Anthropophages comme des tigres !... Ils ont voulu me manger une fois, mais je m'en suis tiré. Hélas ! le père et la mère de ce malheureux enfant n'ont pas eu le même bonheur !

— Voyons, monsieur Dutroncoy, contez-moi votre histoire.

— Oh ! mon Dieu ! elle est très-simple, comme tout ce qui se fait dans ce pays, où l'on vit dans l'état de simple nature. Le père de cet enfant....

— Mais c'est votre histoire que je vous demande.

— Toutes les histoires de Bornéo se ressemblent. Je vais vous conter celle de cet enfant. Son père, un brave homme que je crois avoir connu, habitait loin du monde, au sein des forêts vierges. Il avait choisi ce lieu retiré pour y vivre comme le sage dans la méditation, auprès de sa femme qu'il aimait tendrement. Il s'était construit une charmante demeure avec des branches d'arbres entrelacées. Ce modeste asile ne contenait qu'un lit de fougère et de mousse soyeuse ; c'était le trône de la femme adorée, qui l'embellissait de sa présence.

— Ah ! vous êtes poëte, monsieur Dutroncoy....

— Oui, monsieur le docteur, comme tous ceux qui ont beaucoup vu et beaucoup convoité ; je continue : Par une mesure de prudence que vous apprécierez facilement, il avait établi sa demeure sur un sandal séculaire, pour éviter les visites importunes des tigres qui rôdent incessamment dans ces fourrés. Les branches parfumées de l'arbre précieux descendaient presque jusqu'à terre, et c'était en se suspendant à cette échelle que les deux époux gagnaient leur logis ; à vrai dire, ce n'étaient pas leurs habillements qui les gênaient pour accomplir cette ascension. L'état de nature, monsieur le docteur, comporte avec lui certains priviléges trop peu appréciés en civilisation. Ainsi, la ligne de démarcation entre le tien et le mien n'étant pas établie par des lois stupides, il s'ensuit qu'on pratique le communisme en grand. Mon ami, car tel est le nom que ma douleur donne à l'infortuné qui m'a légué son fils, avait la coutume d'aller exercer ses droits aux alentours d'un village dayak. Les habitants, déjà corrompus par un commencement de civilisation, trouvèrent mauvais qu'on leur enlevât leurs patates et leurs bananes, sous prétexte qu'ils les avaient plantées !... Il est vrai que mon ami poussait plus loin encore les priviléges de l'état de nature.... Lorsqu'il trouvait que les filles des Dayaks étaient belles, il s'empressait de le leur témoigner. Un jour qu'il comblait une de ces jeunes personnes des plus tendres compliments, un amant jaloux lui planta sa lance dans le flanc.... Il en mourut. Sa femme, ne le voyant pas revenir, poussa longtemps des gémissements inutiles, mais aucune voix ne répondit à sa plainte; et comme il faut dîner, même quand on a perdu son mari, elle s'en vint, triste et confiante, tenant son enfant dans ses bras, chercher la banane providentielle aux champs où son mari avait trouvé la mort.... Elle l'y trouva aussi. Ces misérables Dayaks, se doutant du tour, s'étaient mis en vedette. Ni la tristesse de l'épouse éplorée, ni la grâce de l'enfant alarmé ne purent attendrir ces cœurs de roche; ils déchargèrent leurs flèches sur la malheureuse veuve, qui mourut en recommandant son fils au génie de la forêt.... Un ministre protestant le recueillit. C'est lui qui l'a déposé chez moi, en attendant que vous l'adoptiez.

— Ah çà ! vous tenez donc bien à votre idée première ?

— Certainement, monsieur le docteur, j'y tiens comme on tient à une bonne pensée. D'ailleurs, la vue n'en coûte rien ; consentez à voir ce malheureux.... Sa grâce enfantine sera plus éloquente que mes paroles.

— Puisque vous le voulez absolument, allons voir l'orphelin, dis-je en me levant.

— Dieu soit loué ! s'écria Dutroncoy en marchant devant moi; Dieu soit loué !... mon projet réussira !... C'était écrit là-haut !... mes pensées ne me trompent jamais ! Je vous vois déjà, monsieur le docteur, berçant sur votre cœur l'innocente créature. »

En parlant ainsi, mon hôte me conduisit dans une espèce de pavillon situé au fond de la cour. Il en ouvrit la porte brusquement et me dit :

« Tenez, le voilà ; je suis heureux de vous avoir réunis.

— Où donc ? je ne vois rien.

— Comment, vous ne voyez rien ? tenez, là, là....

— Allez au diable ! m'écriai-je ennuyé ; c'est une mystification abominable. Voyez vous-même, il n'y a personne dans ce pavillon.

— Il n'y a personne ! dites-vous, s'écria à son tour M. Dutroncoy ; eh bien ! vous allez voir. »

Il entra dans la petite pièce, prit à bras-le-corps une espèce de panier de bambou, et, le plaçant devant moi, il dit :

« Ah ! il n'y a personne dans ce pavillon ! Eh bien, répétez-le, maintenant. »

Je vis effectivement, à travers les mailles du réseau, un pauvre petit être accroupi, qui tournait vers moi ses yeux doux et suppliants ; ses membres étaient grêles, son ventre et sa poitrine très-proéminents ; il avait le front élevé, le nez épaté et la bouche grande. On lisait sur sa physionomie triste la trace que les chagrins y avaient imprimée. Il me tendit sa petite main brune ; je la pris dans la mienne et la serrai affectueusement. Ne sachant pas sa langue, je me contentai de cette manifestation muette. Ce pauvre orphelin était un jeune orang-outang dont je vais vous raconter l'histoire.

Immédiatement, je jurai sur le crâne dénudé de M. Dutroncoy de tenir lieu de père à l'orphelin de Bornéo, de lui donner une éducation en rapport avec son intelligence, de le nourrir, de le loger, de le vêtir suivant ses besoins ; jamais engagements ne furent plus scrupuleusement remplis. Dès ce jour le pauvre abandonné partagea ma table et mon logement, et, s'il ne fut pas le confident de toutes mes pensées, il fut témoin de toutes mes actions. Je devins le mentor de ce Télémaque velu, et je lui fis parcourir la Malaisie, la Chine et l'Inde.

Les orangs-outangs sont, du consentement unanime de toutes les nations indiennes, les rois légitimes des forêts de la Malaisie; malgré mon peu de respect pour les droits que donne la naissance, j'eus la vaniteuse faiblesse de décorer mon pupille d'un nom qui rappelât les droits de ses pères. Je l'appelai Tuan, d'un mot malais qui veut dire *monseigneur*. Hélas! comme bien d'autres prétendants, le pauvre exilé ne s'est pas assis sur le trône parfumé de ses ancêtres, il n'a pas revu les palais aériens où son enfance fut bercée; le dernier de sa race, il est mort sur les arides bords de la Syrie, en recevant les stériles hommages de quelques serviteurs dévoués; et moi j'ai été le Blondel de ce roi déshérité! Mais, s'il a manqué à l'amour des nobles quadrumanes que le sort avait fait naître ses sujets, il a été chéri de tous ceux qu'il a connus pendant sa vie errante, et je pourrais citer parmi ses amis des noms célèbres dans la diplomatie, la marine, le commerce et la littérature; de belles miss et de grandes dames ont provoqué ses plus doux regards : aussi est-il mort jeune, comme tous ceux qui sont tendrement aimés.

Lorsque Tuan me fut confié, il avait environ trois ans. Sa taille était celle d'un enfant de cet âge. Si ce n'eût été son ventre proéminent, il eût ressemblé à un jeune Malais vêtu d'une étoffe brune comme nos petits ramoneurs. Le pauvre captif était fort mal à l'aise dans sa prison de bambou, je me hâtai de l'en retirer. Lorsqu'il fut délivré, il saisit ma main et s'efforça de m'entraîner au loin, comme aurait pu le faire un petit garçon voulant fuir un objet désagréable. Je l'emmenai dans ma chambre, où M. Dutroncoy avait fait disposer une cellule à son intention. En voyant cette nouvelle cage, qui ressemblait assez à une maison malaise, Tuan comprit que c'était là son futur logement. Il abandonna ma main et se mit à rassembler tout le linge qu'il put trouver. Il transporta ensuite son butin dans sa logette, et il en garnit soigneusement les parois. Ces dispositions faites, il s'empara d'une serviette, et, s'étant drapé dans ce lambeau d'étoffe avec autant de majesté qu'un Arabe dans son burnous, il se coucha sur le lit qu'il s'était préparé.

Tuan était d'un caractère extrêmement doux; il suffisait d'élever la voix pour lui imposer. Parfois, cependant, il entrait dans des accès de colère fort divertissants. Un jour je lui enlevai une mangue qu'il avait dérobée ; d'abord il chercha à la reprendre ; mais n'ayant pu y parvenir, il poussa des cris plaintifs en allongeant les lèvres comme un enfant qui fait la moue. Cette mutinerie n'ayant pas eu le succès qu'il en attendait, il se jeta à plat ventre sur le sol, frappa la terre du poing, cria, pleura, hurla pendant plus d'une demi-heure ; je compris que je manquais à tous mes devoirs en lui refusant le fruit qu'il convoitait. En effet, contrairement à la volonté de Dieu, je tentais de plier aux exigences de notre civilisation cette nature indépendante qu'il avait fait naître au fond des forêts vierges, afin qu'elle obéît à tous ses instincts et qu'elle satisfît toutes ses passions. Je m'approchai de mon pupille et lui offris, en l'appelant des noms les plus doux, la mangue, cause innocente de sa colère. Aussitôt qu'elle fut à sa portée, il la saisit avec violence et me la lança à la tête !

Il y avait quelque chose de tellement humain dans cette action, de tellement méchant dans l'expression de cette colère, que je n'hésitai pas ce jour-là à classer Tuan parmi les individus appartenant à notre espèce, tant il me rappelait certains enfants de ma connaissance. Mais, depuis lors, je suis revenu de mon erreur ; il n'était acariâtre, méchant que par exception.

Le premier jour que je fis manger Tuan à ma table, il employa une manière excentrique pour désigner les objets qui lui convenaient. Il allongea sa main brune et tenta d'amener sur son assiette tout ce qu'il put saisir. Je lui donnai un soufflet pour lui faire comprendre les devoirs de la civilité. Alors il usa d'un stratagème : il couvrit sa figure d'une main, tandis qu'il portait l'autre sur le plat. Cette ruse ne lui réussit pas mieux ; je frappai la main coupable avec le manche de mon couteau. Dès cet instant, mon intelligent élève comprit qu'il devait attendre qu'on le servît.

Il apprit très-promptement à manger sa soupe avec une cuiller. Voici dans quelle circonstance. On plaça devant lui un potage fort léger ; il se mit sur la table dans la position d'un chien qui veut laper et essaya de boire en humant lentement. Cette manière lui parut incommode ; il se rassit sur sa chaise et saisit son assiette à deux mains; mais en l'élevant pour la porter à ses lèvres, il versa sur sa poitrine une partie du contenu. Je pris alors une cuiller et lui montrai comment on en usait. Immédiatement il imita mon action, et depuis lors il se servit habituellement de l'instrument culinaire.

Lorsque j'amenai Tuan à bord de *la Cléopatre*, on l'installa au pied du grand mât, et on le laissa complétement libre; il sortait et rentrait dans son habitation suivant son caprice. Les matelots l'accueillirent comme un ami, et se chargèrent de l'initier à tous les usages de la vie maritime. On lui donna une petite gamelle en fer-blanc et une cuiller qu'il renferma soigneusement dans sa maisonnette, et, aux heures des repas, il allait à la distribution des vivres comme un homme du bord. C'était très-plaisant de le voir, surtout le matin, faisant remplir de café sa gamelle, et s'établissant ensuite commodément pour faire son premier repas en compagnie des mousses, ses amis.

Tuan passait une partie de la journée à se balancer dans les cordages; parfois il descendait sur le pont, soit pour lier conversation avec les personnes de la légation, qu'il connaissait parfaitement, soit pour agacer un jeune négrito de Manille, que l'on avait donné à M. de Lagrené : ce négrito était son ami de prédilection. De mauvais plaisants prétendaient que les liens sympathiques qui unissaient ces deux êtres étaient basés sur des rapports de consanguinité. Ce qui est vrai, c'est que Tuan avait pour tous les singes un profond mépris; il ne se commettait jamais avec eux, et préférait la compagnie d'un chien ou celle d'un mouton à celle de ces quadrumanes.

Tuan avait pris des habitudes de gourmet depuis son admission à bord : il buvait du vin et il avait même acquis des connaissances très-subtiles dans l'appréciation de ce liquide. On lui offrit un jour deux verres à moitié pleins, l'un de champagne, l'autre de bordeaux. Lorsqu'il tint un verre de chaque main, on eut l'idée de lui enlever celui des deux qui contenait le champagne. Pour se défendre contre cette tentative, il rapprocha vivement la main libre de celle qu'on avait saisie, et, par un effort heureux, étant parvenu à la dégager, il versa le liquide pétillant dans le verre qu'on ne lui disputait pas. Il tendit ensuite la coupe vide à la personne qui avait tenté de la lui soustraire.

Cet acte très-bien combiné et d'une difficile exécution fut suivi d'un autre non moins remarquable : une après-midi, Tuan était monté dans les cordages et ne voulait pas descendre sur le pont, malgré les ordres réitérés que je lui adressais. Je lui montrai un verre de bière pour le décider à venir me trouver. Il examina longtemps l'objet que je lui offris; mais, ne s'en rapportant pas complétement à ce qu'il voyait, il prit une corde et en dirigea avec une précision admirable l'extrémité flottante dans le verre; cela fait, il tira la corde à lui, porta à la bouche la partie qui avait trempé dans le liquide, et, lorsqu'il en eut constaté la saveur, il se hâta d'accourir pour partager cette boisson avec moi.

Il est faux, tout à fait faux qu'on soit jamais parvenu à faire fumer des orangs-outangs; Tuan, et tous ceux que j'ai vus, n'ont jamais pu exécuter cette aspiration. Les gravures représentant ces quadrumanes fumant le houka avec leurs maîtres sont des mensonges stéréotypés.

Lorsque j'arrivai à Manille, nous allâmes nous installer, Tuan et moi, dans une maison tagale, et nous vécûmes en commun avec la famille qui l'habitait, laquelle était composée du père, de la mère, de deux jeunes filles de quatorze à seize ans et de quelques petits enfants. Tuan fut ravi de notre installation. Il passait la journée à jouer avec les petites Tagales et à voler les marchandes de mangues qui avaient le malheur de mettre leurs marchandises à sa portée.

Les rapports constants qui s'établirent entre lui et les petites filles développèrent son esprit de comparaison et d'observation. Les enfants tagals des deux sexes sont nus jusqu'à l'âge de onze ans; seulement, les jeunes filles portent une espèce de camisole qui ne descend pas au-dessous du nombril. Un jour que Tuan se roulait sur une natte avec une fille de quatre à cinq ans, il s'arrêta tout à coup et se livra sur la jeune personne à un examen anatomique des plus minutieux. Les résultats de ses investigations l'étonnèrent profondément; mais tout cela n'éveilla en lui aucune mauvaise pensée; il resta candide et pur comme un enfant. Sa physionomie portait effectivement l'empreinte de cette tranquillité des sens particulière au jeune âge.

Tuan, dès notre arrivée à Manille, cessa de manger avec moi;

il adopta complétement la vie tagale. A l'heure des repas, toute la famille s'accroupissait autour d'un plat de riz cuit à l'eau. Chacun à tour de rôle puisait avec sa main droite une certaine quantité de la graine féculente, qu'il pétrissait en boule dans le creux de la main gauche. Cela terminé, l'opérateur prenait dans un autre plat un morceau de poisson ou de viande sèche et mettait cette pâtée dans sa bouche.

Tuan, assis gravement au milieu de tous ces braves gens, se livrait à cette manipulation avec une gravité et une adresse qui émerveillaient ses hôtes. Les peuples de l'extrême Orient ont pour les animaux une bienveillance, une affection singulières. Il n'y a pas chez eux de ces philosophes stupides qui ont l'orgueilleuse sottise de considérer comme des automates ces êtres intelligents. Aussi les traitent-ils en frères bien plus qu'en inférieurs. Tous les jours des femmes tagales venaient me demander de leur permettre de mener Tuan à la promenade. Les jeunes filles lui apportaient des fruits et passaient des heures entières à lui parler comme à un individu de notre espèce.

Cela me rappelle qu'à Bombay, où j'étais logé avec Tuan chez une excellente dame française, Mme Costa, un jour je la trouvai avec une femme indienne d'une humble caste, qui lui parlait avec animation. Dès que j'entrai dans le salon, Mme Costa me dit :

« Venez donc, docteur ! il s'agit de vous en ce moment.

— De moi ! » m'écriai-je surpris.

Et, me tournant vers la femme indienne, j'ajoutai en riant :

« Femme, qu'y a-t-il de commun entre vous et moi ?

— Voici ce qu'il y a de commun, continua Mme Costa. Cette femme est tantôt venue me trouver tout en larmes, et elle m'a dit : « L'enfant que le médecin a amené est bien malade. Vous « devriez lui demander de nous le laisser, et nous le soignerions. — Je n'oserai jamais lui faire cette demande, » lui ai-je répondu. Alors elle a repris : « Qui sait, madame ? vous lui feriez « peut-être bien plaisir. Sans doute ce monsieur a eu cet enfant « de quelque femme des pays d'où il vient ; lorsqu'il sera de retour chez lui, il se mariera et sa femme maltraitera le pauvre « enfant de l'étrangère. » Depuis une demi-heure, ajouta Mme Costa, je cherche à détromper cette femme et à lui faire comprendre ce que c'est que Tuan ; mais elle n'en démord pas, elle prétend qu'il parlera bientôt, et que c'est un être comme nous tous.

La pauvre Indienne ne quittait presque pas Tuan; non-seulement elle le faisait coucher dans son lit, mais elle lui donnait à boire pendant la nuit et recherchait les aliments les plus délicats pour réveiller l'appétit du malade. Un jour qu'on avait servi sur la table de superbe raisin de Puna, elle vint en demander une grappe, sous prétexte que l'enfant en désirait. Tuan aimait beaucoup sa pauvre gardienne; on les voyait rarement l'un sans l'autre; tantôt ils se promenaient en se tenant par la main; d'autres fois l'Indienne le portait comme les Malaises portent leurs enfants, à califourchon sur la hanche. Les adieux de Tuan et de la bonne femme furent fort tendres; elle l'accompagna jusqu'au rivage, et l'un et l'autre ne cessèrent de se renvoyer des témoignages d'affection que lorsque la distance qui les séparait les empêcha de se voir.

Lorsque nous arrivâmes en Chine, la légation fut en quelque sorte casernée dans une grande maison, et Tuan y vécut en toute liberté. Tous les Européens avaient sur lui beaucoup d'ascendant, tous ceux du moins qu'il avait connus à bord, mais il faisait peu de cas des Chinois; il avait à leur endroit des sentiments aristocratiques qu'il manifestait dans toutes les occasions. Plusieurs fois je chargeai nos coulis de le conduire chez des personnages considérables de Macao, désireux de le voir : tant qu'il était sous mes yeux, il consentait à marcher; mais, du moment que je le quittais, il grimpait sur ses conducteurs et se faisait porter.

L'habitude de se vêtir est généralement considérée comme un fait de climat; quelques moralistes prétendent qu'elle se rattache au sentiment inné de la pudeur. En constatant chez l'orang-outang une tendance manifeste à porter des vêtements, j'ai pu me convaincre qu'il n'obéissait ni à l'une ni à l'autre de ces impulsions. Tuan s'emparait de tous les morceaux de linge qu'il rencontrait, il les jetait sur ses épaules ou s'en couvrait la tête. Les foulards, les serviettes, les chemises, les tapis qui tombaient sous sa main étaient indistinctement employés à cet usage. Dans ces pays brûlants, par trente-deux degrés de chaleur, ce n'était certainement pas l'impression de l'air qui le portait à s'envelopper ainsi; ce n'était pas davantage une idée de décence, car il ne protégeait guère que les parties supérieures du corps avec ces draperies variées. Il est vrai que Tuan pouvait avoir sur la pudeur la même manière de voir que les habitants de l'île de Luçon. Il m'est arrivé vingt fois à Manille de rencontrer le long des rivières des femmes complétement nues; aussitôt qu'elles m'apercevaient, elles s'empressaient d'endosser une camisole qui couvrait à peine le sein, ensuite elles restaient impassiblement debout sur la rive, me regardant passer comme si elles eussent été complétement vêtues. Quoi qu'il en soit, Tuan, en se drapant avec affectation, obéissait à un instinct non déterminé. Du reste, il ne cherchait pas à assujettir sur son corps ces vêtements improvisés; seulement, lorsqu'il se couchait, il se roulait dedans avec beaucoup de précaution.

Tuan n'avait aucune de ces grandes vertus sociales qu'on appelle l'abnégation et le dévouement; il était personnel, très-égoïste, et ne se serait nullement accommodé des pratiques communistes. Il était à cet égard tout à fait conservateur et n'aimait le communisme que sur les propriétés d'autrui. Lorsqu'un animal envahissait sa cage, il l'en chassait impitoyablement; un jour même il pluma un pigeon qui avait eu la malheureuse idée de s'y réfugier.

A chaque relâche je lui achetais des régimes de bananes; les fruits étaient placés par les garçons du carré des officiers dans le même endroit où l'on enfermait ceux appartenant à la table de l'état-major. Tuan avait la permission d'entrer librement dans ce sanctuaire; pourvu qu'on lui eût montré une fois les régimes qui lui appartenaient, il respectait tous les autres jusqu'au jour où il avait épuisé sa provision. Dans ce cas, ce n'était plus ostensiblement, hardiment, qu'il allait chercher des fruits, mais en se cachant, en rampant comme un serpent; son larcin accompli, il remontait plus vite qu'il n'était descendu.

Il faisait parfaitement la distinction du tien et du mien : ainsi, bien qu'on ne l'eût jamais ni grondé ni frappé pour quelques petits méfaits, surtout à bord de *l'Archimède*, où il était gâté comme un enfant, c'était toujours en se cachant qu'il volait le grog et le thé qu'on apportait sur le pont pour les officiers et les passagers.

En Chine, il habitait un petit réduit attenant à un cabinet de la chambre de Xavier Reymond, et parfois il faisait des visites à son voisin. Reymond déjeunait souvent chez lui ; mais il s'apercevait que, chaque fois qu'on servait sur la table une bouteille de vin, pour peu qu'il s'absentât, cette bouteille était mise largement à contribution. Un jour M. de Macdonald entra dans ma chambre et vit Tuan la figure inondée d'une liqueur rouge.

« Docteur, venez vite, Tuan est couvert de sang ! » s'écria-t-il à cet aspect.

Je m'approchai et je vis que les gouttes de sang étaient transparentes comme un rubis ! J'entrai immédiatement chez Reymond.

« Avez-vous encore été volé? lui demandai-je.

— Belle demande ! s'écria-t-il ; voyez, le liquide est encore agité dans la bouteille, tant on l'a replacée précipitamment sur la table.

— Eh bien ! je connais le voleur, repris-je.

— Je parie que c'est ce brigand de Tuan !

— Lui-même. »

C'était lui en effet : lorsqu'on dressait la table, il se cachait dans un coin de l'appartement ; sitôt que le domestique s'absentait, il se précipitait sur la bouteille, la débouchait, buvait et la remettait en place. Cela est prodigieux, mais très-exactement vrai ; et il faisait tout ce manége avec une dissimulation telle que les domestiques chinois, intéressés à le démasquer, n'y étaient pas parvenus ; et Dieu sait cependant combien les Chinois sont rusés !

Les images et les événements se fixaient parfaitement dans son souvenir ; je me séparai de ce cher enfant pendant trois mois ; je le laissai pendant mon absence chez un de mes amis, le docteur Pitter, à Macao. Mon confrère le faisait parfaitement soigner, mais il n'avait pas pour lui ces douces prévenances, ces attentions qu'ont pour les animaux ceux qui savent qu'ils valent mieux que la plupart des hommes : aussi Tuan s'ennuyait-il dans son nouveau logement.

Lorsque je revins à Macao et que j'allai chez le docteur Pitter pour reprendre mon élève, il était au fond d'une cour, et je me montrai à lui du haut d'une fenêtre très-élevée. Aussitôt il voulut grimper le long du mur pour venir me rejoindre. A peine l'eut-on amené dans la chambre où j'étais, qu'il me prit par la main et m'entraîna dehors Je voulus essayer de me laisser guider : il me conduisit dans la rue et prit le chemin de la maison que nous occupions ensemble avant mon départ. Son regard, sa physionomie, ses gestes me disaient : « Retournons chez nous, ce n'est point ici notre maison. »

Lorsque, après une relâche d'un mois, nous retournions à bord, il reconnaissait parfaitement, au milieu d'une forêt de mâts, le bâtiment que nous montions. A Colombo, lorsque nous regagnâmes *l'Archimède*, nous trouvâmes le steamer entouré de marchands de toute espèce, et nous fûmes contraints d'attendre que les bateaux nous ouvrissent un passage. Tuan, qui avait reconnu *l'Archimède*, avait un tel désir de rentrer à bord, qu'il gagna notre navire en passant par-dessus les embarcations des marchands avec l'agilité d'un matelot exercé.

Tuan était doux, affectueux et très-gai ; il aimait à agacer ceux qu'il connaissait et qu'il aimait, surtout les jeunes enfants. Ses manières étaient décentes, convenables sous tous les rapports. Lorsque la maladie qui l'a enlevé le saisit, il devint triste, mais il ne devint ni morose ni méchant, et, par instants, il avait encore des éclairs de gaieté. J'ai beaucoup aimé ce pauvre Tuan, et, bien que j'aie commencé cette biographie le sourire sur les lèvres, je la termine en laissant tomber sur ces dernières lignes une larme de souvenir et de regret.

Singapore, pendant la nuit, ne présente pas la piquante originalité de Malacca. La ville commerçante surtout est triste et silencieuse; les Chinois et les Malais, forcés par la nature de leurs relations de suivre les coutumes anglaises, semblent avoir renoncé à leur vie nocturne. Dès que les magasins sont fermés, on dirait que chaque maison s'endort. Aucune clarté ne s'échappe du dedans; à peine quelques chants monotones vous rappellent-ils par moments l'existence des habitants de ces demeures silencieuses. Les rues elles-mêmes sont désertes; ce n'est qu'à de longs intervalles qu'on rencontre quelque Chinois attardé, portant au bout d'un bâton sa lanterne sphérique, quelque Malais de la dernière condition, intendant mystérieux des faciles plaisirs de la localité, ou quelques beautés malaises à la recherche des étrangers. Ces femmes sont ordinairement vêtues d'une grande robe blanche ouverte sur le devant et renversée sur la poitrine comme un gilet à châle; leurs pieds sont nus, et leurs cheveux, noirs et durs comme du crin, sont roulés et maintenus très-bas derrière la tête par une épingle d'or. Ce n'est guère que d'après ces prêtresses impudiques que la plupart des marins et des étrangers apprécient les beautés malaises, et chacun sait les belles choses qu'ils en racontent! Cependant, c'est tout comme si l'on jugeait les femmes françaises d'après les spécimens répandus sur les quais de nos villes maritimes.

Les seules maisons ouvertes le soir aux visiteurs sont les fumeries d'opium; horribles bouges dans lesquels de malheureux Malais vont obstinément dépenser le prix de leur travail.

Tous ces établissements se ressemblent, ce sont d'affreux taudis faiblement éclairés; au centre sont disposées des tables pour les buveurs de thé, et à l'entour des alcôves discrètes formées avec des nattes en bambou.

Ces espèces de loges mystérieuses renferment un lit de camp qui prend toute l'étendue du petit espace, et c'est là que se retirent deux, trois, quatre fumeurs, pour se livrer à leur vice favori. Quelques femmes fréquentent les fumeries d'opium. Dans ces pays de l'extrême Orient, les femmes sont le complément indispensable de l'ivresse. Les fumeurs d'opium ne perdent pas le sentiment de la réalité; les vapeurs narcotiques transforment à leurs yeux les objets qui les entourent et les parent de tout l'éclat du luxe et de la beauté. C'est pourquoi les gens les plus grossiers aiment à s'entourer de tout ce qui flatte leur esprit et caresse leurs sens, lorsqu'ils se préparent à subir les effets de la drogue enivrante.

Il y a loin, comme on le voit, de l'ivresse produite par l'opium à l'ivresse brutale du wiskey, du gin ou de l'eau-de-vie. Je donnerai ailleurs des détails très-précis sur la préparation de l'opium et sur la manière de le fumer.

J'ai rencontré très-peu de Chinois dans les fumeries de la Malaisie. En général, les habitués étaient des Malais. Les Chinois qui viennent dans l'archipel sont de pauvres diables pressés de gagner de l'argent, et ils résistent bravement à cette funeste habitude. Lorsque j'eus parcouru quelques-unes de ces tavernes, lorsque j'eus jeté un coup d'œil sur les odalisques banales répandues dans les caravansérails consacrés aux plaisirs peu délicats des matelots, je remontai en palanquin et me fis reconduire à London-Hotel. Les charmantes habitations de la ville anglaise, bâties sur la colline parfumée qui domine la rade, ressemblaient à des phares. De toutes les fenêtres s'échappaient des flots de lumière; mais on eût dit que c'étaient des palais dont une fée capricieuse avait endormi les habitants. Aucun bruit, aucun son ne s'échappait de ces demeures enchantées.

Lorsque je rentrai à London-Hotel, j'y trouvai la plupart de mes compagnons de voyage fumant des chiruttos de Manille, buvant du ginger-beer ou de la bière, et lançant contre l'Orient et les voyageurs qui l'ont poétisé les plus effroyables malédictions.

« A cette heure, s'écria l'un d'eux, je payerais cinq cents francs une place de parterre à l'Opéra !

— Eh bien! je suis moins difficile, dis-je en m'installant sur un large fauteuil de rotin; je désirerais seulement trouver le moyen de passer ma soirée à Singapore en pleine civilisation malaise. »

A peine avais-je formé ce souhait, qu'un gentleman qui fumait silencieusement dans un coin s'approcha de moi.

« Vous logez, je crois, chez M. Wampou, me dit-il; si vous désirez rentrer chez vous ce soir, je vous offre une place dans ma voiture, elle est découverte et beaucoup plus agréable qu'un palanquin ; à moins que vous ne désiriez faire le trajet à pied; dans ce cas, si vous n'y voyez aucun inconvénient, je vous ferai volontiers compagnie.

— J'accepte de grand cœur, répondis-je, une place dans votre voiture; je me tiens à votre disposition.

— Partons à l'instant, » me dit mon inconnu.

Nous nous installâmes commodément dans une bonne calèche qu'un says malais conduisait à la main, et nous partîmes comme un trait. Mon compagnon rompit le premier le silence.

« Vous avez paru désirer vous initier aux mœurs locales en pénétrant dans un intérieur indigène, me dit-il en souriant. Eh bien ! permettez-moi d'exaucer ce souhait !

— Je n'y vois aucun inconvénient, répondis-je, et je me livre à vous de grand cœur.

— J'y vois bien quelque inconvénient quant à moi, et mes compatriotes y mettent plus de pruderie. Mais je suis quelque peu Français; j'ai été élevé à Tours, et, en faveur de cette circonstance, on est fort indulgent pour moi. D'ailleurs, ajouta-t-il en manière de réflexion, à votre retour en France vous pourrez raconter cette aventure à tous ceux qui lisent vos romanciers : ils la trouveront fade et quelque peu morale.

— Mais, en attendant, mon cher monsieur, me hasardai-je à demander, où allons-nous? Allons-nous faire un pèlerinage à Notre-Dame de Lorette?

—Je ne connais pas cet ermitage, me dit mon interlocuteur; nous allons tout simplement à Campon Glan. Pour plus de commodité, poursuivit-il, appelez-moi James, et je vous appellerai docteur.

— Master James, repris-je, je me souviendrai longtemps, toujours peut-être, de la spontanéité de votre bon procédé à mon égard. »

Je bornai là l'expression de ma reconnaissance. Master James ne me répondit pas. Lorsque nous fûmes à une trentaine de pas de Campon Glan, mon compagnon dit quelques mots à son says, la voiture s'arrêta et nous mîmes pied à terre. Campon Glan ne dormait pas comme la ville marchande; elle n'était pas muette comme la ville anglaise. Toutes les fenêtres étaient en feu comme des comètes, le vent faisait voltiger les stores et les rideaux discrètement tirés; il sortait des moindres fissures des chants doux comme des soupirs, et une odeur pénétrante vous enveloppait de son atmosphère excitante. Mon compagnon, qui paraissait au fait des habitudes de la localité, me prit sous le bras, poussa une porte, et nous entrâmes dans une chambre au rez-de-chaussée, où cinq ou six personnes dormaient couchées sur des nattes. Nous en heurtâmes bien quelques-unes par-ci par-là; mais sous la pression de nos bottes européennes aucune d'entre elles ne se permit de se plaindre. Nous montâmes à l'étage supérieur, où nous trouvâmes une jeune Malaise qui s'inclina jusqu'à terre en apercevant mon conducteur. Je compris immédiatement que master James était, sinon le maître de céans, du moins le protecteur de cette beauté jonquille.

« Kida, monsieur est mon ami, dit-il en me présentant; il ne parle pas anglais, il parle plus volontiers le malais. »

Kida me fit un humble salut.

« De quel pays est donc ce gentleman?... Serait-il Portugais? dit-elle avec hésitation et comme si elle eût craint de m'offenser.

—Non! répondit énergiquement master James, c'est un Français.

— *A Frenchman! a Frenchman!* » s'écria joyeusement la jeune fille, en battant des mains; je vais lui présenter une femme de son pays!

Aussitôt elle appela à plusieurs reprises; un jeune garçon à moitié endormi se présenta enfin; elle lui dit vivement quelques mots et il disparut. Je considérai alors la lorette de Campon Glan: c'était une fille d'environ quatorze ans; elle était petite, un peu massive; sa physionomie était intelligente; sa peau fine et luisante avait des reflets nacrés; ses cheveux tombaient en masse sur ses épaules, comme un manteau de satin noir. Elle était vêtue d'une robe d'indienne ouverte sur le devant et simplement fermée au cou par une épingle d'or représentant une fleur de chrysanthème aux pétales nombreux et déliés. Cet unique vêtement, absolument semblable aux peignoirs pour le bain, n'était pas fort gracieux; mais lorsque, en trottillant dans l'appartement, la Malaise laissait voir un pied nu et bien soigné, une jambe ferme et un genou arrondi, on éprouvait quelque plaisir à la contempler. J'en étais là de mon observation, lorsque la porte s'ouvrit et qu'une jeune femme d'environ vingt-cinq ans, couronnée de fleurs de jasmin asiatique, vêtue d'une robe absolument semblable à celle de la Malaise, entra précipitamment.

« Ce gentleman est Français! s'écria Kida dès qu'elle aperçut son amie.

—Vous êtes Français, monsieur? » me demanda avec un accent de doute, et en excellent français, la nouvelle arrivée.

En entendant une Malaise, une femme de Singapore, me parler la langue de mon pays, je fis un bond en arrière; je saisis une serviette, je l'imbibai d'eau, et je voulus m'assurer si la teinte safranée de cette jeune personne ne recouvrait pas quelque fraude européenne..... Mais la Malaise était bon teint.

« Où donc avez-vous appris le français, madame? dis-je très-poliment à la Malaise, ne voulant pas, en faveur de son langage, me départir à son égard des formules les plus polies.

— Je l'ai appris à Paris et à Bruxelles.

— Comment! vous avez été en France! Y a-t-il longtemps? Dans quelles circonstances avez-vous fait ce voyage?

— Il me faut un peu de temps pour répondre à ces questions, me dit en souriant la Malaise; permettez-moi de me reposer quelque part, avant de commencer mon récit. »

Master James avait été aussi surpris que moi en entendant sortir de cette bouche asiatique le français le plus pur.

« Puisque la plaisanterie devient piquante, me dit-il, installons-nous pour passer ici une partie de la nuit. »

Il appela : un domestique accourut, nous servit de la bière et des cigares, et nous songeâmes à nous établir confortablement. La chambre de Kida était éclairée par une grande verrine suspendue au plafond; les fenêtres, garnies de stores en rotin, laissaient librement circuler la brise fraîche du soir; une table occupait le milieu de cette pièce, et sur cette table était disposé tout l'attirail de la coquetterie malaise : la boîte à bétel, la soucoupe remplie d'huile de coco pour lisser les cheveux, et dans laquelle nagent continuellement des fleurs de jasmin et de frangipanier, de petits godets renfermant des poudres blanches et noires, des flacons jaunes, rouges et bleus contenant des eaux aromatiques, et dont les bouchons percés de trous permettent de répandre le fluide odorant sur une tête bien-aimée. Aux yeux des dames malaises, les dames les moins exigeantes de l'univers, la chambrette de la jeune fille, avec ses murs blanchis à la chaux, était un boudoir d'une élégance parfaite; elle ne renfermait cependant ni chaises ni divans.

En entrant chez Kida, James et moi nous nous étions instinctivement assis sur deux lits dressés en face l'un de l'autre; et quant aux deux femmes, ces êtres inférieurs, elles étaient restées debout. Nous les engageâmes à venir prendre place à nos côtés; chacune d'elles roula une feuille de bétel, nous allumâmes nos cigares, et, après nous être commodément installés sur les cadres de rotin recouverts d'une natte, qu'on appelle des lits à Singapore, nous priâmes la princesse Scheherazade de commencer son récit :

« Les Hollandais sont les plus grands brigands de la terre, dit-elle. (A ces mots James et moi nous nous inclinâmes en signe d'assentiment.) Ces misérables sont les bourreaux de la race malaise; ils la soumettent aux travaux les plus pénibles, ils la poursuivent sur la mer comme le requin poursuit la dorade, et, non contents de la forcer dans ses gîtes comme on ferait d'une bête fauve, et de la réduire en esclavage, ils descendent sur ses terres pour les saccager et pour brûler ses demeures.... Je suis née près de Pulo Nias, dans une petite île verte comme un bouquet de fougère qui flotte sur un lac. Mon père était un des principaux chefs de cette île. Ennemi irréconciliable des Hollandais, il détermina ses compatriotes à armer une flottille pour faire expier aux marchands de cette nation les crimes de leur gouvernement.

« Cette petite expédition se composait de six embarcations munies de pierriers; chacune d'elles portait cinquante hommes armés de lances et de kriss. Tous les gens de l'île vinrent assister au départ de notre petite flotte; ce fut pendant la nuit qu'elle leva l'ancre; nous étions sur la plage plus de mille personnes réunies, femmes, vieillards et enfants, tous silencieux et graves. La lune projetait ses rayons sur nos chairs nues, et nous ressemblions à ces statues d'or qu'adoraient nos pères dans les temples aujourd'hui détruits. Les embarcations s'éloignèrent à la rame; lorsqu'elles furent à une petite distance du rivage, elles mirent à la voile et disparurent bientôt à l'horizon, accompagnées de nos vœux.

« Nos hommes avaient des vivres pour cinq jours : ils devaient se ravitailler sur ces îlots sans nombre qui peuplent l'archipel, et nous n'attendions pas leur retour avant une quinzaine. Cependant, dès le dixième jour après leur départ, des groupes s'étaient établis sur les points culminants de l'île, explorant l'espace dans tous les sens, afin de signaler les premiers l'apparition des proas. Vous, Européens, vous ne sauriez comprendre l'intérêt qui s'attache chez les Malais à la réussite de pareilles expéditions. Ce n'est pas la richesse du butin qui nous séduit, mais la diversité et l'utilité des objets dont il se compose. Dans les pays où l'on ne forge le fer que pour en faire des lances et des kriss, où l'on ne tisse le coton qu'avec des instruments rebelles, où le moindre ustensile de ménage est une rareté, on prise des épingles, des aiguilles, du fil, des bouteilles, des marmites, des chaudrons, des tissus grossiers, des couteaux, plus que des tonnes d'or. On nous appelle barbares; nous sommes des barbares effectivement; nous préférons des objets vulgaires, tels que des tissus éclatants, des vases en verre, aux perles de nos mers et aux diamants que recèlent nos montagnes.

« Un mois entier s'écoula dans cette attente, et dans bien des esprits la crainte avait déjà succédé à l'espérance, lorsqu'un jour nous découvrîmes à l'horizon un spectacle étrange : nos proas nous apparurent, traînant à la remorque un magnifique navire. Des Malais étaient dans les pirogues et les dirigeaient; sur les bastingages du bâtiment, on distinguait un grand nombre de nos compatriotes confondus avec des Européens. Nous ne doutâmes pas un instant que ce grand bâtiment ne fût une prise de nos hommes.

« A cette vue, nous poussâmes des cris de joie, et, une heure après, la population entière de l'île accourait sur le rivage.

« Le navire jeta l'ancre en face des habitations; les hommes des proas répondirent à nos gestes et à nos cris, et, dans notre impatience d'entendre le récit de cette grande aventure, plusieurs d'entre nous se jetèrent à la mer pour aller rejoindre les embarcations. En cet instant, une détonation formidable éclata à bord, des balles et des boulets balayèrent le rivage, et au sommet des vergues de l'horrible bâtiment nous aperçûmes plus de trente de nos hommes suspendus par le cou et se débattant dans les airs. Cela se passa si rapidement que je n'y compris rien d'abord; je regardai avec stupeur autour de moi; ma mère était morte, un boulet lui avait enfoncé la poitrine; toute cette foule réunie sur le rivage, couverte de sang et de lambeaux de chair, s'agitait confusément en poussant des cris de douleur et d'effroi.... Je jetai les yeux sur le navire, mon père était au nombre des pendus!... Mon premier mouvement fut de suivre ceux qui fuyaient; mais je m'arrêtai bientôt. Je me blottis dans une jongle sans savoir ce que je faisais, ne sachant pas si j'étais morte ou vivante, si je rêvais ou si j'étais éveillée. Je restai longtemps dans cet état; par moments il me semblait qu'on marchait autour de moi ou que j'entendais des coups de fusil; d'autres fois je croyais apercevoir d'immenses clartés semblables à celles d'un incendie. Mais tout cela était confus dans ma tête, et je n'avais en réalité conscience de rien. J'étais couchée le visage contre terre, respirant à peine, lorsqu'un homme en courant se heurta à moi. Je restai immobile. Celui qui m'avait ainsi heurtée, voulant savoir s'il avait affaire à un cadavre ou à un être animé, me poussa du bout de son fusil, et, voyant que j'opposais une certaine résistance à ses efforts, il me prit par un bras et me souleva à moitié de terre. En apercevant un Européen, je me levai promptement, et, me reculant avec horreur, je m'écriai :

« Hollanda ! Hollanda ! un Hollandais ! un Hollandais !

« — Je ne suis pas un Hollandais, s'écria l'étranger, je suis un « Français ! »

« C'est alors pour la première fois, observa la Malaise en s'adressant à moi, que j'ai entendu prononcer le nom de votre nation. Si d'autres souvenirs moins terribles ne se liaient dans ma pensée au nom de votre pays, je n'éprouverais aucun plaisir à parler votre langue. »

Après avoir fait cette réflexion, elle continua :

« Les dénégations de l'étranger ne me rassurèrent pas ; je m'enfuis à travers les jongles en poussant ce cri d'effroi : « Hollanda ! « Hollanda ! » L'étranger s'élança à ma poursuite et m'atteignit bientôt.

« Les Hollandais que tu redoutes sont là, » me dit-il en me montrant la direction que je suivais ; « n'entends-tu pas le bruit « des haches qui s'abattent sur les cocotiers ? ne vois-tu pas ces « jets de lumière qui s'élèvent des maisons incendiées ? Reste « donc ici. D'ailleurs, vois mes armes ; si tu résistes aux con- « seils que je te donne dans ton intérêt, je les emploierai contre « toi. »

« J'examinai machinalement l'horizon. Nous étions entourés d'un cercle de feu, des colonnes lumineuses s'élevaient dans les airs, semblables aux rayons concentrés du soleil, et la cime des cocotiers tremblait sous les coups de hache ; on n'entendait d'autre bruit que celui de cet instrument de destruction tombant régulièrement sur le tronc des arbres, et quelques cris poussés par les matelots étrangers.

« A ce spectacle je me jetai le visage contre terre sans pousser une plainte, sans prononcer une parole.

« L'étranger s'approcha de moi, il me souleva doucement et me dit :

« Tiens, bois, tes lèvres sont sèches comme un caillou. »

« Je n'avais plus aucune perception des besoins de la vie matérielle. Cette invitation brutale réveilla en moi un besoin impérieux que j'ignorais. Je saisis précipitamment le flacon qu'il me tendait, et je bus avec avidité un mélange d'eau et de vin. Sous l'influence de cette boisson, dont je goûtais pour la première fois, ma tête s'appesantit, mes yeux se fermèrent et je m'endormis profondément. Lorsque je m'éveillai, j'étais seule; la nuit était profonde; j'eus d'abord quelque peine à retrouver le fil de mes idées; un instant j'espérai que l'affreuse réalité n'était qu'un rêve; mais, hélas! les clartés sinistres qui se montraient encore çà et là dissipèrent ce doute d'un instant. Je me levai pour fuir.... Mais où aller? Je ne savais quelle direction avaient prise ceux de mes compatriotes qui avaient échappé à cette affreuse boucherie. Je résolus d'attendre le jour; j'espérais vaguement que cet homme, qui la veille m'avait témoigné une espèce d'intérêt, reviendrait et m'aiderait à me sauver. Je ne m'étais pas trompée. Dès que le jour parut, il vint à moi.

« Ce pays est entièrement détruit, me dit-il; tes compatriotes « se sont précipitamment embarqués et ont abandonné l'île. Quel« ques-uns errent encore dans les bois, mais ils sont presque sûrs « de mourir de faim, car il n'existe plus un seul cocotier dans le « pays et les champs sont complétement dévastés. Couvre-toi de ces « habits d'homme et viens à bord avec moi; je dirai que tu es un « jeune garçon que j'ai sauvé et je te garderai auprès de moi. Si plus « tard tes compatriotes forment ailleurs un autre campon, je te ra« mènerai vers eux. »

« D'après les lois de la guerre, j'étais l'esclave de cet homme: aussi je n'hésitai pas à lui obéir.

« Je couvris ma tête d'un mouchoir dans lequel j'enveloppai mes cheveux suivant la mode du pays; je passai un pantalon, j'endossai une veste qui se croisait sur la poitrine, et j'assujettis ces deux parties de mon vêtement avec une large ceinture rouge. Ainsi transformée en garçon, je suivis l'étranger. En arrivant à bord, il me conduisit au commandant; je compris qu'il racontait à mon sujet une histoire qu'on accueillit assez froidement; mais je fus admise à reposer dans la cabine de mon maître sur une natte qu'on jeta à terre. Le jour même nous levâmes l'ancre et nous partîmes pour Batavia; mais un coup de vent assez fort nous poussa vers l'est, et nous relâchâmes dans la rade foraine de Chéribon.

« A peine eut-on jeté l'ancre qu'un très-grand nombre d'embarcations se dirigèrent vers le navire; mon maître m'ordonna de monter sur le pont, où je n'avais plus reparu depuis mon embarquement. Je trouvai le bâtiment encombré de visiteurs; on se pressait autour des hommes de l'équipage et l'on recueillait avidement de leur bouche les détails de cette cruelle expédition. J'étais le seul trophée vivant de cette victoire : aussi, dès que je parus, une foule avide se précipita vers moi. Pendant que j'étais l'objet de cette curiosité importune, j'entendis crier les poulies du navire, et l'on étala sur le pont les cadavres de mon père et de ses compagnons; je ne me lamentai pas devant cette foule ennemie; je subis avec fermeté la loi du vainqueur, et je ne versai pas une larme en voyant jeter à la mer comme des chiens les cadavres de mes amis. Mon maître profita de cette relâche pour quitter le bord; nous descendîmes à terre dans une embarcation du pays, et, quelques heures après, nous partîmes pour une localité appelée Rhaja-Gallo. En qualité d'assistant résident, mon maître occupait une petite maison bâtie en pierre qui me fit l'effet d'un palais, tant elle différait de celles de notre village. Cette maison était située au milieu d'un vaste jardin, et de grands tamariniers la dérobaient à tous les regards. Je ne vous ai pas encore dit le nom de mon sauveur et ne vous ai pas fait son portrait; je vais réparer cet oubli. Il s'appelait Prosper de C***; c'était un jeune homme de vingt-trois ans environ; il était trapu de taille, il avait une grosse figure un peu rouge, des yeux bleus à fleur de tête et des cheveux presque blancs, tant ils étaient blonds. Je n'ai jamais trop su pourquoi il détestait la couleur de sa chevelure; il n'est sorte d'artifice qu'il n'employât pour la rendre pareille à la mienne. Ayant une fois entendu dire que les Chinois avaient un secret pour changer la couleur des cheveux, il se condamna à boire pendant trois mois d'horribles drogues que ces voleurs lui faisaient payer fort cher. Mais les Chinois sont des coquins qui trompent tout le monde, et les cheveux de mon maître restèrent tels qu'ils étaient. Si ce n'eût été ses cheveux presque blancs et ses yeux bleus à fleur de tête, j'aurais trouvé Prosper de C*** presque beau pour un Européen; mais il n'y a que les singes qui aient les yeux de cette couleur.

« Voici quelles étaient les fonctions que je remplissais auprès de mon maître : pendant le jour, je l'accompagnais dans toutes ses courses pour lui rendre les mêmes services qu'un jeune esclave rend à son seigneur. Je tenais l'étrier pendant qu'il montait à cheval, je l'éventais pendant les repas avec un écran en plumes d'argus, j'allumais ses cigares ou sa pipe. Le soir, je me parais des habits de mon sexe; je réunissais mes cheveux en natte et je les assujettissais avec une épingle d'or ciselé ; je me couronnais de fleurs odorantes; je découvrais mes épaules; j'entourais mes bras et mes poignets de bracelets; je m'enveloppais dans un sarron de soie éclatante que je maintenais au-dessus des hanches avec une ceinture brillante comme les ailes d'un lori. Lorsque j'étais ainsi vêtue, j'abaissais les stores de sa chambre, je m'accroupissais dans un coin jusqu'à ce qu'il lui plût de me faire exécuter sous ses yeux les danses de nos ronguins. Prosper de C*** exigeait que pendant le jour je l'appelasse Tuan, en témoignage de mon respect; mais lorsque le soir était venu, lorsque je m'étais transformée, lorsque je dansais nos danses enivrantes ou que je m'accroupissais auprès de lui pour me reposer, il m'ordonnait de me servir à son égard des noms les plus familiers.

« Je vécus ainsi pendant un an, me considérant comme l'esclave de cet homme, auquel il ne manquait, pour être presque de mon goût, que d'avoir le teint jaune et les yeux noirs. Un matin, après avoir lu une lettre, il me dit brusquement :

« Nous partons pour la France dans huit jours.... m'accompa-
« gneras-tu avec plaisir? »

« Je m'inclinai en signe d'assentiment.

« Lorsque nous serons à bord, » ajouta-t-il, « peut-être faudra-t-il
« nous séparer.... on ne voudra pas te laisser dans ma cabine.

« — Qu'importe? » répondis-je.

« — Comment! qu'importe? » s'écria mon maître en rougissant jusqu'au bout des ongles; « tu prends cela bien à ton aise.... Je ne
« veux pas, entends-tu? que tu me quittes. Tu te suspendras à
« mes vêtements, tu pleureras, tu te rouleras à terre, et, quoi
« que je puisse dire te concernant, tu resteras impassible. »

« Cette recommandation n'était pas inutile; depuis un an que j'étais avec lui, Prosper de C*** avait employé une partie de son temps à m'apprendre le français, afin de pouvoir parler avec moi sans être compris des domestiques malais.

« Nous partîmes. Prosper de C*** ajouta à mon costume un beau kriss de Holo, ce complément indispensable de la tenue malaise. Les choses se passèrent à bord comme il l'avait prévu. On voulut me faire coucher dans l'entre-pont avec les matelots; mais je suppliai, je hurlai, je mordis avec tant d'énergie et avec une telle fureur, que le capitaine, brave homme au fond, décida que je suspendrais un cadre dans la cabine de mon maître. Pendant cinq mois de traversée, personne ne supposa à bord que je fusse une femme; je montais dans les mâts, j'aidais à carguer les voiles, à tourner au cabestan; je témoignais enfin d'une véritable inclination pour les travaux les plus rudes et les plus fatigants.

« Nous débarquâmes au Havre, et dès le lendemain nous partîmes pour Bruxelles. Lorsque nous fûmes à cinq ou six lieues de cette ville, Prosper me répéta les recommandations qu'il m'avait faites avant d'aller à bord. Nous descendîmes dans un vieux château d'un aspect sévère. C'était une vieille habitation isolée au milieu d'une vaste plaine, bâtie avec des pierres noires et couvertes de mousse. La mère de Prosper, ses deux sœurs et son oncle, qu'on appelait M. le comte, occupaient seuls, avec quelques domestiques, un vaste logis où l'on aurait pu loger les armées d'un sultan. Si j'étais éternellement restée dans mon île, je n'aurais jamais cru qu'avec des cheveux blonds et des yeux bleus on pût être véritablement jolie; et cependant les sœurs de Prosper, blondes comme une gerbe de riz, étaient bien ce que j'avais vu de plus charmant au monde. Mme de C*** était fraîche et colorée comme les fruits d'Europe; sa physionomie était pleine de douceur et de bonté, et je compris immédiatement que j'aimerais ces trois femmes de tout mon cœur. Mais le personnage qui attira plus spécialement mon attention, ce fut M. le comte!

« Ce vieillard ressemblait certainement beaucoup au vénérable orang-outang qui règne sur les forêts de Bornéo. On ne voyait de sa figure qu'une bouche énorme et des pommettes qui trouaient la peau. Ses jambes et ses bras, démesurément longs, semblaient avoir été formés aux dépens du reste du corps. Sa peau ressemblait à un vêtement trop large pour ses membres grêles, et elle se drapait en plis jaunâtres sur toutes les parties du corps. Je crus d'abord que c'était quelque solitaire voué aux pratiques rigides d'un culte, comme les faquirs de Calcutta. Mais bientôt j'appris que cet étrange personnage était la providence de la famille, et qu'il avait fait revenir Prosper de Java pour en faire son héritier. Tout ce monde eut un très-grand plaisir à voir mon maître, mais je fus presque fêtée à l'égal du fils de la maison. Mme de C*** et ses deux filles ne se lassaient pas de m'examiner; elles étaient ravies de mon costume et surtout très-enchantées de m'entendre parler français ou à peu près, car elles pouvaient m'interroger tout à leur aise. Dans leur charmant caquetage, je les entendis regretter que je ne fusse pas une jeune fille pour m'attacher complétement à leur personne; et, pour la première fois, je fus blessée du sot rôle que Prosper me faisait jouer.

« Le soir on me dit que mon lit était préparé dans une pièce du troisième étage, auprès d'un vieux domestique du château. Aussitôt je déclarai que je ne reposerais pas loin de mon maître, que depuis plus d'un an je dormais sur le seuil de sa porte, et que je continuerais à Bruxelles comme à Java de veiller sur lui jour et nuit.

« Mme de C*** regarda son fils d'une manière qui signifiait : « Il y a quelque mystère là-dessous, » et lui dit :

« C'est donc l'usage à Java que les domestiques soient tou-
« jours près de leurs maîtres? Cela doit être quelque peu gênant
« parfois.

« — Anak n'est pas tout à fait un domestique, » répondit Prosper hypocritement, « c'est plutôt un ami. Les circonstances dans les-
« quelles je l'ai rencontré, les services que je lui ai rendus lui ont
« inspiré le plus grand dévouement à ma personne.

« — Conte-moi vite, » reprit Mme de C*** en riant, « quels sont
« les services que l'on peut rendre à un Malais pour l'obliger à tant
« de reconnaissance.

« — J'avais été envoyé par le gouverneur de Java à Bornéo, » reprit Prosper, « pour lui faire un rapport sur les différends survenus en-
« tre diverses peuplades. Afin de conduire très-secrètement la mis-
« sion dont j'étais chargé, je descendis seul à terre, vêtu du cos-
« tume malais et armé de toutes pièces. On se battait avec achar-

« nement à quelques pas. Un Malais tenait par les cheveux une « femme qu'il allait égorger. Je me précipitai sur lui et le tuai d'un « coup de pistolet à bout portant. Sa victime, lui ayant ainsi échappé, « alla chercher un enfant près de là et dit en me le présentant : « *Je vous le donne, il suivra votre destinée, et comme vous il « sera brave à la guerre.* Cette femme, c'était la mère d'Anak, et « cet enfant, c'était lui. »

« Mme de C*** observa attentivement son fils pendant cet incroyable récit et ne dit pas un mot; mais l'une des jeunes demoiselles s'écria étourdiment :

« Comment, Prosper, tu as fait cela! Tu as donc été où l'on se « battait, toi qui étais si poltron quand tu étais enfant! Vraiment, « il n'y a que les voyages pour former les hommes!

« — J'en ai bien vu d'autres, » répondit Prosper enhardi par son succès; « mais je vous ferai ces récits une autre fois. D'ailleurs, « croyez-vous que ce soit sans peine, sans avoir donné des preuves « évidentes de courage, qu'on devient résident d'un district à « Java ? »

« J'étais confondue de l'impudence de mon maître; dix fois je fus sur le point de protester contre ses mensonges. Mais une crainte me retint : ce fut d'être immédiatement séparée de ces trois femmes que j'aimais instinctivement.

« Nous passâmes huit mois dans ce vieux château. Tout le monde avait de l'affection pour moi; le vieux fantôme lui-même aimait à s'appuyer sur mon bras et à recevoir mes soins. Mme de C***, bien loin de m'éloigner de ses filles, me rapprochait d'elles avec plaisir; celles-ci m'apprirent à lire, à écrire quelque peu et à chanter les chansons de leur pays. Un jour, Mme de C*** me fit dire qu'elle avait à me parler. Je la trouvai dans sa chambre, la figure souriante. Dès qu'elle m'aperçut, elle me tendit la main.

« Tu nous as trompés, » me dit-elle, « mais je ne t'en veux pas.

« — Ce n'est pas moi qui vous ai trompée, madame, » répondis-je. « J'étais l'esclave de votre fils, qui m'a sauvée beaucoup « moins héroïquement qu'il ne vous l'a dit, et je devais obéir à sa « volonté. »

« Je racontai alors à Mme de C*** toute mon histoire. Elle m'écouta avec intérêt et reprit :

« Ma chère enfant, l'amour n'est pas éternel, dans notre pays

« du moins, et il faut savoir prendre son parti. Prosper doit se ma-« rier : il est donc nécessaire de vous séparer.

« — Pourquoi donc cela? » interrompis-je vivement.

« — Tu me demandes pourquoi? » me dit Mme de C*** étonnée; « peux-tu supposer que la femme de Prosper te verrait avec plai-« sir auprès d'elle?

« — Pourquoi pas? » répondis-je; « parce qu'on aime une autre « femme, faut-il donc abandonner celle que l'on a aimée? Soyez « sans inquiétude, je connais mes devoirs, je les remplirai; la der-« nière arrivée, je la servirai comme une esclave; servante fidèle, « je surveillerai sa conduite et j'épierai ses pas; si elle est assez « heureuse pour avoir des enfants, je les garderai le jour et les « bercerai pendant la nuit. Ce sont là les obligations d'une humble « esclave que le maître a momentanément aimée.

« — Je comprends ton erreur, » me dit Mme de C*** avec émotion; « elle vient de ton ignorance de nos usages et de nos mœurs. « Ce rêve malais ne peut se réaliser ici : à Java, cela serait par-« fait; à Bruxelles, c'est impossible. Écoute-moi : Prosper va aller « voir sa future, moi je t'emmène à Paris; nous reviendrons pour « le mariage de mon fils; il ira dans la famille de sa femme; toi, « tu resteras avec moi auprès de mes filles.

« — Je resterai avec vous? » m'écriai-je joyeusement. « Oh! « dans ce cas, Prosper peut bien se marier.

« — Tu ne l'aimes donc pas? » reprit Mme de C*** avec stupéfaction.

« — Je l'aime comme un esclave doit aimer son maître.... J'ai « toujours rempli mes devoirs envers lui et lui envers moi.... mais « l'affection de mon cœur, je vous l'ai donnée à vous et à vos filles « le jour où je vous ai vues. »

« Trois jours après, nous étions à Paris, où je pris le costume des femmes d'Europe.

« Dès son arrivée, Mme de C*** m'avertit que quelqu'un viendrait la demander. Cependant personne ne vint, mais elle reçut une lettre qui l'attrista profondément.

« Vous autres Européens, vous êtes tous les jours affligés, tourmentés par des événements invisibles pour ceux qui vous entourent. Quelques mots écrits altèrent votre humeur, troublent vos existences, et vos destinées sont atteintes par des accidents qui échappent à l'appréciation des autres hommes. Il n'en est pas ainsi chez nous : en général, les malheurs qui nous frappent sont des malheurs publics, et les causes de notre tristesse ne sont jamais mystérieuses pour nos amis. Je demandai à Mme de C*** quel malheur imprévu l'avait frappée, je la suppliai de me confier la cause de son chagrin ; mais elle me répondit simplement :

« Que te dirai-je, ma pauvre enfant?... tu ne comprendrais pas « ma douleur ; plus tard, peut-être, lorsque tu seras faite à nos « mœurs, je te ferai cette confidence. »

« Dès ce jour Mme de C*** perdit complétement sa gaieté ; elle devint triste et rêveuse, et sa santé même s'altéra profondément.

« Lorsque nous arrivâmes à Bruxelles, les préparatifs du mariage de mon maître étaient à peu près terminés. Les jeunes filles me reçurent avec des transports de joie ; elles me firent mille questions sur mon voyage ; elles me complimentèrent sur mon nouveau costume, qu'elles ne trouvèrent cependant pas de leur goût, et chacune d'elles voulut s'occuper de me composer une toilette appropriée à ma couleur. Quant à Prosper, lorsque je le rencontrais, il détournait la tête ; si je l'abordais, il rougissait comme un homard ; on eût dit qu'il cherchait à se rendre invisible en ma présence, tant il prenait de soin pour dissimuler sa rotondité. Cette timidité puérile, cette couardise m'humilièrent ; j'éprouvai comme de la honte d'avoir été l'esclave d'un pareil homme.

« Après le mariage de Prosper, nous allâmes rejoindre le vieux hibou dans son château. J'y serais probablement encore sans une circonstance assez singulière. En ce temps-là, dans ce pays de Bruxelles, les catholiques étaient en grande rivalité avec les protestants. Le vieillard était un des soutiens les plus ardents du catholicisme. Lorsqu'il apprit que j'étais musulmane, il voulut absolument me faire instruire dans sa religion. On fit venir un jeune prêtre de Louvain, et l'on me mit sous sa direction.

« Ce prêtre était un homme de trente ans environ, maigre, pâle, presque aussi noir qu'un Indien. La moindre contrariété l'irritait. Lorsqu'il voulut entreprendre ma conversion, je lui opposai d'abord une très-vive résistance.

« Je veux rester musulmane comme ma mère, » lui disais-je; « je ne suis venue dans votre pays ni pour faire des conver- « sions, ni pour me faire convertir. Si je vous scandalisais « par ma conduite, vous auriez le droit de me chasser; mais « je vis comme vous vivez vous-même : que voulez-vous de « plus? »

« Il chercha à me faire entrevoir les conséquences de mon aveuglement. Ses paroles n'eurent pas d'abord beaucoup de succès, mais la véhémence de son langage finit par m'impressionner vivement.

« Je fus prise d'une frayeur profonde; je pleurais, je me désolais; Mme de C*** et ses filles me consolaient de leur mieux, mais je ne pouvais retrouver ma tranquillité première. Enfin, lassée de combattre, vaincue par la fatigue, j'allais céder, lorsqu'un soir, en rentrant exaspérée dans ma chambre, je pris une résolution extrême. Nous étions dans les mois d'hiver : le ciel était sombre; il tombait une pluie à moitié congelée, qui bondissait sur les carreaux.

« En plongeant mes yeux dans cette obscurité, je songeai au soleil de mon pays, à nos bois de fougères, à nos ruisseaux bordés de bananiers à grandes feuilles, à nos grèves couvertes de sables éblouissants et caressées par une mer harmonieuse. En cet instant, une pensée traversa mon esprit; cette terre froide d'Europe avec son soleil chétif et terne, ses brumes constantes, ses rudes hivers, ses mœurs tracassières, me fit l'effet de l'enfer, et je résolus de reconquérir le paradis de mon enfance.

« Cette résolution prise, je fus calme et m'endormis profondément.

« Le lendemain, lorsque je descendis à l'heure du déjeuner, je dis résolûment à mes amis que je voulais retourner dans mon île. A cette déclaration, chacun se récria; le jeune prêtre pâlit, et il s'opéra en lui une transformation subite que je n'oublierai de ma vie. Cet homme au maintien sévère, au regard impératif, devint tout à coup humble et suppliant. Il s'approcha de moi, me prit la main et me dit avec émotion :

« C'est moi, je le sais, mademoiselle, qui suis cause de cette « brusque détermination; j'ai été égaré par un excès de zèle; en « voulant vous imposer une croyance, j'ai révolté votre esprit in-

« dépendant ; je suis humilié de ma présomption. Ne jugez pas « les autres prêtres d'après moi ; restez ici, mademoiselle, et un « plus digne interprète de notre sainte religion opérera une con- « version que mon orgueil a retardée. »

« Je fus émue à ce langage ; cet homme inflexible s'humiliant ainsi devant moi m'impressionna vivement, et je fus tentée de me jeter à ses pieds ; mais l'esprit de ma race l'emporta. Lorsqu'un Malais a annoncé une résolution, il doit l'exécuter, et c'est grâce à mon obstination que je puis vous conter aujourd'hui mon histoire.

— Et n'avez-vous pas de regret d'avoir abandonné le vieux château, l'aisance et le luxe de l'Europe, vos amies si bonnes et si aimantes ? demandai-je à la Malaise.

— Pas le moindre.... Y a-t-il donc quelque chose dans votre pays qui vaille notre grand soleil, notre immense Océan et les brises parfumées de nos vallées ? A peine arrivée, je délivrai mes pieds de leurs entraves, je rompis les liens qui étreignaient mon corps, je dénouai mes cheveux, et je rendis à la liberté tout ce qui dans mon être avait été contraint. Cette résurrection des instincts de mon enfance me causa des élans indicibles de bonheur qui ne sont point calmés encore. C'est avec ravissement que, pendant le jour, je cours nu-pieds sur nos sables dorés, que je me plonge dans les eaux tièdes de nos rivières, et c'est avec délire que je danse les pas inventés par nos ronguins en chantant nos chansons. Enfin, je suis redevenue Malaise, plus Malaise que si je n'avais jamais quitté mon pays.

— Il n'est donc rien resté dans votre pensée des enseignements religieux d'autrefois ? » dis-je à la jeune fille.

A cette question elle réfléchit un moment ; puis, secouant la tête, elle me dit avec un accent singulier de mélancolie et de conviction :

« Oh ! quelque jour j'irai trouver vos missionnaires et je serai chrétienne ! »

Lorsque nous quittâmes Campon Glan, la lune était sur l'horizon, la brise de la nuit soupirait à travers les branches des arbres en fleur, et les habitants du petit village, sous l'impression bienfaisante de cette fraîcheur embaumée, babillaient et chantaient devant leurs maisons.

Nous cheminâmes un certain temps sans mot dire; James rompit le premier le silence.

« Savez-vous, me dit-il, qu'il ressort un profond enseignement de tout ce que nous venons d'entendre? Voyez quel danger il y a de laisser lire les sots.... Ce Prosper de C***, parce qu'il avait lu Byron et quelques autres, voulut être un Lara, un don Juan, un Trelawney, que sais-je?

— Il ressort, à mon sens, répondis-je à James, un enseignement plus profond encore de cette histoire : elle nous prouve que la semence évangélique donne tôt ou tard des fruits, quel que soit le terrain sur lequel elle tombe. Cette nature inculte et brutale a gardé au fond du cœur des vérités qui s'y font jour maintenant. Qui sait, mon ami? grâce aux travaux apostoliques de mes compatriotes, cette jeune fille sera peut-être quelque jour la Madeleine de la Malaisie.

— J'en accepte l'heureux présage, reprit James; car cette folle soirée finit plus sérieusement qu'elle n'avait commencé. »

Les environs de Singapore sont peuplés de petites fermes exploitées par des Chinois. Ces agriculteurs industrieux cultivent la canne à sucre, le riz, l'aréquier, le poivre et le gambier. L'aspect riant de leurs maisonnettes de bois, la bonne tenue de leurs terres, annoncent l'ordre, le travail et l'aisance. Les Chinois forment entre eux de petites associations de quatre à huit individus, et ce sont ces réunions qui se livrent à l'exploitation des terres que leur concède le gouvernement anglais ou qu'elles afferment à des Malais propriétaires.

J'allais souvent visiter ces petits établissements, et je m'arrêtais de préférence dans une charmante habitation exploitée par six Chinois qui cultivaient le gambier et fabriquaient l'extrait qui porte ce nom. Leur ferme était située sur le penchant d'une jolie colline couverte de grands arbres, et au pied de laquelle coulait un beau ruisseau. Les bâtiments de l'exploitation étaient fort modestes : ils se composaient du logement des six travailleurs, petite maisonnette à un seul palier, bien close et bien propre comme une ferme flamande, et d'un vaste hangar couvert, sous lequel on opérait la préparation de l'extrait de gambier. Les individus qui composaient cette association étaient des hommes de vingt-cinq à trente ans, petits et bien musclés. En ma qualité d'anatomiste, il m'était facile d'apprécier leur vigueur; ils accomplissaient leurs travaux sans autre vêtement qu'un caleçon de la plus petite dimension, et cachés seulement par de vastes chapeaux en bambou, qui les abritaient tout entiers sous leurs grandes ailes.

Les six associés avaient adopté comme mode de répartition l'égalité de salaire; mais ils s'étaient choisis avec un tel discernement qu'aucun d'eux n'avait à souffrir de l'adoption de ce principe. Les Chinois comprennent difficilement les théories évangéliques sur le travail. La parabole du maître de la vigne, commentée par Cabet et Louis Blanc, n'aura jamais un très-grand succès dans l'empire du Milieu, et ce n'est pas un propriétaire de ce pays qui eût payé également ses ouvriers, sans avoir égard à la durée de leurs travaux! Ces six hommes travaillaient très-vaillamment; ils ne prenaient quelque repos qu'aux heures des repas, et c'était alors seulement qu'on pouvait causer avec eux. Ils s'occupaient chacun à leur tour des soins du ménage; car cette petite réunion était un vrai monastère industriel : les membres qui la composaient n'étaient pas mariés.

Les Chinois cultivateurs de Singapore vivent pour la plupart dans le célibat; on dirait qu'en descendant sur cette terre ils ont fait le vœu tacite de renoncer à toutes les jouissances dont ils sont ordinairement fort avides. Leur existence laborieuse n'est interrompue par aucune distraction; leurs actions ont un but unique vers lequel ils tendent avec opiniâtreté : ils veulent acquérir à tout prix un petit trésor pour aller vivre tranquillement à Malacca ou dans quelque coin du Céleste Empire, et, jusqu'à ce qu'ils le possèdent, toute autre préoccupation leur est importune.

Les plantations de gambier de mes amis avaient le plus charmant aspect; cet arbuste, appelé par les botanistes *nauclea gambir*, ne dépasse pas deux mètres de hauteur, et ses branches déliées sont agitées par le moindre souffle d'air. Ce sont les feuilles de nauclea qui donnent la substance connue sous le nom de gambier et de *terra japonica*. Pendant qu'on préparait cet extrait, tous les associés étaient occupés à ce travail. Les uns dépouillaient les arbustes de leurs feuilles, les autres les transportaient dans des paniers en bambous suspendus aux deux extrémités d'une gaule, tandis que les autres en opéraient la décoction dans de grands chaudrons de cuivre. Lorsque ces parties herbacées étaient décolorées par l'ébullition, les opérateurs les retiraient de l'eau à l'aide d'une fourche et concentraient le liquide jusqu'à ce qu'il eût atteint la consistance du miel. Alors ils coulaient la matière extractive dans des cadres en bois, où elle se desséchait complément.

Les détritus du nauclea servent d'engrais à la plante sarmenteuse qui produit le poivre noir. Ces deux cultures se complètent l'une par l'autre; et, comme les cultures habilement combinées, elles donnent des produits considérables. Les Malais estiment beaucoup l'extrait du gambier, qu'ils mâchent avec le bétel; je demandai à quelques-uns d'entre eux pourquoi ils ne le cultivaient pas eux-mêmes; ils me répondirent par ces mots familiers aux ignorants et aux routiniers : « Ce n'est pas la coutume! » Aussi les Chinois ont-ils à Singapore le monopole de cette productive industrie.

Les plantations de mes Chinois étaient entourées de forêts magnifiques; lorsque j'allais les visiter, j'étais accompagné de deux Malais, et j'aimais à m'enfoncer sous ces arbres gigantesques, qui pendant de longs siècles ont projeté leurs sombres ombrages sur une terre vierge de pas humains. Dans ce temps je n'avais pas encore répudié mes sottes habitudes d'hostilité contre les animaux inoffensifs, et je marchais toujours muni d'un fusil, prêt à leur faire la guerre. Les sinuosités de la forêt furent pour moi mon chemin de Damas, et j'abjurai là pour toujours mes habitudes de Nemrod.

Un jour, j'avais battu en tous sens les profondeurs de ces fourrés, et je m'assis au pied d'un sapan séculaire. Pendant que j'écoutais avec recueillement le bruit des solitudes, la voix des vents dans les branches, les chants des oiseaux, le bruissement des herbes agitées par des insectes voyageurs et les sons mystérieux que se transmettent les échos, un singe vint gambader sur un arbre placé en face de moi. Je ne voulus pas perdre une si belle occasion d'exercer ma stupide adresse. Je saisis mon fusil, le coup partit, et un cri de douleur succéda à la détonation. J'aperçus à travers un voile de fumée le pauvre animal tomber de branche en branche, en portant ses mains à droite et à gauche pour se retenir. Un moment il s'accrocha aux écorces raboteuses; mais ses forces l'abandonnèrent, et il glissa jusqu'à terre en suivant le tronc du grand végétal. Je courus vers le point où j'avais vu tomber le blessé, et, à mon grand étonnement, je ne l'y trouvai pas; une affreuse trace de sang me guidant, je le découvris à quelques pas de là, blotti sous un arbuste, une main sur sa blessure et l'autre sur ses yeux pour essuyer ses larmes. A cet aspect, je tressaillis de la tête aux pieds, car je sentis que j'avais commis un meurtre!

Un de mes guides s'approcha de ma victime et visita sa plaie. Elle tourna vers lui ses yeux humides et le laissa faire sans se plaindre. Le coup avait porté sur le flanc droit; la peau était divisée et les intestins sortaient par cette affreuse ouverture; il n'y avait nul espoir de sauver le pauvre animal. Je tendis mon fusil à l'un des Malais en lui disant d'achever le patient. Ce brave homme repoussa l'arme meurtrière avec horreur. En cet instant le malheureux singe tomba sur le flanc; il étendit ses membres, tourna ses yeux sur moi et expira. Je m'éloignai du cadavre, saisi d'un sentiment indicible de honte et de remords. Je m'acheminai tristement vers Singapore en songeant à ma lugubre aventure et jurant au fond du cœur de respecter désormais la vie de tous les êtres.

Les Malais qui m'accompagnaient étaient de la même famille. L'un était un garçon de vingt-trois ans, doux comme une jeune fille; l'autre était un beau vieillard, d'une figure mélancolique. Tous les deux étaient de fervents musulmans, graves et silencieux comme le sont en général les sectateurs du Prophète. J'avais contracté une espèce d'affection pour ces hommes et j'aimais à les voir auprès de moi, vêtus d'un large pantalon d'indienne, le kriss passé à leur ceinture et la tête couverte du mouchoir malais. Cette coiffure distingue les musulmans de l'archipel et de la presqu'île de ceux des autres parties de l'Inde. Lorsque nous arrivâmes devant leurs maisons de bois assises sur le bord d'un sentier bordé d'aréquiers, le plus âgé de mes guides s'inclina, porta la main à son front et me dit :

« Tuan, vous êtes fatigué : voulez-vous vous reposer quelques instants sous notre varande? »

J'acceptai cette offre et je trouvai installé sur cette galerie aérienne un beau singe qui, en apercevant ses maîtres, se mit à gambader joyeusement; le jeune Malais, après lui avoir rendu ses caresses, plaça sous ses yeux le panier dans lequel j'entassais ordinairement mes récoltes. Le quadrumane y plongea la main avec précipitation, et il retira le malheureux animal que j'avais tué. A cet aspect, il resta frappé de stupeur, le regard fixe, le front inondé de sueur, semblable à un vieillard qui, dans son délire, croit apercevoir un revenant. Ce moment de frayeur passé, il étala le cadavre à terre, flaira la plaie ; puis, sans hésitation, il s'élança sur moi en poussant de grands cris et en me montrant les dents. Il avait deviné le meurtrier de son frère.

Les philosophes et les savants ont beaucoup écrit sur la nature des animaux; ils ont sur ce sujet déraisonné tout à leur aise; dans ce pays de l'Orient, où Dieu avait placé son paradis, où il a fait ses premiers essais de création, l'homme le plus humble en sait plus à cet égard que toute la Sorbonne et l'Institut. L'Inde n'est pas le pays des fables, c'est le pays des réalités mystérieuses, c'est le seul pays du monde où les animaux parlent encore aux hommes qui les aiment; mais ce n'est qu'aux intelligences religieuses et aux poëtes qu'ils révèlent le secret de leur être, et les ergoteurs et les anatomistes n'obtiendraient d'eux aucune confidence!

Un an après les événments que je viens de raconter, j'étais à Bombay. Un jour je parcourais la ville noire accompagné d'un dobachi, domestique de confiance qui sert aux étrangers de guide, d'interprète et d'intendant. Le mien était un de ces beaux Indiens qui ressemblent à des Adonis sculptés dans de l'ébène; il était vêtu de mousseline blanche ; des cheveux bouclés s'échappaient de son turban et tombaient sur sa redingote flottante. Lorsque mon conducteur m'eut fait visiter quelques maisons indiennes percées à jour comme ces bateaux d'ivoire que cisèlent les Chinois, lorsqu'il m'eut fait admirer quelques-unes de ces grandes salles préparées pour des fêtes, où des colonnes de fleurs supportent un réseau tissu avec les blancs pétales des jasmins, des tubéreuses et des roses, il me conduisit dans un quartier habité par des marchands. Je l'avoue, je ne m'arrêtai ni devant les mosaïques incrustées dans du sandal, œuvre de patience et de goût, ni devant les écharpes tissées à Cachemire avec de la laine et de l'or, mais tout simplement devant de pauvres gens qui faisaient l'aumône à des ramiers. Les beaux oiseaux accouraient du sommet des hautes tours, du faîte des maisons et des campagnes voisines, pour recevoir les grains de riz, de mil et de maïs que leur prodiguaient les saints Vincent de Paul des familles ailées. Je voulus m'associer à cet acte de bienfaisance, et j'achetai quelques poignées de graines que je distribuai moi-même à ces blancs orphelins. J'accomplis cet acte de charité avec une satisfaction mêlée d'attendrissement, en songeant aux victimes que j'avais faites, aux douleurs que j'avais causées parmi ces populations aériennes. Lorsque les oiseaux rassasiés se furent envolés, mon dobachi vint vers moi et me dit :

« Les hommes d'Europe ne pratiquent pas la charité envers nos frères les oiseaux et les autres êtres qui vivent : êtes-vous donc d'une autre caste qu'eux, puisque vous pratiquez nos coutumes ?

— Il y a dans mon pays, lui répondis-je, des hommes qui croient qu'on doit contribuer au bonheur de tous les êtres qui nous entourent; je partage leur sentiment.

— Alors suivez-moi, me dit mon Indien, et votre cœur éprouvera une grande joie. »

Nous marchâmes longtemps à travers les rues étroites et tortueuses de Bombay, et nous arrivâmes devant un grand établissement dont la porte extérieure était fermée. Mon dobachi heurta plusieurs coups et un homme vint ouvrir. Cet homme avait une teinte safranée; il était enveloppé dans une étoffe blanche qui s'étalait sur l'abdomen, passait sur les épaules comme un baudrier et descendait derrière le dos; ses cheveux étaient réunis en chignon au-dessus de sa tête, et à ses oreilles pendaient des anneaux semblables à ceux que portaient jadis les ci-devant muscadins. Cet étrange personnage nous introduisit dans une immense cour entourée de hangars. Sous ces abris commodes chantaient, criaient, hurlaient, beuglaient, hennissaient tous les animaux de la création : des chiens, des singes, des bœufs, des chevaux, des éléphants, des perroquets, des cygnes et des chameaux. Cette cour en précédait deux autres absolument semblables et peuplées comme celle-ci de quadrupèdes et d'oiseaux. En jetant les yeux sur les habitants de cette communauté, je m'aperçus que c'étaient pour la plupart des vieillards affaiblis par l'âge, des enfants débiles ou des malades amaigris par la souffrance ; quelques individus adultes et bien portants contrastaient par la vigueur de leur complexion et la hardiesse de leurs mouvements avec la maigreur et la nonchalance de leurs compagnons.

Mon dobachi s'approcha de moi et me dit :

« Vous êtes dans une maison de charité; tous les êtres qui sont ici sont des orphelins, des vieillards et des malades. Des hommes de bien parcourent les villes et les campagnes pour recueillir ceux qui souffrent et ceux que la pauvreté abandonne. Le bœuf qui pendant sa vie a labouré vaillamment reçoit ici la récompense de son labeur ; il y rumine en paix le reste de ses jours. Le chien fidèle que son maître ne peut nourrir reçoit l'aliment que lui devait l'homme qu'il aima et avec lequel il vécut. Dès qu'il entre dans cette enceinte, l'âne ne porte plus de faix et reçoit tous les jours l'herbe la plus fraîche et la plus savoureuse. Nous secourons la pauvreté, nous soulageons la souffrance, nous honorons la vieillesse, nous récompensons le travail, afin qu'il nous soit fait à nous-mêmes dans nos existences futures comme nous faisons aux autres. Peut-être est-ce un ami ou un parent que je secours dans ce bœuf qui me regarde avec son œil humide et intelligent. »

Je m'arrêtai longtemps dans cette maison de refuge, dans cet hôpital fondé par la piété la plus charmante, la plus religieuse qui puisse s'emparer de l'âme humaine. Tout était parfaitement ordonné : la litière était propre et la nourriture suffisante ; la concorde la plus parfaite régnait parmi les nombreux commensaux, et je conclus même de cet exemple que c'étaient les animaux et non les hommes qui étaient faits pour vivre en société. Pendant que j'examinais avec intérêt chaque habitant de cet étrange logis, survint un paysan qui conduisait un âne attaché par un licou. Le paysan était un homme jeune encore ; c'était un Hindou comme les représentent les keepsakes et les albums, petit, jaune, maigre, d'une physionomie des plus douces ; l'âne son compagnon était, lui aussi, maigre et chétif; il le suivait en se faisant traîner et promenant à droite et à gauche son regard étonné. Le paysan s'entretint quelques instants avec le gardien, puis ils s'en allèrent tous trois dans le fond de la troisième cour, où l'on attacha l'âne devant une crèche remplie d'herbe et de paille de riz. Au moment de s'éloigner, le paysan s'adressa à son compagnon et lui dit :

« Chez nous, la crèche est vide, l'herbe de notre champ est épuisée; tu maigrissais comme moi, et je n'avais nul espoir d'améliorer ton existence. Reste ici ; quand arriveront des jours meilleurs , je viendrai te reprendre ; ton retour sera une fête pour ma pauvre famille ; les enfants t'attendront sur la lisière du champ; le plus jeune grimpera sur ton dos et nous reprendrons notre vie laborieuse. »

L'âne l'écouta gravement. Longtemps il suivit son maître du regard, et celui-ci, en s'éloignant, se retournait presque à chaque pas. Lorsqu'ils se furent perdus de vue, l'âne resta pensif quelques instants, puis il commença à attaquer la nourriture placée devant lui et dont il avait grand besoin.

Au milieu de cette étrange population, j'étais assailli de mille pensées ; les croyances panthéistiques de ces bons Indiens m'impressionnaient singulièrement. Nous, sceptiques de ces temps-ci, nous sommes les plus crédules des enfants. Un instant je m'arrêtai devant une volière pleine d'oiseaux, et je me demandai si, sous ces robes éclatantes, il n'y avait pas quelqu'un que j'eusse aimé ; je me demandai si les notes qui s'échappaient de ces gosiers harmonieux n'étaient pas un appel fait à mes souvenirs. Pendant que je rêvais ainsi, je sentis une main pesante s'installer sur mon épaule. Au même instant, on me saisit au collet et une main vigoureuse me secoua avec violence. Je détournai la tête, et je vis à côté de moi une figure noire et moqueuse qui me raillait d'un méchant sourire : c'était un singe plein de force, de santé et de malice.

« Ce n'est ni la pauvreté, ni la vieillesse, ni la souffrance que vous secourez dans ce drôle, dis-je à l'Indien.

— Nous le secourons au même titre que les autres, me répondit-il, nous le secourons parce qu'il vit. Ceux qui furent, pendant leur vie, puissants ou sages, reprit le dobachi après un moment de silence, se transforment après leur mort dans les êtres qui se rapprochent le plus de nous; celui-ci est peut-être l'un des princes qui régnèrent sur ces contrées. »

Et il s'inclina respectueusement.

Des croyances erronées sans doute ont fait de ces bons Indiens le peuple le plus humain de la terre. Le bien-être et la raison, ces grands moralisateurs de l'Occident, ont déjà singulièrement adouci nos mœurs, et en France et en Angleterre les lois protégent efficacement les animaux contre l'ignorance et la brutalité.

Pendant l'une de mes nombreuses promenades dans les bazars de Singapore, je fus un jour accosté par un de ces Malais chez lesquels une figure noble et régulière décèle une origine arabe. Celui-ci était un grand garçon d'une trentaine d'années, svelte et souple comme un jonc; il était vêtu d'une longue robe de soie à raies jaunes et rouges. Il était coiffé d'un turban de cachemire un peu fané et ne portait pas de kriss à sa ceinture. En s'approchant de moi, il s'inclina profondément, porta sa main droite au frônt et au cœur, et me dit ensuite :

« Seigneur, je m'appelle Abdala; je suis malade et l'on m'a conseillé de venir vous voir. Voulez-vous me rendre la santé?

— Volontiers, lui dis-je, si cela dépend de moi. Mais la science est souvent impuissante.

— Rien n'est impossible aux hommes d'Occident, » me répondit le Malais.

Heureux de rencontrer un malade qui eût *la foi*, je le conduisis à mon hôtel et je lui demandai le récit de ses misères.

« Le travail a usé mes forces, me dit Abdala, je suis passionné pour l'étude. J'ai lu tous nos livres, je sais tout ce que l'on peut savoir; n'ayant plus rien à apprendre, je voudrais recouvrer la santé.

— Puisqu'il en est ainsi, je vais vous proposer un échange; vous m'apprendrez une partie de ce que vous savez, et moi je tâcherai de vous guérir.

— Il n'est pas donné à tous les hommes d'enseigner les autres; je ferai ce que je pourrai, me répondit le Malais. Que voulez-vous savoir?

— Je veux que vous me révéliez quelques-uns des secrets que les Malais cachent aux étrangers....

— Les hommes d'Occident, eux aussi, ont des secrets, interrompit brusquement mon interlocuteur : me les révélerez-vous?

— Avec le plus grand plaisir, lui dis-je.

— C'est bien, me dit simplement mon homme, je reviendrai demain. »

Le lendemain, Abdala arriva, porteur de nombreux manuscrits écrits en caractères arabes.

« Ceci est de la médecine, ceci de l'astronomie, ceci de la chimie! me dit-il en frappant sur des cahiers de papier jaunis par le temps et usés par les doigts nombreux qui avaient tourné les feuillets.

— Commençons par la médecine, » dis-je à mon professeur.

Abdala lut :

« Quand on a mal aux yeux, il faut prendre de l'eau de pluie....

— Mais quelle espèce de mal aux yeux? demandai-je.

— Lorsqu'on a mal aux yeux, reprit Abdala, on prend de l'eau de pluie....

— Mais quel mal aux yeux? répliquai-je.

— Lorsqu'on a mal aux yeux, me dit Abdala, on ne fait pas le même remède que si on avait mal au coude.... Je vous dirai, si vous voulez, ce qu'il faut faire quand on a mal au coude. »

Après une explication convenable, j'appris que les traités scientifiques d'Abdala renfermaient des formules barbares pour la guérison de toutes les maladies, la description de quelques procédés grossiers pour faire des montres solaires et se servir de la boussole, et des recettes pour opérer la préparation de quelques sels métalliques et la distillation de l'alcool. J'avais espéré trouver dans Abdala un disciple d'Avicenne ou d'Averrhoès, un héritier de ces Arabes illustres qui commentèrent au moyen âge Aristote et Hippocrate, et j'éprouvais un secret plaisir en songeant que j'allais assister à une résurrection scientifique, en voyant apparaître devant moi un savant du XIe siècle, bien pénétré des célèbres théories de ce temps. Mais, hélas! je fus cruellement désappointé en me trouvant en présence d'un astronome de la force des badigeonneurs nomades qui parcourent nos campagnes pour illustrer d'un cadran solaire la façade des chaumières et des cabarets, d'un médecin à peine capable de rivaliser avec les commères qui distribuent dans les villages des collyres et des onguents! Les efforts d'intelligence du savant Abdala avaient eu pour but d'apprendre à lire quelque peu d'arabe, et il considérait le résultat qu'il avait atteint comme le terme le plus élevé des travaux de l'esprit.

Cet exemple peut donner une idée de l'état de civilisation dans lequel vivent les Malais. La science traditionnelle que leur transmirent les Arabes avec l'islamisme s'est éteinte; la littérature n'a plus de représentants parmi eux; les femmes répètent encore des chants pleins d'originalité, empreints d'une poésie suave, mais ce sont les derniers accents d'une muse qui s'est enfuie devant les peuples de l'Occident. La domination européenne a été fatale à ces peuples, comme nous le montrerons plus tard lorsque nous parcourrons l'île de Java ; elle a arrêté le mouvement civilisateur qui s'opérait chez eux. Les nombreux rajahs qui jadis peuplaient les îles de l'archipel malais ne faisaient pas seulement la guerre, ils tenaient cour plénière et ils accueillaient les poëtes. En détruisant leur puissance, on a abattu les ombrages sous lesquels ces oiseaux charmants aimaient à chanter.

Je renonçai sans peine, comme on le pense, aux révélations scientifiques qu'Abdala devait me faire, et je lui offris de m'occuper de sa santé ; mais à cette proposition il me répondit :

« La santé n'est rien avec l'ignorance ; vous savez plus que moi, puisque vous refusez d'apprendre ce que je voulais vous enseigner ; apprenez-moi ce que j'ignore.

— Que voulez-vous que je vous enseigne ? dis-je à mon tour ; de la médecine, de l'astronomie ou de la chimie ? Voulez-vous que je vous dise comment le monde a commencé et comment il finira ?

— Je sais toutes ces choses. Mon père, un digne sectateur du Prophète, me les a apprises peu de temps après ma naissance ; mais dites-moi ce que l'on doit faire pour ne pas vieillir, pour vivre toujours avec la joie dans le cœur, l'esprit tranquille et le corps vigoureux.

— Il faut, répondis-je, vivre chastement, être sobre et ne tromper personne.

— Les imans d'Occident disent cela, reprit Abdala, et ils le pratiquent eux-mêmes, et cependant ils meurent de très-bonne heure, et les esprits de la jeunesse se cachent promptement dans leurs rides précoces ; tandis que les Chinois, qui trompent les Malais, qui sont gloutons comme des requins et sensuels comme les crapauds des rizières, sont jusqu'à leur dernier jour frais et dispos, semblables aux poussahs de leurs temples ; ils sont jeunes encore lorsque les cheveux qui leur tombent le long du dos sont blancs et rares comme les poils sur le dos d'un chien galeux.

— C'est vrai, repris-je sentencieusement, mais Mahomet ne les recevra pas dans son paradis.

— Ni vous non plus, » reprit vivement Abdala en me toisant de la tête aux pieds.

Ma réponse prétentieuse n'ayant guère réussi, je me hasardai à dire :

« On assure que les armes des Malais sont empoisonnées ; cela est-il vrai ?

— Aussi vrai que je suis le fils de mon père, reprit le Malais.

— Et comment opère-t-on ce prodige?

— Je vous le montrerai demain. »

Le lendemain Abdala arriva, portant divers objets enveloppés dans des carrés de papier. Il étala le tout sur une table, et me permit d'examiner ces ingrédients les uns après les autres. Il y avait des fragments d'un corps blanc que je reconnus, aux formes qu'ils affectaient, pour de la chaux coquillière, une substance blanche réduite en poudre impalpable, de l'huile de coco, un citron et un extrait d'un noir marron et d'une odeur vireuse.

Abdala prit un kriss à la lame mince et effilée ; il frotta l'un des côtés avec la chaux coquillière; cela fait, il le saupoudra avec la substance blanche en poudre, et exprima dessus le jus de la moitié d'un citron. Après avoir ainsi procédé, il l'exposa au soleil. Lorsque la lame fut sèche, il prit la substance extractive d'un brun noirâtre, en étendit une petite quantité sur la partie sur laquelle il avait opéré, et l'enduisit ensuite d'huile de coco. Il procéda de la même manière sur la face opposée, et, pour me prouver qu'il m'avait enseigné le véritable procédé d'intoxication, il piqua une poule, qui mourut peu de temps après.

La substance blanche était de l'acide arsénieux, et le corps extractif, l'extrait concentré de la racine du *meni-spermum coculus*. C'est probablement à ce dernier corps qu'est due la propriété toxique des kriss.

Voilà tout ce qu'il me fut possible de retirer des connaissances encyclopédiques d'Abdala.

Le lendemain du jour où j'eus cette dernière conversation avec le savant malais, je partis pour Java. Cette île est, comme chacun sait, le centre de la puissance hollandaise dans l'Inde. Le cabinet de La Haye a réalisé dans cet admirable pays un système gouvernemental qui vaut la peine d'être étudié. Un jour j'entreprendrai ce travail; car il n'est pas inutile de savoir aujourd'hui en quoi consiste le *socialisme néerlandais*.

IX.

Poulo-Pinang.

« Voir Naples et puis mourir ! » disent les Italiens dans leur enthousiasme pour cette ville que baigne une mer capricieuse, dont les vents froids du Nord agitent souvent les flots, et que parfument quelques maigres orangers dont les pétales sont parfois rouillés par le givre de l'hiver. Que dirait donc ce peuple de poëtes s'il connaissait Poulo-Pinang, l'île du Prince de Galles ? Poulo-Pinang qui, placé au milieu de la Malaisie, est le paradis de cet Éden de l'univers ! C'est sur ce coin de terre que Dieu a réalisé le rêve d'un printemps perpétuel ; aussi l'a-t-il isolé au milieu de l'Océan, afin qu'une foule avide et grossière ne vînt pas l'envahir. Ce sont les peuples poétiques de l'Inde, des Parsis, des Javanais, des Hindous, des Chinois industrieux et quelques Européens d'élite, des prêtres des Missions Étrangères et des Anglais, les rois de l'univers connu, qui possèdent ce domaine. C'est pour eux que ce sol privilégié mûrit les fruits de toutes les zones tropicales, depuis la banane du vieux monde indien jusqu'au litchi du Fo-Kien et du Kouang-Tong. C'est pour eux encore qu'il pare son sein des fleurs de toutes les contrées : du camélia odorant, du frangipanier, du lotus et de la rose, ce sourire parfumé de notre premier printemps. Et, comme si ce n'était assez de toutes ces jouissances, il offre aux hommes de toutes les contrées un climat approprié à leurs désirs ou à leurs besoins.

Le cône montagneux qui domine l'île est divisé par zones climatériques avec autant de régularité que l'échelle d'un thermomètre ; au pied de ce jet volcanique, on trouve la tiède température des régions océaniennes ; au sommet, la fraîcheur tonique de Laguna et de Salassy ; impression excitante qui détermine l'action et le mouvement, sans occasionner ces contractions pénibles provoquées par le froid cuisant de nos hivers.

Je n'ai-connu personne qui, après s'être arrêté quelques jours dans cette oasis malaise, n'ait désiré y vivre de cette existence nonchalante et tranquille à laquelle ce climat vous convie. J'ai visité trois fois l'île du Prince de Galles, et chaque fois je l'ai quittée avec regret, non pas seulement à cause de l'excellent ami que j'y laissais, mais parce que je m'étais épris de cette nature constamment belle, constamment parée, image du bonheur tranquille, de ce ciel sans nuages, de cette mer qui chante et qui sourit sans cesse, comme les femmes douces et soumises de ces contrées.

Voici comment il se fait que l'Angleterre possède ce paradis : le roi de Kheda donna ce bouquet de noces à sa fille, laquelle se maria à un Anglais. L'heureux époux, avec le consentement de sa royale moitié, nomma cette île l'île du Prince de Galles et la donna à son pays. Depuis que l'Angleterre gouverne cette contrée, elle est devenue un lieu de résurrection pour les hardis conquérants de l'Inde. C'est là que ces glorieux marchands, qui envahissent le monde en le rendant tributaire de leurs produits, vont recouvrer leur santé usée dans les luttes commerciales et dans les fatigues énervantes d'une existence tout à la fois trop indolente et trop laborieuse.

L'action de ce climat est presque infaillible; les organisations débilitées par la chaleur humide de Calcutta, de Madras et de Bombay, y recouvrent aussi bien qu'à Cape-Town, qu'à Ténériffe, une énergie perdue souvent depuis plusieurs années. Dans les temps anciens, on eût supposé que la déesse de la santé, Hygie, avait fait son séjour de cette île charmante, et les malades rétablis auraient dit par tout l'univers les miracles opérés par l'intervention de la divinité bienfaisante. Aujourd'hui qu'on ne croit guère au souffle régénérateur des puissances occultes, les possesseurs de ce beau pays secondent l'action réparatrice du climat en l'appropriant aux exigences d'une vie confortable et tranquille.

L'île du Prince de Galles est un peu plus considérable que l'île de Jersey; c'est un domaine dont on pourrait, je crois, faire le tour en une journée, à l'abri des arbres qui l'entourent de leur verte ceinture. Mais, dans sa petite étendue, ce coin de terre est un microcosme, comme disaient les savants du moyen âge; c'est à elle seule un petit monde, avec ses plaines, ses vallées, ses anses,

ses fleuves et même ses Alpes. Sa fécondité est telle qu'il n'est si petite lande de terre qui ne soit cultivée comme un jardin; les habitants ont compris qu'il ne pouvait croître sur ce sol que des cultures agréables aux yeux et d'une action enivrante. Sur les parties déclives des coteaux, ils ont planté des girofliers aux étoiles brunes, des cannelliers à l'odeur aromatique, des muscadiers dont les fruits jaunes comme l'abricot se cachent sous des feuilles semblables aux feuilles luisantes du laurier; et les plaines sont envahies par les cannes à sucre, dont les tiges robustes prennent les dimensions énormes des bambous du Yu-Nan.

La ville de Pinang est gracieusement assise au bord de la mer; ce ne sont guère que les Européens et les Chinois qui l'habitent. Les races des pays tempérés, ambitieuses, avides de gain, ont pu seules consentir à se parquer dans de petites maisons blanches, propres, gracieuses il est vrai, mais enfin dans des maisons. Les Indiens et les Malais, au contraire, se sont fait de jolis nids sous des arbres en fleurs.

Jamais Sa Majesté la reine de la Grande-Bretagne, que Dieu garde! n'habitera un aussi ravissant palais que celui que possède à Pinang le plus humble de ses sujets, un pauvre Malais; moins que cela encore, un chétif Bengali. Pauvre reine! elle est condamnée à la plus désastreuse des misères : à ne pas jouir de ses richesses. Ah! si une fois elle entrevoyait même en rêve ses possessions des Indes, ses palais de Calcutta, ses jardins de Bénarès et de Ceylan, ses grottes d'Éléphanta, ses villas de Pointe-de-Galles, de Singapore et de Malacca, elle s'écrierait, elle aussi, comme les Italiens dont je parlais tout à l'heure : « Voir mes domaines et puis mourir! »

Je logeais à Pinang chez mon ami M. Bigandet, le directeur des missions étrangères de la Malaisie. Cette maison est bien, dans toute l'acception du mot, la maison du bon Dieu. Personne n'y entre qui ne soit accueilli par un sourire, consolé s'il est affligé, rassasié s'il a faim, désaltéré s'il a soif. Nos compatriotes, qui sont bien plus nombreux à Pinang qu'on ne saurait le croire, viennent la visiter souvent, surtout aux heures des repas. J'ai connu chez cet excellent prêtre bon nombre de missionnaires qui sont devenus mes amis et beaucoup de personnalités bizarres desquelles j'ai gardé le meilleur souvenir. Les pères sont des hommes bons, tolérants, aimables, et qui traitent avec une égale affabilité les officiers de la marine de l'État et les pauvres matelots embarqués sur un navire marchand. Il faut bien l'avouer cependant, nos compatriotes ne se montrent pas toujours très-convenables envers des hommes qui les aiment tendrement et qui sont souvent leur seul appui dans ces pays lointains. Les exigences, le mot est trop fort, les désirs des bons pères sont cependant bien humbles : ils voudraient que nos compatriotes, à l'exemple des Anglais, des Bengalis, des Malais et des Chinois, voulussent bien, une fois la semaine, témoigner de leur croyance religieuse, et entendissent une pauvre petite messe ! Un dimanche que j'avais de bien bon cœur prévenu le désir de ces excellents prêtres, j'attendais à la porte de l'église M. Bigandet pour aller dîner, lorsque je vis entrer dans l'enclos des missionnaires deux marins français qui m'étaient déjà connus : l'un s'appelait le capitaine Martin; l'autre, dont je n'ai jamais su le nom, était son second, son ami, son associé, son complice, comme on voudra. On ne donnait le titre de capitaine au premier que par pure politesse; il s'était lui-même délivré son brevet de capacité : ce n'était, en réalité, qu'un maître d'équipage qui s'était *fait oublier* par le navire sur lequel il était embarqué, afin de tenter fortune dans ces parages.

Le capitaine était un petit homme trapu, aux membres courts et bien musclés ; il avait le visage haut en couleur et des traits anguleux encadrés dans une barbe d'un rouge ardent ; ses petits yeux gris, sans cesse en mouvement, pétillaient comme ceux d'un chat. Il s'était acquis une grande réputation d'audace et d'intrépidité ; on racontait de lui plusieurs traits qui ne témoignaient ni de sa sobriété ni de sa prudence. Le capitaine Martin commandait une petite embarcation montée par un équipage de dix hommes malais ou lascars, et faisait le commerce des bois de menuiserie qu'il allait charger sur différents points de la côte malaise ou sur les petites îles de l'archipel. Lorsqu'il était à la mer, le capitaine se souciait fort peu du vent et de l'orage, comme disent les romances maritimes : il ne carguait les voiles qu'à l'arrivée, à moins qu'elles ne descendissent seules sur le pont, déchirées par l'ouragan.

Une fois notre marin voguait tranquillement par un beau temps ; il revenait d'une expédition lucrative et rentrait satisfait à Pinang, lorsque son associé vint lui annoncer qu'une proa suspecte gouvernait sur le navire. Il regarda attentivement le point qu'on lui signalait, et en homme expert il reconnut que c'était une bonne embarcation malaise, munie de pierriers, chargée de monde et qui ne devait pas arriver avec de pacifiques intentions ; il était inutile de songer à fuir devant elle ; la brise était très-faible, le navire ne filait que quelques nœuds, tandis que la proa semblait voler sur la surface de l'eau. Sans perdre de temps, le capitaine réunit son petit équipage et lui annonça qu'il avait l'intention de résister aux pillards qui ne devaient pas tarder à l'attaquer, quel que fût leur nombre, et qu'il allait équitablement distribuer le peu d'armes qui étaient à bord. A cette ouverture, les Lascars et les Malais se récrièrent. Ils dirent « qu'ils étaient sur le navire pour exécuter les manœuvres et faire le service, mais qu'aucun d'eux n'avait pris l'engagement de se faire tuer pour la conservation des piastres de Sa Seigneurie. »

Et là-dessus ils se couchèrent nonchalamment sur le pont.

Le capitaine Martin ne s'amusa pas à discuter avec son équipage ; il assembla son conseil, lequel se composait uniquement de son associé, et il lui tint à peu près ce langage :

« Nous avons à bord tout ce que nous possédons ; il serait honteux de nous le laisser enlever. M'est avis qu'il faut nous défendre. Et toi, quelle est ton opinion ?

— Mon opinion est qu'il ne faut pas nous faire tuer inutilement en combattant deux contre vingt, supposé toutefois que notre équipage ne se tourne pas contre nous. Si on nous enlève ce que nous avons acquis, ma foi, nous recommencerons sur nouveaux frais. D'ailleurs, quand nous serons entièrement dépouillés, nous ne serons pas plus pauvres que nous ne l'étions lorsque nous sommes arrivés dans ce pays.

— Tu parles comme un procureur, reprit le capitaine ; seulement je me permettrai de te faire une petite observation : c'est que, si on nous enlève ce que nous avons, notre vie sera comprise dans cette soustraction, et alors il nous sera difficile de recommencer comme tu le dis. Et tu dois comprendre que les gaillards qui sont là, couchés sur le pont, seront charmés de nous voir pendus, de peur que ce ne soit nous qui les fassions pendre si nous parvenons à rentrer à Pinang. »

Ce raisonnement parut péremptoire à l'associé du capitaine, qui se hâta de répondre laconiquement :

« Je ferai tout ce que tu voudras. »

Après avoir échangé ce peu de mots, l'état-major descendit dans la cabine qui lui servait de carré ; le capitaine Martin décrocha deux fusils à deux coups qu'il passa à son ami avec de bonnes munitions. Quant à lui, il prit d'une main une barre de fer longue d'un mètre, et de l'autre un énorme gourdin qui avait déjà fait connaissance avec tous les épidermes indigènes. Munis de ces armes, les deux amis remontèrent sur le pont.

« Charge les fusils devant ces gaillards ; va te placer à l'arrière, et écoute le discours que je vais leur tenir. »

L'associé obéit ; le capitaine jeta alors sur le pont sa barre de fer, et, après avoir saisi son énorme gourdin à deux mains, il s'exprima ainsi :

« Vous ne voulez pas vous battre, c'est votre droit ; le mien est de vous éreinter, de vous piler, de vous broyer, si je le puis. Je vais vous faire danser un fameux menuet ; si la musique ne vous plaît pas et que vous montiez sur les mâts pour ne pas l'entendre, on vous décrochera à coups de fusil. »

Et sans plus attendre il fit pleuvoir sur les Malais et les Lascars une grêle de coups ; ceux-ci furent tellement effrayés de la vivacité de cette attaque, qu'ils ne songèrent qu'à se soustraire à l'inexorable gourdin qui faisait jaillir le sang de toutes les parties du corps qu'il rencontrait. Les uns montaient sur les bastingages, d'autres grimpaient le long des mâts ; l'un d'eux se jeta à la mer, et personne ne songea à le repêcher. Dix minutes après, tous les hommes de l'équipage, moins celui qui s'était noyé, essuyaient avec leur front la poussière des pieds du capitaine Martin, et juraient de défendre le navire jusqu'à la mort.

« C'est bien, mes enfants ; je vois que pour vous rendre raisonnables il faut vous traiter avec douceur, leur dit le capitaine ; mais prenez garde, cette fois, si vous bronchez, ce sera plus dangereux. »

Alors il jette son gourdin et ramasse la barre de fer. L'équipage comprit que mieux valait courir la chance de tuer les pirates que d'être sûrement tué par le capitaine. Chacun s'arma de haches, de piques, de gaffes, enfin de tous les instruments tranchants ou contondants qui se trouvaient à bord, et se disposa à recevoir l'ennemi.

Ces préparatifs étaient à peine terminés, que la proa malaise arrivait sur le petit navire, comme la flèche qui poursuit l'oiseau à travers l'espace, les voiles pliées, presque sans bruit, ne traçant qu'un léger sillon sur la mer tranquille. Dès que les deux embarcations furent à contre-bord, un Malais saisit le petit navire avec une gaffe, et six gaillards bien armés s'élancèrent sur les bastingages.

« Que personne ne bouge, » s'écria le capitaine Martin, qui, au moment où deux Malais mettaient le pied sur le pont de son navire, les étendait roides morts avec sa terrible barre de fer.

Le second du capitaine comprit en cet instant qu'il fallait immédiatement séparer le navire de la proa, pour empêcher que de nouveaux assaillants ne vinssent porter secours à leurs compagnons; et, d'un coup bien ajusté, il fit sauter la tête du Malais qui tenait la gaffe. La proa, cessant d'être maintenue au flanc du navire, s'en fut en dérive. Ce coup hardi consterna les pirates; ils hésitèrent sur ce qu'ils avaient à faire; cette hésitation leur fut fatale, car deux nouveaux coups de fusil leur enlevèrent encore deux hommes. Alors ils hissèrent les voiles de leur embarcation et s'éloignèrent du navire avec la même rapidité qu'ils avaient mise à l'atteindre, laissant leurs compagnons à la merci de l'ennemi. Dans ce moment le capitaine Martin n'avait plus affaire qu'à trois Malais; des six qui avaient envahi son navire, il en avait tué deux et le troisième gisait sur le pont les deux jambes fracturées; ces malheureux se rendirent en voyant la proa qui fuyait.

Satisfait de sa victoire, le capitaine Martin, en homme plein d'humanité, fit d'abord jeter à la mer le Malais qui avait les jambes brisées, pour lui éviter des souffrances inutiles; il ordonna ensuite qu'on amenât devant lui les prisonniers. Il ne leur fit pas attendre leur sentence; sur l'examen de leur physionomie, il décida que deux d'entre eux seraient pendus par leur troisième compagnon, qui était un jeune garçon de dix-neuf ans. D'après son expression, il voulut faire profiter ce jeune homme des bénéfices de la loi française, en le considérant comme ayant agi sans discernement.

Le capitaine rentra à Pinang avec deux falots pendus à ses

mâts, comme il disait. Il fit son rapport au gouvernement anglais; on instruisit cette affaire, et il fut malheureusement prouvé que les Malais de l'équipage du capitaine étaient les complices des pirates qui étaient venus l'attaquer; de sorte que deux hommes furent condamnés à la pendaison. Le jour de leur exécution, le capitaine et son second mirent leurs plus beaux habits; ils s'établirent en face de la potence, et quand tout fut terminé, le capitaine Martin s'écria :

« Il a fallu que je le visse; je n'aurais jamais cru, sans cela, que les Anglais fissent justice à un Français! »

Ce fut sa manière d'exprimer sa satisfaction.

Tel était le rude compagnon qui arriva chez les pères; du plus loin qu'il m'aperçut, il vint vers moi en me tendant la main, et me dit de sa voix de commandement :

« Quel pays que celui-ci, cher docteur! pas le plus petit cabaret où l'on puisse jurer tout à son aise en buvant avec ses amis! Dire qu'il faut que je vienne chez des curés pour rencontrer un compatriote, moi qui aurais fait une lieue en France pour éviter une soutane!

— Allons, capitaine, lui dis-je, la manière dont on vous reçoit ici devrait un peu vous réconcilier avec les robes noires.

— C'est vrai, docteur, ceux-ci sont de braves gens, francs comme l'or et pas fiers; ils vous reçoivent comme des amis et ne vous parlent jamais de leur boutique. Mais que voulez-vous? c'est plus fort que moi; l'aversion que je porte aux curés, je la nourris depuis mon enfance. Quand j'étais dans mon village et que je voulais manger un œuf, ma mère me répondait invariablement qu'elle le conservait pour M. le curé! Plus tard, lorsque mon père a sombré dans le golfe de Gascogne, il y avait deux curés à bord.

— Mais, mon cher, ce n'est pas le P. Bigandet qui mangeait les œufs de votre mère; et ce n'est pas le P. Bouchot qui a porté malheur à votre père!

— Je le sais pardieu bien! et, entre nous, je ne puis croire que ceux-là soient de véritables abbés. D'abord, M. Bigandet est savant comme un procureur (il y avait certaines expressions que le capitaine affectionnait), et vous savez ce qu'on dit chez nous!... Et le P. Bouchot, voilà un homme! c'est lui qui en a fait voir à ces gueux d'Anglais! Un jour, il a demandé un petit bout de terrain au gouverneur; celui-là, qui est un vrai Anglais, a dit : « Bon, voilà un Français qui va s'enfoncer! » et il lui a accordé un grand espace. Mais pas du tout, le P. Bouchot, au lieu de se ruiner, a aujourd'hui une des plus belles plantations de Pinang. Quel dommage qu'un homme pareil n'ait jamais voulu se marier! quelle belle fortune il aurait laissée à ses enfants!... Que ne suis-je son neveu! Mais les curés n'ont que des nièces, pas vrai, docteur?

— Tenez, capitaine, vous êtes absurde; allons dîner.

— Oh! non, je n'entre pas encore chez les pères; j'attends qu'ils soient sortis de table, sans cela il me faut avaler un *Benedicite*, et cela tourne sur l'estomac; parce que, voyez-vous, ça me fait honte de songer qu'un sacripant comme moi fait le signe de la croix comme un enfant de chœur.

— Mais vous êtes donc Satan en personne? vous ne venez jamais à la messe, et vous ne donnez pas même la satisfaction à ces pauvres pères de dire un *Benedicite* avec eux.

— Pour ce qui est de la messe, c'est différent, dit le capitaine; je n'y vais jamais le dimanche, parce que c'est une superstition.... mais je ne manque pas d'en faire dire une chaque fois que je mets à la voile. Souvenez-vous, docteur, vous qui voyagez sur mer, qu'il ne faut jamais s'embarquer avec un capitaine qui sort de rade sans entendre la messe et qui met à la voile un vendredi. »

Là-dessus le capitaine me serra la main, et, malgré mes instances pour le retenir, il s'éloigna.

Ce spécimen du marin philosophe peut faire apprécier la tolérance et la bonté des religieux nos compatriotes, qui protégent, secourent et hébergent fraternellement de pareils sacripants. Je dois cependant me hâter de dire que le capitaine Martin était au fond un excellent homme; il aimait nos missionnaires de tout son cœur, et on eût été fort mal venu d'en dire le moindre mal devant lui.

Il y a à Pinang, outre les marins qui fréquentent ces parages, bon nombre de planteurs et de négociants français. Tous sont des hommes parfaitement honorables et très-considérés dans le pays. L'un d'entre eux, mon ami, M. Donadieu, a fondé sur le continent malais, dans la province de Walesley, un magnifique établissement qui marche de pair avec les plus belles exploitations anglaises. Il s'est aventuré sur cette terre possédée depuis peu par la

Compagnie, plein de confiance dans la protection efficace du drapeau britannique. Ce drapeau est effectivement, au delà des mers, le gardien vigilant de la liberté civile, religieuse et commerciale de tous ceux qu'il abrite, sans distinction de nationalité.

M. Donadieu a depuis longtemps abjuré toutes les inimitiés surannées et folles que l'on nourrit encore contre la perfide Albion au fond de nos provinces; et il saisissait toutes les occasions pour me convaincre que le peuple anglais est dans ses établissements le représentant de l'équité la plus stricte, et que les populations de l'Inde qui sont gouvernées par ses agents sont les plus heureuses de ces contrées. J'étais avec lui chez un marchand chinois de Pinang, lequel, comme Wampon de Singapore, vendait et achetait tous les objets de la création, lorsque deux Malais entrèrent dans le magasin. L'un était un homme d'une quarantaine d'années, l'autre, un jeune garçon de vingt-cinq ans. Le premier voulait vendre une magnifique peau de panthère noire, animal fantastique mis à la mode par Eugène Sue, et il avait plus d'un trait de ressemblance physique avec l'animal dont il offrait la dépouille. Il était maigre, de petite taille; il rampait plutôt qu'il ne marchait, plié en deux, et ne faisait point un pas sans promener à droite et à gauche son œil terne et méfiant. Le second portait tout simplement, emprisonnés dans une cage sphérique comme les Malais seuls savent les tresser, deux charmants oiseaux. Ces hommes n'avaient de commun entre eux que les traits caractéristiques de leur race, sous tout autre rapport ils différaient complétement; la nature de leur marchandise n'était pas plus dissemblable que l'expression de leur physionomie. Le dernier marchait fièrement la main appuyée sur la poignée de son kriss; sa figure était gaie, bienveillante, son regard assuré et doux.

M. Donadieu pria le marchand chinois de me laisser traiter, en ma qualité d'étranger, de l'achat de la peau de panthère noire et des deux jolies perruches. Le fils du Céleste Empire y consentit avec cet empressement d'un marchand qui sait ce que lui rapportera cet acte de complaisance. Lorsque les Malais furent auprès de nous, M. Donadieu me dit :

« Préparez-vous, docteur, à recueillir une impression de voyage, comme l'on dit aujourd'hui en France. Vous n'avez pour cela qu'à écouter. »

Et le dialogue suivant s'établit entre mon ami et le propriétaire de la peau de panthère noire :

« Où as-tu abattu cet animal?

— Je n'en sais rien, ce n'est pas moi qui l'ai tué.

— Tu as donc acheté cette peau?

— Non.

— Comment, non?... alors comment se fait-il qu'elle soit en ta possession?

— Parce que l'on me l'a donnée pour la vendre.

— D'où es-tu?

— Là-bas, de l'autre côté de la mer.

— Comment appelles-tu ton campon?

— Qu'importe?... voulez-vous acheter cette peau?

— Oui; mais, dis-moi, si tu veux que j'aille dans ton pays, tu nous conduiras à la chasse, et nous te payerons de tes peines.

— Je ne vais pas à la chasse ; voulez-vous acheter cette peau?

— Combien en veux-tu?

— Six piastres.

— Je t'en donne quatre.

— Je vais demander au propriétaire s'il veut vous la laisser à ce prix. »

Et sur ces mots il sortit du magasin. Alors M. Donadieu se tourna brusquement vers le jeune homme :

« D'où es-tu? lui dit-il.

— De Koulet Tambon, sur les terres de la Compagnie.

— Veux-tu que nous allions chasser les tigres et les éléphants avec les hommes de ton campon?

— Est-ce que vous me donnerez un fusil?

— Sans doute.

— Eh bien, nous poursuivrons les éléphants jusqu'à Siam!

— Combien veux-tu de tes oiseaux?

— Deux piastres. »

M. Donadieu me demanda alors en français si je voulais réellement acheter les deux perruches; sur ma réponse affirmative, il dit au Malais :

« Cela ne vaut qu'une piastre. »

Mais celui-ci, sans se préoccuper du marché, s'écria :

— Vous ne parlez pas anglais, vous êtes du même pays; où est-il?

— C'est un pays bien loin derrière la mer, qu'on appelle la France.

— Vous êtes tous les deux habillés de la même manière, vous êtes de la même tribu. Pourquoi votre compagnon porte-t-il des moustaches, et pourquoi n'en portez-vous pas? est-ce un chef, ou bien est-ce vous qui commandez?

— Aucun de nous deux ne commande à l'autre, il porte des moustaches parce que cela lui plaît.

— Mais ce sont les Anglais qui gouvernent chez vous?

— Non, certes!

— Oh! alors vous avez un rajah? dit-il avec une expression de pitié.

— Non plus; nous avons un roi, comme les Anglais.

— Vous n'êtes pas Anglais, vous n'êtes pas soumis à un rajah?... »

Et le Malais secouait la tête avec un air d'incrédulité; puis se ravisant tout à coup, il fit pleuvoir sur M. Donadieu une grêle de questions. Il témoigna d'une véritable curiosité, signe infaillible d'un commencement sérieux d'émancipation intellectuelle. Ce défaut des enfants terribles est une qualité fort rare chez les peuples barbares ; comme il eût fallu faire un véritable cours de géographie et de politique pour répondre à ce questionneur intrépide, M. Donadieu s'en débarrassa en lui promettant de lui expliquer une autre fois tout ce qu'il désirait savoir. Nous lui payâmes ses oiseaux et nous partîmes.

Sur le seuil de la porte, nous trouvâmes le propriétaire de la peau de panthère noire. Il nous tendit sa marchandise; nous lui remîmes quatre piastres, il les reçut silencieusement et s'enfuit en examinant soigneusement si personne ne l'avait espionné pendant que nous lui comptions son argent.

M. Donadieu me dit alors :

« Eh bien! docteur, avez-vous compris?

— Parfaitement, lui répondis-je : l'un de ces deux Malais est un sujet britannique; l'autre, un pauvre vassal d'un rajah tributaire du roi de Siam.

— Le marchand de peau de panthère, reprit mon ami, tout sale, tout débraillé qu'il est, avec son air souffrant et misérable, est très-probablement un homme riche dans sa contrée. Il fait clandestinement un petit commerce et cache avec soin son aisance; il sait avec quelle facilité son honorable souverain rend les décrets de confiscation; il est constamment inquiet et méfiant, parce qu'un espionnage incessant pèse sur ses compatriotes et qu'il craint de rencontrer partout l'œil du maître. Il n'ose répondre à aucune question, ne sachant dans quelle intention on la lui adresse, et de peur de se compromettre ou tout au moins de se créer des embarras. Il est, en un mot, dans cet état constant de terreur salutaire, la seule sécurité des gouvernements despotiques. Quant au jeune Malais, ce sujet de l'Angleterre n'a aucune de ces préoccupations; il est gai, alerte, avenant et ouvert; il sait qu'il n'a rien à redouter de ses maîtres. Sous leur protection, il jouit du fruit de son travail, et il se moque des petits tyrans ses voisins, qui faisaient jadis trembler son père et son aïeul.... »

Un de mes plus chers souvenirs de Pinang, ce sont mes charmantes promenades, tantôt sur les bords des joyeux ruisseaux dont on entend le timbre, sonore comme celui d'un grelot d'argent, sortir d'entre les larges feuilles des lotus; tantôt le long des sentiers ombragés de bambous et d'aréquiers, où croît le népenthès, dont les amphores sont constamment pleines d'une séve plus limpide que la rosée; ou bien encore sur le flanc de la montagne au sommet de laquelle est bâti le palais de plaisance du gouverneur du détroit.

Un jour je me fis conduire dans mon palanquin au pied de ce cône élancé qui domine l'île comme un observatoire gigantesque. Arrivé là je mis pied à terre, et je commençai à gravir le chemin tracé en spirale autour de la montagne, verte comme un rocher tapissé de mousse. Des sapans vigoureux bordent ce sentier impraticable pour les voitures; le tronc lisse de ces grands arbres s'élève à cent pieds de terre, et leurs branches robustes entrelacées dans les airs forment un dôme impénétrable. Sous ce toit protecteur croissent, confondus et pressés, des arbustes et des plantes herbacées, du milieu desquels s'élancent de sveltes fougères dont les tiges minces et flexibles agitent joyeusement à leur sommet une ombrelle de feuilles élégamment découpées. La montagne est déchirée de distance en distance par des gorges profondes, dans le creux desquelles on entend la voix claire et gaie d'un filet d'eau qu'il est impossible d'apercevoir. Ces vides sont comblés par une végétation puissante parée de teintes sombres; on dirait que les espèces végétales aient pris à tâche de cacher les larges entailles que les convulsions volcaniques ont faites au sol qui les nourrit.

Le silence qui règne en ce lieu est troublé à de longs intervalles par le pas d'un cheval qui monte ou descend le pénible sentier, par le cri d'un oiseau momentanément retenu dans les rets fleuris de quelque liane, ou par l'appel que fait quelque singe à sa famille attardée. Arrivé à une certaine hauteur, je m'assis au pied d'un arbre dont le feuillage moins serré laissait passer les rayons divisés du soleil, semblables aux fils soyeux d'une chevelure d'or; des insectes brillants montaient et descendaient joyeusement dans ce fluide lumineux, comme s'ils eussent voulu imprégner la surface émaillée de leurs ailes de ces étincelantes clartés. Je les admirais dans leur vol rapide formant des cercles insaisissables, exécutant de capricieuses arabesques, lorsque j'entendis une vive conversation éclater au-dessus de moi.

Je levai la tête et j'aperçus, suspendu à une hauteur prodigieuse, un groupe de singes qui causaient avec vivacité. C'étaient de grands animaux d'un noir de jais; ils portaient autour de leur museau bistré une sous-barbe et des favoris d'un blanc nacré; n'eût été leur longue queue, ils auraient ressemblé à de vieux nègres.... Bientôt leur conversation dégénéra en querelle, et par moments on eût cru qu'ils allaïent en venir aux mains. Les femelles et les petits se tenaient derrière les mâles, non sans montrer le poing à leurs adversaires et en leur adressant mille paroles offensantes. Il me semblait que j'avais sous les yeux une troupe de funambules exécutant dans les airs une des mille scènes populaires si souvent reproduites par nos caricaturistes. Je ne sais comment cela se fit; mais tout d'un coup les provocations et les menaces cessèrent, et cette cohorte bruyante se répandit sur les rameaux qui, quelques moments auparavant, pouvaient devenir le théâtre d'une lutte très-vive.

Dès que les individus de cette troupe indisciplinée se furent distribués sur les branches du grand végétal, ils se mirent à les secouer avec une telle violence qu'en un instant le sol fut couvert d'une grêle de fruits semblables à ceux du micocoulier. Je crus d'abord que c'était à moi qu'étaient adressés ces projectiles dont un très-grand nombre m'atteignit; mais ce n'était pas dans un but hostile que ces messieurs travaillaient si vaillamment. Dès qu'ils virent le sol jonché de ces petites baies, ils descendirent avec précipitation des régions aériennes qu'ils occupaient pour manger leur récolte.

Les animaux sont, sous le rapport de l'intelligence, des adultes restés enfants; lorsqu'on observe leurs mœurs et leurs instincts, on se croirait au milieu des habitués d'une école primaire; des enfants dans un verger ne se fussent pas autrement conduits. A peine furent-ils à terre qu'ils se jetèrent avec avidité sur cette jonchée de fruits, se pressant, se coudoyant pour atteindre les plus gros et les plus charnus, et poursuivant, pour les leur arracher, ceux qui avaient eu l'adresse de s'en emparer. A mesure que la faim se calmait, le désordre augmentait; l'un jetait un fruit à demi rongé pour dérober celui de son voisin; une mère enlevait la part de son enfant pour l'exercer à la patience; et toutes ces espiègleries étaient accompagnées de jurements et de coups.

Au milieu de cette confusion, une voix grave prononça quelques paroles avec autorité, et l'on fit silence; celui qui venait de parler ainsi était un nouvel arrivant d'une taille colossale, et qu'à sa figure grave et sérieuse je reconnus pour le chef de ce peuple. Dès que les autres singes l'aperçurent, ils l'entourèrent à distance d'un cercle respectueux, et ils restèrent dans la plus parfaite immobilité, lui laissant ramasser, sans contestation, les fruits qu'il préférait. Quand il eut suffisamment mangé, il prononça de nouveau quelques paroles, et la troupe turbulente se dispersa dans l'ordre le plus parfait. En vertu de quel droit ce chef vénéré exerçait-il le pouvoir? Reconnaissait-on sa supériorité physique ou sa supériorité intellectuelle? A voir l'austérité de son maintien, la beauté de son pelage, la robuste vigueur de ses membres, comparées à la turbulente légèreté de ses sujets, à leurs formes grêles, on pouvait croire qu'il régnait par le double droit de la force et de l'intelligence. Je ne sais pourquoi, en présence de cet étrange personnage, je fus saisi d'une crainte superstitieuse : ce roi sombre au milieu de cette forêt, tenant à distance son peuple infime, vivant seul à l'écart, me fit involontairement songer à ce dieu de la mythologie indienne, le plus puissant de tous les dieux, expiant sa grandeur par un éternel isolement.

J'allais cependant m'enhardir assez pour adresser la parole à ce roi velu, lorsqu'il s'assit sur son séant, ramassa quelques fruits et s'éloigna ensuite à pas lents. Peut-être la reine était-elle non loin de là dans sa hutte royale garnie de fougères et de mousses, entourée de lianes parfumées, à l'abri des regards indiscrets de ses sujets. Ce singe avait la gravité austère d'un chef barbare; son front ridé portait les traces indélébiles que l'exercice du pouvoir imprime sur les plus fortes têtes; il était l'image de l'intelligence et de la force dominant les petites passions d'un peuple ignorant; mais il était triste et inquiet, comme un roi absolu.

Dans ces contrées où le despotisme a été de tout temps en vigueur, les hommes ont-ils emprunté aux animaux qui les ont précédés sur la terre la forme de leur gouvernement? ou bien les animaux ont-ils imité l'homme, dont ils ont reconnu la supériorité intellectuelle? De fait, il n'existe aucune différence entre les rajahs qui gouvernent la Malaisie et le chef de ces quadrumanes, dont je venais par hasard de constater les mœurs singulières et la constitution monarchique. On dirait que dans cette partie de l'Orient les hommes et les animaux les plus élevés aient senti, dès les premiers âges du monde, la nécessité de concentrer le pouvoir dans une seule main.

Après avoir joui de ce spectacle, je recommençai à gravir cette montagne peuplée, de la base au sommet, de charmantes habitations. Il n'existe pas d'étroite vallée, d'anfractuosité de rocher, de bouquet d'arbres, qui n'abrite quelque maisonnette. Cette disposition rappelle ces montagnes consacrées le long desquelles des populations religieuses, des chartreux ou des moines bouddhiques ont élevé de distance en distance des oratoires ou des cellules. Chacun s'est établi sur cette spirale ombragée suivant son amour pour la brise et la fraîcheur. Le palais du gouverneur repose sur le sommet de ce piédestal de verdure. C'est une vaste maison, élégante, commode, ouverte à tous les vents. Une longue galerie garnie de stores est la principale pièce de ce château; comme elle est parfaitement ventilée, c'est là que les visiteurs se tiennent de préférence. A côté de cet édifice se trouve la tour des signaux, sur laquelle flottent les couleurs de l'Angleterre. Le marin les découvre comme un phare à l'horizon, et le Malais les aperçoit de la rive asiatique. C'est bien sur cet immense jet de pierre, droit au milieu des mers comme la hampe d'un drapeau, que la grande nation qui entoure le monde de ses flottes devait planter son étendard.

J'ai fait bien des fois le rêve de posséder un ermitage sur ce Sinaï parfumé! Voici comment j'établissais ma vie: je bâtissais ma demeure sur le penchant de la montagne, dans une étroite vallée, que je transformais immédiatement en paradis terrestre. Je plantais mon petit domaine avec les arbres qui produisent les fruits savoureux de l'Inde, et je le peuplais de tous les animaux inoffensifs, quelques Malais compris, que la Providence a répandus sur le globe. Puis là, au milieu de ces amis silencieux et fidèles, j'aurais attendu le jour où le grand alchimiste de la mythologie indienne, Siva, le plus grand de tous les dieux, serait venu opérer sur moi ses mystérieuses transmutations. Je refaisais pour la vingtième fois le même roman dans ma tête en gagnant à pied le collége de Poulo Ticoux, administré par nos missionnaires, lorsque je rencontrai le capitaine d'un steamer qui m'avait amené une première fois à Pinang.

Dès que le brave commandant m'aperçut, il descendit de son palanquin et voulut m'emmener chez un de ses amis, qui vivait dans une petite villa; comme je faisais quelque résistance pour me rendre à son invitation, il ajouta:

« Nous allons chez un de vos confrères, c'est un ancien médecin de l'armée anglaise; il sera charmé de vous voir. »

Cette considération me détermina; nous gagnâmes une éminence sur laquelle était bâtie la demeure du docteur. L'homme qui nous reçut paraissait avoir une cinquantaine d'années; il était grand, blond, avait les traits fins, la physionomie distinguée, et sa barbe presque blanche se confondait avec le fond clair de son teint. Après les premiers compliments, il nous fit parcourir son domaine: c'était la réalisation de mon rêve. Des arbres magnifiques étaient habités par des singes de toute sorte, par des perroquets de toutes les couleurs; sur l'herbe épaisse et drue bondissaient des cerfs et cette charmante espèce de bouquetin particulière à la Malaisie, qui n'est pas plus grande qu'un lièvre. Des canards nageaient dans un petit étang clair et limpide comme un lac, et du centre d'une grande touffe de joncs je vis sortir, à la voix de son maître, un jeune tapir qui vint, en le flattant de sa petite trompe, lui demander des nouvelles de sa santé.

Le docteur était un naturaliste passionné; non pas un de ces collecteurs stupides qui entassent dans des armoires bien closes des peaux bourrées de chanvre; il avait horreur de ces affreuses caricatures, chefs-d'œuvre des empailleurs, lesquels donnent à ces dépouilles les apparences de la vie à la manière de ces abominables profanations qu'on appelle des embaumements. Il se fût bien gardé, le brave homme, d'enlever un pauvre être intelligent à sa famille, à ses affections, à ses amis, pour satisfaire la curiosité lâche et paresseuse des savants de Londres ou de Paris. Il aimait ces pauvres petits, tandis qu'ils étaient animés de leurs sentiments, de leurs instincts, de leurs passions; lorsqu'ils mouraient, il les ensevelissait comme des amis, et il se fût révolté à la pensée de les dépouiller de la parure soyeuse que Dieu leur a donnée pour vêtement pendant leur vie et pour suaire après leur mort. Parfois l'excellent docteur me disait :

« Le temps n'est pas loin, mon ami, où les jardins zoologiques remplaceront ces immenses nécropoles où sont entassés pour la plus grande satisfaction des imbéciles les cadavres de toutes les bêtes de la création. Sous l'empire du bien-être et de la civilisation, les mœurs s'adoucissent; et l'on ne tardera pas, s'il plaît à Dieu, à traduire devant les tribunaux tous ces hideux coquins qui, sous le prétexte d'études physiologiques, commettent chaque année des milliers d'assassinats. La nation la plus polie et la plus douce de l'univers honore un certain nombre de drôles qui n'ont d'autre mérite que d'avoir commis des milliers d'égorgements, pour prouver qu'un animal mutilé souffre et se plaint et ne saurait agir et vivre comme s'il n'eût subi aucune opération! Croyez-moi, il n'y a pas loin de ces abominables maniaques à Papavoine et à la fille Cornier; ce sont d'horribles fous qui méritent tout simplement la hart. »

Pour calmer l'irritation de ce brave homme contre des gens

qui me sont personnellement connus et que j'estime, je lui disais parfois :

« Vous êtes trop sévère, mon cher ami; les savants dont vous parlez ne sont pas si coupables : ils sont ambitieux et bêtes, voilà tout. L'ambitieux sans talent n'a pas de sens moral; il écorcherait père et mère pour parvenir. Ils ont trouvé dans un recoin de la fausse science une besogne qu'eût dédaignée un valet de bourreau, ils s'en sont emparés. C'est par impuissance et par idiotisme qu'ils sont devenus féroces et infâmes. Croyez-moi, la mort est de trop pour de pareilles gens; une volée de bois vert suffirait pour les ramener à de meilleurs sentiments. »

Ordinairement ce raisonnement calmait mon excellent ami; alors nous reprenions nos conversations sur l'intelligence des animaux, nous mettions à l'épreuve les ressources de leur raisonnement, et nous passions ainsi de longues heures à recueillir de curieux enseignements. Nous constations que, parmi ces êtres qu'on appelle sottement des brutes, il y avait, dans la même espèce comme parmi les hommes, les natures supérieures, les intelligences moyennes, et de véritables crétins. Enfin, tous les deux pauvres et obscurs, nous faisions plus d'observations utiles et concluantes, pendant ces doux moments de récréation, que n'en firent jamais les expérimentateurs assassins coupables de vivisections.

Un soir nous étions en famille, soit dit sans vanité, couchés sous la varande du docteur. Un serviteur malais faisait mouvoir un panka, grande pièce d'étoffe suspendue au plafond, dont l'agitation constante répand une délicieuse fraîcheur; deux autres indigènes étaient comme nous assis sur des nattes, prêts à satisfaire nos désirs; les singes, réunis par petits groupes, nous regardaient fumer; les oiseaux, qui dans ces climats se couchent de bonne heure et dorment peu, jasaient le long des arbustes étalés devant la varande, et le tapir avec son habit brun tacheté de blanc, la tête appuyée sur la cuisse de son maître, son œil intelligent fixé sur nous, nous écoutait parler. En contemplant ce charmant tableau, une pensée traversa mon esprit, et m'adressant à mon collègue, je lui dis :

« Depuis combien de temps êtes-vous établi dans ce pays?

— Depuis 1832, me répondit-il.

— Eh bien! repris-je, permettez-moi une question, indiscrète peut-être ; comment se fait-il qu'établi jeune encore en ce pays vous n'ayez pas songé à compléter cet Éden ? Vous et moi nous sommes sans préjugés sur les nuances de la peau ; toutes ces natures malaises sont d'ailleurs si douces et si poétiques qu'elles ne sauraient blesser nos délicatesses européennes ; comment n'avez-vous jamais songé à introduire sous ces charmilles une Ève malaise ? »

A ma demande, le docteur se prit à rire ; il retira son cigare de la bouche et me dit brusquement :

« Avez-vous quelques heures à me donner, cher collègue ?

— Sans doute, répondis-je.

— Eh bien ! je m'en vais vous dire pourquoi dans cet Éden il n'y a pas d'Ève malaise, comme vous dites très-bien. »

On apporta du ginger-beer, nous nous arrangeâmes sur nos nattes et le docteur commença ainsi :

« A mon arrivée à Pinang, je me liai intimement avec le médecin de la colonie. J'étais décidé à ne plus faire de médecine pratique, mais je voulais cependant me tenir au courant des découvertes nouvelles en entretenant quelques relations scientifiques. Mon collègue était un garçon ardent, curieux, un investigateur intrépide. Il ne tenait jamais en place, il était toujours par monts et par vaux. Son ambition avait été, dans toutes les contrées qu'il avait habitées, d'avoir accès dans les maisons des indigènes pour observer leurs coutumes et se bien pénétrer de leurs mœurs. Il mettait tant d'obstination à poursuivre ce but, il étudiait la langue du pays avec une telle persévérance, que bientôt il gagna la confiance de ces populations méfiantes.

« C'est le seul médecin anglais qui à Pinang soit jamais parvenu à être librement admis dans les maisons malaises. Un matin, de très-bonne heure, mon jeune ami vint frapper à ma porte. « Je vais, » me dit-il, « dans l'intérieur de l'île voir un Malais pour « lequel je réclamerai peut-être vos conseils ; accompagnez-moi, « nous serons de retour avant qu'il fasse très-chaud. » J'avais toujours refusé d'aller en consultation avec mon jeune collègue, sachant très-bien que l'exercice de la médecine est un engrenage ; si une dent de ce rouage vous saisit, c'en est fait de votre liberté, vous ne vous appartenez plus. Mais comme il s'agissait d'un malade pauvre, d'un malade qui ne comptait pas dans le monde de

Pinang, puisque c'était un indigène, je ne fis aucune objection et je me mis en route.

« Pendant le trajet, que nous fîmes rapidement en palanquin, mon collègue m'instruisit du rôle que je devais jouer : « Nous « allons, » dit-il, « chez des gens qui ont toujours l'œil au guet, « qu'un rien effarouche ; je ne dirai pas d'abord que vous êtes « médecin, et je ne vous appellerai que si le cas l'exige. » Cette réserve me convenait fort ; nous arrivâmes dans une de ces délicieuses demeures, qui semblent soutenues au milieu du feuillage par une main invisible ; nous trouvâmes un groupe d'hommes et de femmes réunis sous la varande et attendant impatiemment mon ami. « Le « malade va de mal en pis ! » lui cria-t-on tout d'une voix dès qu'on l'aperçut ; mais il ne s'émut guère de cette fâcheuse salutation.

« Cette réunion malaise se composait de sept personnes : trois femmes, deux jeunes filles, un homme d'une soixantaine d'années et un jeune garçon ; c'était le père qui était sur le flanc.

« Mon ami me laissa sous la varande avec le jeune homme et le vieillard, et il entra, suivi des trois commères, dans la chambre du malade. Quelle que soit notre bonne volonté, la conversation n'est pas féconde en ressources avec ces gaillards-là ; mieux vaut causer avec nos bêtes que de chercher les sujets qui peuvent s'adapter à leur intelligence. Cependant, après des efforts inouïs, je parvins à en trouver un qui leur plut fort. C'était une histoire de piraterie dans laquelle les Malais avaient eu les bénéfices de la chose, genre de succès qu'ils obtiennent rarement aujourd'hui. Pendant notre conversation, un petit incident vint me distraire fort agréablement. J'aperçus deux petites mains sortir de dessous une natte appliquée sur l'ouverture d'une fenêtre, et étaler sur l'appui extérieur un vêtement encore humide.

« Ces mains étaient jaunes, il est vrai ; mais elles étaient charmantes, les doigts effilés étaient terminés par des ongles roses et bien taillés. De belles mains sont chez tous les peuples du monde un genre de distinction fort rare ; il porte avec lui un cachet aristocratique qu'aucun autre genre de beauté n'égale, et celles-là auraient fait envie à nos plus grandes dames. Ces charmantes mains qui s'agitaient avec grâce me préoccupèrent si vivement que le jeune Malais s'en aperçut. Il se pencha vers moi, et me désignant la fenêtre où elles avaient de nouveau reparu et s'occupaient en ce moment à égrener une guirlande à demi flétrie de fleurs de volkamerias et de tubéreuses, il me dit à voix basse et d'un air mystérieux :

« *Ada anak perampoean njang bagoes sekali*. Ce qui signifie littéralement en français : « C'est un enfant femelle, jeune, très-« belle ! »

« — *Apa saranidia?* Est-elle chrétienne ? lui demandai-je.

« — *Tida, Islam, dia ada saya poenja soedara misan.* Non, elle « est musulmane ; c'est ma cousine. »

« J'avais à peine reçu cette intéressante révélation, que mon ami vint me rejoindre. Je ne jugeai pas à propos de lui faire part de ma découverte, mais je lui demandai avec empressement des nouvelles de son malade.

« Le pauvre homme n'est pas trop mal, » me répondit-il, « mal-« gré les assertions de ces imbéciles. Je désire, cependant, que « vous le voyiez pour alléger un peu ma responsabilité. Je l'ai « préparé à vous recevoir ; nous pouvons entrer à l'instant même. »

« Cette prière servait admirablement mes désirs ; je m'empressai d'y adhérer. Je vous fais grâce du côté médical de la chose ; je vous dirai seulement que je parlai au malade avec tant d'affection et de bienveillance, qu'il me pria de revenir le voir.

« Hélas ! comme il arrive ordinairement dans l'appréciation de la plupart des actions humaines, la mienne fut trop favorablement interprétée ! Il n'y eut probablement que le jeune Malais qui ne se méprit pas sur la cause réelle de mon empressement, en l'attribuant à la *curiosité*. Ce besoin insatiable de connaître est à peu près l'unique mobile des gens qui ont beaucoup vu. L'objet le plus ravissant n'est pour eux qu'un objet d'observation, qu'un sujet d'étude. Je connaissais assez bien les races malaises ; j'avais vu les ronguins, ces femmes libres de l'île de Java, les tagales de Manille, les princesses indigènes de Bantam, les soendal de Malacca et de Singapore ; je voulais observer une jeune Malaise musulmane dans l'intérieur de sa famille ; l'occasion se présentait, je résolus d'en profiter.

« Je sortais ordinairement de fort bonne heure de chez moi ; j'aimais à parcourir le matin les rues où les indigènes vont s'approvisionner pour les besoins de la journée. Un de mes domestiques, qui connaissait mes goûts, me demanda un matin si j'avais visité le marché au poisson; sur ma réponse négative, il me proposa de m'y conduire. Ce Malais était un garçon fort intelligent, qui était à la fois mon valet de chambre, mon maître de langue, mon groom, mon commissionnaire, et, par la multiplicité des rapports qu'il avait avec moi dans ses diverses fonctions, il était presque devenu mon inséparable.

« Le marché au poisson de Poulo-Pinang est à une petite distance de la ville; c'est un immense hangar construit sur des pilotis que le flot baigne constamment. Lorsque nous arrivâmes, la marée était haute, le dessous de l'édifice était envahi par les vagues; on eût dit un vaisseau immobile échoué sur la plage. De nombreuses barques de pêcheurs garnissaient le côté de la construction qui fait face à la pleine mer et semblaient opérer le sauvetage de ce grand navire. Le plancher de ce tréteau était littéralement couvert de petits tas de poissons dont le plus grand nombre frétillait encore. Ces poissons appartenaient, en général, à des espèces qui m'étaient entièrement inconnues. Les uns, arrondis comme des disques rayés de jaune et de noir, portaient sur leur nageoire dorsale une longue épine dorée qui formait un arc gracieux; d'autres, munis de becs comme des perroquets, avaient des écailles plus brillantes que les ailes d'un colibri; un très-grand nombre étaient armés de piquants durs et aigus comme un poignard, et tous étaient parés des plus ravissantes couleurs. Les plumes nuancées des oiseaux, les ailes des papillons, les élytres dorés des coléoptères eussent paru ternes et décolorés à côté des écailles chatoyantes de ces habitants des eaux; c'étaient des reflets irisés, moelleux comme ces teintes vagues que l'œil saisit parfois sur les flots mouvants, lorsque les premières lueurs du ciel les éclairent. A côté de ces beaux poissons, vêtus de pourpre, d'azur, d'argent et d'or, mêlés, confondus en mille proportions diverses, se promenaient de gigantesques crustacés. Ces grands articulés, avec leur robe osseuse peinte de noir et de brun, leurs antennes projetées en avant, leurs fortes pinces écartées prêtes à saisir, ressemblaient à des moines austères dans leurs robes de bure. De nombreux acheteurs se pressaient autour de ces monticules de poissons; mais ce n'était qu'après de longs débats qu'ils parvenaient à s'accorder avec les marchands. Cependant ces transactions se passaient moins bruyamment que dans nos marchés européens; il est vrai qu'il y avait ici parmi les acheteurs plus d'hommes que de femmes.

« Pendant que je me promenais curieusement au milieu de cet encombrement, je sentis une main s'appuyer légèrement sur mon épaule en même temps qu'on m'adressait ce salut respectueux :

« *Tabe toean!* Salut, monseigneur! »

« Je me retournai pour voir d'où me venait cette prévenance, et je fus très-heureux en reconnaissant le jeune Malais, parent du malade que j'avais visité avec mon ami. Il portait un large pantalon, un gilet maintenu avec une ceinture et une petite veste; il avait déposé le costume un peu primitif qu'il portait chez lui; il était convenablement vêtu, comme devait l'être un Malais de sa condition.

« Vous nous avez donc oubliés, seigneur? » me dit-il.

« — Non, certes, » lui répondis-je, « et j'avais l'intention d'aller « voir le malade demain, avec le docteur....

« — Allez-y aujourd'hui, seigneur; ma cousine et ma tante sont « seules, il est vrai, pour vous recevoir; mais le malade vous « attend avec impatience, vous personnellement. »

« Les Malais sont sobres de paroles; à peine eut-il prononcé ces derniers mots qu'il me salua et s'éloigna.

« L'invitation que venait de me faire ce jeune homme n'était pas dans les habitudes des gens de sa race; ils n'aiment guère que les étrangers s'introduisent chez eux. Je pensai donc qu'un danger pressant menaçait le malade, et je partis immédiatement sans aller querir mon ami : mais quel ne fut pas mon étonnement lorsque je vis, du chemin qui longeait le village, celui que je croyais alité assis sur le balcon de sa maison et jouant avec un gros singe roux, son ami intime! Du plus loin qu'il m'aperçut, le malade m'adressa avec effusion quelques paroles de remercîment fort mal interprétées par son compagnon, lequel, pour seconder l'intention qu'il supposait à son maître, se mit à pousser des cris furieux et à s'élancer vers moi la bouche ouverte. Aux témoignages bruyants de reconnaissance de l'homme et aux cris d'indignation du singe, la femme accourut; mais à ma vue elle joignit à son tour ses félicitations à l'expression des sentiments des deux amis, ce qui composa momentanément un chœur du plus détestable effet. Lorsque ce premier moment d'expansion fut calmé, je m'assis sur le balcon avec ces braves gens, me demandant quel intérêt pouvait avoir le jeune Malais à me pousser en quelque sorte dans l'intérieur de sa famille.

« J'échangeai d'abord quelques paroles insignifiantes avec le malade; j'adressai ensuite à la vieille femme diverses questions sur sa famille, qui auraient peut-être effarouché sa susceptibilité malaise si je n'eusse déjà gagné sa confiance; mais, loin d'être blessée de mes demandes, elle y répondit avec empressement et m'apprit qu'elle avait deux filles, dont l'une était absente.

« Je ne vois pas celle qui est auprès de vous, » lui dis-je; « où « donc est-elle? Serait-elle malade?

« —Elle est dans cette chambre, » me répondit-elle en me montrant la fenêtre où j'avais vu, à ma visite précédente, manœuvrer les deux charmantes mains.

« Je sentis qu'il était nécessaire, pour arriver à mon but, de porter instantanément un coup décisif, et sans hésiter j'ajoutai :

« Est-ce que je vous contrarierais beaucoup si je vous priais de « me la laisser voir ? »

« Il paraît que j'avais atteint la limite où, d'après les règles de la civilité malaise, l'intérêt peut passer pour de l'indiscrétion. La mère feignit de ne m'avoir pas entendu, et sur un léger prétexte elle s'éloigna. Son absence se prolongea longtemps, assez longtemps pour me faire croire que les espérances que j'avais fondées sur ces relations étaient entièrement ruinées; je songeais donc à opérer dignement ma retraite lorsqu'elle vint nous rejoindre.

« Il est venu dans le campon, » me dit-elle en se rasseyant près de moi, « un marchand malabar qui vend de très-belles étoffes. »

« Je l'avoue, je pris ces paroles pour une insinuation digne tout au plus d'une mère d'actrice; le guet-apens me parut d'une invention médiocre; j'étais vexé, désappointé; évidemment ces procédés n'avaient plus de couleur locale, j'étais en pleine civilisation. Cependant, pour ne pas laisser planer un doute humiliant sur ma générosité, je répondis avec une feinte indifférence :

« J'ai quelques emplettes à faire, je ne serais pas fâché de voir « les étoffes de ce marchand.

« —Il est dans la chambre de ma fille Neiza, je vais vous y « conduire, » me dit la vieille femme.

« Ce nom de Neiza réveilla tous mes désirs; je pensai que ce n'était pas payer trop cher le plaisir de voir une jeune fille qui portait ce nom charmant, que de l'acheter au prix d'un foulard des Indes, d'une robe de piña de Manille, moins encore, peut-être de quelques aunes de mousseline de Manchester, et je suivis ma conductrice.

« En entrant dans la chambre de Neiza, je ne vis d'abord que des flots d'indiennes peintes, des soieries de Chine, des mousselines, répandus sur le plancher; un marchand malabar était accroupi devant ces tissus, le dos appuyé contre la fenêtre qui faisait face à la porte. C'était un beau garçon de trente ans, très-brun; ses traits, d'une pureté idéale, étaient pleins de distinction et empreints de douceur; ses yeux étaient grands et noirs; il portait une légère moustache. Sa tête était couverte d'un béret en mousseline brodée, ses cheveux étaient coupés ras; tout son corps était enveloppé dans une robe blanche ouverte sur le devant et légèrement serrée à la ceinture; ses pieds étaient chaussés de babouches. A peine le Malabar m'eut-il aperçu qu'il s'empressa de plier ses tissus. Je voulus l'arrêter d'un regard; mais il me dit que ses étoffes étaient vendues; que, si je voulais d'autres marchandises, il viendrait me les montrer chez moi à Pinang. Évidemment cet honnête garçon n'était pas de connivence avec la vieille Malaise; il voulait me soustraire à une exploitation qui répugnait à sa conscience. Je fus touché de ce procédé délicat; mais, hélas! moi aussi j'interprétais trop favorablement son action en l'attribuant à un sentiment exagéré de délicatesse : car, en sortant de l'appartement, ses yeux si doux changèrent subitement d'expression, il me lança un regard haineux et s'en alla en tirant après lui la porte avec violence. Cette manière brutale d'exprimer le mécontentement que lui causait ma visite révolta ma susceptibilité. Je me disposais à aller châtier l'insolent; mais la vieille Malaise me supplia de n'en rien faire, me disant que cet homme était son ami, et de plus un excellent musulman. Je me laissai toucher par cette dernière considération. La mère vit partir les belles étoffes sans paraître le moins du monde affectée; cette fois j'avais trop défavorablement jugé les intentions de cette honnête femme, et je lui rendis mon estime.

« La présence du marchand et la petite scène qui s'ensuivit m'avaient empêché d'examiner Neiza, assise dans un angle de l'appartement. Lorsque cet incident fut vidé, je m'approchai d'elle et la saluai en me servant de la formule la plus respecteuse de l'idiome malais.

« *Salamat pagi perampoean moeda bagoes*, » lui dis-je. C'est-à-dire : « Salut, femelle jeune et jolie. »

« Elle me répondit avec la même courtoisie. Neiza était une enfant de quinze ans, petite, un peu grosse; c'était un type pur de la beauté malaise; voici son portrait :

« Elle avait le front haut et lisse; ses larges paupières donnaient à son regard une suave expression de douceur; on eût dit que ce n'était qu'avec peine qu'elle ouvrait son œil oblique chargé de langueur; l'arc gracieux qui courait au-dessus de l'orbite était délié comme si un pinceau léger en eût tracé la courbe moelleuse; ses pommettes saillantes rendaient plus apparent l'ovale arrondi de son visage d'enfant; ses lèvres rouges de laque, habituellement entr'ouvertes, laissaient voir une double rangée de dents d'un brun fuligineux; ses long cheveux, adoucis par l'huile de coco et tordus sur le sommet de la tête, ressemblaient au cimier d'un casque noir.

« Cette charmante fille était jaune comme l'or le plus pur; son collier et ses anneaux faisaient saillie sur sa peau comme des ciselures détachées sur un bloc de la même matière; on l'eût prise pour une de ces statues précieuses qu'on adore dans les pagodes de l'Inde.

« La jeune Malaise avait un vêtement en harmonie avec son genre de beauté : un léger corset flottant à manches courtes, qui ne descendait pas au-dessous du sein, ne cachait ni ses épaules ni ses bras souples et arrondis; un jupon attaché au-dessus des hanches laissait à découvert ses pieds d'enfant, dont les ongles bien taillés, soigneusement arrondis, encadrés dans des orteils safranés, ressemblaient à de la nacre aux reflets rosés incrustée dans du sandal. Neiza habitait une petite chambre aux murs blancs; son lit, porté sur une estrade pour le mettre à l'abri des termites, ce fléau des régions tropicales, était couvert d'une moustiquaire rose. Si ce n'eût été cette dernière partie du mobilier, cet appartement eût entièrement ressemblé à l'humble mansarde d'une grisette du pays latin. Une commode à deux tiroirs, placée à l'angle sur lequel s'ouvrait une porte, était chargée de petits flacons et de pots de fleurs. Lorsque j'entrai, cette jeune fille cousait une robe d'indienne peinte ; elle était assise devant une table sur laquelle était déposée, avec ses instruments de travail, une boîte à bétel.

« Pour me faire honneur, elle quitta son ouvrage, prit dans divers ustensiles en cuivre renfermés dans ce petit meuble tous les ingrédients qui composent le bétel, et me l'offrit ensuite en me disant avec son plus doux sourire :

« *Toean makan sirih ?* Mâchez-vous du bétel, monseigneur ? »

« J'acceptai cette préparation, dont je connaissais déjà la saveur chaude et astringente, et je m'assis auprès de cette enfant.

« La vieille resta dans la même pièce que nous, allant et venant, bourdonnant comme un taon incommode.

« Je regrette, » dis-je à la jeune fille, « d'avoir fait enfuir le « marchand malabar; peut-être venait-il vous parler de choses qui « vous intéressaient ?

« — Il voulait probablement me répéter ce qu'il me dit tous les « jours en me montrant ces étoffes, » me répondit Neiza.

« — Que vous dit-il donc de si important ? » repris-je.

« — Que, si j'étais sa femme ou seulement sa sœur, j'aurais les « plus belles soieries de Chine et les plus brillants tissus de Madras.

« — Eh bien ! ne voudriez-vous pas être la femme de ce mar- « chand ? il est beau, et de plus il doit être riche.

« — Non, je ne voudrais pas être sa femme, » répliqua vivement la jeune Malaise ; » ces marchands indiens ne sont ni fiers comme « les Européens ni courageux comme les Malais ; si vous l'aviez « battu tantôt, il se serait mis à genoux et vous aurait demandé « pardon.

« — Que ferait un Malais si je le traitais ainsi ?

« — Un Malais ne demanderait pas grâce, et, si vous le frap- « piez, il se vengerait plus tard, » répliqua énergiquement la jeune fille.

« — Vous voudriez donc un mari très-brave, très-courageux, « qui allât courir la mer comme ceux des îles ? »

« A ces mots, Neiza sourit ; elle comprit que je faisais allusion aux actes de piraterie qu'exercent les Malais de Sumatra, de Bornéo et de Holo ; elle secoua la tête et répondit :

« Je voudrais un mari qui vécût près de moi ; il irait seulement « à Pinang vendre des kriss et des joncs ; s'il allait parfois dans

« les îles voisines, ce serait pour acheter des nids d'oiseaux et de « l'étain ; moi, je ferais cuire le riz et je soignerais la maison.

« — C'est ainsi que vivent les hommes et les femmes de mon « pays là-bas derrière la mer; voulez-vous y venir? vous y trou- « verez un mari.

« — Non, non, » s'écria la jeune Malaise, » je ne veux pas vivre « avec les femmes de votre pays ; elles ont les pieds serrés dans « des étoffes et leur tête est chargée de voiles qui les étouffent. « Pauvres femmes ! elles n'ont jamais couru nu-pieds sur les her- « bes soyeuses et sur les sables fins des grèves; elle n'ont jamais « senti le vent du soir frémir dans leurs cheveux humides ; elles « ne connaissent pas le bonheur qu'on éprouve à chercher la fraî- « cheur au fond des eaux, à s'abandonner au courant du fleuve « comme les fleurs que le vent disperse ; elles ne connaissent pas « ce bonheur, parce qu'elles ont froid ! » ajouta-t-elle en donnant « à sa physionomie un air souffrant.

« Vous savez donc ce que c'est que d'avoir froid? » lui deman- dai-je un peu étonné.

« — On me l'a dit, » répondit-elle brièvement. « D'ailleurs, » con- tinua-t-elle, « je puis le savoir ; là-haut sur la montagne il fait froid.

« —Les femmes de mon pays n'ont pas, il est vrai, les plaisirs « dont vous parlez, mais elles sortent seules ; elles vont le soir « dans des maisons où sont rassemblés beaucoup d'hommes et de « femmes, où l'on chante, où l'on rit bien avant dans la nuit.

« — J'aimerais mieux passer la soirée sur ce balcon avec mon « mari, » me dit la Malaise en me montrant sa fenêtre, « et chan- « ter pour lui seul des chansons ! Il n'y a que les ronguins qui « chantent pour tout le monde.

« — Est-ce que vous savez des chansons?

« — Belles à ne jamais se lasser de les entendre ! Il en est une « que je chante presque tous les soirs, et tous les soirs ma famille « vient m'écouter ! » reprit Neiza avec exaltation.

« — Quel est donc le sujet de cette chanson?

« — C'est l'histoire d'un ancien roi du pays; il avait épousé « une jeune fille belle comme on n'en avait jamais vu et comme « on n'en vit plus depuis; elle était jaune comme le miel des « abeilles et avait de si longs cheveux qu'ils la couvraient entiè- « rement. Le roi aimait beaucoup sa femme; cependant il fut forcé

« de la quitter pour aller faire la guerre à un de ses voisins, qui « l'avait attaqué. La princesse voulait l'accompagner, mais il s'y « opposa; elle résolut alors de le suivre à son insu. Elle mit dans « sa confidence sa nourrice, et partit avec cette pauvre femme, lui « faisant promettre qu'elle la tuerait si le prince, son époux, suc- « combait dans la lutte. La princesse et sa suivante coururent de « grands dangers; une fois elles furent enlevées par un dragon qui « les enferma dans une caverne; une autre fois, elles tombèrent « entre les mains d'un vieux rajah qui voulut se faire aimer de la « jeune femme; mais elles furent constamment délivrées par une « puissance invisible. Cependant, le roi son époux fut fait prison- « nier par son rival; il ne recouvra sa liberté qu'en épousant la fille « de ce méchant roi, et la pauvre abandonnée mourut de chagrin!

« — Cette chanson doit être fort belle. Lorsque je saurai très- « bien le malais, voulez-vous me la chanter un jour?

« — Je le veux bien, » me répondit la jeune fille; « lorsque je « chante ces aventures, il me semble que ce sont les miennes, et « je voudrais avoir alors auprès de moi quelqu'un que j'aimerais « et qui ne m'eût jamais quittée.

« — Avec vos coutumes malaises, comment pouvez-vous aimer « un homme qui peut avoir d'autres femmes?

« — L'homme que j'épouserai, » me répondit tristement Neiza, « n'aura qu'une femme; il sera trop pauvre pour en avoir plu- « sieurs. Dans la Malaisie, il n'y a que les rajahs et les princes « qui aient plusieurs femmes.

« — On dirait que vous regrettez la pauvreté de votre futur « mari parce qu'il n'aura qu'une femme!

« — Sans doute! » s'écria la Malaise; « qu'importe qu'un homme « ait plusieurs femmes s'il peut donner à toutes de nombreux « serviteurs, de beaux vêtements.... et tout ce qui leur plaît? »

« Cette manière d'apprécier les choses gâtait un peu la physio- nomie de Neiza. Je repris :

« Ce sera ce jeune garçon que j'ai vu chez votre père que vous « épouserez?

« — Non; mon cousin aime à courir sur mer et sur terre, et ce « n'est pas lui qui m'épousera.

« — Savez-vous que c'est lui qui m'a dit qu'il y avait dans « cette maison une jeune fille très-belle?

« — Lui ! » s'écria la jeune fille en souriant; « eh bien ! je le « crois. Vous voyez bien qu'il ne veut pas se marier avec moi. »

« Ces divers incidents avaient pris beaucoup plus de temps que je n'en mets à vous les raconter; je crus devoir témoigner d'un peu de discrétion en mettant un terme à ma visite. Je sortis, comme vous le dites très-bien en français, *la tête montée*, de chez cette belle. Je trouvais que c'était une charmante créature, en tout point préférable à une femme européenne. Ce petit être doux, caressant, peu exigeant, nullement jaloux, m'offrait un terme moyen entre la douce familiarité d'une amie et la soumission d'une gouvernante, et j'étais enchanté d'avoir trouvé un pareil trésor.

« Je fis dès lors de fréquentes visites à Neiza; il ne se passait guère de jour que je n'allasse causer quelques heures avec elle. Je faisais bien de temps en temps, par-ci par-là, quelques observations qui révoltaient mes habitudes de gentleman, mais je songeais que plus tard je réformerais ces usages malais.

« Par exemple, elle mangeait à terre, accroupie devant un plat de riz; elle pétrissait cette graine féculente avec les doigts, en formait des bols semblables aux boules dont on engraisse les oies et les dindons en Europe; puis elle les avalait avec la même gloutonnerie que ces gallinacés. Toute autre manière de manger lui semblait odieuse; si je voulais la forcer à se servir d'une cuiller, elle était plus maladroite qu'un ourang-outang qui se livre pour la première fois à cet exercice; et, si elle essayait d'une fourchette, elle se piquait les lèvres ou la langue, et rejetait l'instrument culinaire avec colère. Malgré mes prières, elle avait conservé l'odieuse coutume de se noircir la bouche. En Europe, on croit généralement que c'est l'usage seul du bétel qui noircit les dents des Malais; c'est une erreur. Ces peuples coquets, pour arriver à s'enlaidir ainsi, se font enlever l'émail des incisives et des canines avec une lime; ensuite ils passent par-dessus une affreuse préparation. Voici comment Neiza s'y prenait pour confectionner ce cosmétique digne des sorcières qui vont au sabbat : elle mettait dans une cuiller de fer, semblable à une cuiller à pot, des fragments du fruit des cocotiers; elle la recouvrait avec la moitié d'une noix percée d'un trou dans sa partie supérieure, et elle plaçait sur le feu l'appareil ainsi disposé. Les fragments de coco se carbonisaient en laissant une huile empyreumatique au fond de l'ustensile, et c'est avec cette liqueur âcre, fétide et noire, qu'elle se rinçait les dents! La manière de manger de Neiza et les raffinements de la coquetterie malaise me refroidissaient singulièrement lorsque j'assistâis à ses repas ou à sa toilette; mais loin d'elle je ne me rappelais plus que son costume élégant, ses chants bizarres, ses danses voluptueuses.... et alors, ma foi, comme je l'ai dit, la couleur locale me montait à la tête et me grisait.

« Un jour enfin, après avoir mis en balance les avantages et les inconvénients d'une pareille liaison, je me décidai à parler aux parents de la jeune fille. Je pris la chose un peu haut, pour sauvegarder les priviléges de la dignité européenne. Je demandai au père et à la mère si l'on voulait me remettre cette jeune fille à titre de ménagère, d'après l'expression française adoptée en semblable circonstance par les officiers hollandais de l'île de Java. Comme je m'y attendais, les respectables parents ne virent pas plus que moi d'inconvénients à accepter ma demande; mais Neiza consultée présenta quelques objections sensées, et prit quelques jours pour donner une réponse. Je fis de la dignité et j'accordai une quinzaine à la Malaise, au lieu de la semaine qu'elle avait réclamée pour réfléchir.

« Ce terme expiré, je retournai au campon. En arrivant au pied de l'escalier de bois qui menait sur la varanda, j'entendis des cris, des éclats de voix, des rires qui me surprirent étrangement. Je montai rapidement les degrés et je trouvai toute la famille réunie dans la première pièce, en compagnie de deux Européens. Neiza, rayonnante de joie, s'appuyait sur le bras de l'un des nouveaux venus, et la famille contemplait ce couple avec attendrissement. Les deux nobles étrangers avaient environ vingt-cinq ans; ils étaient presque aussi noirs que des Portugais; par les trente degrés de chaleur dont nous jouissions alors, ils avaient endossé l'un et l'autre une large redingote de drap bleu, un gilet et une cravate de soie de toutes les couleurs de l'arc-en-ciel; une grosse chaîne de montre en or s'étalait sur leur poitrine; leurs doigts étaient cerclés de bagues épaisses, et, pour compléter cette tenue excentrique, ils portaient l'un et l'autre aux oreilles des anneaux qui s'étalaient sur les bords effilés d'un col de chemise roide et coupant comme une lame d'acier. Ces deux hommes avaient du feu dans les yeux, du vif-argent dans les membres, et ils gesticulaient à la manière des télégraphes et des moulins à vent. »

A ce portrait, je ne pus m'empêcher d'interrompre le bon docteur et je m'écriai :

« Mais c'étaient donc deux de mes compatriotes, des marins provençaux?

— Vous l'avez dit, c'étaient deux Marseillais; je les reconnus facilement, reprit mon excellent ami; en 1815 j'avais eu occasion d'observer ce type original; j'avais été pendant six mois en garnison à Marseille, en ma qualité de médecin d'un régiment anglais.

« J'arrivai au moment le plus intéressant de la conversation. Le marin sur le bras duquel Neiza était appuyée parlait malais avec une facilité remarquable, mais il gesticulait tellement, il accentuait les mots avec une telle expression, qu'il en faisait une langue à lui, passionnée, éclatante comme sa physionomie et sa voix. Il regardait Neiza d'un air de pitié amoureuse et lui disait :

« C'est sûr que tu te disais souvent : *C'est fini, Marius ne viendra plus!* Eh bien! tu avais tort.... je n'ai qu'une parole; quand « c'est dit, c'est dit. Vois-tu, nous étions à Sumatra, j'avais « chargé du poivre et je me dis : *Marius, iras-tu à Pinang pour « voir la petite, ou iras-tu en France? Le vent est bon, il file « droit, il faut partir pour Marseille.* Et je partis. Je pensais : « *Si la petite est sage, je la retrouverai à mon retour; sinon, je « mets le cap sur une autre.* Maintenant, c'est à prendre ou à « laisser : je fais de l'eau et je lève l'ancre; si tu veux venir, viens! « Demain tu couches à bord, et adieu les voisins. Mais après il « ne faudra pas dire : *On est mal ici, il fait froid.* Je t'avertis; « quand il fait mistral, du vent je veux dire, vous ne comprenez « pas le mistral vous autres, il vous coupe comme un rasoir; mais « on se couvre bien, et vogue la galère!

« — Je partirai, » répondit Neiza sans demander le temps de réfléchir.

« — C'est dit, c'est dit. Tope là! » s'écria le Marseillais en français, en tendant la main à la jeune fille, qui lui donna la sienne.

« Après avoir un moment considéré son amant, la Malaise lui dit :

« Et vous ne m'avez rien apporté?

« — Moi, je t'ai apporté. Ce n'est pas quelque chose peut-être, « et qu'est-ce que tu veux de plus?

« — C'est beaucoup, » reprit Neiza ; « mais je voudrais bien que « vous m'eussiez apporté quelque chose, ne serait-ce que pour en « faire part à mes sœurs.

« — Ma chère, je n'ai rien ; fais un peu ça sans doigt, » dit-il en remuant vivement son index.

« Puis tout à coup portant les mains à ses oreilles, il s'écria :

« *Mao saya poenja tjintjin koeping?* » Ce qui signifie : « Veux-tu « que je te donne mes bagues d'oreilles? »

« Je l'avoue, à ce trait j'eus la plus grande peine à garder mon sérieux ; et la jeune fille, qui probablement le trouva charmant, donna un libre cours à son hilarité.

« Cependant jusqu'alors on n'avait pas fait plus d'attention à moi que si j'eusse habité un autre monde ; en ce moment le père s'approcha et me pria d'attendre quelques instants, afin que l'on pût me parler après le départ des étrangers. La proposition me convenait à merveille ; je n'étais pas fâché de savoir comment se terminerait tout cela, et je commençais à comprendre que cet original paré de bagues, de chaînes et d'anneaux comme un sauvage de la mer du Sud, convenait bien mieux que moi à Neiza. La société se divisa en trois parties. La famille se retira à l'écart pour parler de ses intérêts ; les deux amis se mirent à chuchoter ensemble, et je restai seul. J'avoue que je prêtai toute mon attention au colloque des deux Marseillais, et je saisis la conversation suivante :

« Eh bien! tu vois, Louiset, la petite est brave ; je l'emmène.

« — Mais, double sort! » répondit Louiset, « que diront tes res« pectables parents? Si ça devait crever en route, je te dirais : « *Mène-la! avec deux sacs de sable, un à chaque pied, pouff!* « *dans la mer, et on n'y pense plus*. Mais, bah! elle arrivera « jusqu'à Marseille! et elle ne fera pas plus de plaisir à ta respec« table maman que le singe que tu lui as porté l'an passé et qui « a tout cassé dans sa chambre.... Coquin de sort! Si tu fais une « chose comme ça, je ne vais pas avec toi à Marseille d'abord, je « te renonce!...

« — Mets-toi à ma place, » répliqua Marius, « la petite est brave ; « je lui ai dit que je la menais, je la mène, je la mets en chambre « et personne me la prend !

« — Que le diable te devine ! » s'écria Louiset exaspéré ; « per- « sonne te la prendra ! je le crois bien, elle ferait peur aux autres !

« — Ah ! bien oui, peur ! Quand les négociants et les armateurs « la verront, ils la voudront tous ! » dit Marius avec une certaine fatuité ; « puis maintenant, j'ai promis de la mener, il n'y a rien « à faire !...

« — Oh ! une idée, » s'écria Louiset en se frappant le front. « Tu « vois bien ce Ponantais ; nous pouvons parler devant lui comme « devant un mur, puisqu'il ne nous comprend pas. Je vais à la cale « faire de l'eau ; nous tenons tout prêt pour lever l'ancre cette « nuit. Ce soir, à onze heures, nous venons ici, nous disons que « le Ponantais est l'amant de la petite, qu'on nous a tout dit ; nous « flanquons une danse à papa, nous flanquons une danse à maman, « nous flanquons une danse à la petite ; tout le tremblement ! Nous « levons le pied ; qui t'a vu ? Personne et adieu ! Hein ? hein ?

« — Elle est pas mauvaise, ton idée ! » dit Marius en se grattant l'oreille ; « mais chutus motus.... »

« Et d'un pied plus léger il fut lutiner Neiza en lui disant les plus belles choses du monde. Mais au milieu d'une phrase amoureuse il s'interrompit, et s'écria :

« Et ton cousin, Neiza ?

« — Il sera ici ce soir, » répondit-elle.

« Alors, avec la mobilité particulière aux Méridionaux, il se tourna vers son ami, et reprit :

« En voilà un à qui j'ai flanqué une *rouste* soignée, mon bon ! Il « était à bord, on n'en pouvait pas plus jouir que d'un singe, il cas- « sait tout et il ne faisait rien. Moi je soufflais pas mot, mais dans « un moment je l'empoigne par la peau du cou : ils n'ont pas de « cheveux ces Turcs ; je prends une garcette, ils sont pas difficiles « à déculotter les enfants de ce pays, et je lui en administre cin- « quante coups que son derrière en fumait. Depuis lors, il peut « plus me souffrir, ce morveux !..... »

« Les Provençaux passèrent encore un certain temps à causer, à faire sauter le père, à faire danser la mère, à embrasser Neiza, puis ils partirent.

« Cette conversation m'expliqua comment il se faisait que la belle sût si bien ce que c'était que le froid, pourquoi elle avait demandé un délai pour me donner une réponse, et la raison qui avait déterminé le jeune Malais à me pousser en quelque sorte chez ses parents.

« Je ne révélai pas à cette intéressante famille la conspiration que j'avais découverte, et je me disposais à me retirer, lorsque la mère vint vers moi et me dit :

« Seigneur, daignez vous souvenir que nous avons encore une « fille et qu'elle pourrait tout aussi bien vous convenir que celle « qui s'en va!

« — J'y songerai, » répondis-je.

« Et je repartis, non sans avoir ironiquement souhaité à Neiza un bon voyage.

« Cependant, la conspiration que les marins marseillais avaient ourdie devant moi eut un plein succès! Et six mois après je rencontrai Neiza accrochée au bras du plus sale matelot qui jamais ait monté une lorcha portugaise; mais il portait des bagues, des bracelets et des pendants d'oreilles d'argent! Et voilà comment il se fait, mon cher collègue, qu'il n'y a pas d'Ève malaise dans cet Éden. »

Cette charmante histoire de l'excellent docteur me réjouit fort, et, je l'avoue, elle eut depuis lors sur moi une influence décisive. Je ne vis plus guère dès ce moment dans les princesses de ces contrées que d'humbles esclaves dignes tout au plus de distraire quelques instants les hommes de race supérieure. D'ailleurs, une aventure plus sérieuse me montra plus tard les inconvénients que de pareilles mésalliances ont pour les Européens.

Poulo-Pinang n'est pas seulement un lieu de plaisance pour les négociants, les fonctionnaires et les nobles Indiens; c'est une ville savante, un centre de propagation intellectuelle. Grâce à la liberté civile et religieuse dont on jouit dans ce pays, les diverses croyances, en dehors de l'appui du gouvernement, ont fondé des établissements d'une très-grande importance. Le plus florissant est le collége de Pulo-Ticoux, qui appartient aux missionnaires français et ne compte pas moins de deux cents élèves chinois, siamois et cochinchinois; la même congrégation a fondé en outre une maison pour les jeunes orphelines indigènes, et une école primaire fréquentée par plus de deux cents enfants portugais et malais. La propagande protestante a également à Pinang un collége anglo-chinois qui, chaque année, fait de nombreuses publications. En outre, la philanthropie britannique a fait plusieurs fondations qui l'honorent : au moyen de simples souscriptions, elle a créé une maison de refuge pour les vieux Chinois, une maison d'aliénés pour les indigènes, et un hôpital ; et Pinang ne compte pas plus de douze cents Européens ! Mais, sur cette terre libre, tous les bons sentiments, tous les bons instincts de l'âme humaine se développent ; c'est entre les diverses communions chrétiennes une lutte de belles actions et de nobles aspirations !

X.

Manille.

Après une traversée de dix jours, *la Sirène* jeta l'ancre, vers le soir, dans la baie de Manille. Le temps était calme et légèrement brumeux; nous passâmes la nuit à bord, une nuit sans étoiles et sans clair de lune, et ce ne fut qu'au lever du jour que nous aperçûmes enfin les splendides rivages de la colonie espagnole. Aucune description ne saurait rendre la magnificence du paysage que l'on découvre, lorsque, après avoir franchi la passe et laissé en arrière l'îlot du Corrégidor, on vogue sur cette vaste nappe bleue, bordée presque circulairement par une chaîne de petites collines verdoyantes et à l'extrémité de laquelle s'élève la capitale des Philippines : rien dans le reste du monde n'est comparable à ce tableau, si ce n'est la rade immense de Rio-Janeiro.

Dès huit heures du matin l'ambassadeur et sa famille, ainsi que tout le personnel de la légation, prirent place dans les embarcations de *la Sirène*, qui resta en rade à une lieue de la côte environ. La légère flottille gagna l'embouchure du Pasig, sur les rives duquel la ville est bâtie, et remonta le fleuve jusqu'au pont de pierre qui relie la ville militaire et murée avec le magnifique faubourg du

Binoudo. Le gouverneur était au débarcadère pour recevoir notre ambassadeur, et les principaux fonctionnaires de la colonie s'étaient associés à cette courtoisie. Après les compliments et les présentations, l'ambassadeur monta avec sa suite dans les voitures du gouverneur pour se rendre à l'habitation qu'il devait occuper pendant son séjour à Manille. Nous traversâmes au petit pas et escortés par une double haie de cavaliers la foule qui se pressait sur les quais et dans les rues adjacentes; j'observais curieusement cette multitude : tous les visages étaient plus ou moins jaunâtres; point de noirs; point de blancs non plus; on voyait au premier coup d'œil que ce n'était pas la race saxonne qui régnait sur cette terre; le Tagal pur sang, le Chinois aux yeux obliques et toutes les variétés de métis indo-espagnols promenaient seuls leur face safranée dans les quartiers populeux que nous parcourions.

La maison que le gouverneur général avait mise à la disposition de l'ambassadeur était située dans une des belles rues du faubourg de Binoudo, le quartier élégant et vivant, la Chaussée-d'Antin de Manille. C'était un grand édifice, bien aéré, autour duquel régnait une spacieuse varanda. Grâce à des courants d'air habilement ménagés, on y jouissait d'une certaine fraîcheur, même à l'heure de la sieste, et l'on n'y était pas trop molesté par ces vampires en miniature qu'on appelle des moustiques.

Le même jour, il y eut un dîner officiel au palais du gouvernement. Tout s'y passa absolument comme dans un grand dîner français; seulement nous étions servis par des Tagals en livrée, et au dessert tous les fruits des tropiques figuraient à la place de nos fruits d'Europe. Jamais bouquet de fleurs ne répandit des parfums plus suaves que ces pyramides d'ananas, de mangues et de pamplemousses.

Aussitôt après le dîner, on alla se promener sur la Calzada; déjà le jour tombait; mais le ciel était d'une sérénité admirable et les étoiles répandaient un crépuscule plus clair et plus durable que celui qui succède au coucher du soleil dans nos climats tempérés. La Calzada est la promenade aristocratique de Manille; on n'y va qu'en voiture; on n'y met jamais pied à terre et les femmes ne s'y montrent qu'en grande toilette. Ce terrain privilégié est une plage sablonneuse à laquelle on arrive par une large chaussée qui borde le Pasig; on n'y trouve ni verdure ni ombrage, mais la brise de mer y répand constamment une délicieuse fraîcheur; le corps énervé se ranime sous l'influence de ce vif courant d'air chargé d'effluves salins, et l'on éprouve un bien-être indicible dès qu'on le respire. Le soir, toute la société de Manille se rencontre là : les femmes en robe blanche avec des fleurs dans les cheveux, avec des perles, des bijoux, des pierreries sur leurs beaux bras nus; les hommes en frac noir et en gants jaunes; on dirait que tout ce beau monde se promène là en attendant d'aller au bal. Les voitures vont au pas lentement ou forment de petits groupes; on se salue, on cause, on se rapproche, on s'évite absolument comme dans un salon; puis vers onze heures la file se reforme et on roule vers la ville, dont les rues sont encore remplies de mouvement et de bruit.

Ce peuple de Manille a une certaine activité nocturne qui s'explique fort bien par l'usage qu'il a de faire la sieste; les heures qu'il passe au milieu du jour endormi sur une natte, il les rattrape le soir, et, soulagé de la chaleur qui ajoute à son indolence naturelle, il court faire ses affaires aux flambeaux. Deux ou trois jours après mon arrivée, je m'arrêtai, bien après la tombée de la nuit, à l'un des carrefours de San Nicolas, où il y avait foule; tous ces gens-là venaient au marché; de nombreux détaillants étalaient leurs denrées et tâchaient d'attirer les acheteurs par les propos les plus engageants. L'heure du souper approchait; les comestibles étaient appétissants, et l'on entendait de tous côtés les marchands qui criaient d'une voix éclatante en désignant des corbeilles remplies de poissons encore frétillants, des monceaux de fruits et de légumes d'un velouté, d'une verdure incomparables. Comme tous ces braves gens criaient leurs produits en langue tagale, je ne comprenais que leur pantomime animée, laquelle me parut fort réjouissante. Le Chinois gourmand flairait la marchandise et choisissait avec précaution; le Tagal insouciant et sobre achetait au hasard, et s'en allait en babillant son cigare à la bouche : les Tagals, comme les Espagnols, ont le talent de parler leur tabac entre les dents. Cette scène était éclairée par des torches de résine qui répandaient dans l'atmosphère une odeur exquise, analogue à celle du benjoin.

Le jour suivant, comme je m'en allais à l'aventure à travers les rues du faubourg, je rencontrai une singulière cavalcade : en tête chevauchaient une demi-douzaine d'alguazils, reconnaissables à leur manteau noir et à la baguette blanche qu'ils tenaient à la main; après eux venait un pauvre diable, nu jusqu'à la ceinture, sans couvre-chef ni chaussure à ses pieds, et n'ayant pour tout vêtement qu'un vieux pantalon de toile. Il avait les mains liées et la bride en corde de son cheval passée autour du cou. Derrière ce triste personnage, il y avait deux hommes vêtus de rouge : l'un vieux et cassé, l'autre tout jeune encore. Tous deux étaient munis d'une espèce de fouet à double lanière et cinglaient en mesure le dos du pauvre diable, depuis la nuque jusqu'au bas des reins. Je remarquai qu'ils se partageaient équitablement la besogne, chacun levant le bras à son tour et à intervalles égaux. Le vieux remplissait sa tâche assez mollement; mais le jeune y allait avec toute la ferveur d'un novice et sillonnait de raies sanglantes les épaules du patient, lequel marmottait des prières entremêlées de cris, de soupirs et de malédictions. La foule suivait ce groupe avec des huées d'approbation et de satisfaction. Je demandai quel crime avait commis ce malheureux. « C'est un voleur! me répondit tranquillement un honnête marchand assis au seuil de sa boutique; sa sentence porte qu'il recevra cent coups de fouet de la main du bourreau, en se promenant dans les rues, pour l'exemple. » Je me rappelai alors avoir vu dans les *Novela* de Cervantes l'histoire d'un larron promené et publiquement flagellé par le bourreau dans les rues de Séville, d'où je conjecturai que ce que je venais de voir était la représentation exacte des exécutions judiciaires à la fin du XVIe siècle.

Notre séjour à Manille fut si court que j'eus à peine le temps de jeter un coup d'œil sur cette admirable contrée; j'allais au hasard, me contentant de voir ce qui se trouvait sur mon passage et me préparant, en quelque sorte, aux explorations que j'espérais faire plus tard. Cet espoir s'est réalisé; je suis revenu à Manille, j'ai visité les plus belles provinces de ce beau pays et écrit ce que j'ai vu dans cette colonie, le plus magnifique joyau de la couronne d'Espagne; car l'ennemi ne la menace ni au dedans ni au dehors : l'esclavage n'y existe pas et elle n'a pas, comme Cuba, la race envahissante des Anglo-Américains à ses portes.

Après une relâche de dix jours, nous reprîmes la mer et nous jetâmes l'ancre dans la rade de Macao, le 13 août 1844; huit mois après notre départ de Brest : enfin nous avions atteint le terme de notre voyage! Manille fut notre dernière étape; et j'ai consigné dans *la Chine contemporaine* les observations que j'ai faites pendant plus d'un an de séjour dans l'empire du milieu.

Le présent volume, itinéraire complet de notre longue navigation, devrait naturellement s'arrêter ici; mais j'ai cru devoir l'augmenter de l'épisode le plus intéressant et le plus douloureux de notre expédition. La place importante que prennent dans mes récits les pays malais m'a décidé à cette addition; j'ai voulu, en quelque sorte, épuiser mon sujet en consignant dans les pages suivantes ce qu'il me restait à dire sur les populations de l'archipel indien. Les faits que je vais raconter se sont passés en mars 1845, lorsque la mission, après avoir momentanément quitté Macao, se disposait à visiter les possessions hollandaises de l'Inde, voyage de quelques milliers de lieues que nous effectuâmes en attendant que l'attaché d'ambassade, chargé de porter en France le traité conclu entre M. de Lagrené et le vice-roi Ki-ing, eût rapporté en Chine cette pièce diplomatique, revêtue de la signature de S. M. le roi Louis-Philippe.

XI.

Basilan.

Voici le récit succinct d'une horrible tragédie qui ne s'est pas dénouée devant la cour d'assises, et que les dramaturges de la *Gazette des tribunaux* n'ont pas mise en scène.

En se rendant en Chine, M. de Lagrené avait reçu la mission spéciale de S. M. Louis-Philippe de rechercher au milieu de l'archipel malais une de ces oasis parfumées que baigne la mer tiède des Indes pour y fonder un établissement. Le vieux roi voulait que la France possédât sa petite île aux épices; il voulait qu'elle eût une perle de ce magnifique écrin de l'Océan, dont l'Angleterre, la Hollande et l'Espagne gardent les plus beaux joyaux. Pour remplir les intentions de son souverain, l'honorable chef de la mission de Chine expédia, dès son arrivée dans ces parages lointains, une corvette dans l'archipel de Holo, afin de choisir parmi ces terres sans possesseurs européens un sol que l'on pût occuper au nom de la France.

Le marin chargé de cette mission s'arrêta devant l'île de Basilan, et, sous prétexte de faire l'hydrographie de ses côtes, il commença à étudier un point sur lequel devait flotter plus tard le drapeau de notre pays. M. le commandant Guérin dirigeait cette reconnaissance avec une rare sagacité et une prudence excessive; il consigna à bord les officiers et les matelots; les ingénieurs eurent ordre d'exécuter leurs travaux avec circonspection, et il entra en relations avec les naturels par l'intermédiaire d'un agent colonial, M. Mattat, que le commandant de nos forces navales dans les mers de l'Indo-Chine lui avait donné à titre d'interprète, ainsi qu'il l'avait reçu lui-même du ministre de la marine.

La mission de M. Guérin touchait à son terme, lorsqu'un enseigne de grande espérance le pria instamment de lui permettre d'explorer les bords d'une rivière qui fournissait de l'eau à l'équipage. Le commandant eut quelque peine à accéder à cette demande; il ne se rendit aux prières du jeune officier que sous la condition expresse que l'embarcation ne toucherait pas terre, qu'elle ne perdrait pas de vue la corvette, et qu'elle rallierait le bord au premier signal.

Ayant accepté les termes de ce programme, l'enseigne partit, accompagné du patron du canot, de deux mousses, et d'un jeune Hollandais qui servait d'interprète à l'interprète parisien *garanti par le gouvernement*. La petite embarcation était gouvernée par le patron, les deux mousses ramaient, et l'officier et le jeune Hollandais, assis en face l'un de l'autre, exploraient le rivage du regard. Chacun de ces hommes avait un fusil; mais il l'avaient négligemment déposé sous les bancs du bateau, convaincus qu'on ne devait pas avoir occasion d'en faire usage : celui de l'enseigne était même renfermé dans un fourreau. Lorsque l'on arriva à l'entrée de la rivière, on découvrit un groupe d'indigènes qui s'approcha curieusement de la rive, en protestant de ses intentions pacifiques et bienveillantes.

Le jeune officier fit aborder; aussitôt une dizaine de Malais se précipitèrent vers le canot en disant qu'ils voulaient accompagner les explorateurs dans leurs excursions. Nos compatriotes les repoussèrent; mais, sur leurs pressantes prières, le jeune officier en reçut deux dans sa petite embarcation, qui lui parurent être les chefs de cette bande. Ces deux hommes étaient des Malais de pure race, petits, nerveux, jaunes, l'œil noir et mobile comme celui d'une hyène ou d'un chacal; ils portaient un kriss au côté, non pas un kriss de Malacca à lame mince et étroite, mais un de ces bons kriss auprès desquels nos briquets sont des jouets d'enfants. Leur maintien avait quelque chose de cette noblesse et de cette assurance que donne chez toutes les races l'habitude du commandement; l'un était jeune, l'autre portait une moustache grisonnante et pouvait bien avoir cinquante ans. Voici le dialogue qui s'établit entre le vieux Malais et le jeune officier par l'intermédiaire du jeune Hollandais :

« Es-tu le chef de cette île?

— Ce jeune homme est son gendre, répondit-il astucieusement en désignant son compagnon.

— Y a-t-il beaucoup de guerriers dans ce pays?

— Beaucoup; mais tous n'ont pas des armes pour combattre; les Européens seuls ont autant d'armes qu'ils en veulent.

— Ton compagnon et toi avez pourtant de beaux kriss à la ceinture.

— Ils ne sont pas aussi beaux que ton campilan, dit-il en frappant sur le sabre de l'officier.

— J'ai un fusil qui est bien plus beau que mon campilan; veux-tu le voir?

— Oui, montre-le-moi. »

L'enseigne retira son fusil du fourreau, il en fit jouer les batteries et le présenta au Malais.

« Donne-moi ton fusil! s'écria celui-ci quand il eut examiné l'arme précieuse.

— Non, répondit l'officier, on ne donne pas ainsi un fusil aussi beau.

— Donne-moi ton fusil, répéta le Malais, et je ferai tout ce que tu voudras.

— Tu es fou, je crois, dit l'officier en haussant les épaules.

— Donne-moi ton fusil! » s'écria une troisième fois le sauvage avec un accent indicible de prière.

Pour toute réponse, le jeune enseigne prit l'arme et la remit dans le fourreau. Pendant ce colloque, l'embarcation s'était engagée dans les sinuosités de la rivière, dont les bords ombragés par une végétation formidable se resserraient de plus en plus. Le patron, impressionné par l'accent de convoitise sauvage que le Malais avait mis dans sa demande, dit à l'officier :

« Commandant, nous n'apercevons plus la corvette; jugez-vous qu'il soit prudent de s'aventurer plus avant?

— Qu'avons-nous à craindre de ces deux hommes? répondit-il; nous sommes cinq contre eux.... Continuons. »

Comme il prononçait ces paroles, le canot reçoit une secousse violente; le vieux Malais enfonce son kriss dans la poitrine du jeune homme, son compagnon fend la tête du patron, et les deux Français meurent sans pousser un cri. A cette vue, les trois enfants veulent saisir leurs fusils; mais le gendre du rajah, les jambes écartées, les tenait sous ses pieds : c'était en s'emparant ainsi de ces armes qu'il avait imprimé au canot la brusque secousse qui avait été le signal du double assassinat. Cette scène affreuse s'accomplit avec la rapidité de l'éclair; les enfants, voyant que toute résistance était inutile, se jetèrent à l'eau et gagnèrent la rive; mais les Malais les poursuivirent et les emmenèrent prisonners dans leur village.

Le commandant connut bientôt les détails de ce drame terrible. Plusieurs chefs de l'île lui apprirent que le meurtrier du jeune officier était un nommé Youssouf, roi de l'une des nombreuses nations qui se partagent Basilan. Tous ces petits rois de l'océan malais savent leur Machiavel d'instinct; ils saisirent cette circonstance pour susciter à l'un de leurs rivaux un ennemi assez redoutable pour anéantir sa puissance. Muni de ces détails, M. Guérin fit voile pour Mindanao, afin de traiter d'abord avec Youssouf du rachat de l'interprète hollandais et des deux mousses, se réservant de régler plus tard un autre compte avec le monarque assassin et voleur. Cette négociation se fit par l'intermédiaire des métis espagnols de Sambaonga, qui sont en relations suivies avec ces détrousseurs des mers, et moyennant trois mille piastres on restitua les trois captifs.

Aux yeux des Malais, le sultan de Holo est le roi légitime de Basilan et de ses dépendances. M Guérin, dans l'intention de connaître les prétentions de ce prince sur cette île, résolut d'aller lui demander compte dans sa capitale de la mort de nos compatriotes. A cet effet, il rallia la corvette *la Victorieuse*, qui naviguait dans ces mers, et fit voile pour Holo. A la première sommation que lui fit le commandant français, le sultan malais se rendit à bord de *la Sabine*, et déclara que ses sujets de Basilan s'étaient depuis fort longtemps affranchis de sa suzeraineté, qu'il n'avait aucun moyen de réduire les rebelles, et qu'il verrait avec une très-vive satisfaction une nation amie se charger de ce soin, et les châtier rudement. Ayant pris acte de cette déclaration, *la Sabine* et *la Victorieuse* revinrent à Basilan.

Le lendemain, à leur arrivée, les embarcations des deux corvettes remontèrent la rivière qui traverse le royaume d'Youssouf, et une action s'engagea entre nos troupes et celles de ce chef. L'armée malaise se composait d'une centaine de combattants, dont vingt environ furent tués, et Youssouf lui-même eut le poignet emporté par notre mitraille. Mais, malgré cet échec, ces hommes intrépides conservèrent vis-à-vis de nous leur attitude hostile et ne nous firent aucune proposition de paix.

Lorsque ces nouvelles arrivèrent à M. de Lagrené, il avait quitté *la Sirène* pour s'embarquer à bord de *la Cléopatre*, que commandait le contre-amiral Cécille. L'expédition se disposait à visiter Java, Sumatra et les îles de la Sonde; on renvoya à un autre temps l'exécution de ces projets et on résolut de se rendre à Basilan. Dans la prévision d'une nouvelle attaque contre les Malais, M. l'amiral Cécille relâcha à Manille pour faire quelques préparatifs et quelques approvisionnements de guerre. Ces soins terminés, on se dirigea sur le principal foyer de la piraterie malaise, sur cet archipel de Holo, qui est pour ces parages lointains ce qu'étaient jadis pour l'Espagne, l'Italie et la Provence, les repaires de Tunis, du Maroc et d'Alger.

Un bon vent nous fit gagner en trois jours les côtes de Basilan. Nous vîmes en passant les îles de Mindoro, et le petit continent de Mindanao, qui a plus de trois cents lieues de superficie, et sur lequel l'Espagne possède l'établissement de Sambaonga. *La Cléopatre* jeta l'ancre devant la petite île de Malamawi, située au nord-ouest de Basilan.

Elle n'était que depuis quelques instants au mouillage, lorsque M. Guérin vint rendre compte à l'amiral de sa mission. Les chefs de l'expédition ne voulurent pas tenter immédiatement une nouvelle attaque contre les habitants de l'île : ils préférèrent attendre le résultat des négociations commencées avec les chefs indigènes ennemis d'Youssouf; et, pour mettre le temps à profit, on résolut d'explorer les alentours de l'île à l'aide du bateau à vapeur *l'Archimède*, qui avait accompagné *la Cléopatre*.

Basilan est, depuis le sommet de rares montagnes qui la couronnent jusqu'à la mer, je pourrais dire jusque dans la mer, couverte d'arbres touffus; les eaux qui baignent leur pied sont limpides comme une goutte de rosée, et la vue aperçoit, à travers le voile azuré qui couvre le fond des mers, les merveilles de ce monde sous-marin, dont la puissance et l'immensité étonnent le philosophe et l'observateur qui osent en aborder l'étude. Nous, enfants de la vieille Europe, de cette civilisation laborieuse qui a tourmenté en tout sens le sol qu'elle occupe pour obtenir une somme de produits en rapport avec ses pressants besoins, nous sommes heureux de nous retrouver en présence d'une nature primitive, sur laquelle la main de l'homme n'a tenté que de faibles essais, et où la puissance reproductrice de la terre s'exerce sans modification et sans entraves. Mais, avant de faire partager à mes lecteurs les impressions que j'ai éprouvées, je dois leur faire connaître la position de l'île que nous venons d'aborder.

Basilan est située dans cette partie de la Malaisie qui constitue l'archipel de Holo, par le 6e degré de latitude nord et au nord-est de Mindanao. Son étendue est d'environ vingt-cinq à trente lieues de superficie; elle est à peu près égale à celle de notre colonie de Bourbon, à qui elle ne le cède certainement pas en fécondité. L'île est traversée dans son milieu par une arête montueuse qui court de l'ouest à l'est et qui présente des pics assez élevés. D'autres accidents de terrain de moins d'importance se montrent également à sa surface, et constituent de petites collines sphériques complétement boisées. Tous les bords de la côte sont découpés en festons par des criques nombreuses, dont quelques-unes donnent passage à des cours d'eau qui descendent des parties supérieures de l'île et se mêlent à l'eau de mer pour inonder les basses terres.

L'aspect de Basilan est celui d'une corbeille de verdure dont les branches entrelacées déroberaient complétement aux yeux l'objet sur lequel elle repose. Ici on n'aperçoit ni crêtes sourcilleuses ni pics décharnés ; les sommets coniques des montagnes, dus probablement à d'anciens cratères de soulèvement, nourrissent de magnifiques essences végétales, et la partie inférieure du sol est entièrement couverte d'arbres qui portent toute l'année des fruits et des fleurs. On ne connaissait jusqu'à présent d'autre point de relâche à Basilan que la rade de Maloso, située au sud-ouest de l'île, rade peu sûre, mais qui valait en définitive celles de Sambaonga, de Manille et de Soulou. Nos marins, dans leurs explorations, y ont découvert un port d'une grande beauté.

Ce port est abrité contre les moussons qui soufflent régulièrement dans ces parages; la pointe orientale le protége contre les vents du sud-est, et la petite île de Malamawi le garantit de la mousson contraire. Il n'est pas étonnant que les voyageurs qui ont de loin en loin visité Basilan n'aient point découvert cette magnifique baie, dont l'île de Malamawi, semblable à un môle immense, cache et défend les abords. Ils ont dû croire que c'était une crique capable seulement de recevoir des proas malaises et des embarcations tirant très-peu d'eau, et certainement aucun grand bâtiment n'a jamais dû s'aventurer dans ce passage étroit dont on ignorait l'issue. C'est donc une découverte d'une réelle importance que celle que nos marins ont faite, dans ces parages, d'un port qui peut recevoir plus de deux cents navires de tous les tonnages, qui a deux entrées d'un accès facile, dans les eaux profondes duquel peuvent mouiller les plus grands vaisseaux, la sonde donnant cinq brasses à toucher terre, et dont les bords semblent déjà disposés pour recevoir des quais et des débarcadères.

Mais, en dehors de ces avantages qui sont tout aux yeux des marins, de ces hommes complétement spéciaux, il en est d'autres que présente cette localité, et qui, pour n'être pas aussi matériellement appréciables, ne sont pas moins réels; je veux parler de la beauté ravissante d'un site qui réalise tout ce que l'art le plus idéalisé peut peindre, lorsqu'il veut représenter un de ces Élysées qui sont la fin de toutes les croyances religieuses des peuples, où l'homme jouit d'ombrages toujours verts, d'une température toujours égale, d'un silence et d'un calme que comporte seule la béatitude des élus. Jamais les belles eaux de ce grand bassin ne sont tourmentées par des vents tumultueux; à peine de légères brises de terre sillonnent-elles sa surface, et, après ce mouvement passager, le miroir reprend sa transparence et son immobilité. Deux ou trois petites îles, encore sans nom, sont situées dans son enceinte; ce sont de charmants bouquets de fleurs soutenus sur un piédestal de corail. Elles nous montrent comment un jour de petits êtres, dont nous soupçonnons à peine l'existence, transformeront en continents des archipels morcelés, formés d'îles sans nombre, lorsque nos continents ne seront peut-être plus eux-mêmes que des archipels fractionnés. Mais en attendant ce temps fort éloigné, j'espère, le port de Malamawi peut recevoir dans ses grandes eaux des bâtiments de toutes les nations, voir s'écrouler et se refaire la fortune des empires et bercer sur ses vagues bien des générations humaines.

Nous avons traversé bien souvent le port de Malamawi, et jamais sans éprouver une admiration mêlée de ravissement. Le silence des grandes forêts qui l'entourent n'était troublé que par le tendre roucoulement des pigeons qui habitent la cime de ces arbres séculaires; par le caquetage des perroquets verts, jaunes, rouges et blancs, et par les cris des singes qui en sont les véritables possesseurs. Par intervalles, des martins-pêcheurs vert d'émeraude effleuraient l'eau à travers nos rames, et des souimangas se balançaient sur les branches flexibles des palétuviers en nous regardant de la rive. Si on détournait les yeux de la terre pour les porter au fond des mers, le spectacle dont on jouissait n'était pas moins attrayant : partout où l'œil pouvait atteindre, on apercevait de grandes caryophyllées étendant leurs rameaux pétrifiés surmontés de petites fleurs bleues, rouges et blanches; des astrées et des méandrites mamelonnées recouvertes d'une mousse verte qui s'agitait lentement; de petits poissons de toutes les couleurs, aux formes bizarres, se jouant autour de ces roches vivantes; des actinies épanouies comme des renoncules, puis des oursins noirs aux pointes longues et acérées, des spondyles, des marteaux fixés sur des polypiers, des cônes et des cyprées stationnant sur ce fond de corail.

Lorsque la nuit nous surprenait dans cette anse féerique, le ciel, la terre et la mer s'illuminaient à la fois; chaque feuille d'arbre ressemblait à une aigrette de diamant, chaque coup de rame faisait jaillir une gerbe de feu liquide! Et c'étaient les animaux les plus infimes de la création, quelques elatères, quelques mollusques hydrostatiques, des béroés, des pyrosomes et leurs congénères microscopiques qui allumaient ce paisible incendie que l'or du plus puissant monarque de l'Occident ne saurait improviser, et qui se reproduit tous les soirs pour les Malais attardés qui traversent ces eaux paisibles sur leurs proas.

Après avoir parcouru les forêts vierges du Brésil, je croyais que la nature primitive n'avait plus rien à me révéler, que j'avais éprouvé toutes les impressions que font naître ces solitudes profondes, le silence et l'obscurité des lianes et des arbres entrelacés; mais il me restait à voir une nature vraiment sauvage.

Au Brésil, on voit trop que la race européenne a pris possession de ce pays; les pas de l'homme sont partout empreints sur le sol; les oiseaux et les autres animaux flairent et redoutent son approche : ici point de sentiers ouverts, et, lorsque les herbes inclinées vous apprennent qu'un être vivant a passé quelque part, on ne peut reconnaître si l'empreinte des pas est celle d'un cerf voyageur ou d'un Malais embusqué non loin de vous. Les oiseaux ignorent les agressions de l'homme, et, si l'un d'eux tombe frappé de notre plomb meurtrier, ceux qui l'entourent continuent leur chant; car tous sont enfants de générations innombrables qui se sont développées sans entraves et sans que rien ait jamais troublé leur sécurité.

Chacun de nous désirait vivement mettre pied à terre; mais le drame qui s'était accompli naguère nous obligeait à une grande circonspection. Cependant, comme il était probable que la force qui nous entourait imposait aux Malais, qui devaient bien penser que la plus petite peccadille serait énergiquement punie, nous commençâmes quelques excursions dans des canots bien armés, et en assez grand nombre pour opposer dans tous les cas une vigoureuse résistance.

Notre première promenade eut pour but la rivière de Gunambarang, qui débouche dans la mer sur la côte est de Basilan, et qui est située à trois milles environ de notre mouillage de Malamawi. Les bords de cette rivière sont, comme ceux de la mer, ombragés par des palétuviers et des mangliers énormes, dont les fruits allongés, balancés par les vents, pendent au-dessus des eaux et ressemblent aux dards acérés que les Malais lancent avec leurs sarbacanes.

Le remous de la mer se fait sentir à plus de cent mètres audessus de son embouchure, ce qui rend l'eau saumâtre jusqu'à cette distance. Cinquante mètres plus haut il existe une espèce de barre qui forme cascade; c'est la limite la plus éloignée que les petites embarcations puissent atteindre, et c'est là seulement qu'on peut faire de l'eau pour l'avoir excessivement pure. Prise dans ce lieu, elle ne contient que quelques sels qu'on rencontre dans presque toutes les eaux, comme il résulte d'une analyse qualitative que j'ai faite à bord de *la Cléopatre*. Nous descendîmes sur les bords de la rivière; mais il était bien difficile de pénétrer à travers les blocs de basalte et les racines d'arbres qui jonchaient le sol et rendaient toute progression difficile, sinon impossible.

En persistant dans nos efforts, nous gravîmes cependant une petite éminence, et nous pûmes reconnaître les essences végétales qui l'entouraient : c'étaient des aréquiers, des cocotiers, des arbres à pain, diverses espèces de palmiers, des muscadiers, des mangoustaniers et des tecks séculaires, qui semblaient étendre leurs rameaux protecteurs sur leurs frères plus faibles groupés autour d'eux. Comme on le voit, le sol de Basilan est une de ces terres promises sur lesquelles l'homme peut, en naissant, trouver spontanément tout ce qui doit assurer son existence; et pourtant les habitants de cette île privilégiée, non contents de s'aventurer sur leurs proas pour aller rançonner les produits d'une civilisation qui a fait, il faut en convenir, bien d'autres emprunts à leurs frères des autres îles de la Malaisie, sont toujours en guerre entre eux et ne sauraient vivre un seul instant en paix et dans une sécurité réelle! La distance qui nous séparait des bords de la rivière n'était pas très-grande; nous n'en sentîmes pas moins la nécessité de revenir sur nos pas, tant il nous avait fallu vaincre d'obstacles pour parvenir là où nous étions. A notre retour, nous trouvâmes nos canotiers, les uns pêchant des coquilles fluviatiles et dépeçant de grands palmiers pour retirer la partie comestible du stipe, tandis que d'autres rapportaient les fruits sauvages du papayer, celui d'un pandanus qu'ils surnommaient déjà, à cause de ses écailles charnues, l'artichaut de Basilan; enfin chacun avait recueilli tout ce qui lui avait paru curieux ou d'une apparence quelque peu savoureuse.

En descendant la rivière, nous rencontrâmes des myriades de singes qui se promenaient paisiblement au-dessus des arbres, et que notre approche n'émut nullement. Ils nous prirent probablement pour quelques-uns de leurs frères, d'un autre pelage qu'eux, avec lesquels ils sont en paix, tant il y avait d'indifférence et peu d'étonnement dans leurs regards. Mais, soit confiance, soit dédain, le sentiment qui dicta leur conduite leur devint funeste, car plusieurs d'entre eux le payèrent de leur vie.

Pendant tout le temps de notre séjour, nous fîmes quotidiennement des excursions dans l'île, et toujours avec le même succès. Parfois nous rencontrions des proas malaises montées par deux ou trois hommes qui ne témoignaient nullement le désir de faire notre connaissance; mais, partout où nous nous arrêtions, nous admirions le même luxe de végétation, la même variété dans les espèces animales. La petite île de Malamawi, par exemple, est un parc au milieu des mers, où vivent des cerfs, des sangliers, des perdrix, des coqs et des oiseaux de toute espèce.

Il est difficile de se figurer l'élégance, la grâce et surtout l'éclatant plumage du coq sauvage; ses descendants ont bien conservé dans nos basses-cours quelques-uns des agréments personnels dont sont parés leurs pères, ces fils indépendants des forêts de la Malaisie; mais ils leur ressemblent comme le roi efféminé, issu d'une race guerrière, ressemble à ses aïeux! Les traits caractéristiques de cet oiseau vivant à l'état sauvage sont un courage indomptable et irréfléchi; il lutte contre les forces les plus désespérantes; entouré, en liberté, comme il l'est en esclavage par nos soins, d'un sérail qu'il a conquis cette fois par ses *charmes vainqueurs* et la force de son bec, il ne permet à personne de venir contempler la beauté de son harem; c'est à peine, époux exigeant et passionné, s'il laisse quelques-unes de ses femmes lui dérober quelques instants pour les consacrer à leurs enfants. Je n'ai jamais vu dans les fourrés de Basilan ce singulier oiseau, sa crête pendante sur un des côtés de la tête, roulant avec prétention son œil provocateur et peu intelligent, relevant avec fatuité ses éperons aigus, se dressant sur ses pieds pour faire admirer l'élégance de son vêtement éclatant, tandis que chacune de ses esclaves l'admirait avec complaisance, sans songer aux intrépides enfants de Mars de nos garnisons. Toutefois, malgré leur pétulance, leur courage, leurs prétentions et leur beauté, plusieurs de ces messieurs furent, après leur mort, vulgairement embrochés par un horrible marmiton. Mais il faut ajouter, pour être juste, qu'alors même ils opposèrent encore une vigoureuse résistance aux efforts des mâchoires d'acier qui s'exercèrent contre eux de toute la force de leurs dents.

Il est un autre oiseau qui attira aussi notre attention : c'est le calao, qui porte un casque sur la tête, et dont l'énorme bec constitue, pour ce volatile, une véritable incommodité; car, lorsqu'il a saisi sa proie, il est obligé de la rejeter au-dessus de lui pour la recevoir dans l'isthme du gosier, afin de l'avaler avec facilité. Le calao est très-recherché dans les Philippines à cause de son bec, dont les Chinois font des coulants pour de jolis sachets dans lesquels ils renferment du tabac ou la petite monnaie dont ils se servent habituellement. Mais tous les animaux qui peuplent Basilan ne sont pas aussi inoffensifs que ceux dont nous venons de parler. La plupart des cours d'eau renferment d'énormes crocodiles qui, malgré les assertions contraires, descendent jusque dans la mer, où ils livrent de puissants combats aux grands poissons et aux autres animaux qui s'aventurent sur ses bords. Plusieurs d'entre eux ont été attaqués sur l'île de Lanpinig'han par nos intrépides chasseurs, qui n'en ont pas eu raison comme des cerfs et des sangliers.

En s'enfonçant dans la rivière de Pasang'han, qui s'ouvre presque dans l'enceinte du port intérieur et qui est plutôt à mes yeux un étang d'eau saumâtre qu'une véritable aiguade, si on descend sur la rive droite et qu'on remonte une petite élévation qui la domine, on ne tarde pas à découvrir de vastes plaines couvertes d'immenses plantations de cotonnier et de champs de riz. Peu s'en fallut que cette course, la plus aventureuse qui ait été faite, ne devînt fatale aux intrépides explorateurs qui l'entreprirent. Au moment où nos promeneurs parvinrent sur la petite éminence dont j'ai parlé, dix Malais s'élancèrent sur eux la lance levée, leurs kriss à la ceinture, couverts de leurs grands boucliers en bois noir, derrière lesquels ils deviennent invisibles, en poussant des cris et en donnant à leur physionomie sauvage une expression de haine indicible. Heureusement que d'autres Malais, qui avaient eu des rapports avec la flotte et qui se trouvaient accidentellement sur les lieux, s'interposèrent entre nos compatriotes et leurs barbares agresseurs; sans cela, un conflit dont les suites ne peuvent être prévues devenait inévitable.

Le riz et le cotonnier donnent, ai-je déjà dit, les deux récoltes les plus importantes de Basilan ; je ne compte pas comme un produit la quantité immense de fruits qu'on y recueille, et qui consistent essentiellement en bananes et en cocos de diverses espèces. D'ailleurs rien ne serait aussi facile que de cultiver tous les arbres de l'Inde sur un sol qui donne spontanément les productions extratropicales, riche en détritus organiques et suffisamment imprégné d'humidité pour fournir à la subsistance d'une quantité immense d'espèces végétales. On pourrait donc récolter le poivre, la cannelle, la muscade et toutes les épices sur ce terrain circonscrit, auquel il ne manque que des maîtres intelligents et laborieux.

La constitution géologique de Basilan se compose, dans ses parties inférieures, d'un terrain madréporique récent, et, dans ses parties supérieures, d'éléments volcaniques. L'arête montueuse dont j'ai parlé est probablement de même nature. Les parties les plus élevées de cette arête affectent une forme conique qui annonce l'existence d'anciens cratères, si communs dans cette partie de la Malaisie. D'après quelques assertions, il paraîtrait que l'île est habitée par diverses races ; ainsi, les parties montueuses seraient possédées par des négritos semblables à ceux qu'on rencontre dans l'intérieur de Luçon, et qui ont les plus grands rapports de conformation avec les nègres papous, tandis qu'une race presque blanche en occuperait le centre, et que les côtes seraient surtout habitées par des Malais. Ces derniers, que nous avons vus fréquemment, sont de taille moyenne, bien conformés ; leur tein est brun jaunâtre, leurs cheveux sont noirs et lisses, leurs yeux grands et bruns ; l'angle facial est plus ouvert et la tête est plus grande que chez les Tagals de Manille ; le nez est légèrement épaté et les lèvres sont fortes. On en rencontre un très-grand nombre ayant les yeux légèrement bridés. Ce mode de conformation annonce toujours un mélange de la race chinoise et de la race malaise. En général, la physionomie de ces hommes est très-expressive ; elle révèle surtout la méfiance et la ruse ;

les premiers qui s'offrirent à mon observation vinrent à bord échanger de la volaille et des fruits contre quelques mouchoirs de coton ou des ustensiles de ménage dont ils sont excessivement avides.

Ces peuples préfèrent le commerce par échange à tout autre; ils n'ont pas une idée bien nette de nos signes représentatifs, et fort souvent ils donnent pour un vase de faïence ou une bouteille vide des objets dont ils ont refusé plusieurs piastres quelques minutes auparavant. La plupart de ces Malais étaient nus jusqu'aux hanches; les parties inférieures n'étaient cachées que par un pantalon qui restait à mi-jambe; leur tête était couverte par un mouchoir en coton d'un rouge éclatant, et ils portaient à leur côté le kriss qui ne les quitte jamais.

Le commandant de *la Sabine* avait lié des relations amicales avec quelques chefs de l'intérieur; le plus renommé d'entre eux se nomme Tuan-Baram; c'est un iman fort respecté, plutôt, je pense, à cause de son esprit astucieux qu'à cause de sa sainteté. Chaque jour on nous annonçait la visite de ce haut personnage, et chaque fois notre attente fut trompée. Ce fut Panglamet-Tiram, beau-père de Baram; chef de la tribu que ce dernier habite, et Arac, gendre de l'iman, qui vinrent à sa place et furent chargés de présenter ses excuses à l'amiral qui l'attendait.

La conduite de l'iman était conforme à l'habitude de ces astucieux barbares; ils ne hasardent une démarche délicate que lorsqu'ils ont minutieusement pesé les inconvénients et les avantages qui peuvent résulter de leur action. Baram, l'homme influent de ces contrées, ne voulait avoir de rapports personnels avec les Français qu'autant qu'il serait sûr de leurs bonnes dispositions à son égard; et il chargea deux membres de sa famille, son beau-père et son gendre, de lier les premières relations et d'étudier le terrain. Le vieux Panglamet-Tiram, lorsqu'il vint à bord, avait plus de soixante et dix-sept ans; il était, malgré son âge, ferme et droit sur ses jambes; sa figure, ornée de moustaches et d'une barbe blanche, a quelque chose d'arabe par la proéminence arrondie du sommet de la tête et par son nez légèrement aquilin. Le jour de sa visite il portait une robe blanche, un turban également blanc; ses pieds étaient munis de sandales; il appuyait, en marchant, sa main gauche sur la poignée de son kriss, et son maintien annonçait de l'assurance et une certaine dignité. Arac pourrait être pris, je crois, pour le type le plus pur de la race malaise; il est petit, presque noir et admirablement pris; ses yeux sont forts et ne sont pas bridés; sa physionomie, pleine d'énergie, exprime cette méfiance sauvage propre aux animaux qui n'ont pas été vaincus par la domestication. Un gaillard ainsi constitué était vêtu d'une robe rose qu'un Européen avait eu le bon goût de lui donner, ce qui faisait, comme on peut l'imaginer, ressortir l'éclat de son teint délicat.

Lorsque Tuan-Baram, comme l'appelaient ses compatriotes, se rendit enfin à bord de *la Cléopatre*, nous fûmes singulièrement désappointés. Au lieu de trouver dans cet homme influent quelque chose qui le distinguât de ses compatriotes, nous ne vîmes en lui qu'un barbare à la figure répulsive, aux manières communes et embarrassées, au regard terne et méfiant. Il n'y a dans sa physionomie ni la sauvage énergie d'Arac ni la dignité patriarcale de Panglamet-Tiram. Il avait ceint pour nous faire sa première visite un sabre français qui lui avait été donné, et il avait endossé une robe de couleur claire; ses pieds étaient chaussés de souliers, chose rare dans ces parages, et ses doigts étaient surchargés de bagues grossières sur lesquelles étaient enchâssés d'ignobles morceaux de verre diversement colorés. Mais, tels qu'ils étaient, ces trois hommes réalisaient les types que l'imagination évoque lorsque, sous l'impression de lectures plus ou moins romanesques, elle se représente les pirates des îles de la Sonde, de l'archipel de Holo et des côtes de Bornéo. Ce sont bien là ces marins courageux, fourbes, qui, leur kriss à la ceinture, leur lance au poing, vont avec une énergie fantastique affronter les dangers les plus imminents. Leur physionomie naturellement rude prend un caractère redoutable lorsque leurs longs cheveux voilent à demi leurs traits et qu'on aperçoit à travers leurs lèvres rouges de sang des dents noires dont la lime a détruit l'émail. Cette coutume de limer les incisives depuis leur bord alvéolaire jusqu'à leur bord tranchant, de manière à les rendre concaves extérieurement, est propre à tous les peuples de cet archipel. Ils les colorent ensuite en noir avec la préparation empyreumatique dont j'ai précédemment donné la recette; et cette mode constitue le signe de l'émancipation civile de ceux qui la subissent.

Nous avons vu plusieurs fois des Malais exécuter des danses guerrières ; ces jeux nous initièrent complétement aux mœurs de ces peuples ; nous les vîmes au milieu de leurs divertissements simuler des scènes de lutte et de meurtre. Deux champions se présentaient dans l'arène, munis de boucliers, de lances et de kriss ; ils s'avançaient l'un vers l'autre au son d'un tambour marquant une mesure qui, lente d'abord, devenait de plus en plus vive ; ils cherchaient à se frapper de leur lance, dont ils paraient les coups avec leur énorme bouclier, ou qu'ils évitaient en fuyant. A mesure que le combat se prolongeait, la physionomie de ces hommes s'animait comme s'ils étaient irrités d'une trop vive résistance ; le turban qui retenait leurs longs cheveux se détachait ; alors un flot noir couvrait leurs figures ; ils rejetaient leur lance, et, tirant leur kriss, ils se rapprochaient pour terminer par un combat corps à corps. Nous avons également assisté à une autre danse basilanaise ; mais, comme elle était éxécutée par deux Malais qui parlaient facilement l'espagnol et qui fréquentaient habituellement Sambaonga, nous avons pensé que c'était une imitation du bolero catalan. D'ailleurs je n'ai jamais rien vu de grotesque comme ces deux sales diables faisant des grimaces de damnés pour donner de la grâce à leur terrible figure, et exécutant lourdement quelques pas peu savants.

Les arts, chez les Basilanais, sont très-peu avancés. On vient de voir en quoi consiste la danse ; la musique n'est pas moins barbare : leurs instruments sont le tambour, le buccin dans son état le plus primitif, et une espèce d'instrument à bec, fort monotone et fort assourdissant. Nous ignorons s'il existe des poëtes à Basilan, mais cela doit être ; la langue malaise, simple, énergique et harmonieuse, doit se prêter facilement aux exigences du rhythme. Ce qui est moins certain, c'est que les poëtes sachent écrire leurs œuvres ; car Tuan-Baram, le flambeau intellectuel de la contrée, sait à peine signer son nom.

Nous n'avons pas vu la plus belle partie de l'espèce humaine de Basilan ; mais, s'il faut en croire le jeune interprète qui fut fait prisonnier lors du meurtre de l'enseigne de *la Sabine*, elle ne serait pas exempte de beauté, elle ne manquerait pas de charmes et serait susceptible de commisération et de pitié. D'après ce jeune garçon, il aurait reçu de la fille d'Youssouf des témoignages d'intérêt réels; chaque jour elle ajoutait à sa ration de riz du poisson sec ou des gâteaux, dont elle se privait pour lui; et, lorsqu'elle allait faire ses ablutions dans la rivière de Maloso, elle ne se faisait aucun scrupule d'emmener avec elle notre jeune Européen, qui aurait, je crois, fini par se faire aux mœurs malaises. Un jeune mousse qui fut pris dans les mêmes circonstances devint l'objet de prévenances plus tendres et plus énergiques encore de la part de la femme de son maître.

Cette dame, qui voulait tout d'un coup détruire une indifférence qui n'était que de la crainte, s'offrit à ce pauvre enfant, un kriss à la main, le menaçant de l'en frapper s'il ne lui faisait à l'instant les serments les plus tendres et les plus significatifs. La vue du pressant danger qui le menaçait, déliant la langue du jeune garçon, lui inspira des paroles très-tendres que la dame goûta fort et qu'elle exigeait ensuite qu'il lui répétât souvent.

Basilan renferme environ dix mille habitants, divisés en petites tribus constamment en guerre, se dérobant mutuellement les bestiaux qu'ils élèvent, bœufs et chevaux, et se vengeant de ces vols par d'horribles représailles. Aussi Panglamet-Tiram nous offrit-il plusieurs fois de nous vendre deux femmes qu'il avait prises à une tribu ennemie en échange de bœufs qui lui avaient été soustraits. Il espérait, au moyen des deux femmes, se faire rendre ses ruminants; mais, après beaucoup de pourparlers, les maris proposèrent de garder chacun sa proie et de vivre désormais en bonne intelligence, en oubliant des torts mutuels! En apprenant un pareil trait, tous les maris de France vont crier à l'impossible! Lequel d'entre eux voudrait, effectivement, changer sa femme pour un bœuf et même pour deux? Nous avons vu, assises sur la grève, ces victimes des dissensions d'un petit peuple; elles nous ont paru, vues à distance il est vrai, laides et vieilles. Nous croyons, en conscience, que Panglamet-Tiram a, dans cette circonstance, été réellement volé. Pour notre part, nous n'eussions pas donné un chat en échange de ces deux sorcières.

A six degrés de latitude, Basilan jouit d'une température modérée qui, du moins dans cette saison, n'a rien de pernicieux et d'incommode. Pendant tout le temps que nous avons passé sur ces côtes, nous n'avons jamais supporté plus de vingt-huit à trente degrés de chaleur. Le soir, des brises de terre rafraîchissaient encore l'atmosphère, et des ondées fréquentes s'opposaient également à une augmentation trop forte de la température; mais il est douteux qu'il en soit ainsi dans tous les temps de l'année. Si on peut juger d'après des présomptions de l'état sanitaire de Basilan, à la vue de ces arbres touffus qui bordent le rivage et qui couvrent un sol inondé, renfermant une très-grande quantité de matières organiques en décomposition, on doit avouer qu'il n'y a pas, sur ces bords étouffés, des conditions bien grandes de salubrité. Mais si on jette plus loin ses regards, en découvrant les montagnes qui s'élèvent du centre de l'île, en devinant, par la pensée, les vallées cultivées qui existent dans l'intérieur, surtout en considérant les Malais robustes qui l'habitent, on peut penser que les parties montueuses et visitées par les vents sont suffisamment salubres. Ce qui prouve que, pour résoudre une pareille question, il faut en appeler à l'observation, et surtout à une observation prolongée.

XII.

Holo ou Soulou.

Depuis plusieurs jours, nous n'avions plus rien à voir à Basilan : nous avions remonté toutes les rivières dont le cours est navigable; nous avions exploré tous les points qu'on pouvait visiter avec quelque sécurité; nous connaissions tous les accidents du paysage qui s'étendait devant nous dans tout l'éclat de sa beauté monotone : aussi désirions-nous ardemment la solution des affaires qui nous avaient amenés dans ces parages.

Nous étions dans ces dispositions, lorsque nous fûmes éveillés, le 4 février à cinq heures du matin, par les sons harmonieux d'un fifre qui ne se fait entendre à bord de *la Cléopatre* que dans les occasions solennelles. C'est lui qui marque la mesure aux matelots qui tournent au cabestan pour lever l'ancre, et dont la mélodie, tantôt plaintive, tantôt joyeuse, leur fait momentanément oublier les fatigues de ce rude travail. Il était donc certain que nous partions ; mais nous ignorions le lieu vers lequel nous nous dirigions sur l'air : *Bon voyage*, *M. Dumollet*, savamment varié. Retournions-nous à Manille, le pays des excellents cigares et des belles métisses? allions-nous à Java faire connaissance avec ces flegmatiques épiciers hollandais, assis sur des tonnes d'or et entourés de voluptueuses esclaves comme des sultans de Dehli? ou bien, ce qui était plus probable, changions-nous simplement de mouillage pour nous rapprocher des côtes et préparer une attaque contre les Malais? Nous sûmes bientôt qu'aucune de nos suppositions n'était vraie, et que nous allions à Holo demander au sultan une réparation éclatante ou l'abandon d'un pays dans lequel son autorité est complétement méconnue.

A cette nouvelle, nous nous rappelâmes avec quel effroi les Tagals et même les Espagnols de Manille nous parlaient de *los Moros de Jolo*, qui viennent jusque dans leur rade, sous les canons de leurs citadelles, enlever des embarcations, faire des esclaves, et, au besoin, piller et incendier des villages.

Pour ma part, je ne fus pas fâché d'apprendre que nous ne nous éloignions pas encore de cette partie de la Malaisie. L'étude de la race malaise est pleine de difficultés et d'intérêt ; elle a exercé la sagacité de beaucoup d'observateurs judicieux, et je m'estimais fort heureux de voir se multiplier les occasions de l'approcher dans des conditions favorables pour juger par moi-même de la valeur des diverses opinions qui ont été émises sur son origine. D'ailleurs, je désirais voir de près un pays où sont concentrées les forces de la piraterie malaise, et qui est aujourd'hui le dernier boulevard de cette nation perfide, aventureuse et vaillante.

Le trajet de Basilan à Holo ne constitue pas un véritable voyage; c'est un simple déplacement que nous effectuâmes, au milieu des calmes et des vents contraires, dans l'espace de deux jours. Le 6 février au matin, nous mouillâmes en face de la ville, en compagnie de *la Victorieuse* et de *l'Archimède*, qui avaient suivi *la Cléopatre*. L'aspect de Holo est grandiose et sévère; du centre de l'île s'élèvent de belles montagnes moins boisées que celles de Basilan, ravinées longitudinalement par les eaux, et dont les pitons hardis sont presque toujours couronnés de nuages.

L'impression que produisit notre arrivée nous procura un

étrange spectacle : d'un côté, nous aperçûmes des cavaliers effarés qui parcouraient le rivage, montés sur des chevaux, des bœufs et des buffles sellés et bridés; de l'autre, une foule empressée qui stationnait sur la porte des habitations et dirigeait vers nous ses regards inquiets, tandis qu'une trentaine de proas glissaient rapidement sur les eaux pour gagner la partie intérieure de la rade. Toute cette population était fort émue par notre présence. C'est que l'arrivée d'un navire européen dans ces parages a pour effet de troubler la conscience timorée des habitants, qui, grands ou petits, riches ou pauvres, ont tous quelques méfaits à se reprocher à notre égard. Le lieu sur lequel se passait cette scène était admirablement disposé pour que nous pussions en saisir les moindres incidents. Les maisons, assises sur la plage et jusque dans la mer, s'étalent au pied d'un terrain en talus parfaitement cultivé, et une suite de montagnes coniques graduellement élevées forme le second plan du tableau.

La ville se compose d'une agglomération de trois à quatre cents habitations toutes identiquement construites, depuis la plus humble masure jusqu'à la demeure du rajah. Ce sont des maisons établies sur des pieux fixés en terre, absolument semblables à celles que j'ai décrites en parlant de Malacca. Ici le dessous de la demeure abrite ordinairement le cheval du maître, lorsqu'elle est en terre ferme; lorsqu'elle est sur un sol envahi par les eaux, ce qui est le cas le plus fréquent, on amarre aux pieux qui la soutiennent la proa, ce coursier de l'Océan, qui constitue la principale richesse d'une famille pélagienne.

Il est fort remarquable que toutes les populations malaises soient portées à percher leurs habitations sur des pieux comme un nid sur un arbre. Beaucoup d'auteurs ont cherché l'explication de ce fait : les uns ont prétendu que c'était pour se garantir des insectes qui couvrent les terrains inondés; les autres, que c'était pour loger les nombreux animaux qu'ils élèvent. Mais ces suppositions n'ont aucun fondement; car il existe dans les lieux inondés par l'eau de mer moins d'insectes incommodes que partout ailleurs, et généralement les Malais ne se livrent à l'éducation d'aucune espèce animale, étant presque tous musulmans, marins de profession, et s'adonnant peu à l'agriculture, surtout dans les villes du littoral. Nous croyons plutôt que chaque race humaine observe, dans ses constructions, certaines lois architecturales dont elle ne se rend pas compte et qui lui sont spéciales, comme le sont, pour les espèces inférieures, l'édification d'un nid, la construction d'un alvéole, l'établissement d'un terrier ou d'une tanière.

Les maisons de Holo ne nous parurent pas très-confortables; il est vrai que nous n'apercevions distinctement de notre mouillage que des cahutes habitées par les plus pauvres Malais ou par des Chinois qui vivent au milieu de ces populations dans un état analogue à celui des Juifs au moyen âge, et qu'on relègue aussi loin qu'on le peut du centre de la ville. La formidable artillerie de nos frégates, qui présentaient aux Soulouans quatre belles rangées de canons en fort bon état, ne leur inspira pas grande confiance, et ils ne parurent guère disposés d'abord à venir s'assurer de nos dispositions à leur égard. Mais peu à peu la curiosité l'emporta sur la crainte, et ils vinrent en grand nombre nous offrir les produits de leur sol : c'étaient des bananes, des cocos, des mangoustans, des durians, des patates douces, et des volailles d'une dimension et d'une beauté qui rappelaient celles de la Bresse et du Mans.

Enhardis par leur premier essai, les jours suivants les embarcations malaises se succédèrent avec empressement. Elles étaient montées par des hommes hardis, vigoureux, mieux vêtus que ceux de Basilan, qui habituellement ne le sont presque pas, parlant avec facilité l'espagnol et faits à ce petit commerce de cabotage qui nécessite dans ces régions, de la part de ceux qui l'entreprennent, de la ruse et de l'intrépidité. Comme les Malais que nous venions d'observer, ils nous parurent préférer l'échange de leurs produits contre des objets à leur convenance au payement en espèces. Ce mode de transaction plaisait fort aux hommes de nos équipages, qui recherchaient avec un soin minutieux tout ce qui pouvait tenter la convoitise des Soulouans, et ceux-ci donnaient ordinairement une valeur exagérée aux objets qui étaient pour eux d'une utilité immédiate, ou qui les séduisaient par leur nouveauté. C'était un spectacle fort bizarre de voir sortir, de tous les coins du navire, de vieux souliers, des bouteilles vides, des boutons luisants comme des pièces d'or, des rasoirs ébréchés, la moitié d'une paire de ciseaux, des pantalons goudronnés, qui se transformaient tout à coup en substances plus alimentaires, telles que fruits et légumes, ou en instruments de guerre, sarbacanes, lances et kriss.

Il y avait en ce moment quatre navires de guerre en rade de Soulou, trois bâtiments français et un anglais, *le Samarang*, qui, sachant que nous étions dans ces parages, était *accidentellement* venu faire de l'hydrographie sur ces côtes. Malgré ce concours d'étrangers, la fécondité de ce pays est telle que jamais la volaille et les fruits n'ont manqué, jamais ils n'ont augmenté de prix, et l'on a livré pour la consommation des équipages autant de chèvres et de bœufs qu'on en a demandé. En dehors de ces objets de première nécessité, les habitants nous apportèrent tous les produits de leur pays qui pouvaient nous intéresser. Il faut mettre en première ligne des kriss, qui, ainsi que je l'ai déjà dit, jouissent dans toute la Malaisie d'une grande réputation sous le rapport de l'excellence de la trempe et de l'élégance de la confection. Les kriss de Holo ne ressemblent nullement à ceux de Malacca : ce sont des armes à deux tranchants, longues d'à peu près quinze pouces, larges de trois; la lame, tantôt droite, tantôt sinueuse comme les replis d'un serpent, est presque toujours unie; parfois elle est couverte d'incrustations en argent d'un travail assez délicat. Suivant la valeur de la lame, la poignée est en bois, entourée de fils de crin, ou en ivoire, maintenue avec des fils d'argent.

Dès l'enfance, les habitants de Soulou ne marchent qu'avec leur kriss; ils ne se séparent jamais de cet ami fidèle; c'est sur cet acier qu'ils font les serments les plus sacrés; c'est en contemplant sa surface polie qu'ils lisent l'avenir et le résultat de leurs entreprises hasardeuses. Malheur à celui qui se trouverait en présence de ces farouches insulaires, lorsqu'une circonstance accidentelle fait sortir ce glaive du fourreau! Le Malais verrait dans ce fait un avertissement, il se croirait en présence d'un ennemi, et le lui plongerait dans le sein.... Pour un Soulouan, son kriss est un objet animé qu'il consulte et qu'il prie; aussi lui adresse-t-il parfois des vers pour chanter ses exploits, et j'ai vu les fourreaux de quelques armes sur lesquels on avait écrit des poésies en son honneur.

On n'empoisonne pas les kriss de Holo, et toute trace d'oxydation est considérée comme un défaut de la lame. En somme, ces espèces de sabres sont préférables, sous le rapport de l'élégance et de la solidité, au modeste coupe-choux de l'armée française.

Lorsque nous eûmes fait nos emplettes et que la vente des kriss se ralentit un peu, on nous apporta des coquillages, des oiseaux et des singes. Les coquilles n'arrivaient pas toujours dans un état parfait de conservation, ce qui faisait verser des larmes de sang aux nombreux collecteurs du bord, dont le puritanisme n'admettait que des bouches intactes et des valves appartenant authentiquement au même exemplaire. Le peu de soin que les Malais prennent des coquilles m'a toujours fait penser qu'ils supposent que les barbares Européens les emploient comme eux pour faire de la chaux qu'on mâche ensuite avec le bétel. Je les ai souvent vus rejeter l'eau qui envahissait leurs bateaux avec un nautile fragile, ou avec une volute couronnée de pointes élégantes, qui disparaissaient l'une après l'autre pendant qu'on exécutait le vulgaire travail.

Les oiseaux qu'on nous offrit étaient des loris aux couleurs éclatantes, rouges, jaunes et bleus; des kakatoës blancs coiffés avec une aigrette jaune, des perroquets verts et de ces jolies perruches que j'avais vues pour la première fois dans le détroit de Malacca. Tous ces êtres charmants chantaient et babillaient comme des enfants. Le langage qu'ils parlent en naissant dans leur pays ne ressemble guère à ces paroles ennuyeuses que nous leur apprenons ici à grand renfort de dragées et de punitions. Nos perroquets bien élevés nous fatiguent par leur jargon monotone; les fils sauvages de la Malaisie parlent une langue que nous ne saurions comprendre, mais qu'on écoute avec plaisir, comme on écoute, sans le comprendre, un chant italien.

Je n'ai observé que quatre espèces de singes à Holo : l'une n'était pas plus grande qu'un écureuil. C'était un petit animal charmant, doux comme un petit chien, intelligent, curieux et fort aimant. Le pauvre petit est mort à Macao d'une affection du poumon. Décidément, c'est une barbarie d'arracher ces pauvres êtres à leurs chères forêts, à ces grands domaines que la bonté de Dieu leur a donnés. Ayons quelque pitié de ces animaux intelligents qui, pour ne pas parler notre langue, sentent et souffrent comme nous. Lorsqu'on les conduit en esclavage, ils pleurent leurs familles bien-aimées à l'amour desquelles on les enlève, et j'en ai vu des centaines sur la terre étrangère mourir en regrettant le sol natal.

La quatrième espèce de quadrumane que les Malais m'apportèrent était une guenon nasique de la tournure la plus ridicule. Qu'on se figure un animal de la taille d'un enfant de quatre ans, le dos voûté, les jambes, les pieds, les bras et les mains excessivement grêles et démesurément longs, la tête grosse comme le poing et couverte de poils rares, la figure effilée, la bouche petite, le nez proéminent et dépassant les lèvres, comme chez l'homme, et on aura une idée de ce singe bizarre. Il grimpait ordinairement sur les mâts et se tenait à l'extrémité des vergues, les mains croisées sur la poitrine, dans l'attitude modeste d'une béguine à confesse. Les matelots, dans leur langage pittoresque, l'appelaient sœur Gertrude : avec son maintien mélancolique et contrit, il portait bien son nom.

Les singes nasiques, si je puis en juger d'après l'individu que j'ai observé, sont des animaux qui doivent habiter le faîte des forêts, à l'abri des feuillages épais et sombres. Leurs membres longs et déliés leur permettent de parcourir de très-grandes distances en sautant de branche en branche. Leur système alimentaire est purement végétal : je n'ai jamais pu faire accepter à sœur Gertrude que des fruits et du pain. Le caractère de ce singe était triste; il se tenait toujours à l'écart et ne se mêlait jamais aux autres animaux du bord; lorsque je le prenais sur moi, il poussait un petit cri plaintif. Cet animal dépérit promptement en captivité; je voulus prévenir un dénoûment funeste et je le rendis à la liberté. Je le mis au milieu d'un grand bois qui entourait la maison d'un de mes amis à Singapore; il grimpa sur les arbres les plus élevés et mangea beaucoup de feuilles vertes; mais, le soir venu, il rentra dans l'habitation. Il continua ce genre de vie quelques jours encore, puis il mourut. L'histoire de mes singes est un long martyrologe.

On récolte quelques perles à Soulou. Les Malais aiment cette pêche hasardeuse, qui leur offre l'occasion de donner des preuves d'intrépidité. L'huître qui fournit les perles se trouve à de très-grandes profondeurs, et ce n'est qu'en descendant dans ces abîmes qu'on peut les recueillir. Il y a dans la Malaisie des plongeurs qui passent plusieurs minutes sous l'eau, et qui remontent chargés de plus de cent de ces coquilles. On les expose sur le rivage, et, lorsqu'elles tombent en décomposition, on examine avec soin chacune d'elles, pour s'assurer si elles ne renferment pas l'objet précieux que l'on recherche.

J'ai vu à Holo quelques belles perles, ou qui, du moins, m'ont paru telles; mais il n'est pas prudent de les acheter à ces rusés marchands, qui, tout ignorants qu'ils sont des arts chimiques, savent cependant parfaitement imiter ces concrétions morbides. Je crois même qu'ils ont fait quelques victimes parmi nous. Comme nos savants ne pouvaient supposer un talent d'imitation dans ce genre à des barbares qui n'ont jamais manipulé dans un laboratoire, qui n'ont jamais vu M. Thénard et n'en ont nulle envie, et qui ne savent pas même souffler au chalumeau, c'est parmi eux, que leurs connaissances spéciales devaient mettre à l'abri de toute supercherie, que ces rusés ignorants ont fait leurs dupes. Le corps dont les Soulouans se servent pour opérer leurs imitations est d'un blanc mat, légèrement nacré, faisant effervescence avec les acides, mais ne perdant par cette opération ni son éclat ni son poli. Quel est ce corps? Je l'ignore; mais, s'il fallait s'en rapporter aux assertions des Malais, ce serait une substance fort curieuse : ils prétendent que c'est une concrétion calcaire qui se trouve, mais rarement, dans l'eau émulsive du coco ou dans son amande. Je crois qu'il serait peu prudent de croire aux affirmations de ces rusés coquins, qui n'ont aucun intérêt à dévoiler leur friponnerie.

Outre sa population malaise, Holo renferme quelques centaines de Chinois qui bravent les mauvais traitements, les exactions dont ils sont l'objet, pour obtenir le droit de faire quelque commerce. Les Chinois sont les juifs de cette partie du monde; fins, obséquieux, dissimulés, avides d'un pécule qu'ils finissent toujours par acquérir, ils surmontent les préventions les plus vives et finissent par s'imposer aux populations qui les repoussaient le plus vivement. A Soulou, où ils ne sont pas très-bien accueillis, ils se livrent à la recherche et au commerce des nids d'oiseaux et des holothuries, qui constituent les deux mets les plus essentiellement chinois qui existent.

Tout le monde sait que les nids d'oiseaux que l'on mange en Chine sont dus à une jolie hirondelle, la salangane, qui habite Java, les îles de la Sonde et à peu près tout l'archipel malais. Ces nids sont formés par une substance gélatineuse, et d'autant plus estimés que la matière qui les compose est plus pure.

J'ai visité à Java les grottes où nichent les salanganes, et je décrirai ailleurs ces curieuses excavations. En étudiant de près ces hirondelles, j'ai découvert, je crois, quelle est la substance avec laquelle elles édifient leur nid. Il serait trop long de débattre et d'éclaircir ce point intéressant d'histoire naturelle; j'en ferai plus tard l'objet d'une discussion spéciale.

Chaque année les nids d'oiseaux deviennent plus rares dans l'archipel de Holo, non pas qu'on détruise les salanganes, mais parce que les pauvres bêtes, troublées au temps de leurs amours, fuient de plus en plus les lieux accessibles à l'homme; elles se réfugient sur les pics les plus sauvages et vont se cacher dans des anfractuosités où l'intrépidité malaise elle-même ne peut les atteindre.

Heureusement que l'industrie européenne parera à cette lacune, et que bientôt on fournira à ces bons Chinois des nids d'oiseaux des fabriques françaises, qui leur feront oublier ceux des Moluques, de Holo et de Java. C'est ce que je me disais, hélas! en songeant aux progrès de l'industrie nationale et en considérant une capsule gélatineuse de Mothès. Voilà, pensais-je, la vésicule organique d'où sortira le futur nid d'oiseau qu'on mangera tôt ou tard sur la table du fils du ciel!

Les holothuries que les Chinois pêchent à Soulou pour la consommation de leurs compatriotes sont des animaux hideux, en tout semblables à d'énormes vers. Les Malais les désignent sous le nom de *tripans*, et les recueillent à marée basse sur les rochers où le flot les a laissés. Ils sont fort communs à Basilan et à Holo; et leur exportation établit pour ce dernier pays un véritable produit; je crois même qu'une partie de la liste civile du sultan provient des droits prélevés sur cet objet. La préparation de cet animal, pour le rendre propre aux usages culinaires auxquelles l'emploient les Chinois, est fort simple : on se saisit de ce ver immonde, on l'ouvre longitudinalement pour le débarrasser de ses énormes intestins bourrés de sable, puis on le fait sécher au soleil. Les holothuries se nourrissent de coquilles microscopiques et de petits animaux morts qui se trouvent dans les détritus calcaires qu'elles avalent. Ailleurs je parlerai de la préparation culinaire des nids d'oiseaux et des tripans, sans lesquels le riche Chinois ne saurait vivre et remplir les devoirs que la polygamie lui impose.

A l'est de la ville de Soulou, sur le bord de la mer, on rencontre une aiguade où viennent s'approvisionner toutes les embarcations mouillées dans la rade. Ce sont deux sources très-rapprochées l'une de l'autre, qui, par l'effet de leur puissance ascensionnelle, ont creusé un vaste réservoir au milieu du sable fin du rivage. Ces jets artésiens agitent constamment l'eau de ce bassin, dont les bouillonnements tumultueux se marient au bruit des vagues. A quelques pas de là passe une grande route, bien entretenue, qui conduit de Soulou à une ville de l'intérieur; un arbre des Banians, plus grand que le châtaignier de l'Etna, qui peut abriter cent cavaliers sous ses branches, ombrage les deux sources et le chemin.

Ce site pittoresque, situé à une égale distance des deux villes principales de l'île, est devenu un lieu de rendez-vous pour les marchands, les acheteurs et les oisifs. C'est un caravansérail où les voyageurs viennent se reposer, c'est un champ de foire où l'on amène les bestiaux à vendre, c'est un cabaret en plein vent où accourent les nouvellistes; on y noue des affaires, on y traite de la politique et des intérêts de la Malaisie, on y colporte surtout les méchants propos qui, dans tous les pays, ont le privilége de défrayer les conversations des désœuvrés.

Lorsque nous vînmes visiter cette aiguade, nous trouvâmes un grand concours de Malais en cet endroit; les uns étaient à pied, les autres étaient montés sur des bœufs à bosse ou des buffles; les premiers étaient pour la plupart de petits marchands de fruits, de curiosités ou de friandises; les seconds me parurent être des cultivateurs qui amenaient au marché des bestiaux chargés des produits de leurs terres. Tous ces gens-là étaient bien vêtus et armés, suivant la coutume de leur pays, de lances, de kriss ou de sarbacanes. Les bœufs à bosse et les buffles qui ont l'honneur de figurer dans les rangs de la cavalerie du sultan de Holo ne sont pas bridés comme nos chevaux; on les maintient et on les guide à l'aide d'une corde qui traverse leurs naseaux; ce n'est pas sans douleur que ces pauvres bêtes sont menées par le bout du nez.

Les matelots qu'on avait envoyés du bord pour faire de l'eau s'étaient mêlés à ces groupes et paraissaient vivre en bonne intelligence avec cette foule, que notre arrivée n'effaroucha nullement.

En général, les populations agricoles qui vivent dans l'intérieur des terres sont moins farouches que celles qui avoisinent les côtes. Ces espèces de villageois se familiarisèrent bientôt avec nous, et s'empressèrent de nous offrir des gâteaux, des oiseaux, des armes, enfin tout ce qu'il y avait à vendre chez eux. Quelques-uns avaient une figure remarquable; je distinguai surtout un vieillard à barbe blanche, dont la physionomie noble et le profil droit rappelaient le beau type arabe; mais, pour faire contraste, il y avait derrière lui un petit être hideux, un horrible nain au regard méchant, aux traits difformes. Comme j'examinais, peut-être avec une curiosité qui pouvait paraître impertinente, cet Ésope malais, il entra tout à coup dans une fureur épouvantable et m'apostropha d'une bordée d'injures accompagnée de gestes incroyables. Les autres Malais étaient fort divertis par cette scène; mais, soit que cet être chétif fût investi de quelque autorité, soit que son étrange conformation, son aspect effrayant leur inspirât une crainte secrète, ils ne riaient qu'à la dérobée de ses cris et de ses contorsions.

Nous étant avancés au delà du chemin qui borde les deux sources, nous suivîmes un étroit sentier qui s'enfonçait dans les terres, et nous gravîmes une petite éminence bien cultivée, au pied de laquelle étaient construites quelques habitations très-riantes; toutes étaient entourées de beaux cocotiers aux colonnes élégantes, dont les touffes de feuillage laissaient échapper des grappes de fruits monstrueux; des bordures d'ananas et de bananiers servaient probablement à marquer la limite des héritages et entouraient les champs plantés de cotonniers ou ensemencés de riz. Beaucoup de bœufs, quelques buffles, des chevaux paissaient paisiblement derrière les taillis. Tout cela avait un air d'abondance et de richesse qui faisait plaisir.

Les Malais n'aiment pas généralement que l'on se livre à aucune espèce d'exploration sur leur territoire; et bientôt nous en acquîmes la preuve. La beauté du site avait eu du succès; la fraîcheur qu'on goûtait en ces lieux, l'aspect animé de ce point où se rassemblent tous les jours beaucoup de Malais, faisaient désirer à chacun de nous de le visiter; d'autre part, les embarcations de nos navires et celles de la frégate anglaise y faisaient journellement de l'eau, de telle sorte qu'il était envahi par les Européens. Les indigènes, probablement importunés par leur présence, ne trouvèrent rien de plus simple pour les en chasser que de jeter dans les sources un fruit qui a la propriété de communiquer aux liquides une action malfaisante. Un jour que nos matelots, suivant leur coutume, vinrent remplir leurs barriques à l'aiguade, ils éprouvèrent aux jambes et aux mains, en se mettant à l'eau, une chaleur piquante et douloureuse. Ils recherchèrent quelle pouvait en être la cause et s'aperçurent que le mal augmentait lorsque la peau était en contact avec des baies d'un vert foncé qui nageaient dans les sources. On rapporta quelques-uns de ces fruits à bord, et je reconnus que c'étaient ceux du *caryota onusta*. Ce palmier est décrit dans la flore du P. Blanco, augustin chaussé de Manille, qui a fait un très-bon livre pendant les heures d'isolement qu'enfante le cloître. Un collaborateur de ce savant botaniste m'en a donné un exemplaire que je conserve précieusement, et où j'ai puisé les meilleures indications sur les productions végétales des Philippines.

Quelques-uns des hommes qui prirent ce bain sinapisé éprouvèrent des douleurs excessivement vives, qui se dissipèrent dans un laps de temps assez court et sans avoir recours à aucune médication. Les Malais se servent parfois du suc de ce fruit pour le lancer comme projectile, à l'aide d'un bambou et d'un piston, à la face de leurs ennemis; ce qui constitue une injection plus meurtrière que les remèdes anodins que M. Purgon prenait plaisir à composer lui-même.

Il est très-difficile de déterminer la place que les Malais doivent occuper dans une classification des races humaines. Je ne saurais me livrer ici à une discussion sur ce sujet. Je vais me contenter de donner, sans débat, les opinions des anthropologistes français, et je présenterai quelques-unes des considérations qui m'ont fait adopter celle de Blumenbach.

Aux yeux des anthropologistes matérialistes, les Malais constituent une des nombreuses espèces qu'ils ont distinguées parmi les races humaines; Cuvier et ses élèves les ont compris dans la variété mongolique, en leur assignant comme caractère les traits propres aux Chinois. Pour qui a vu ces hommes dans la péninsule malaise, aux Philippines, à Singapore, dans l'archipel de Soulou et à Java; pour qui a observé des Malgaches et des Dayaks, une pareille opinon est inadmissible. Les Malais sont certainement le résultat du croisement d'une race à cheveux lisses, aux yeux non bridés, et d'hommes à cheveux crépus. Probablement ces derniers sont les nègres, habitants primitifs de Bornéo, de Sumatra, de Luçon, connus sous le nom de nègres pélagiens. Ce qui tend à confirmer cette supposition, c'est que ces petits nègres, qui ont été refoulés dans les parties élevées de l'archipel malais, parlent une langue semblable à celle qu'on emploie sur le littoral; ils sont même en possession de la langue mère d'où découle le malais, car ils comprennent tous les dialectes parlés par les populations qui font partie de cette variété de l'espèce humaine.

Les Malais seraient donc une variété hybride qui, subsidiairement alliée à d'autres races, leur a ensuite emprunté, suivant les lieux où ces alliances se sont contractées, certains caractères spéciaux qui ont modifié le type primitif. Ainsi, il est faux de dire d'une manière générale que les Malais ont la plus grande ressemblance avec les Chinois. Les premiers sont petits, sveltes, leurs formes sont grêles, tandis que chez les seconds les formes sont obtuses et lourdes. Les femmes chinoises sont chétives, malingres, frêles; elles ont le teint jaune clair et ne présentent pas de tons chauds et foncés. Les femmes malaises sont au contraire élancées, musclées et d'un brun noirâtre très-caractérisé. Les cheveux des Malais sont aussi fort différents de ceux des Chinois; ceux-ci les ont presque aussi lisses que les nôtres. Quant à l'obliquité des yeux, elle n'existe pas chez les Malais de race pure; ce caractère ne se trouve que chez les populations qui ont eu de temps immémorial des rapports avec les Chinois, qui sont les animaux les plus lubriques de la création, et qui, ne pouvant, lorsqu'ils s'expatrient, emmener avec eux leurs femmes, se sont alliés avec les populations qu'ils ont fréquentées, lorsque celles-ci ne les ont pas repoussés. Si l'on procédait sans rechercher la source primitive de la race malaise, on rattacherait tous les chefs de l'archipel asiatique, alliés pour la plupart aux conquérants qui ont jadis soumis ces populations, à la belle race sémitique, tandis que les Madécasses seraient pour la plupart rapprochés de la race éthiopienne. En effet, on rencontre à Malacca, à Singapore, à

Java, et parfois à Holo, des chefs dont les lignes droites et nettes rappellent les types arabes, tandis que beaucoup de Malgaches ont les lèvres grosses, les cheveux presque crépus et le teint fort noir. Mais il faut étudier les Malais là où ils n'ont pas été modifiés par l'addition de l'élément générique d'une race conquérante, là où la race des Chinois n'est pas venue s'imposer à eux. Ainsi, à Bornéo, à Madagascar, dans tout l'archipel de Soulou, les habitants malais n'ont ni les yeux bridés des Chinois ni le nez aquilin des Arabes. Mais, à Manille, les Tagals ne sont presque plus que des Chinois par leur conformation physique, et ils n'ont gardé moralement, des deux races desquelles ils procèdent, que les défauts qui les distinguent : la soumission passive des Chinois et la paresse des Malais pour tout ce qui tient à l'industrie et à l'agriculture.

Aussi je crois qu'au lieu de rattacher les Malais aux nations mongoliques, comme on l'a fait généralement, il vaudrait mieux les placer entre les races caucasiques et éthiopiennes, ainsi que l'a fait Blumenbach.

S'il est difficile de déterminer l'origine de la race malaise, il l'est bien moins de savoir l'époque à laquelle l'islamisme a pénétré chez ces populations. Il paraît que c'est dans un temps assez rapproché de nous et qui concorde avec la découverte de ces pays par les Européens. Sur ces parages éloignés, le catholicisme et le mahométisme se trouvèrent encore une fois en présence, et les Espagnols et les Mores purent encore lutter de fanatisme et de courage. Mais cette fois l'islamisme, bien mieux en rapport avec les mœurs de ces peuples barbares, a dû réunir plus de prosélytes et faire des progrès bien plus rapides. L'égalité, la fraternité humaine, l'égalité de l'homme et de la femme ne pouvaient être comprises par une nation allant à la chasse des esclaves et professant déjà la polygamie ! Aussi les habitants de Holo descendent-ils de zélés musulmans. Soulou se transforma en une espèce de ville sainte; ce fut le foyer de propagation le plus ardent de la nouvelle croyance; de saints personnages y accoururent, et aujourd'hui encore on vient en pèlerinage dans cette île, car elle renferme des lieux consacrés qui jouissent, auprès des croyants de cette partie du monde, d'une vénération presque égale à celle de la Mecque.

C'est à cette époque que les sultans de cet archipel atteignirent le faîte de leur puissance. L'esprit aventureux de ces peuples, chauffé aux rayons d'une foi nouvelle, leur fit accomplir une œuvre de propagation et de conquête; mais, fidèles à l'esprit de leur race, ils ne se servirent pas seulement de leurs armes; plus d'une fois la ruse et la perfidie vinrent en aide à ces nouveaux musulmans, qui ne comptaient pas seulement sur le Coran et sur leur cimeterre pour assurer leurs conquêtes.

Les temps sont bien changés! Lorsque les Soulouans soumettaient une partie de la côte de Bornéo, convoitaient Mindanao et concevaient l'espoir de soumettre un jour Manille, ils disposaient d'un matériel qui pouvait lutter avec les forces européennes d'alors; mais aujourd'hui, quelles sont leurs ressources? Ils possèdent quelques proas élégantes qui fendent la mer comme une flèche; mais ces esquifs légers ne sauraient lutter avec nos vaisseaux à vapeur, qui sont pour les Malais un sujet d'étonnement et d'effroi. Ils ont encore quelques misérables canons, derniers vestiges de leur puissance guerrière; mais ces armes, rongées par la rouille, mal servies par des hommes inexpérimentés, ne sauraient imposer à d'autres qu'aux habitants de Manille, qui les redoutent par tradition. Les forces dont disposent les Malais sont donc en réalité bien peu de chose, et, s'ils obtiennent encore quelque succès dans la dangereuse industrie qu'ils professent, ils le doivent à leur énergie, à leur perfidie, bien plus qu'aux moyens d'action qu'ils ont en leur pouvoir.

Une proa qui part pour une expédition porte ordinairement une quarantaine d'hommes qui sont dissimulés et cachés avec soin. La petite embarcation tâche d'inspirer le plus de confiance qu'elle peut à la proie qu'elle convoite, ou d'approcher à l'improviste pendant la nuit; si sa dissimulation lui réussit, si elle peut accoster un navire marchand sans être vue ou sans avoir éveillé la moindre crainte, chaque bandit que recèle ce repaire se lève à un instant donné et monte à l'abordage, son kriss au poing.

Il est impossible qu'un équipage, quelque fort qu'il soit d'ailleurs, combatte avec avantage l'agression de démons qui ne redoutent ni les blessures les plus cruelles, ni la mort, et qui combattent avec la certitude d'être pendus s'ils succombent. Voilà la seule force actuelle des Malais; aussi peut-on dire avec certitude que, du jour où les nations européennes voudront réellement réprimer leurs brigandages, ils seront à leur discrétion.

Quant à la puissance du sultan de Holo, elle est elle-même fort éclipsée. Entouré de familles patriciennes qui, sous le nom de *datous*, interviennent dans les affaires publiques, il n'est plus que l'ombre des sultans d'autrefois. L'autorité qu'il exerçait sur les îles voisines lui échappe : on lui refuse le tribut qu'on lui payait; et sa souveraineté est bornée à Soulou même, où les datous qui l'habitent ont intérêt à la maintenir.

Le sultan actuel est exactement l'image de la puissance qu'il représente et de son état de civilisation. Agé de dix-neuf ans, pâle et débile, vivant avec sa famille, non pas comme un roi dans son palais, mais comme le premier des datous, il ne songe ni à reconstituer sa puissance ni même à la maintenir. Usé par l'abus de l'opium, obéré de dettes qu'il a contractées pour remplir les obligations onéreuses que son titre de roi absolu lui impose, sa vie est un mélange de faste précaire et d'oisiveté impuissante et volontaire; elle se prolongera jusqu'à ce que les prêteurs anglais lui réclament l'argent qu'ils lui avancent avec libéralité.

Ce jour arrivé, il leur cédera son royaume, ses droits et toute sa puissance, et il s'éteindra obscurément dans ses États sous d'autres lois, avec une rente viagère suffisante à ses besoins. C'est ainsi que procèdent les marchands anglais dans cette partie du monde. De temps à autre, ils achètent des royaumes. Pendant ce temps, ceux de notre nation les regardent faire tout ébahis!

M. de Lagrené eut une entrevue avec le puissant monarque qui règne sur Soulou et ses dépendances. Comme on le pense bien, on traita avec quelque sans-façon ce sultan *in partibus*, dont l'autorité est tout aussi méconnue dans une bonne partie de ses États que l'était en France celle des souverains anglais lorsqu'ils prenaient encore naguère le titre de rois de ce pays. On ne secoua pas pour lui des habits brodés d'or; M. l'ambassadeur se rendit à la case impériale en habit de ville avec deux attachés de la légation, et suivi de quelques officiers de marine. Les Tuileries de Soulou sont situées au centre de la capitale; elles sont simplement en bois et ne présentent rien extérieurement qui les distingue des plus modestes maisons malaises. On reçut les autorités françaises dans une vaste salle dépourvue de tout ornement : des divans, des fauteuils et des chaises de crinoline meublaient seuls cette grande pièce. Bien mieux que le drapeau de La Fayette, l'invention du grand Oudinot a vraiment fait le tour du monde!

Pendant que j'étais au cap de Bonne-Espérance, je rencontrai un jour à Wellington, sur la frontière du pays des Boers, un ameublement vêtu de crin qui voyageait à travers les sables sur un char traîné par six bœufs ; on m'apprit qu'on l'offrait en cadeau à un roi cafre. Le sultan de Soulou se fait éventer, durement couché sur cette étoffe rigide; je suis convaincu que les grandes puissances de ce temps, Soulouque et Pomaré, ont un faible pour la crinoline. Cinq ans de durée! ce n'est pas à dédaigner pour des royautés économes.

La conversation s'établit entre M. l'ambassadeur et le sultan au moyen d'un interprète que M. de Lagrené avait pris à Manille. L'interprète manillois était un métis tagal, gras et luisant comme un nourrisson ; sa bonne grosse figure s'épanouissait joyeusement sous un petit chapeau de paille, et sa rotondité faisait craquer au moindre mouvement ses vêtements de calicot blancs comme un lis. La principale occupation de ce brave garçon était de s'éventer les trois quarts de la journée avec un vaste écran en feuille de palmier; mais, malgré cette ventilation perpétuelle, il ressemblait à ces statues obèses qui décorent la place principale de certains villages de la Provence, et qu'un maigre filet d'eau couvre incessamment d'une humidité visqueuse.

Personne n'a jamais su au juste le nom qu'il portait dans son pays, et l'on ne l'appelait à bord de *la Cléopatre* que *Mucho Calor*. On l'avait ainsi baptisé, parce que ces deux mots étaient le fond de toutes ses conversations. Il se promenait ordinairement sur le pont, son éventail d'une main et son mouchoir de l'autre. Si l'on était sous voile, vingt fois le jour il abordait les passagers de sa connaissance et leur répétait invariablement cette phrase : *Hace mucho calor; ¿quién sabe cuando llegaremos?* Si on était en rade, il variait ainsi son interrogation : *Hace mucho calor; ¿quién sabe cuando saldremos de aqui?*

Lorsque M. de Lagrené annonça à *Mucho Calor* qu'il devait l'accompagner à terre pour traiter avec le sultan de Soulou, il fut visiblement contrarié. Le pauvre homme était un vrai Tagal, et à ses yeux le chef de *los Moros de Jolo* était le potentat le plus redoutable de la création. Dans cette grave circonstance, il sortit de sa réserve habituelle et vint me conter sa peine.

« J'ai eu tort, me dit-il, de me lancer dans la politique ; mon ambition me perdra ; si je tombe du poste élevé que j'occupe, il faudra que je reprenne mon métier de marin, et gare à moi si jamais je suis forcé de relâcher sur ces côtes ! Le sultan ne me pardonnera jamais d'avoir servi d'autres intérêts que les siens ; il me réduira en esclavage ou bien il me fera couper la tête. Les gens comme moi ne devraient jamais se mêler des querelles des grands, car ils finissent tôt ou tard par y laisser leur peau.

— Vous n'avez rien à craindre, lui répondis-je, vous êtes couvert par le droit des gens. Le sultan respectera votre caractère.

— Me respectera, moi ! s'écria le pauvre désolé. Hélas ! un homme qui se moque du gouverneur de Manille, et qui appelle Mgr l'évêque vieux giraumon, ne fera de moi qu'une bouchée ! »

Je voulus donner d'autres raisons à *Mucho Calor* pour le rassurer ; mais il m'écoutait à peine ; à chacun de mes arguments il hochait la tête et ne me répondait que par des soupirs. Cependant, lorsqu'il vit le canot-major rempli de matelots armés pour accompagner M. l'ambassadeur, il reprit courage et partit presque résolûment.

M. l'envoyé français fut reçu par le sultan entouré de ses datous. Ces grands seigneurs formaient une réunion de trente à quarante personnes ; c'était le sénat de la localité ; ils étaient presque tous convenablement vêtus ; ils portaient pour la plupart des souliers et des pantalons ; des morceaux d'indienne ou de calicot étaient roulés en turban autour de leur tête, et ils avaient en outre des vestes ou des robes flottantes en étoffe de coton blanche ou imprimée de diverses couleurs. A l'arrivée de M. de Lagrené, tous les datous se levèrent, et on le conduisit à un fauteuil qui lui avait été préparé auprès du sultan.

Le public soulouan fut admis à cette conférence ; il se pressait debout sur des bancs placés dans le fond de la salle, et paraissait s'intéresser vivement à tout ce qui devait se passer. Cette foule déguenillée et émue, armée de kriss, groupée d'une manière grotesque, exprimant son mécontentement de ce que des étrangers, des chrétiens étaient admis à discuter avec les grands dignitaires de l'empire, pouvait déjà inspirer des craintes à des gens plus braves que *Mucho Calor*, lorsqu'un accident bizarre vint rendre ces appréhensions naturelles. Un des bancs sur lesquels le peuple était grimpé se rompit ; la chute de ceux qui l'occupaient entraîna celle de deux ou trois rangées de spectateurs, qui, en tombant tous les uns sur les autres, se mirent à pousser des cris de détresse et de douleur.

Les Malais qui n'avaient pu trouver place dans la grande salle, en entendant ce vacarme, crurent à une agression des Français contre leur monarque bien-aimé, et aussitôt ils se précipitèrent dans les rues de Holo en poussant des hurlements sauvages. Les datous et une partie du peuple qui assistait à la conférence, ne pouvant deviner la cause de cet appel aux armes, crurent que les compagnies de débarquement des navires français étaient à terre, et qu'ils étaient victimes d'une trahison. Dans cette idée, ils manifestèrent l'intention de se saisir de M. l'ambassadeur et de sa suite. Le sang-froid de M. de Lagrené prévint un conflit imminent; il proposa au sultan de se montrer au peuple l'un auprès de l'autre: cette manifestation suffit pour calmer l'effervescence de la multitude. Au milieu de ces populations guerrières, constamment armées, toujours disposées à combattre, le moindre prétexte peut devenir la cause d'engagements terribles, si on ne les prévient par une très-grande impassibilité et beaucoup de présence d'esprit.

Lorsque cette émotion fut calmée, on offrit à M. l'ambassadeur des cigares et du bétel, on fit circuler du thé dans des tasses et du chocolat dans des verres; après quoi l'on parla d'affaires. C'est un fait admis en politique, que chez les peuples barbares se trouvent les diplomates les plus rusés; et, sans avoir travaillé sous M. de Talleyrand ou M. Pozzo di Borgo, ils ont dans leur sac toutes les ressources du métier.

Après avoir traité avec les habitants de Soulou et de l'empire du Milieu, M. de Lagrené peut affirmer qu'il a été en rapport avec les dialecticiens les plus subtils de l'univers. *Mucho Calor* exposa à la noble assemblée les prétentions de l'envoyé français.

« Un chef de Basilan, dit-il, a tué deux Français, et il en a fait trois autres prisonniers; on vous demande que vous livriez le coupable, qui est votre sujet, ou que vous renonciez à votre souveraineté. Si vous refusez d'accomplir cet acte de justice, les

Français attaqueront l'île et se chargeront eux-mêmes du soin de leur vengeance. Plus tard, s'il leur convient d'occuper Basilan, ils s'en empareront comme d'une terre sans possesseur. »

Après ce discours, une espèce d'Ulysse malais se leva au milieu d'un murmure approbateur; c'était un homme d'une cinquantaine d'années, petit, maigre, jaune et ridé comme un vieux gant. Il promena son regard oblique sur la foule, et, après s'être recueilli un moment, il adressa aux Français une suite de phrases élogieuses et continua ainsi :

« Le sultan n'a aucun moyen d'atteindre les coupables; mais ses droits sur Basilan n'en existent pas moins. Ces droits, le temps les a sanctionnés et le temps les fera reconnaître de nouveau. Pourquoi voulez-vous qu'il fasse l'abandon de sa souveraineté? Parce que momentanément il n'est pas le plus fort? Mais demain, peut-être, des sujets rebelles reconnaîtront leur erreur et viendront se courber sous sa loi; demain, peut-être, nos armées de Bornéo et de Holo iront soumettre les révoltés. Dans cette circonstance, on pourrait prendre un terme moyen : que nos amis les Français aillent châtier les coupables, rien ne saurait résister à leurs armes victorieuses, et que l'on fixe d'avance le prix de la cession de Basilan, en cas qu'il plaise plus tard à nos amis de l'occuper. Si dans six mois les rapports du sultan de Holo, notre maître, avec ses sujets de Basilan, sont les mêmes, moyennant cinquante mille piastres que lui compteront les Français, il renoncera en leur faveur à sa souveraineté. »

L'orateur ne trouva pas un seul contradicteur parmi ses compatriotes, qui trouvèrent qu'il parlait d'or. En effet, traduit en langue vulgaire, ce discours signifiait à peu près ceci : « Nous sommes rois de Basilan par la grâce de Dieu, et nos droits sont imprescriptibles; détruisez vos ennemis si cela vous convient; quant à nous, nous ne saurions nous mêler de votre querelle. Lorsque vous vous serez éloignés de ces côtes, si les rebelles sont suffisamment affaiblis, nous tâcherons de les remettre sous nos lois, ou du moins de traiter avec eux pour obtenir le payement du tribut qu'ils nous doivent; s'ils s'y refusent et si nous ne pouvons les contraindre, nous vous les vendrons cinquante mille piastres, à moins que l'Angleterre, l'Espagne ou de simples particuliers ne nous en donnent cinquante et un mille. »

Mucho Calor eut beau suer et s'éventer en discutant avec cet astucieux orateur, celui-ci ne sortit pas de l'*ultimatum* qu'il avait posé, et l'on se sépara sans rien conclure.

Pendant la nuit qui suivit cette entrevue, nous fûmes éveillés par un grand tumulte à bord des navires de l'expédition. Vers une heure, les sentinelles donnèrent l'alarme, en signalant quelques nageurs mystérieux qui faisaient avec précaution le tour des bâtiments et témoignaient par leurs gestes l'intention d'aborder. Après en avoir conféré avec le commandant, un officier de quart de *la Cléopatre* ordonna de laisser monter sur le pont un de ces hommes, qui avait saisi la chaîne de l'ancre. Celui-ci était un jeune Malais de seize à dix-huit ans, de la figure la plus douce et la plus intéressante. A peine eut-il mis le pied sur le pont de *la Cléopatre* qu'il se jeta à genoux et fit avec ferveur le signe de la croix. Après avoir rendu à Dieu ses actions de grâces, il nous dit qu'il était un pauvre esclave chrétien que les pirates de Soulou avaient fait prisonnier sur les côtes de Manille, et qu'il venait avec confiance demander un refuge à ses frères les Français. Il ajouta que les autres nageurs étaient des esclaves comme lui, et que, si on ne les recevait pas, ils seraient impitoyablement massacrés par leurs maîtres, qui déjà s'étaient certainement aperçus de leur départ. Aussitôt on tendit des cordes à ces malheureux, et on les hissa à bord.

Je n'ai jamais été témoin d'une scène plus attendrissante que celle qui se passa lorsque ces hommes se trouvèrent réunis. Ils se jetèrent simultanément aux pieds des officiers de *la Cléopatre*, implorant une pitié qui était dans tous les cœurs; puis, se félicitant mutuellement de leur bonheur, ils s'embrassèrent avec effusion en versant des larmes. La délivrance des captifs a jadis tenu une très-grande place dans les œuvres des romanciers espagnols. Ce que nous vîmes en ce moment nous reporta à plusieurs siècles en arrière et nous fit comprendre l'intérêt qui s'attachait alors à de pareils récits. Les côtes de la Méditerranée étaient dans ce temps continuellement visitées par d'horribles bandits qui enlevaient impitoyablement les hommes, les femmes, les enfants, et qui les emmenaient en esclavage. Leurs brigandages devinrent si fréquents que l'esprit religieux du temps s'en émut. Un homme obscur, né dans le petit village de Faucon, en Provence, prêcha la rédemption des captifs.

Toute la chrétienté entendit cette voix, et Jean de Matha, secondé par les personnages puissants de l'époque, fonda l'ordre de la Merci. Le but de cette institution était le rachat des esclaves. De larges aumônes soutinrent cette bonne œuvre; chaque année de nombreux captifs, que les pères allaient racheter jusqu'au fond des États barbaresques, parcouraient processionnellement les villes à la suite de leurs libérateurs, et allaient suspendre dans les églises les fers dont ils avaient été délivrés. Aujourd'hui que la foi religieuse s'est affaiblie, ce sont les officiers de la marine anglaise et de la marine française qui sont les véritables pères de la Merci. Lorsque le drapeau d'une puissance civilisée se montre dans ces mers lointaines, où la piraterie s'exerce encore, les captifs qui l'aperçoivent de la plage savent que c'est une arche de délivrance qui flotte à l'horizon.

L'histoire de nos captifs était identiquement la même; c'étaient toujours de pauvres Tagals de Manille qui avaient été pris en mer ou sur les côtes par les pirates de Holo. Leurs maîtres les avaient vendus à des cultivateurs ou à des marchands qui les soumettaient à un travail d'autant plus pénible qu'ils se refusaient à embrasser l'islamisme. Ces pauvres gens nous apprirent que parmi leurs compagnons il y avait des Européens qui avaient fait naufrage sur les côtes. Mais, dès qu'on avait signalé nos frégates, on avait fait partir ces malheureux pour l'intérieur de l'île, afin qu'ils ne pussent entrer en relation avec nous.

Le lendemain, au point du jour, on arbora au sommet du grand mât de *la Cléopatre* un pavillon rouge, au centre duquel on voyait une croix blanche, et on salua d'un coup de canon le signe rédempteur. Cette grande voix, en éveillant les échos de l'île, apporta quelque espérance au cœur des captifs, et, si en ce moment leurs yeux se levèrent vers le ciel, ils durent s'agenouiller en voyant d'où leur venait ce secours inespéré. Les nuits suivantes, le nombre des évadés qui arrivèrent à bord fut plus considérable encore : parmi eux se trouvaient un Espagnol et un Indien de la côte du Malabar. Ce dernier avait été pris avec l'équipage d'un navire anglais qui avait naufragé sur les récifs de Bornéo; il avait été séparé de ses compagnons et ne savait ce qu'ils étaient devenus. L'Espagnol était depuis quinze ans environ dans l'intérieur de Soulou; son maître était bon et le traitait bien, et, s'il s'était enfui, c'était dans l'irrésistible espoir de revoir son pays. Malgré cette désertion des esclaves, les petites embarcations n'en continuèrent pas moins à fréquenter nos navires; un jour, je causais avec un Malais qui m'avait vendu des cocos, lequel m'apprit que lui-même était un captif de Mindanao.

« Comment se fait-il, lui dis-je, que vous ne profitiez pas de l'occasion pour revoir votre pays?

— Pourquoi faire? me répondit-il; il y a de la peine partout. Ici je suis bien : mon maître me traite comme son enfant, je gagne quelque chose, et je pourrais me racheter si je voulais; dans mon pays je ne serais pas mieux, je ne serais peut-être pas aussi bien; j'aime mieux rester ici. »

Je donnai une piastre à ce philosophe sans le savoir, qui s'en fut en me comblant de bénédictions.

Nous restâmes encore quelques jours à Soulou; puis, comme le sultan, quelque peu contrarié sans doute de l'asile que nous donnions aux captifs, ne nous fit pas de nouvelles propositions, les bâtiments remirent à la voile pour Basilan.

Pendant que nous effectuions notre retour, je surpris un jour *Mucho Calor* qui considérait d'un air de commisération attendrie les captifs que nous avions délivrés. Je m'approchai de lui, et, lui frappant familièrement sur l'épaule je lui dis :

« A quoi pensez-vous donc, seigneur interprète?

— A quoi je pense? Vous pouvez bien le deviner. Je pense que moi aussi, un jour, à moins d'une protection spéciale de mon saint patron, je serai esclave à Holo!

— Eh bien! repris-je gaiement, vous vous sauverez aussi à la nage. »

A ces mots, *Mucho Calor* rougit comme une tomate, et s'écria d'un ton bourru :

« Vous en parlez bien à votre aise, vous!... Je ne sais pas nager. »

XIII.

Retour à Bassilan.

Le jeune enseigne et le patron de *la Sabine* avaient été assassinés le long de la rivière de Maloso : c'est dans la grande rade de ce nom que *la Cléopatre* vint jeter l'ancre. Basilan, vu de notre nouveau mouillage, nous présenta un aspect grandiose et sévère que nous ne lui connaissions point encore. Pendant que nous étions dans le port de Malamawi, nous ne pouvions interroger l'horizon borné qu'en l'explorant à travers un voile de feuillage; nous ne découvrions que des sommets arrondis couverts d'une végétation d'une grandeur monotone, et nos bâtiments, indolemment assis sur un fond de corail, ressemblaient à des cygnes couchés sur des fleurs. Ici, au contraire, l'immense nappe d'azur qui nous environne n'a pas de limite ; le regard étonné contemple une longue chaîne de roches abruptes qui s'élancent hardiment du sein des palmiers et des fougères pour se confondre avec les nuages, et, à voir nos frégates soulevées par les vagues émues, on dirait des chevaux impatients de reprendre leur course.

Les jours qui suivirent notre arrivée furent consacrés à faire les apprêts de l'expédition projetée contre Maloso ; il était facile de comprendre que nos marins voulaient laisser aux malheureux Malais de cruels souvenirs de leur passage. On fit exécuter aux embarcations diverses manœuvres ; on leur fit échanger des signaux ; elles simulèrent un débarquement ; enfin elles se livrèrent à tous les exercices du jeu cruel de la guerre.

On envoya un détachement de matelots ouvrir un chemin du bord de la mer jusqu'au sommet d'une petite île située à une demi-lieue de notre mouillage. Cette île, qui s'appelle la Grande-Govenen, est un immense jet de basalte sorti des entrailles de la terre et qui s'est solidifié sous la forme d'un cône immense. Du sommet à la base, ce monolithe grandiose porte des arbres de cent pieds d'élévation, qui se sont attachés par leurs fortes racines dans les fissures de ces pentes rapides comme celles d'une pyramide. Le chemin qu'ouvrirent nos matelots fut d'une exécution assez originale ; ils se contentèrent d'établir une rampe en liant des cordes d'un arbre à l'autre, afin de pouvoir se hisser sur la pointe de cet îlot en pain de sucre. J'ai gravi par cette voie le belvédère naturel. S'il ne m'avait fallu forcément redescendre, j'aurais pu croire que cette ascension était le trajet le plus difficile qu'il fût donné à un homme d'exécuter.

Les officiers de marine avaient voulu atteindre ce point culminant afin de pouvoir explorer la vaste plaine de Maloso, où devait se passer l'action qu'on méditait ; un phénomène végétal leur permit de réaliser complétement l'idée qu'ils avaient conçue.

Le sommet de la Grande-Govenen est surmonté de deux arbres qui s'élèvent parallèlement à une hauteur prodigieuse. Ces deux jumeaux, dont les racines entrelacées ressemblent à des mains unies, appartiennent au genre calophyllum, qui fournit à la marine indienne des mâts tels que la Norvége seule, en Europe, en offre aux constructeurs. Les matelots assujettirent des poutres sur les branches les plus élevées des deux géants, et on hissa dans l'air les officiers qui devaient commander les troupes de débarquement, afin qu'ils pussent étudier le terrain du futur champ de bataille.

J'eus la vaniteuse faiblesse de vouloir accomplir moi-même ce voyage aérien ; mais je dois avouer que, lorsque je me sentis à cette hauteur, soutenu seulement par des cordes qui, après tout, pouvaient se rompre, je demandai instamment qu'on me ramenât à terre. Depuis lors je crois fermement que l'histoire d'Antée est celle d'un homme qui, dans une circonstance semblable, a eu le vertige.

On apercevait du haut de cet observatoire les champs de Maloso couverts de culture, les paisibles demeures disséminées çà et là, entourées d'arbres aux grandes feuilles, les habitants conduisant des troupeaux de buffles et de bœufs à bosse, et tout cela avait un aspect bien pacifique et bien heureux. On put voir, chose essentielle pour l'exécution du plan qu'on voulait suivre, que la ligne des palétuviers qui entourent Basilan ne s'étend pas au delà d'une lieue.

Lorsque je descendis de la Grande-Govenen, je faillis, malgré le secours de la rampe, me rompre vingt fois les reins sur cette pente roide comme celle de l'obélisque de Luxor. Je fus ensuite visiter la Petite-Govenen ; cette île a été coulée dans le moule réduit de son aînée. Je ne me hasardai pas cette fois sur le basalte glissant ; je me contentai d'explorer le rivage, à la recherche des coquilles que le flot y amène. J'éprouvai là une de mes plus douces impressions de naturaliste. Dans une anse reculée, je trouvai enfouies sous les sables de la rive un très-grand nombre de ces charmantes porcelaines qui servent de monnaie dans la rivière de Guinée et sur les côtes de Coromandel. Ces jolies coquilles blanches, entourées quelquefois d'un cercle d'or, sont connues sous le nom de *cauris* et constituent un signe représentatif bien plus agréable, bien plus élégant, bien plus portatif que notre billon, quelle que soit l'image qui le décore.

Je recueillis encore en ce lieu beaucoup d'autres cyprées aux couleurs variées ; il n'y avait rien de bien rare dans ma récolte, mais chacune de ces coquilles éveillait en moi un charmant souvenir. Je me rappelais les amis qui m'avaient jadis enrichi de tous ces trésors : Requien, Honnorat, Solier, de Christol et bien d'autres encore, que la science vénère et que le monde ne connaît pas. Au temps de mon enfance, tous ces habitants des mers lointaines m'avaient paru sans prix, et j'éprouvais un vrai bonheur à pouvoir les rapporter à mes vieux amis après les avoir recueillis moi-même à vingt ans d'intervalle et à cinq mille lieues de notre pays.

J'étais encore sous l'influence de mes doux souvenirs de la veille, lorsque l'on m'annonça que l'on allait mettre les embarcations à la mer pour commencer la guerre. Les forces expéditionnaires furent divisées en deux corps : l'un reçut l'ordre de remonter la rivière de Maloso, et le second de débarquer sur la pointe ouest de l'île. M. de Lagrené et quelques membres de la légation se jetèrent résolûment dans les embarcations, et je me joignis à cette dernière partie de l'expédition. Notre petit corps d'armée se composait d'environ deux cents hommes, accompagnés de deux pièces de campagne. Arrivés sur le point de débarquement, on établit un poste destiné à correspondre avec les navires au moyen des signaux, et à protéger une ambulance. Ces dispositions faites, on s'enfonça dans le massif de palétuviers qui borde le rivage. Il fallut, de distance en distance, laisser des sentinelles sur notre passage, afin de pouvoir nous reconnaître, si toutefois il nous avait fallu battre en retraite au milieu de ce labyrinthe inextricable.

Bientôt nous entrâmes dans une grande forêt marécageuse, que nous avions prise, du haut de la Grande-Govenen, pour la continuation du rempart de palétuviers qui protége l'île. Nous n'avançâmes plus, dès lors, qu'avec la plus grande difficulté sur ce sol fangeux; les pièces de campagne s'embourbèrent jusqu'à la gueule; les hommes laissèrent leurs chaussures dans cette terre argileuse; enfin, un grand étang, couvert de joncs, de roseaux et d'un tissu de plantes herbacées, nous arrêta complétement. Lorsqu'on eut acquis la certitude qu'on ne pouvait passer outre, on se reploya sur le lieu de débarquement. En arrivant sur le rivage, nous entendîmes distinctement le bruit du canon, et peu après une vive fusillade dans les profondeurs de la rivière. Aussitôt on se précipita dans les embarcations et on se dirigea de ce côté.

Les Malais avaient barré la rivière de distance en distance, en abattant sur les deux rives des arbres d'une grosseur énorme. Les bateaux qui nous avaient précédés avaient éprouvé des peines infinies pour franchir ces obstacles; nous-mêmes, quoique la voie eût été frayée, nous ne les surmontâmes qu'avec de très-grandes difficultés; nous fûmes même forcés d'abandonner la chaloupe de *la Sabine* et quelques embarcations très-chargées, qui ne purent jamais se dégager d'entre les troncs de bois enfouis dans le lit boueux de la rivière. Comme le *you-you* que nous montions tirait très-peu d'eau, nous prîmes la tête de la petite flottille, et en peu d'instants nous arrivâmes sur le champ de bataille.

Le premier bateau de l'expédition que nous rejoignîmes était celui qui servait d'ambulance; il y avait trois morts et un pauvre blessé qui ne valait guère mieux. Voici le récit que nous fit un officier du commencement de l'action : « En remontant la rivière à une distance d'environ une lieue de son embouchure, nos canots se trouvèrent en face d'une palissade parfaitement construite. A peine débouchèrent-ils devant cette redoute que l'ennemi fit feu de toutes ses pièces et mit hors de combat les malheureux que vous avez sous les yeux. Nos embarcations ripostèrent avec des caronades et des pierriers; mais on reconnut immédiatement que les moyens dont on disposait étaient insuffisants pour détruire cette palissade. On s'est alors décidé à opérer un débarquement sur la rive gauche de la rivière, pour se porter sur le village de Maloso, et l'on attend le résultat de cette manœuvre. »

Pendant qu'on nous donnait ces détails, nous entendîmes une décharge bien nourrie suivie des cris de : « Vive le roi! vive la France! » et nous vîmes un officier qui plantait un drapeau sur la palissade enlevée.

Je l'avoue, en entendant ces cris de triomphe et de joie, je m'associai au sentiment général; je m'élançai sur la rive; je montai avec mes compagnons sur la redoute, décidé, moi aussi, à prendre part à l'action. C'est que nous avons tous du vieux sang gaulois dans les veines, et qu'il y a au fond de nos cœurs un vieux levain de barbarie qui fermente au moindre contact avec des éléments belliqueux. Les Malais fuyaient dans toutes les directions, et nos matelots s'étaient mis à leur poursuite; de temps à autre on voyait quelques peaux jaunes tomber atteints par nos balles, mais aussitôt les leurs les relevaient et les emportaient en courant.

La palissade formait un angle dont la pointe avançait dans le lit de la rivière; elle était garnie de troncs de bois de la grosseur du corps d'un homme, adossés à un mur d'argile bien battu et soutenu par une rangée de pilotis.

Cette fortification était armée avec deux canons en assez mauvais état, deux espingoles fort curieuses et quelques fusils. Toutes ces armes étaient restées en notre pouvoir, ainsi que les munitions. Ces munitions consistaient en deux livres de poudre tout au plus et en projectiles fort singuliers. Pour charger le canon et les espingoles, les Malais avaient composé leur mitraille avec des fragments de coraux renfermés dans des morceaux de roseaux disposés comme les quenouilles des fileuses provençales. Les deux extrémités des lanières étaient fortement liées et réunies, tandis que le milieu était renflé par les cailloux madréporiques. Nous trouvâmes également dans la redoute une très-grande quantité de bambous, longs d'un mètre environ, dont l'une des extrémités était très-acérée. Nous ne comprîmes guère à quel usage pouvaient servir ces traits; mais un Malais nous montra plus tard que c'étaient des javelots qu'on lance avec la main, à la manière antique. Les canons, les espingoles et les fusils étaient assujettis dans des embrasures et des meurtrières que l'on fermait avec des troncs de bois, lorsqu'on retirait ces armes pour les charger. Comme on le voit, la stratégie malaise procède de la Grèce antique et de la science militaire des Arabes. Tout cela est un peu arriéré; mais dans le métier de la guerre il faut plus de courage brutal que d'intelligence, et, si ces moyens ne sont pas suffisants pour se défendre contre une attaque régulière, il n'en faut pas davantage aux intrépides Malais pour surprendre et vaincre à l'improviste les troupes réglées de la vieille Europe.

Cette palissade, si bien défendue sur les bords de la rivière, n'était nullement gardée du côté des terres; les Malais n'avaient pu se figurer qu'on vînt les attaquer sur ce point. Aussi, lorsqu'ils entendirent les clairons de la compagnie de débarquement, qui était descendue sur la rive gauche, ils comprirent que toute résistance était impossible, et ils s'enfuirent comme une volée d'oiseaux. On laissa sur la redoute enlevée vingt hommes pour la garder, et plusieurs détachements se répandirent dans la campagne pour incendier les habitations, abattre les cocotiers et saccager les récoltes. Je fis partie d'une de ces expéditions. Nous remontâmes les bords de la rivière pendant une demi-heure, et nous arrivâmes devant une habitation ravissante. C'était une jolie maison malaise d'une élégance parfaite; la rampe qui conduisait à la varande était sculptée comme les boiseries du moyen âge; les diverses pièces de l'intérieur, dénué de tout ameublement, étaient d'une propreté exquise. Des arbres robustes couvraient de leurs branches le toit de cette case, et de ces massifs de feuillages s'élançaient les pointes vertes des palmiers, semblables aux flèches des cathédrales gothiques. Un petit ruisseau dérobé à la rivière courait le long d'une allée de bananiers.

Attenant à cette maison, il y avait un grand hangar recouvert en feuilles de nippa, sous lequel se trouvaient quatre proas en construction. Ce chantier abandonné, cette maison solitaire avaient une physionomie empreinte de tristesse; ils semblaient demander grâce aux envahisseurs étrangers, et le petit ruisseau lui-même paraissait murmurer une prière. Mais, hélas! ce langage ne fut pas compris; un tourbillon de fumée s'élança bientôt du faîte de la jolie maison; la rampe élégante éclata sous les efforts de l'incendie; les sculptures des proas se carbonisèrent au contact du feu; les arbres tombèrent sous la hache des matelots comme le chaume sous la main du moissonneur, et, quelques heures après, il ne restait plus rien de toute cette richesse.

Par réaction, je m'associai à cette œuvre de destruction; j'avisai dans un coin du jardin une petite élévation couverte de gazon, au milieu duquel croissaient quelques plantes odorantes. J'avais vu au cap de Bonne-Espérance des monticules semblables dans le cimetière des Malais musulmans, et, pensant que c'était un tombeau, je songeai à violer cette sépulture afin d'en retirer quelques crânes pour ma collection phrénologique. J'appelai deux matelots à mon aide, et nous entreprîmes cette profanation. A deux mètres environ de profondeur nous trouvâmes une assise de pierre, et bientôt, au-dessous, une caisse de bois, laquelle renfermait le cadavre d'un enfant de trois ans. Je fus saisi à cette vue d'un amer regret; je coupai quelques feuilles de bananier et les fleurs odorantes du tertre; j'en recouvris le corps de cette pauvre petite créature, et, après avoir assujetti le couvercle avec quelques lourdes pierres, je m'éloignai tristement de ce lieu.

Bientôt on sonna la retraite et l'on se réunit sur la palissade, comme l'ordre en avait été donné. Toute la rive gauche de la rivière était en feu; des maisons et des magasins de riz étaient incendiés, et les champs, tout à l'heure couverts d'arbres, étaient rasés comme les prairies dans nos climats à la fin de l'automne. Nous redescendîmes la rivière de Maloso pour regagner le navire à la nuit close; la marée était basse, et nous n'avancions qu'avec peine. Dans cet instant, nous aurions tous été à la merci de quelques Malais embusqués dans les palétuviers, s'ils avaient songé à nous attaquer, et cette pensée parfois nous donnait le frisson. Mais ce qui est écrit est écrit : les Malais nous laissèrent passer sans seulement nous adresser quelques balles de souvenir.

Le lendemain, au point du jour, on remit les embarcations à la mer, et on se dirigea de nouveau vers le village de Maloso. Des pièces de bois qui avaient servi à construire la palissade, auxquelles on avait mis le feu la veille, brûlaient encore, et de longues spirales de fumée s'élevaient du milieu des ruines des maisons incendiées. On décida qu'une colonne se porterait une seconde fois sur la rive gauche, pour reconnaître si rien n'avait échappé à la destruction, et que le corps principal de l'expédition explorerait la rive droite, sur laquelle on n'était point descendu encore. Il fut convenu qu'en cas d'événement, ou si l'on sonnait la retraite, on se replierait sur le point occupé la veille par la palissade. Je me joignis aux forces qui furent chargées de parcourir la rive droite. Nous abordâmes sur une grande plaine comprise entre une chaîne de montagnes et le cours de la rivière; cet espace immense avait été inondé, soit pour le rendre propre aux travaux du labourage, soit peut-être pour opposer un obstacle à notre marche destructive. Quelques meules de paille de riz qui se trouvèrent sur nos pas furent incendiées, et nous nous portâmes vers une colline sur laquelle s'élevait un groupe de six maisons où une vingtaine de Malais semblaient s'être retranchés.

Notre petite troupe, divisée par pelotons, s'avança au pas de course vers ce point, que nous croyions défendu. Mais à notre approche les Malais se sauvèrent, emportant sur leurs épaules des sacs qui les faisaient plier sous leur poids; c'étaient probablement quelques mesures de riz pour nourrir leurs enfants.

Ces maisons avaient un aspect confortable, et ceux qui les habitaient vivaient certainement dans l'aisance. Les matelots envahirent ces demeures et se livrèrent aux recherches les plus minutieuses pour découvrir les objets qu'elles pouvaient renfermer. Ce ne fut pas sans étonnement que nous les vîmes sortir de ces grandes salles, qui nous avaient paru complétement nues, avec des ustensiles de ménage, de misérables bijoux de cuivre, des instruments de musique, des pièces d'étoffe et des vêtements. On voyait que ces messieurs avaient une certaine pratique de l'art de fureter. Ils firent un encan de leurs prises, dans lequel figuraient des chaudrons, des vases de grès, de petites chaînes d'argent, des boîtes à bétel, des tambours, des hautbois, des conques marines, des armes et de vieux sarraus.

Lorsqu'ils eurent terminé cette visite domiciliaire, ils abattirent les arbres sur les habitations, et mirent le feu à cet immense monceau de matières combustibles. La scène de désolation fut complète : quatre magasins de riz prirent feu ; quelques buffles, que les Malais n'avaient pas eu le temps de chasser dans les montagnes, beuglaient en courant autour des toits en flamme; les arbres verts volaient en éclats sur le brasier et pleuraient bruyamment sur les charbons ardents.

Toutes les maisons que nous aperçûmes dans la plaine subirent le même sort. Je me dirigeai avec une trentaine de matelots vers un col fort élevé; nous trouvâmes sur le versant opposé à celui que nous avions gravi une maisonnette de la plus humble apparence. Le toit était de chaume et la porte d'entrée était une simple claie sans serrure ni loquet. L'unique pièce de ce petit réduit renfermait un coffre et une huche. Le coffre ne contenait que quelques vieilles hardes, et la huche une petite provision de riz. On avait disposé avec intention sur le sol quelques œufs, des cocos frais et des vases remplis d'eau.

On voyait que le propriétaire avait compté que la pauvreté de son humble logis le mettrait à l'abri de toute dévastation. L'espérance de ce Malais barbare dans le meilleur sentiment de l'âme humaine dans la pitié pour les malheureux, fut trompée; les soldats civilisés et chrétiens s'écrièrent, eux aussi : « Malheur aux vaincus ! » et sa petite demeure fut impitoyablement saccagée et brûlée.

En ce moment un matelot s'avança vers moi et me dit :

« J'ai pris deux œufs dans cette case; croyez-vous qu'ils soient empoisonnés ? »

Je haussai les épaules à cette demande stupide; mais au fond du cœur je désirais que les deux œufs donnassent la colique à ce soldat imbécile.

Pendant plus de huit heures, nous nous livrâmes à ce métier destructeur. Soixante maisons furent dévorées par le feu, on abattit plus de mille cocotiers, et on incendia trois mille hectolitres de riz ! Lorsqu'on sonna la retraite, en nous repliant vers la rivière, nous découvrîmes l'habitation d'Youssouf. Nous la reconnûmes à la description que nous en avait faite un espion malais. La maison de ce chef était située au milieu d'un parc entouré d'une palissade. Cette enceinte fermée lui donnait un air de défiance qui contrastait avec l'aspect hospitalier des autres demeures. Une plantation de cocotiers, à l'ombre desquels croissaient des arbres à pain chargés de fruits, des cafiers et des cacaotiers, entourait cette résidence quasi royale.

L'orgueilleux propriétaire, cause de toutes ces dévastations, blessé dans un précédent combat, vécut assez pour apprendre la destruction de sa maison ; car il ne mourut que quelques jours après notre expédition. On ne laissa pas un brin d'herbe debout sur cette terre maudite, et deux proas qui étaient amarrées sur la rivière, vis-à-vis le palais, attendant leur maître comme deux coursiers fidèles, furent impitoyablement brisées. Ce fut notre dernière exécution, mais celle-là du moins était un acte de justice.

Nous rapportâmes à bord des différents navires plus de six cents cocos, quelques quintaux de riz et du bois de construction. Le défilé des matelots rentrant dans les embarcations ne fut pas ce qu'il y eut de moins grotesque dans cette journée : ces gaillards auraient pu nous faire croire que nous étions en carnaval; les uns portaient des chaudrons, des kriss, des boucliers, des sarbacanes ; d'autres s'étaient affublés de quelques sarraus abandonnés, de petits fichus en soie légère, et portaient au bout de leurs baïonnettes des morceaux d'un buffle qu'ils avaient tué; mais, en général, ils n'avaient pas trouvé grand'chose, et n'avaient pas fait leurs frais, comme ils disaient.

Ainsi se termina cette expédition qui nous coûta un peu d'argent et un sang précieux, qui coûta aux Malais beaucoup d'hommes, fit couler beaucoup de larmes et ruina complétement un petit village très-florissant ; et cela parce qu'un officier de marine ne tint pas compte des ordres de son chef. Il fut la première victime de sa désobéissance; sans doute il faut le plaindre, mais il faut plaindre surtout les jaunes et les blancs qui, n'ayant pas commis la même faute, partagèrent l'expiation. C'est la seule fois que j'aie vu la guerre de près, je l'ai vue assez pour la maudire. On me dira que je ne suis pas compétent pour donner mon avis à ce sujet : c'est possible, mais beaucoup de gens qui en raisonnent n'en ont pas vu plus que moi.

Notre exemple devint funeste aux pirates de Soulou ; depuis que ces lignes sont écrites, les Espagnols, qui usaient à leur égard d'une longanimité trop grande, se sont lassés et les ont châtiés rudement. Le gouvernement d'Isabelle II a fait dans les régions océaniennes ce que le gouvernement de Charles X avait fait dans la Méditerranée ; et aujourd'hui l'archipel de Holo plie sous la domination de l'Espagne, comme l'Algérie sous celle de la France.

FIN.

TABLE.

FIN DE LA TABLE.

TYPOGRAPHIE DE CH. LAHURE
Imprimeur du Sénat et de la Cour de Cassation
rue de Vaugirard, 9.

Imprimerie de Ch. Lahure (ancienne maison Crapelet)
rue de Vaugirard, 9, près de l'Odéon.

www.ingramcontent.com/pod-product-compliance
Ingram Content Group UK Ltd.
Pitfield, Milton Keynes, MK11 3LW, UK
UKHW020319200726
13857UKWH00001B/220

9 782012 47960